普通高等教育
艺术类"十二五"规划教材

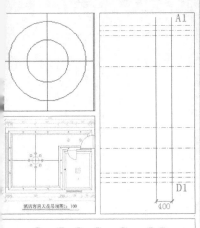

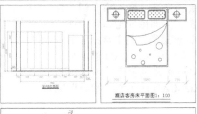

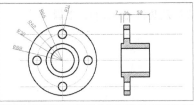

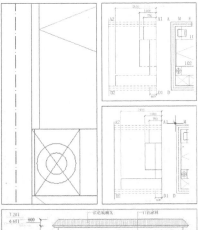

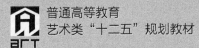

AutoCAD
艺术设计类
基础与应用案例教程

U0277561

李振煜 丁翔 ◎ 编著

人 民 邮 电 出 版 社
北 京

图书在版编目（CIP）数据

AutoCAD艺术设计类基础与应用案例教程 / 李振煜，
丁翔编著. -- 北京：人民邮电出版社，2015.5
普通高等教育艺术类"十二五"规划教材
ISBN 978-7-115-38777-6

Ⅰ. ①A… Ⅱ. ①李… ②丁… Ⅲ. ①AutoCAD软件—
高等学校—教材 Ⅳ. ①TP391.72

中国版本图书馆CIP数据核字(2015)第081052号

内 容 提 要

本书围绕"使用 AutoCAD 进行工程制图"这一主线展开，以"室内装饰设计制图、园林景观设计制图、建筑设计制图和产品设计制图"等各专业方向的案例制图为内容支撑，系统地介绍了AutoCAD 制图的过程。

本书共 8 章，其中第 1 章、第 2 章介绍了 AutoCAD 制图的基本操作方法和命令的使用；第 3章介绍了 AutoCAD 工程制图的总体方法和步骤；第 4 章介绍了室内空间装饰设计的平面图、立面图的绘制方法；第 5 章介绍了园林景观设计的平面图、立面图和剖面图的绘制方法；第 6 章介绍了建筑制图的平面、立面和剖面绘制的方法；第 7 章介绍了产品设计的平面图、立面图的绘制和方法；第 8 章讲解了 AutoCAD 制图打印和输出的方法和技巧。全书结构清晰，讲解透彻，易于掌握。书中每章都提供了大量相关的典型案例和实例，供读者学习和练习。附录部分提供了 AutoCAD 的常见命令快捷键汇总表，重要键盘功能键速查表，建筑制图、室内设计、风景名胜区规划及园林绿地规划的常用图例。本书在注重理论的基础上，通过上机实践迅速提高读者的 AutoCAD 应用水平和绘图能力。

本书可作为高等院校的环境设计、建筑设计、园林景观设计、产品设计及其相关计算机绘图课程的教材，也可作为各类工程技术人员和计算机培训班的速成教材。

◆ 编　　著　李振煜　丁　翔
　　责任编辑　邹文波
　　执行编辑　吴　婷
　　责任印制　沈　蓉　彭志环

◆ 人民邮电出版社出版发行　　北京市丰台区成寿寺路 11 号
　　邮编　100164　电子邮件　315@ptpress.com.cn
　　网址　http://www.ptpress.com.cn
　　北京九州迅驰传媒文化有限公司印刷

◆ 开本：787×1092　1/16
　　印张：22　　　　　　　　　2015 年 5 月第 1 版
　　字数：581 千字　　　　　　2025 年 3 月北京第 7 次印刷

定价：49.00 元

读者服务热线：(010)81055256　印装质量热线：(010)81055316
反盗版热线：(010)81055315

前　言

AutoCAD 是美国 Autodesk 公司开发的一款交互式绘图软件，是用于二维、三维设计及绘图的系统工具，是当今优秀及流行的计算机辅助设计软件之一，它充分体现了当今 CAD 技术的发展前沿和方向。用户可以用它来创建、浏览、管理、打印、输出、共享及准确使用富含信息的设计图形。CAD(Computer Aided Design)的含义是指计算机辅助设计，是计算机技术的一个重要的应用领域。AutoCAD 能够完成建筑设计、机械设计、工程设计、室内设计、园林景观设计、测绘设计、电子设计以及航空航天设计等方面的制图工作。

AutoCAD 软件尽管在不断地更新版本，但 AutoCAD 的课程设计和讲授需要解决的是实际的制图问题，因此，本书的重点是两个：一个是前面第 1 章～第 3 章的基础知识，强调熟悉 AutoCAD 的界面及各种命令的使用方式和方法，并通过制图练习来学习 AutoCAD 的绘图技巧；另一个是通过专业制图的深入和扩展，掌握 AutoCAD 的命令操作，从工程制图本来的绘图方法上进行制图练习。AutoCAD 的制图，首先是画图方法上的制图思考，其次是各种命令的操作使用。

本书通过对精心选择的制图案例进行讲解作为特点来编写，内容包含：（1）对 AutoCAD 基础的绘图命令和图形绘制进行介绍；（2）对 AutoCAD 制图与工程制图原理方法一致的制图例子进行讲解；（3）园林景观设计制图从基础到案例设计的制图例子进行讲解；（4）建筑案例平面、立面、剖面的全套图形绘制；（5）产品设计简明的三视图制图；（6）打印和虚拟打印举例。通过以上的基础和专业类型的制图训练，可让读者体会 AutoCAD 制图练习和训练的乐趣，真正地掌握和运用 AutoCAD 制图。

本书强调制图的应用性，特点是通过案例和运用来学习制图，通过机械制图和专业制图学习命令工具的使用，避免虽然能熟练地掌握鼠标命令和几何制图，却不能真正运用 AutoCAD 去专业制图。因此本书通过专业制图来指导读者进行 AutoCAD 的学习，突出教材的实用性，强调的是能够解决专业制图，重点是培养学生的绘图技能和解决实际问题的能力。因此本书适合作为高等院校建筑设计、景观（园林）设计、环境设计、室内设计和产品设计等本科专业的计算机制图教材，也可作为工程技术人员的参考书和计算机制图培训的速成教材。

本书的基础篇为第 1 章、第 2 章、第 3 章和第 8 章，是每个读者需要学习、操作和训练的内容。这 4 章使用了比较详细的注解和说明；其他的章节，请读者根据自身专业的需要，选择性地学习和训练，目的是能够根据制图的尺寸和文字注解，进行专业绘图训练。由于 AutoCAD 软件原产于美国，尽管本书使用的是中文版，但大多数命令的输入、提示，不可避免地还是英语的缩写，因此，还要熟悉 AutoCAD 制图的相关英语单词。

本书的主要特点：内容全面，几乎包括了二维平面制图中涉及的所有内容；结构合理，本书课程安排合理，注重基础和专业分类，注重实用性和可操作性，由浅入深，循序渐进；图文并茂，案例丰富，各类制图类型都有所涉及。

本书配套电子文件，提供了本书与章节对应的经典案例，供读者查阅。同时，在本书的电子文件中，还附带了相关设计更加详细和专业的经典案例制图范本，以飨读者。

本书由李振煜编著，还邀请了产品设计专家丁翔女士编写了产品设计制图、打印与虚拟打印等章节。同时感谢汉阳建筑与规划研究院的乐亚康、深圳景观与设计研究院的余芳宇、武汉德维印象设计公司的游玲、武汉嘉禾设计公司的熊江、深圳某装饰公司的程洲等同学提供的帮助，感谢武昌工学院教务处和艺术设计学院领导的关心与支持，同时感谢我的妻子对于我工作的支持，在他们热情的帮助与支持下，经过一年多的编写和修改，最终付梓。

由于编写时间仓促，加上编者水平有限，书中难免存在错误，敬请广大读者批评指正。

编 者

2014 年 12 月 15 日于武昌

目　录

第1章
AutoCAD 绘图环境及基本操作

本章主要内容
- AutoCAD 2013 对电脑硬件系统的要求
- AutoCAD 工作界面的组成
- 图形单位，绘图界限
- 图层设置，线宽设置
- AutoCAD 绘图的辅助功能设置

通过本章的学习，读者能够熟悉 AutoCAD 界面并掌握常用的基本操作。

1.1 AutoCAD 2013 简要介绍

1.1.1 AutoCAD 概述

AutoCAD 是美国 Autodesk 公司开发的一款交互式绘图软件，是当今最优秀最流行的计算机辅助设计软件之一，充分体现了当今 CAD 技术的发展前沿和方向。CAD（Computer Aided Design）的含义是指计算机辅助设计，是计算机技术一个重要的应用领域。AutoCAD 用于二维及三维设计、绘图的系统命令，用户可以用它来创建、浏览、管理、打印、输出、共享及准确地用富含信息的设计图形。AutoCAD 能够完成建筑、机械、工程、设计、测绘、电子以及航空航天设计等方面的计算机辅助设计的制图工作。

1.1.2 AutoCAD 2013 对计算机硬件系统的要求

AutoCAD 2013 软件对电脑的操作系统、硬件的处理器、内存、硬盘、显示器和网络浏览器的要求如表 1-1 和表 1-2 所示。表 1-1 是 32 位版本对系统硬件等的要求，表 1-2 是 64 位版本对系统硬件等的要求。

表 1-1　　　　　　　　　　　32 位 AutoCAD 2013 对计算机系统的要求

操作系统	32 位版 Windows8、Windows7、Windows Vista 或 Windows XP（SP2）操作系统
处理器	英特尔、奔腾 4 处理器，最低 2.2Ghz；英特尔或 AMD 双核处理器，最低 1.6Ghz
内　存	最低 512MB 内存，要让软件运行更流畅，建议用 1GB 以上的内存
硬　盘	用于安装软件的可用磁盘空间不低于 750MB，建议用 40GB 以上的磁盘空间

1

显示器	1024 VGA × 768VGA，真彩色
浏览器	Internet Explorer 6.0 SP1 或更高版本

表 1-2	64 位 AutoCAD 2013 对计算机系统的要求
操作系统	64 位版 Windows XP Professional、Windows7、Windows Vista 或 Windows8 操作系统
处理器	英特尔或 AMD 的 64 位处理器
内　存	1GB 内存，如果是 64 位版 Windows Vista 系统，则需要 2GB 内存
硬　盘	用于安装软件的可用磁盘空间不低于 750MB
显示器	1024VGA × 768VGA，真彩色
浏览器	Internet Explorer 6.0 SP1 或更高版本

1.2　AutoCAD 2013 界面介绍

1.2.1　启动 AutoCAD 2013 软件工作界面

启动 AutoCAD 2013 软件工作界面

启动 AutoCAD 2013 软件工作界面，方法如下。

方法一：将光标放在 Windows 系统桌面的 AutoCAD 2013 快捷方式图标 上，左键双击，就可以启动 AutoCAD 2013 软件，请读者按图 1-1 所示的方法操作一次。

方法二：将光标放在 Windows 系统桌面的 AutoCAD 2013 图标 上，右键单击一次，出现如图 1-2 所示的对话框，左键或右键单击对话框中上端的"打开（O）"，就可以启动 AutoCAD 2013 软件，请用户按照图 1-2 所示方法操作练习一次。

以上两种方法是用鼠标的左右键来启动 AutoCAD 2013 软件的。

方法三：用"开始＞程序＞AutoCAD＞AutoCAD 2013 简体中文（Simplified Chinese）"命令，启动 AutoCAD 2013 软件。

图 1-1　启动 AutoCAD 方法一　　　图 1-2　启动 AutoCAD 方法二　　　　图 1-3　启动 AutoCAD 方法三

【练习 1-1】启动 AutoCAD 软件。步骤：①单击 Windows 系统桌面左下角的"开始" 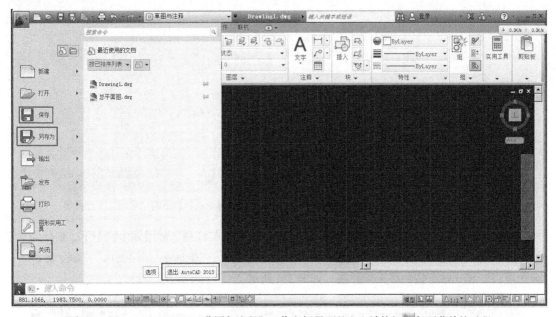按钮，出现一个对话框；②选择"所用程序"按钮并单击；③然后选择"Autodesk"按钮并单击，出现细分的 Autodesk 的程序按钮对话框；④选择"AutoCAD 2013—简体中文（Simplified Chinese）"按钮单击一次，就启动了 AutoCAD 2013 软件，如图 1-3 所示。

1.2.2　退出和关闭 AutoCAD 2013

1. 保存文件或另存为文件

打开 AutoCAD 2013 之后，AutoCAD 都会新建一个名为"Drawing1.dwg"的文件。单击菜单命令"文件 > 保存"或"另存为"将新绘制图保存。单击 AutoCAD 2013 界面最左上端图标 的右边的三角形下拉菜单按钮，出现一个对话框。执行下拉菜单中的"保存""另存为"命令，具体如图 1-4 图中左边"保存"和"另存为"按钮所示。

图 1-4　用 AutoCAD 2013 "草图与注释"工作空间界面的左上端按钮 打开菜单的过程

退出 AutoCAD 的方法如下。

命令启动方法

方法一：【菜单】①单击 AutoCAD 2013 界面最右上端的"关闭" 按钮，关闭 AutoCAD 程序。或单击左边方框"关闭"按钮，关闭了 AutoCAD 程序。

方法二：【命令栏】② 单击 AutoCAD 2013 界面最左上端的按钮 ，出现下拉菜单，单击下端按钮 ，关闭 AutoCAD 程序（见图 1-4）。

方法三：【命令】③ 键盘输入 Exit 或者 Quit，再按 Enter 键，退出 AutoCAD 程序。

方法四：【命令】在键盘上按 Ctrl+Q 组合键或 Alt+F4 组合键，退出 AutoCAD 程序。

---

① 【菜单】，表示此种方法是从打开"菜单"开始的。

② 【工具栏】，表示此种方法是从打开"工具栏"开始的。

③ 【命令】，表示此种方法是从打开"命令"开始的。

2. AutoCAD 2013 的常用工作界面

AutoCAD 2013 的默认用户界面较 AutoCAD 2010 以前的版本有很大的变化。习惯了老界面的用户，可以继续用 AutoCAD 2013 版本的经典界面。

在 AutoCAD 2013 的软件开机界面中，在"草图与注释"界面下，计算机系统默认状态下，呈现出的"常用"界面的各种命令面板按钮如图 1-5 所示。

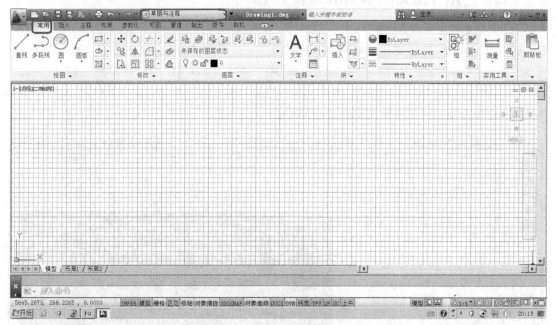

图 1-5　AutoCAD 2013 "草图与注释"工作空间的快捷命令栏状态下的"常用"工作界面

AutoCAD 2013 初始状态下的界面功能划分，即"草图与注释"常用界面状态下，划分为"应用程序按钮""快速访问命令栏""标题栏""功能按钮面板""坐标系""绘图区""命令提示区""命令窗口"和"状态栏"等工作界面，如图 1-6 所示。

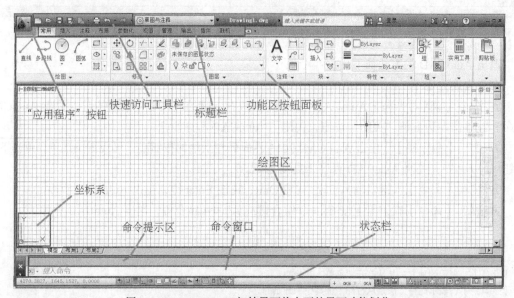

图 1-6　AutoCAD 2013 初始界面状态下的界面功能划分

3．打开 AutoCAD 经典界面的方法

命令启动方法

【命令栏】步骤如下：①单击①AutoCAD 2013 操作软件界面最上端的"草图与注释"按钮

，出现一个对话框，如图 1-7 所示；②单击下拉菜单中的"AutoCAD 经典"

按钮，打开 AutoCAD 2013 的经典界面。

打开 AutoCAD 2013 经典界面的步骤过程，如图 1-7 和图 1-8 所示。

图 1-7　AutoCAD "经典界面" 打开的方法一

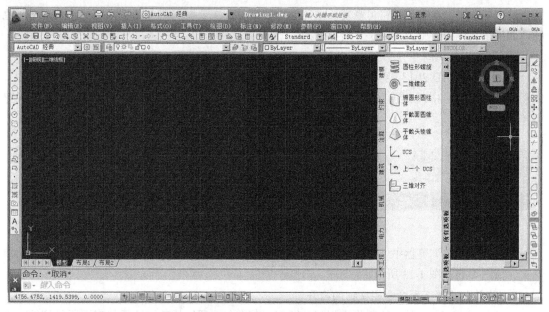

图 1-8　AutoCAD "经典界面" 打开的方法二

注意与提示

将光标放在 AutoCAD 2013 工作界面上的任何按钮上，停留 1 秒，就会自动显示出该命令的名称，如图 1-9 所示。用这种光标停留的方法，逐步熟悉 AutoCAD 2013 工作界面上的各种命令。

图 1-9　光标放在四种不同命令的按钮上，停留 1 秒，自动显示的命令名称

---

① 鼠标左键单击，以下简称单击；鼠标右键单击，以下简称右键单击。

4. 快速熟悉 AutoCAD 2013 的工作界面

打开 AutoCAD 的经典界面后，用单击逐个熟悉 AutoCAD 2013 工作界面中命令按钮的构成。在 AutoCAD 2013 操作界面的最左上角，有几个命令按钮，即 ，就是"快速访问命令栏"，如小图标上红色区域所示，用单击逐个熟悉和了解命令性能。

【练习 1-2】快速访问命令栏面板练习。

【新建文件】单击 按钮，可以"新建"一个工作文件；

【打开文件】单击 按钮，可以"打开"一个已经存在的工作文件；

【保存文件】单击 按钮，可以"保存"一个当前正在使用的工作文件；

【另存为】单击 按钮，将正在使用和工作的文件，"另存为"其他的文件名称；

【Cloud 选项】单击 按钮，可以将工作文件的副本自动保存到 Autodesk 360 中，可以设置并用于 Autodesk 联机工作的选项，可以提供对存储在"Cloud 账户"中的设计文档的访问，这都是 AutoCAD 2013 的新功能。

【打印】单击 按钮，可以设置打印面板并"打印"当前的文件，或打印转化为其他形式的文件。

【放弃】单击 按钮，可以撤销"放弃"上一个操作，比如上一步绘制的一个圆、一个矩形，如果单击这个按钮，就可以"撤销""放弃"刚才的绘图。

【重做】单击 按钮，可以"恢复"或"重做"上一个操作，比如刚才绘制的一条曲线被删掉了，现在需要了，单击该按钮可恢复。当然能否被恢复，主要看菜单上的按钮的颜色是不是灰色的，如果是灰色的，则此命令是不可以用的。

5. 菜单栏的访问

在用 AutoCAD 2013 经典界面的时候，界面上端的一排是菜单浏览器，已经置于顶端了，如图 1-10 所示。中间红色区域便是菜单浏览器按钮，单击其中的任何一个都可以打开下拉菜单。

图 1-10　"AutoCAD 2013 经典"界面中的菜单栏

单击打开菜单浏览器中"标注（N）""修改（M）"和"绘图（D）"菜单，打开的下拉式菜单形式，如图 1-11～图 1-13 所示。

6. 菜单浏览器下面命令栏按钮的打开

在 AutoCAD 2013 默认的工作空间下，即在"草图与注释"快速浏览器状态下所见到的菜单浏览器列表如图 1-14 所示。步骤如下：①单击 按钮，打开各种命令展示浮动图标状态栏；②在图 1-14 中，从左向右依次可以看到有"绘图""修改""图层""注释""块""特性""组""实用命令""剪贴板"命令栏的浮动按钮，单击需要的即可。

读者（以下简称用户）要熟悉各种命令的用法和作用，熟悉 AutoCAD 2013 工作空间界面。任何操作界面无非是要解决画图的问题，目的都是一样的。

注意与提示

在 AutoCAD 2013 的操作界面中，由于它是建立在 Windows 的操作系统基础上运行的，很多操作方法也如同 Windows 操作系统中的菜单和按钮等的操作与运用，如光标放到菜单浏览器上面，会自动显示命令的名称；"最大化""最小化""恢复窗口大小""关闭"等按钮■■×的位置、操作方法与作用，在 AutoCAD 2013 的操作界面与 Microsoft 的 Office Operator System 操作界面中，许多方法都是相似的，需要用户不断练习与大胆探索。

图 1-11　标注下拉菜单

图 1-12　绘图下拉菜单

图 1-13　修改下拉菜单

图 1-14　AutoCAD 2013 系统默认下的菜单浏览器

1.3　AutoCAD 2013 绘图前的"选项"设置

【练习 1-3】打开屏幕显示设置。AutoCAD 2013 操作系统打开之后会自动完成一个默认的初始系统配置，用户需要对显示设置进行系统的设置。

命令启动方法

方法一：【菜单】步骤为：①单击"命令"按钮 工具(T)，打开下拉菜单；②选择最下端的"选项"按钮 ■ 选项(N)...；③打开"选项"对话框。

方法二：【命令】步骤为：①输入"OP 或 Options"命令；②按 Enter 键；③打开"选项"对话框。

【练习1-4】设置屏幕颜色。步骤如下：①AutoCAD 2013 绘图区域屏幕颜色的显示设置，在"选项"对话框中，可以选择"配色方案"为"明"或"暗"；②单击 颜色(C)... 按钮，弹出"图形窗口颜色"对话框，在对话框右边的下拉箭头下面选择各种颜色；③单击最下面的"选择颜色"选项，弹出一个对话框，有三个颜色的选项，选择需要的色彩；④单击 应用并关闭(A) 按钮，关闭"图形窗口颜色"对话框；⑤单击 应用(A) 按钮和 确定 按钮，在系统中保存设置，如图 1-15 和图 1-16 所示。

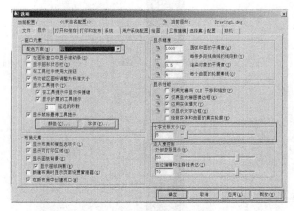

图 1-15 "选项"对话框设置

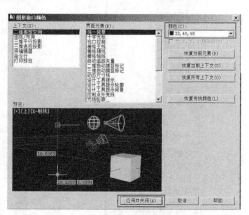

图 1-16 "图形窗口颜色"设置

【练习1-5】调整十字光标大小。有两种方法：方法一，用数字精确设置；方法二，用靶糕滑动模糊设置。方法一设置步骤如下：①在"选项"对话框中，选择"十字光标大小"的空白设置处（见图 1-15）；②输入"数字"进行精确设置。

用靶糕调整二维十字光标大小，可以用对话框中右边的靶糕滑动按钮进行调节和设置，如图 1-17 所示。在"选项"对话框中，有两个选项，用户可以选择"自动捕捉设置"和"AutoTrack 设置"中设置光标自动捕捉和自动追踪光标大小。

调整三维模型中十字光标大小用"滑动浮动按钮"进行模糊调整设置。在选项对话框中，还有其他的浮动选项，如"三维建模"，可以在对话框中设置"三维十字光标""在视口中显示工具""三维对象"和"三维导航"等选项，如图 1-18 所示。

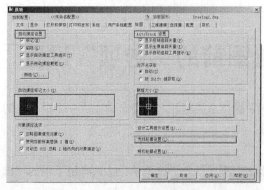

图 1-17 光标大小和"靶糕"的设定

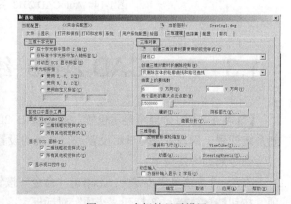

图 1-18 光标的显示设置

1.4　图形的管理

1.4.1　设置图形界限

【练习 1-6】 设置图形界限。

在 AutoCAD 工作界面中，设置一个长 420、宽 297 的有限界面，以方便绘图。

命令启动方法

方法一：【菜单栏】 "格式" > "图形界限"。

方法二：【命令】步骤如下：① 输入 "Limits"命令；② 按 Enter 键执行。

命令: Limits　　　　　　　　　　　　　　　//命令窗口中输入 limits, Enter 键执行

重新设置模型空间界限:

指定左下角点或 [开(ON)/关(OFF)] <0.0000, 0.0000>:　　//按 Enter 键默认系统设置(0.0000, 0.0000)

指定右上角点 <12.0000,9.0000>: <420.0000,297.0000>　//输入相对于图纸大小的模数数字如 297,210

　　　　　　　　　　　　　　　　　　　　　　　　　或 420,297 等

1.4.2　设置绘图单位

默认情况下，AutoCAD 2013 的绘图单位为十进制单位，包括长度单位、角度单位、缩放单位源单位以及方向控制等。用户可以用以下命令来设置绘图单位。

方法一：【菜单】 "格式" > "单位"。

方法二：【命令】 输入 "Units"，按 Enter 键执行。

执行上述操作后，系统会弹出 "图形单位" 对话框，如图 1-19 所示。

绘图单位介绍：在图形单位对话框中有很多选项，如插入时的缩放单位、光源、方向等选项的按钮，可以进行相关的设置，完成之后，单击 确定 按钮；长度类型有长度、角度等，如图 1-20 所示；单击 "图形单位" 对话框选项下的 "方向" 按钮，会出现 "方向控制" 对话框，如图 1-21 所示；这里精度精确为 "0"，单位设置为 "毫米"，角度类型一般设置为 "十进制度数"，如图 1-22 所示。

图 1-19　"图形单位"对话框

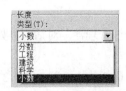

图 1-120　"长度"的类型

图 1-21　"方向控制"对话框

设置角度并用直线（极轴坐标）画图

【练习 1-7】设置角度度量的方向。

（1）执行菜单命令，"格式 > 单位"，弹出"图形单位"对话框，如图 1-22 所示。

（2）单击 方向(D)... 按钮，弹出"方向控制"对话框，单击"其他"选项，准备用来设置角度，输入角度为"35"，单击 确定 按钮，结果如图 1-23 所示。

【练习 1-8】用直线命令和极坐标绘图。电子文件见"图 1-24.dwg"。

（3）在命令状态栏中输入"Line"命令或输入缩写字母"L"，按 Enter 键，开始画图，最后结果如图 1-24 所示。

图 1-22　长度：类型、精度设置

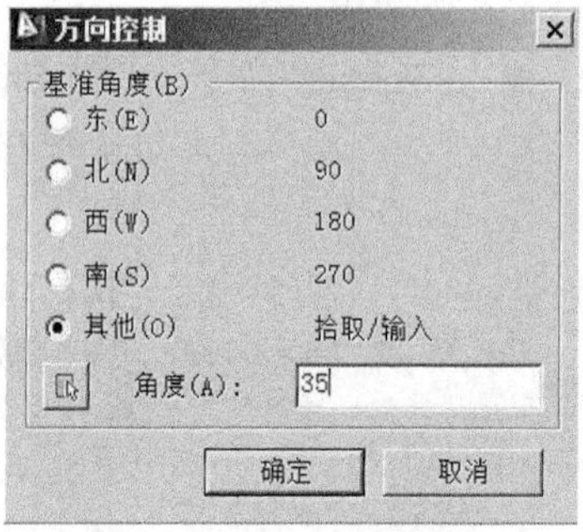

图 1-23　其他选项设置角度

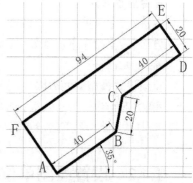

图 1-24　绘制有 35° 夹角的图形

命令：Line	//键盘输入"L"，按 Enter 键确认并执行命令
指定第一个点：	//在 AutoCAD 的操作界面上，单击一点，确定起始点 A
指定下一点或 [放弃(U)]：@40<0	//在命令状态栏中输入 B 点相对于 A 的极轴坐标
指定下一点或 [放弃(U)]：@20<45	//在命令状态栏中输入 C 点相对于 B 的极轴坐标
指定下一点或 [闭合(C)/放弃(U)]：@40<0	//在命令状态栏中输入 D 点相对于 C 的极轴坐标
指定下一点或 [闭合(C)/放弃(U)]：@20<90	//在命令状态栏中输入 E 点相对于 D 的极轴坐标
指定下一点或 [闭合(C)/放弃(U)]：@94<180	//在命令状态栏中输入 F 点相对于 E 的极轴坐标
指定下一点或 [闭合(C)/放弃(U)]：c	//在命令状态栏中输入"C"，表示起点和终点的围合 Close。

1.4.3　图层面板与对象特性面板

在绘制图形时，可以将不同属性的图元放置在不同图层中，以便于用户修改与操作。在不同的图层中，用户可以对图形的各种特性进行修改，例如颜色、线型以及线宽等。熟悉图层的用法可以大大地提高绘图效率，提高图形的清晰度。

命令启动方法

方法一：【菜单】"格式" > "图层"。

方法二：【命令】步骤如下：①输入"Layer"或缩写"la"，②按 Enter 键执行；

方法三：【命令栏】步骤如下：在 AutoCAD 的界面顶部，单击常用选项卡下的"图层特性管理器"按钮 。

用以上方法可以打开"图层特性管理器"对话框，如图 1-25 所示。

注意与提示

执行任何一种命令的方法：①用 AutoCAD 2013 界面的菜单和下拉菜单来选择；②用 AutoCAD 2013 界面中的面板图标单击；③用 AutoCAD 2013 界面的命令窗口，输入快捷键或英文命令三种形式来执行。

1．创建新图层和删除图层

（1）新建图层，如图 1-25 所示，单击"新建图层按钮" ，新建"图层 1"。如图 1-26 所示，从图中对话框可以看到，在图层 1 中，从左向右对应的表格列项依次为：状 名称 开 冻.. 锁. 颜色 线型 线宽 透... 打... 打 新 说明 各种选项。

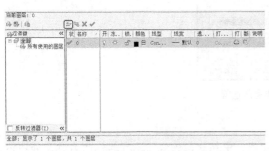

图 1-25　打开"图层特性管理器"对话框　　　　　图 1-26　新建图层

（2）删除图层，单击某一图层，然后单击"删除图层"按钮 ，系统就会删掉不需要的这一图层。

2．图层命名、图层颜色、线型和线宽设置

（1）图层命名，步骤如下：①单击"图层特性管理器"对话框中"名称"栏下的"图层 1"；②将它改名为"粗线"。

（2）图层颜色的修改，步骤如下：①单击颜色方块"□日"打开"选择颜色对话框"，选择一种颜色；②单击 确定 按钮，确定用户的选择，如图 1-27 所示。

（3）图层线型的选择，步骤如下：①如图 1-28 左图所示，单击系统默认的"Continuous"，弹出"选择线型"对话框；②此时只有 Continuous 等少数线型，要增加线型，单击对话框下的加载按钮 加载(L)... ，系统会弹出"加载或重载线型"对话框，这里有虚线、点划线、双点划线、波折线等很多种线型；③选择其中一种，单击确定，确定用户加载的线型，图 1-28 左图中选择的是"Continuous"这种线型。

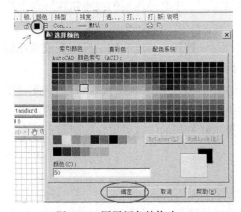
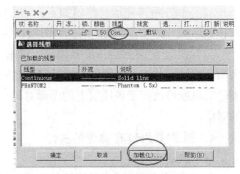

图 1-27　图层颜色的修改　　　　　　　图 1-28　左图图层线型的选择

（4）设置线宽，步骤如下：①单击"图层特性管理器"对话框中"线宽"栏下面的按钮"— 默认"，打开"线宽"对话框；②由于是粗线，选择其中的 0.70mm 线宽，单击 确定 按钮，确定用户的

线型选择，如图 1-29 所示。

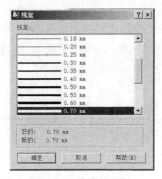

图 1-29   线宽的选择

注意与提示

①线型的选择和设定，通常要设置名称，如粗线、中粗线、细线（还有其他的名称，如墙体、家具、植物、陈设、文字等）；线型除了实线，还有虚线、点划线、波折线等，物体的主要轮廓线就是用实线画的；次要的细节轮廓，用中实线；更加次要的细节图形，就用细实线。尺寸标注时，除了"界止符号"（粗线表示）之外，都用细实线来画。当然，AutoCAD 系统是自动设置的。在制图中，看得见的轮廓，都用实线画，看不见的轮廓，用虚线表示；点划线是用来表示轮廓中的对称轴线。②对应的线宽，如粗线为 0.7mm、中粗线为 0.35mm、细线为 0.15mm，这样产生的线型组才会有明显对比关系，视觉上更加清晰优美。③线型的颜色，一般同一类的线型，用一种颜色，不同种类的，用不同颜色；颜色之间选择明亮的，不同线型组的颜色，能够产生比较明显的对比关系。在视觉上，要选择容易产生区别和区分的色彩。

3. 图层的管理

AutoCAD 2013 在"图层特性管理器"选项板中，提供了一组状态开关图标按钮，用以控制图层线型的状态，如将图层"置为当前""关闭""冻结""锁定"等。

（1）开/关图层，步骤如下：①单击所在图层的"灯泡"按钮 🔆，"灯泡"图标变成灰色 🔅，该图层即被关闭；②关闭图层后，该图层的实体线在屏幕上消失，打印的时候，此种实体线也不会打印出来；③当再次单击"灯泡"图标 🔅 时，图标就会变成 🔆，于是该图层的线重新在屏幕上生成并可见，打印图纸时，该图层的线也能见到。

（2）冻结/解冻图层，步骤如下：单击所在图层的"冻结"按钮 ☀，此时冻结按钮变成雪花的按钮图形 ❄，该图层即被冻结，该图层在屏幕上的线就不能被修改。

（3）锁定/解锁图层，步骤如下：单击"锁定"按钮 🔓（"🔓"是系统默认的状态），此时变为闭合的锁定状态 🔒，图层即被锁定。此时，图层只能供用户查看、捕捉位于该图层上的对象，不能编辑或修改位于该图层上的图形对象；实体是可以显示和打印的，也可以在该图层上绘制新的对象。

4. 图层"置为当前"命令的执行

命令启动方法

方法一：【命令栏】在"图层特性管理器"选项板中选择某图层，单击"置为当前"按钮 "✓"，即将图层"置为当前"。

方法二：【绘图区】在屏幕的绘图区域，单击某线型，它在屏幕中呈"虚线亮显"状态；再单击"将对象的图层置为当前"按钮 🔲🔲🔲，该线的"虚线亮显"状态消失，变成实线状态，命令完成。

方法三：【命令栏】步骤如下：在"图层"面板中单击"图层"下拉按钮，再单击图层名称，如图 1-30 左图所示，这里将"细线"图层"置为当前"，可以看到如图 1-30 右边"图层特性管理器"对话框中的"当前图层"前面显示为打"√"。

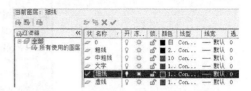

图 1-30　"图层控制"设置为当前图层

图 1-30 左图中单击"细线"图层，将"细线"图层置为当前；图 1-30 右图，即"图层特性管理器"中显示"细线"被勾选。

图层【置为当前】时，编辑的图层、线型、颜色等才能在屏幕的绘图区域上进行绘制；当某一图层被冻结后，将该图层"置为当前"的命令是不能执行的；与此同时，当该图层被"置为当前"时，也是不能被冻结的。其他的命令，如开关图层、锁定和解锁图层的命令，在某图层被"置为当前"状态下，还是可以被执行的。

在线型控制中，AutoCAD 2013 界面中的功能面板上有"图层控制""颜色控制""线型控制"和"线宽控制"按钮，如图 1-31 所示。

图 1-31　图层面板控制

1.4.4　AutoCAD 2013 绘图的辅助功能的设置

1. 显示栅格和捕捉模式

栅格是一种可见的位置参考图标，有助于定位。

命令启动方法

方法一：【命令栏】在状态栏中单击"栅格显示"按钮▦。

方法二：【命令】在键盘上按 F7 键，进行"显示"或"关闭"栅格模式的切换。

2. 栅格捕捉

打开或关闭"栅格捕捉"。 为了提高绘图的精度，显示栅格提供绘图时的背景参考，利用光标捕捉来限制光标的移动。栅格捕捉功能用于设置光标移动固定的步长，即栅格的点阵间距，使得光标在 X 轴和 Y 轴方向上移动总是步长的整数倍，以便提供绘图的精度。

命令启动方法

方法一：【命令栏】在状态栏中单击"捕捉模式"按钮▦，切换"捕捉模式"开与关，可以在命令状态栏中察看是否有"命令: <捕捉 关>""命令: <捕捉 开>"的显示。

方法二：【命令】在键盘上按 F9 键，切换"捕捉模式"的开与关。

方法三：【绘图界面】将光标放在▦，按鼠标右键，在打开的快捷菜单中选择"启用栅格捕捉"或"关"命令，如图 1-32 所示。

注意与提示

栅格设置不能被打印，只是用来辅助绘图的一种命令。栅格的 X 轴和 Y 轴之间的距离要相等，以保证光标在屏幕上精确地移动位置。当光标放在▦上，按鼠标右键打开，选择并单击对话框中的"设置"按钮，于是弹出"草图设置"对话框，可以对 X 轴和 Y 轴进行编辑和设置。若选择了极轴捕捉（Polar Snap）类型，可以用设置"极轴间距"的数值，如图 1-33 所示。

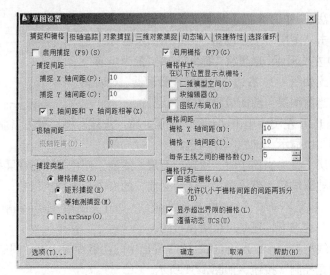

图 1-32 打开"设置"　　　　　　图 1-33 "草图设置"对话框中的捕捉和栅格显示

3. 正交模式

正交模式的设置，可以帮助绘图在任意角度和直角之间进行切换，在约束的线段上，水平、垂直上进行正交模式的绘图。取消正交模式，绘图是在任意的角度下进行的。

命令启动方法

方法一：【命令栏】在状态栏中单击"正交模式"按钮。

方法二：【命令】步骤如下：在键盘上按 F8 键，切换正交模式，如果"正交模式"按钮是"灰色"的图标，正交模式就没有打开；如果"正交模式"按钮是"亮显"的图标，正交模式就打开了。或在键盘上按 Ctrl+F2 组合键，打开"文本窗口"，查看命令栏的文本显示，如"命令：<正交 关>""命令：<正交 开>"，则表明正交模式是"关闭的"或者"打开的"。

4. 设置对象捕捉

对象捕捉是针对实体的特殊的点或特殊的位置来确定点的方法。对象捕捉方式有两种，一种是自动对象捕捉，另一种是临时对象捕捉。

命令启动方法

方法一：【菜单】步骤如下：单击"命令">"命令栏">"AutoCAD">"对象捕捉"，结果如图 1-34 所示。

图 1-34 "对象捕捉"命令栏展开

方法二：【命令栏】步骤如下：①将光标放在状态栏的栅格浮动按钮栅格或捕捉浮动按钮捕捉上，右键单击出现一个菜单；②单击其中的"设置" 设置(S)... 浮动面板，弹出"草图设置"对话框；③进行数据设置，如图 1-35 所示；或用单击"对象捕捉"，进行对象捕捉的设置，如图 1-36 所示。

关于对象捕捉的设置，要重点理解象限点◇的设置，用来捕捉圆弧、圆、椭圆上的 0°、90°、180° 和 270° 处的点。需要什么样的对象捕捉点，就"勾选"对应的点，勾选"启用对象捕捉"，单击 确定 按钮就可以了。

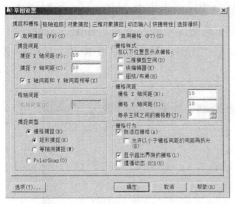

图 1-35　捕捉间距和栅格间距设置

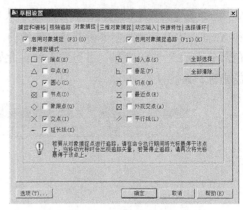

图 1-36　对象捕捉设置

5. 极轴追踪设置

"极轴追踪"是按事先设置的角度增量来追踪点。当 AutoCAD 要求指定一个点时，系统将按预先设置的角度增量来显示一条辅助线，用户可沿辅助线追踪得到光标点。

"极轴追踪"设置，可以用单击状态栏下的 ⟨ 按钮；或在键盘上按 F10 键切换极轴追踪的打开或关闭。

"极轴追踪"设置步骤如下：①对象"极轴追踪"设置完成以后，光标将沿着对象捕捉点的辅助线方向进行追踪；②打开极轴追踪功能之前，须先打开"草图设置"对话框中的"捕捉和栅格"栏，勾选"启用捕捉"选项，在"对象捕捉"栏下，勾选"启用对象捕捉"和"启用对象捕捉追踪"选项；③再勾选相关的点设置，单击"确定"按钮；④然后用单击状态栏上面的 对象捕捉 按钮，打开或者关闭捕捉追踪。结果如图 1-37 和图 1-38 所示，设置增量角为 45°的情况。

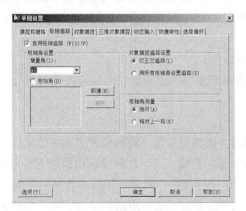

图 1-37　极轴追踪设置

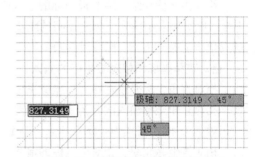

图 1-38　设置增量角为 45°时的追踪

1.5　坐 标 系 统

1.5.1　世界坐标系

世界坐标系也称为 WCS 坐标系，是 AutoCAD 默认的坐标系，用 3 个相互垂直的坐标轴 X、

Y、Z 来确定对象空间的位置。X 轴表示水平方向，Y 轴表示垂直于 X 轴的方向，Z 轴垂直于 X 和 Y 轴，也就是垂直于屏幕并且向外延伸，坐标点位于绘图区域的左下角。如图 1-39 所示，红色部分表示 X 轴和 Y 轴，并且原点就在此处。在绘制平面图时，只需要输入 X 轴、Y 轴和 Z 轴的坐标，系统设置为 0。

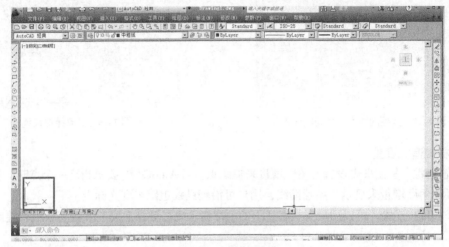

图 1-39　世界坐标系

AutoCAD 提供了多种坐标的输入方式，以下简要介绍常用的几种。

1. 绝对直角坐标和极坐标

（1）绝对直角坐标介绍。绝对直角坐标输入的基本格式：X，Y，输入时 X 与 Y 之间用逗号"，"隔开。如果输入的是正值，数字前面不用加"+"号；如果输入的是负值，数字的前面必须加"-"号。其中，X 和 Y 分别是输入点，都是以原点（0,0）为基准的，相对于原点的 X 坐标和 Y 坐标。

（2）绝对极坐标介绍。绝对极坐标的输入格式：$\rho < \theta$。

其中，距离 ρ 表示输入点与原点间的距离，角度 θ 表示输入点和原点间的连线与 X 轴正方向之间的夹角，逆时针为正，顺时针为负。

2. 相对直角坐标和相对极坐标的输入

（1）相对直角坐标介绍。在直角坐标系中，用后一点相对于前一点的位置表示点的坐标的方法，就是相对直角坐标输入法。为了区别于绝对直角坐标的输入法，在横坐标前面加上符号@，表示"相对于"，基本格式为：$@X_B-X_A，Y_B-Y_A$，横纵坐标都是"相对于"前一点的距离值。

（2）相对极坐标介绍。相对极坐标的输入，用后一点相对于前一点的极坐标，表示为相对的极坐标。基本格式：$@\rho < \theta$，其中 ρ 表示后一点到前一点的距离，θ 为后一点与前一点连线与 X 轴的夹角。

如果世界坐标系的图标没有位于坐标原点上，可以用 Ucsicon 命令下面的"OR"选项，使其跟随原点移动。

【练习 1-9】用 Line（直线）命令并用"直角坐标""相对直角坐标"和"相对极坐标"，将 A、B、C 三点连接起来，结果如图 1-40 所示，AutoCAD 提示[①]如下。电子文件见"图 1-40.dwg"。

命令：Ucsicon

---

① 命令行文本提示，以下简称"命令行提示"。

输入选项 [开(ON)/关(OFF)/全部(A)/非原点(N)/原点(OR)/可选(S)/特性(P)] <开>: or

命令：l　　　　　　　　　　　　　　　　　　//键盘输入[1] l，按空格键执行命令

LINE

指定第一个点：50,60　　　　　　　　　　　　//输入 A 点的绝对直角坐标

指定下一点或 [放弃(U)]: @30,-20　　　　　　//输入 B 点的相对于 A 点的相对直角坐标

指定下一点或 [放弃(U)]: @50<45　　　　　　//输入 C 点的相对于 B 点的相对极坐标

指定下一点或 [闭合(C)/放弃(U)]:　　　　　　// 按 Enter 键结束命令，结果如图 1-40 所示

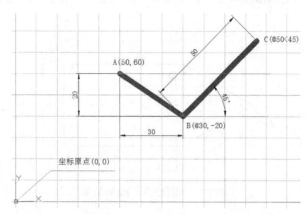

图 1-40　绝对直角坐标、相对直角坐标、极坐标和相对极坐标

1.5.2　用户坐标系

用户坐标系又称为 UCS 坐标系，是可以更改的，主要为绘制图形提供参考。

命令启动方法

方法一：【菜单】在 AutoCAD 2013 经典界面中，执行"命令" > "新建"命令来实现。

方法一：【命令】步骤如下：①输入字母"UCS"，按 Enter 键；②在绘图界面上单击一点作为原点，新原点作为新坐标系的原点；③单击一点确定 X 轴的方向，最后实现了 UCS 的命令。结果如图 1-41 和图 1-42 所示。

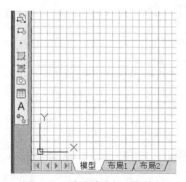

图 1-41　系统默认的用户坐标

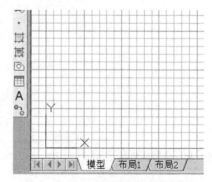

图 1-42　用 UCS 命令重新定义的坐标

命令：UCS　　　　　　　　　　　　　　//输入 UCS 命令，按 Enter 键执行

当前 UCS 名称：*世界*　　　　　　　　　//系统默认的坐标状态

---

[1] 键盘输入，以下简称"输入"，或者说是通过 AutoCAD 的命令状态栏或命令窗口中输入的，也可以是直接通过键盘输入的快捷键命令。

指定 UCS 的原点或 [面(F)/命名(NA)/对象(OB)/上一个(P)/视图(V)/世界(W)/X/Y/Z 轴(ZA)] <世界>：
　　　　　　　　　　　　　　　　//在屏幕左下角单击一下，确定原点的位置

指定 X 轴上的点或 <接受>：　　　　　//在屏幕上水平方向上单击一点，确定 X 轴线的方向

指定 XY 平面上的点或 <接受>：　　　　//在屏幕上单击一点，确定 XY 平面上的点，结果如图 1-39 所示

案例绘图分析——几何图形的绘制

根据如图 1-43 所示的图形和尺寸，利用极坐标方式绘图。电子文件见 "图 1-43.dwg"。

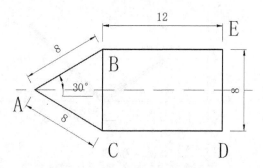

图 1-43　案例绘图的最终结果

（1）绘制三角形，结果如图 1-44 所示。

命令：_Line　　　　　　　　　　　//输入 line 或 "l"，按 Enter 键

指定第一个点：　　　　　　　　　　//在屏幕上的绘图区域单击一点 A 为第一点

指定下一点或 [放弃(U)]：@8<30　　//输入@8<30，按空格键执行，画出线段 AB

指定下一点或 [放弃(U)]：

>>输入 ORTHOMODE 的新值 <0>：

正在恢复执行 LINE 命令。

指定下一点或 [放弃(U)]：@8<-90　//输入@8<30，按空格键执行，三角形绘成

（2）在三角形右边绘制一个矩形，结果如图 1-46 所示。

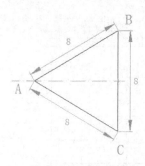

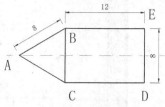

图 1-44　绘制三角形　　　　图 1-45　"端点"捕捉设置　　　　图 1-46　绘制矩形

命令：L　　　　　　　　　　　　　//按 Enter 键，系统自动恢复上次画直线命令

LINE

指定第一个点：　　　　　　　　　　//绘图前，将 "对象捕捉" 对话框打开，设置并勾选 "端点"
　　　　　　　　　　　　　　　　　　捕捉，如图 1-45 所示

指定下一点或 [放弃(U)]：@12<0　　//输入@12<0，按空格键执行，画出线段 BE

指定下一点或 [放弃(U)]：@8<-90　//输入@8<-90，按空格键执行，画出线段 ED

指定下一点或 [闭合(C)/放弃(U)]:

>>输入 ORTHOMODE 的新值 <0>:

正在恢复执行 LINE 命令。

指定下一点或 [闭合(C)/放弃(U)]: @12<180　　　　　//输入@12<180, 按空格键执行, 画出线段 DC

指定下一点或 [闭合(C)/放弃(U)]:　　　　　　　// 按空格键

命令:

指定下一点或 [闭合(C)/放弃(U)]: c　　　　　　　//按 Enter 键, 结束直线命令, 结果如图 1-46 所示

1.6　本 章 小 结

1. 熟悉 AutoCAD 的工作界面, 平面绘图的有 AutoCAD 经典界面、草图与注释界面; 立体的工作界面有三维基础和三维建模, 尤其是要熟悉平面绘图中的一种界面。

2. 熟练掌握 AutoCAD 经典界面中的 AutoCAD、菜单栏的菜单和命令展开的形式。

3. 熟悉 AutoCAD 工作界面, 用 "格式" 菜单, 对图形大小、绘图单位、精度、厚度等进行设定。

4. 熟练掌握关于坐标的输入法, 相对坐标输入法在 AutoCAD 工作界面中的运用; 各种捕捉方式、对象追踪设置、对象追踪增量角的设置、正交模式的设定等这些 AutoCAD 基础方面的操作与研究非常重要, 需要熟练运用。

5. AutoCAD 的绘图从来都是以真实的长度来绘制的, 不存在什么图形比例的问题, 只是在图形打印的时候, 才存在比例的问题。因为一张 A4、A3 大小的纸, 画了整整的一栋楼或者更大的空间, 此时就有了比例的换算, 图上的一毫米代表了真实世界长度的多少毫米, 它就是比例了。

对以上五点的熟悉和熟练是 AutoCAD 绘图的前提和条件, 请读者细心用心地在 AutoCAD 界面中认真熟悉和操作, 以便于以后绘图。

课后练习

1. 怎样将 AutoCAD 2013 操作软件打开? 怎样将 AutoCAD 2013 设置为 "三维建模" 界面?

2. 打开 AutoCAD 2013 操作软件, 怎样将 AutoCAD 2013 界面设置为 "AutoCAD 经典" 界面, 设定单位为 "毫米 mm"、精度为 "0.0"、定义屏幕的图形界限为 "297,210"。

3. 在第 "2" 题的基础上, 打开 "图层特性管理器", 新建以下图层: 轮廓线 (实线)、线宽 0.7、颜色 (22); 中线 (实线)、线宽, 0.35, 颜色 (92); 细线 (实线)、线宽, 0.05, 颜色 (212); 将轮廓线, 置为当前图层。电子文件见 "图 1-47.dwg"。

4. 在第 2、3 题的基础上, 用直线命令, 用坐标法、相对极轴坐标法, 在 AutoCAD 的绘图区域内画图, 画图过程如下。

（1）绘制三角形 ABC。

命令: _Line　　　　　　　　　　　//输入 "line" 或 "l", 按 Enter 键

指定第一个点: 50,60　　　　　　　　//输入 "50,60", 按 Enter 键

指定下一点或 [放弃(U)]: @100<0　　　//输入 "@100<0　", 按 Enter 键

指定下一点或 [放弃(U)]: @70<120　　//输入 "@70<120", 按 Enter 键

指定下一点或 [闭合(C)/放弃(U)]: c　　//输入 "c"，按 Enter 键结束直线命令, 结果如图 1-47 所示

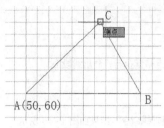
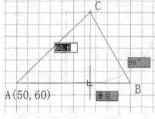
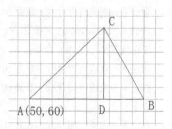

图 1-47　指定第一个点即端点　　　图 1-48　指定下一点即垂足　　　图 1-49　按 Enter 键结束画直线

（2）绘制三角形上的高，经过三角形顶点作向下的垂线，用捕捉和追踪命令，启用"对象捕捉"模式，勾选"端点""交点""垂足"选项，勾选"启用对象捕捉""启用对象捕捉追踪"两项；打开"捕捉和栅格"下的"启用捕捉"并勾选，经过三角形的顶点 C 画 AB 上的垂线（高）。具体如图 1-47～图 1-49 所示。

命令：L	//输入"line"或"l"，按 Enter 键
LINE	
指定第一个点：	// 用左键光标捕捉"C"点处亮显的端点绿色图标
指定下一点或 [放弃(U)]：	// 用左键光标捕捉"D"点处亮显的垂足绿色图标
指定下一点或 [放弃(U)]：	// 按 Enter 键或者按鼠标右键确认，结束画直线的过程，DC 为经过三角形顶点 C 所作的垂线，D 为垂足，结果如图 1-49 所示

5. 将以上绘制的文件保存为"1-47.dwg"格式文件，放在新建的名为"第 1 章"的文件夹里。

6. 每天课程结束前，请各位同学做以下操作练习：保存 AutoCAD 的制作文件；给文件命名；关闭并退出 AutoCAD 2013 的运用程序；关闭计算机。

第2章
AutoCAD 2013 绘图基本方法

本章主要内容

- 各种绘图命令直线、多段线、矩形、圆、多边形等的使用
- 图形对象的编辑方法
- 图形的尺寸标注和文字编辑方法
- AutoCAD 制表

通过本章的学习，读者可以掌握 AutoCAD 绘图命令的使用，掌握绘图的方法。

2.1　AutoCAD 2013 几何绘图

进入 AutoCAD 界面后，在"草图和注释"界面下，在"常用"选项卡"绘图"面板中可以进行相关图形的绘制。打开的命令栏如图 2-1 所示。单击"绘图"浮动面板旁边的三角形下拉菜单，展开很多绘图命令，如图 2-2 所示；再单击"绘图"按钮，展开的各种命令面板就重新收起。

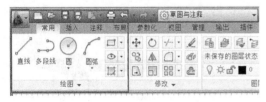

图 2-1　"绘图"面板

图 2-2　"绘图"面板展开

注意与提示

为了更清晰地显示绘制的图形，在以后的讲解中将关闭栅格的显示功能。

2.1.1　直线绘图

LINE（直线）是基本的线型对象，也可以是一系列相连的线段。LINE（直线）是各种图形中最常用、最简单的一类图形对象，当指定了起点和终点，就可绘制出一条直线。

注意与提示

执行某项命令，可以用按 Enter 键或者空格键的方法执行。当按 Enter 键（空格键）之后，系统开始执行命令或确定某项选择。

启用"Line"命令有三种方法。

命令启动方法

方法一[①]：【命令栏】在"草图与注释"界面下，单击"常用"选项卡 >"绘图"面板 >"直线"按钮✐。

方法二：【菜单栏】在"AutoCAD 经典"界面下，单击"绘图"菜单 >"直线"命令。

方法三[②]：【命令】输入"Line"命令或缩写"L"，按 Enter 键。

【练习 2-1】用"Line"命令绘制如图 2-3 所示的图形和尺寸。电子文件见"图 2-3.dwg"。

命令：_Line	//输入"line"，按 Enter 键执行
指定第一个点：	//在屏幕绘图区域上单击一点，即 A 点
指定下一点或 [放弃(U)]：<正交 开> 16	//按 F8 键，打开正交模式，将光标向水平方向移动，输入 16，按 Enter 键，确定 B 点
指定下一点或 [放弃(U)]：5	//继续打开正交模式，鼠标向上，输入 5，按 Enter 键，确定 C 点
指定下一点或 [闭合(C)/放弃(U)]：7	//继续打开正交模式，鼠标向左，输入 7，按 Enter 键，确定 D 点
指定下一点或 [闭合(C)/放弃(U)]：8	//继续打开正交模式，鼠标向上，输入 8，按 Enter 键，确定 E 点
指定下一点或 [闭合(C)/放弃(U)]：9	//继续打开正交模式，鼠标向左，输入 9，按 Enter 键，确定 F 点
指定下一点或 [闭合(C)/放弃(U)]：c	//输入 C，按 Enter 键，所画直线图形封闭，结束直线命令

2.1.2 多段线绘图

PLINE（多段线）命令用来创建二维多段线。它由一系列首尾相连的直线和圆弧组成，具有宽度或宽度变化，并可以绘制封闭的区域。

命令启动方法

方法：【命令】输入 PLine，或输入快捷键 PL[③]，并按 Enter 键或空格键[④]执行。

【练习 2-2】用多线命令绘制箭头，结果如图 2-4 所示。电子文件见"图 2-4.dwg"。

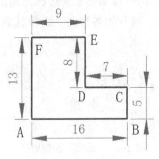

图 2-3　直线绘图

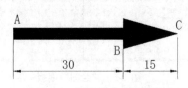

图 2-4　用多线命令绘制箭头

---

① 无论方法一、方法二、方法三，甚至方法四，在 AutoCAD 中，无外乎表现为四种方法：【菜单栏】通过菜单栏或者下拉菜单栏，打开执行操作；【工具栏】单击工具栏的命令面板，打开执行命令；【命令】在 AutoCAD 工作界面下端的命令状态栏，输入命令的英文或者缩写，可以打开并执行命令；第四种方法，就是通过绘图区，直接单击（对象），或右键单击，打开对话框来修改或编辑执行命令。就这么几种方法，在第二章需要用一定篇幅讲解不同命令的执行方法，第三章开始讲解每种命令的执行，就不再列举三种方法了（编者注）。

② 任何命令的输入，都可以通过阅读命令栏的命令提示行文本，了解并在提示的帮助下，进行输入数据或确定某种命令的执行。当某种命令或绘图工具正在使用的时候，输入某个命令英文指令、字母、数据等，不必每一次都在命令窗口中输入，可以直接在键盘上输入，按空格键或 Enter 键执行，这些命令都会自动地在命令栏窗口中生成（编者注）。

③ 快捷键就是命令的英文单词的缩写。

④ Enter 键或空格键，在执行命令确认的时候，结果是一样的。

命令：_Pline　　　　　　　　　　　　//输入 "pline" 或 "PL"，按空格键执行命令

指定起点：　　　　　　　　　　　　　// 在屏幕上的绘图区域上单击一点

当前线宽为 0.0000　　　　　　　　　//系统默认的线宽为 0.0000

指定下一个点或 [圆弧(A)/半宽(H)/长度(L)/放弃(U)/宽度(W)]：w　　//输入 "W"，按空格键

指定起点宽度 <0.0000>：3　　　　　　　　　//输入起点宽度 "3"，按空格键

指定端点宽度 <3.0000>：　　　　　　　　　//按空格键默认端点的宽度

指定下一个点或 [圆弧(A)/半宽(H)/长度(L)/放弃(U)/宽度(W)]：30

　　　　　　　　　//按 F8 键，打开正交模式，将光标放到右侧水平方向，输入 30，按空格键

指定下一点或 [圆弧(A)/闭合(C)/半宽(H)/长度(L)/放弃(U)/宽度(W)]：h　　//输入 "h"，按空格键

指定起点半宽 <1.5000>：4　　　　　　　//输入 "4"，确定箭头开始的半宽数据，按空格键

指定端点半宽 <4.0000>：0　　　　　　　//输入 "0"，确定箭头的末尾半宽，按空格键

指定下一点或 [圆弧(A)/闭合(C)/半宽(H)/长度(L)/放弃(U)/宽度(W)]：15

　　　　　　　　　//确定正交模式打开，确定鼠标向右水平方向，输入 15，按空格键

指定下一点或 [圆弧(A)/闭合(C)/半宽(H)/长度(L)/放弃(U)/宽度(W)]：

　　　　　　　　　//按 Enter 键，结束命令，结果如图 2-4 所示

【练习 2-3】用多线命令绘制图 2-5 所示的槽口。

命令：PL 或 PLine　　　　　　　　　　//输入 "pline" 或 "pl"，按空格键执行命令

指定起点：　　　　　　　　　　　　　// 在屏幕上的绘图区域上单击一点

当前线宽为 0.0000　　　　　　　　　//系统默认的线宽为 0.0000，按空格键

指定下一个点或 [圆弧(A)/半宽(H)/长度(L)/放弃(U)/宽度(W)]：<正交 开> 34

　　　　　　　　　//正交模式打开，鼠标水平向右，命令窗口输入 "34"，按空格键

指定下一点或 [圆弧(A)/闭合(C)/半宽(H)/长度(L)/放弃(U)/宽度(W)]：a //输入 "a"，按空格键

指定圆弧的端点或[角度(A)/圆心(CE)/闭合(CL)/方向(D)/半宽(H)/直线(L)/半径(R)/第二个点(S)/放弃(U)/宽度(W)]：r　　　　　　　　　　　　　//输入 "r"，按空格键

指定圆弧的半径：8　　　　　　　　　//输入 "8"，按空格键

指定圆弧的端点或 [角度(A)]：a　　　　//输入 "a" 选择角度选项，按空格键

指定包含角：180　　　　　　　　　　//输入角度 "180"，按空格键

指定圆弧的弦方向 <0>：　　//打开正交模式，光标上移，圆弧展示为 180 度时与垂直线相交处为 180 度

指定圆弧的端点或[角度(A)/圆心(CE)/闭合(CL)/方向(D)/半宽(H)/直线(L)/半径(R)/第二个点(S)/放弃(U)/宽度(W)]：l　　　　　　　　　　　　　//输入 "l"，确定准备画直线

指定下一点或 [圆弧(A)/闭合(C)/半宽(H)/长度(L)/放弃(U)/宽度(W)]：34

　　　　　　　//确保打开正交模式，光标水平向左，输入直线的距离 "34"，按空格键，执行画直线命令

指定下一点或 [圆弧(A)/闭合(C)/半宽(H)/长度(L)/放弃(U)/宽度(W)]：a //输入 "a"，按空格键执行命令

指定圆弧的端点或

[角度(A)/圆心(CE)/闭合(CL)/方向(D)/半宽(H)/直线(L)/半径(R)/第二个点(S)/放弃(U)/宽度(W)]：cl

　　　　　　　//输入 "cl"，按空格键执行闭合命令，结束多线命令。结果如图 2-5 所示

2.1.3　矩形绘图

Rectangle（矩形）是用矩形命令来绘制工程图形。在 AutoCAD 中绘制矩形图形通常非常迅速和方便。这个矩形的表现形式有好几种，主要是矩形四角的变化，如直角、圆角、倒角以及矩形线的粗细宽度的设置等。

命令启动方法

方法一：【命令栏】在 "草图与注释" 界面下，单击 "常用" 选项卡 > "绘图" 面板 > ▢·（矩形）按钮；

方法二：【菜单】在"AutoCAD 经典"界面下，单击"绘图"菜单 > "矩形"命令；

方法三：【命令】输入 Rectangle，或输入快捷键 REC，按 Enter 键或空格键执行。

【练习 2-4】绘制圆角矩形图形，结果如图 2-6 所示。电子文件见"图 2-5.dwg"。

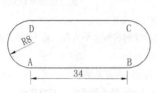

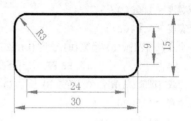

图 2-5　绘制槽口图形　　　　　　　　　图 2-6　绘制圆角矩形

命令：REC	//输入 rec，按空格键执行命令
RECTANG	
当前矩形模式：　圆角=5.0000　宽度=0.5000	//系统默认当前的矩形命令的相关数据的提示
指定第一个角点或 [倒角(C)/标高(E)/圆角(F)/厚度(T)/宽度(W)]：w	//输入 W，按空格键
指定矩形的线宽 <0.5000>：0.4	//输入 0.4，按空格键确定的线宽
指定第一个角点或 [倒角(C)/标高(E)/圆角(F)/厚度(T)/宽度(W)]：f	//输入 f，按空格键执行
指定矩形的圆角半径 <5.0000>：3	//输入 3，，按空格键执行圆角命令
指定第一个角点或 [倒角(C)/标高(E)/圆角(F)/厚度(T)/宽度(W)]：20,20	
	//输入"20,20"，按空格键确定第一角点位置
指定另一个角点或 [面积(A)/尺寸(D)/旋转(R)]：d	//输入 d，按空格键执行
指定矩形的长度 <20.0000>：30	//输入矩形的长度 30，按空格键执行
指定矩形的宽度 <14.0000>：15	//输入矩形的宽度 15，按空格键执行
指定另一个角点或 [面积(A)/尺寸(D)/旋转(R)]：	

//光标在屏幕上绘图区域的左边单击一点，确定矩形的位置，矩形的绘制情况如图 2-6 所示。

需要二维角点或选项关键字。

指定另一个角点或 [面积(A)/尺寸(D)/旋转(R)]：//按 Enter 键执行原有命令，按 Esc 键撤销矩形命令。

注意与提示

用矩形命令绘制图形的时候，命令提示行会有几种参数的设置形式：倒角、标高、圆角、厚度、宽度等参数，可以绘制出不同形态的矩形，结果如图 2-7 所示。电子文件见"图 2-7.dwg"。

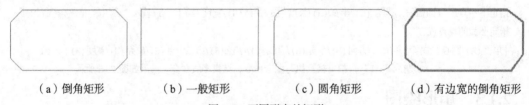

（a）倒角矩形　　　　（b）一般矩形　　　　（c）圆角矩形　　　（d）有边宽的倒角矩形

图 2-7　不同形态的矩形

2.1.4　多边形画图

Polygon（多边形）是常用的绘图命令之一，下面用 Polygon 命令来绘制多边形。

命令启动方法

方法一：【命令栏】①在"草图与注释"界面，单击"常用"选项卡下面的矩形按钮 ▱·右边的三角形下拉按钮；②单击选择多边形按钮 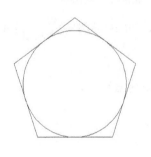，打开多边形命令。

方法二：【菜单】在"AutoCAD 经典"界面下，单击"绘图"菜单 > "多边形"命令，或单击左边绘图面板上的多边形按钮 ⬠。

方法三：【命令】输入 Polygon，或输入快捷键 POL，按 Enter 键或空格键执行。

【练习 2-5】完成内接圆的正六边形绘图，如图 2-8 所示，电子文件见"图 2-9.dwg"。

命令：_Polygon 输入侧面数 <6>：6　　　　// 输入 polygon，按空格键执行，当前系统默认侧面为 6，
　　　　　　　　　　　　　　　　　　　　　　　指定正多边形的中心点或 [边(E)]：>>

// 单击圆心，单击前先用鼠标右键单击"捕捉模式"，打开"草图设置"对话框，单击"对象捕捉"选项下，勾选"启用对象捕捉"，再勾选"圆心"选项，最后单击"确定"按钮，关闭对话框。光标在圆心附近移动，在圆的圆心处将出现一个绿色的有⊕的绿色图形出现，单击，确定中心点

正在恢复执行 POLYGON 命令。

输入选项 [内接于圆(I)/外切于圆(C)] <I>：　　//按空格键默认系统提示的"内接于圆(I)"选项，这里还
　　　　　　　　　　　　　　　　　　　　　　　有一项圆外切正多边形的选项

指定圆的半径：13　　　　　　　　　　　　//输入 13，按空格键，完成内接正六边形的绘图

命令：　　　　　　　　　　　　　　　　//按空格键，继续命令操作

命令：*取消*　　　　　　　　　　　　　// 按 Esc 键，取消 polygon 命令，结果如图 2-9 所示

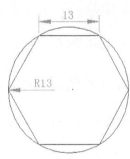

（a）捕捉圆心　　　　（b）捕捉圆心后画出正六边形

图 2-8　圆外切正五边形　　　　图 2-9　圆内接正六边形画法

2.1.5　用圆画图

命令启动方法

方法一：【命令栏】在"草图与注释"界面，单击"常用"选项卡下面的矩形按钮 下边的三角形下拉按钮，打开会发现有六种画图按钮 ⊙，单击其中一个画圆方法命令。

方法二：【菜单】在"AutoCAD 经典"界面下，单击"绘图"菜单 > "圆"命令，或者直接单击左边绘图面板上的画圆命令按钮 ⊙。

方法三：【命令】输入 Circle，或输入快捷键 C，并按 Enter 键或空格键执行。

下面根据已知条件，完成圆的画图。

【练习 2-6】绘制已知条件为圆心坐标（30，30）、半径为 15 的圆。电子文件见"图 2-11.dwg"。

命令：C　　　　　　　　　　　　　　　//输入 C，按空格键执行

CIRCLE

指定圆的圆心或 [三点(3P)/两点(2P)/切点、切点、半径(T)]：30,30,
　　　　　　　　　　　　　　　　　　　//输入圆心 O 点绝对坐标 30,30，按空格键执行

指定圆的半径或 [直径(D)] <30.0000>：15　//按照命令函的提示输入 15，或者，任意在屏幕上单击一
　　　　　　　　　　　　　　　　　　　点 A，按空格键执行，如图 2-10(a) 所示

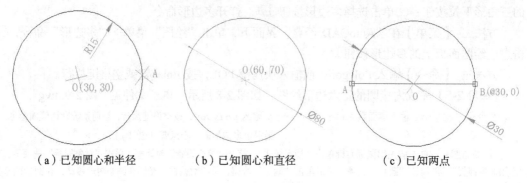

（a）已知圆心和半径　　　　　（b）已知圆心和直径　　　　　（c）已知两点

图 2-10　按已知条件画圆之一

【练习 2-7】已知圆心坐标为（60,70），绘制直径为 80 的圆，如图 2-10（b）所示。

【练习 2-8】已知 A、B 两点，直径为 30，画圆，如图 2-10（c）所示。

【练习 2-9】已知三角形的三点 A、B、C，画外接圆，如图 2-11（a）所示。

【练习 2-10】已知夹角 AOC 和半径 R=14 画圆，如图 2-11（b）所示。

命令：c CIRCLE　　　　　//用单击"AutoCAD 经典界面" > "绘图" > "圆" > "相切、相切、半径"命令

指定圆的圆心或 [三点(3P)/两点(2P)/切点、切点、半径(T)]：t　　//按空格键默认当前命令

指定对象与圆的第一个切点：//在屏幕上的绘图区，光标在夹角 OA 边上移动，当出现相切图标 后单击第一个切点 D

单击三角形上的第一个切点，指定对象与圆的第二个切点：
　　　　//同上，在屏幕上的绘图区，单击夹角上的第二个切点 E

指定圆的半径 <14.9394>：//按空格键默认，结果如图 2-11（b）所示

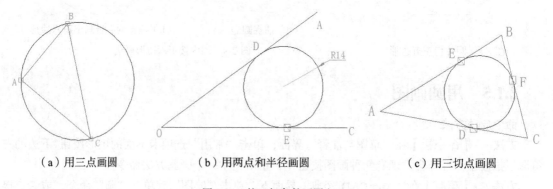

（a）用三点画圆　　　　　（b）用两点和半径画圆　　　　　（c）用三切点画圆

图 2-11　按已知条件画圆之二

【练习 2-11】已知三角形画内切圆，用相切、相切、相切的方法画圆，结果如图 2-11（c）所示。

　　这种画圆也有几种情况，如在三个圆中间选择相切、相切、相切来画圆，这里以在一个已知的三角形里面画相切、相切、相切的内切圆为例。用启动"草图与注释"界面下的"常用"命令栏中的圆的下拉菜单"相切、相切、相切"按钮 相切, 相切, 相切；或者单击"AutoCAD 经典界面" > "绘图" > "圆" > "相切、相切、相切"命令，启动圆的"相切、相切、相切"命令。启动过程如图 2-12 和图 2-13 所示。

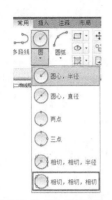

图 2-12　"草图与注释"界面下启动画圆命令　　　图 2-13　"AutoCAD 经典"界面下启动画圆命令

2.1.6　用弧画图

ARC 圆弧是工程制图中常用的命令，AutoCAD 中画圆弧主要是用起点、方向、圆心、角度、终点、弦长和半径等控制点进行绘制和确定。

命令启动方法

方法一：【命令栏】在"草图与注释"界面，单击"常用"选项卡 >"绘图"面板 > 圆弧按钮 。

方法二：【菜单】在"AutoCAD 经典"界面，单击"绘图"菜单 >"圆弧"命令。

方法三：【命令】输入 Arc 或者快捷键 A，按空格键执行。

在图 2-14 中可以清楚地看到 AutoCAD 圆弧画弧的方法就有 11 种。

【练习 2-12】三点法画弧，启用 Arc（圆弧）命令，单击"常用"选项卡栏目下面的"圆弧"按钮下的三角形 ，打开圆弧的各种面板，选择其中的第一个三点画弧法按钮 ，开始画弧。结果如图 2-15 所示。电子文件见"图 2-15.dwg"。

命令：_Arc	//单击三点画弧按钮 ，启动 Arc 命令
指定圆弧的起点或［圆心(C)］：	//单击起点，即 A 点
指定圆弧的第二个点或［圆心(C)/端点(E)］：	//单击第二点，即 B 点
指定圆弧的端点：	//单击第三点，即端点 C 点
命令：*取消*	// 按 Esc 键，取消 arc 命令，如图 2-15 所示

【练习 2-13】圆心、起点、角度法画弧。结果见图 2-16，AutoCAD 提示略。

启用 Arc（圆弧）命令：①单击"常用"选项卡下面的"圆弧"按钮下的三角形；②打开圆弧的各种面板，选择单击其中的"圆心，起点，角度"按钮 ，开始画弧。

【练习 2-14】圆心、起点、长度法画弧，结果见图 2-17，AutoCAD 提示略。启用 Arc（圆弧）命令：①单击"常用"选项卡下面的"圆弧"按钮下的三角形，打开圆弧的各种面板；②选择并单击其中的"圆心，起点，长度"按钮 ，开始画弧。

【练习 2-15】连续法画弧，结果见图 2-18，AutoCAD 提示略。

启用 Arc（圆弧）命令：①单击"常用"选项卡下面的"圆弧"按钮下的三角形，打开圆弧的各种面板；②选择并单击其中的"连续"按钮 ，开始画弧。

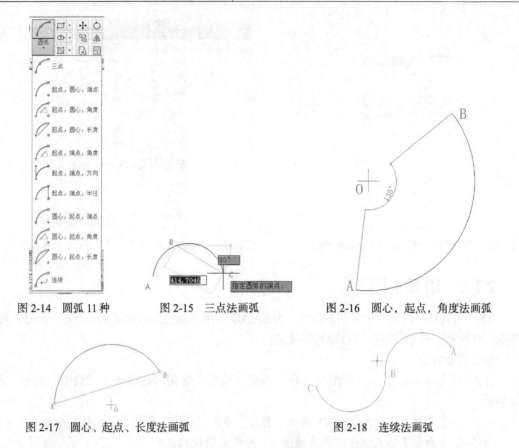

图 2-14 圆弧 11 种   图 2-15 三点法画弧   图 2-16 圆心，起点，角度法画弧

图 2-17 圆心、起点、长度法画弧   图 2-18 连续法画弧

注意与提示

关于弧的画法，就举以上四例，其他主要根据 AutoCAD 的提示和需要进行相关的设置和处理，用户可以自己一一试用。

案例绘图分析——绘制传动机件

依据图 2-19 所示的图形和尺寸绘制图形。电子文件见"图 2-19.dwg"。

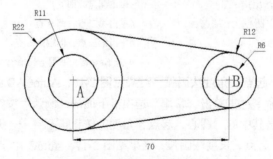

图 2-19 用直线、圆绘制图形

（1）绘制直线框架，结果如图 2-20 所示。

命令：_Line   //在 AutoCAD 经典界面的左侧命令面板上，单击直线命令按钮，启动 line 命令
指定第一个点：   //在屏幕上绘图区域中单击一点，作为第一点
指定下一点或 [放弃(U)]：@70<0

//输入 70<0,按空格键,系统 AutoCAD 显示为@70<0,下一个相对的极坐标点形成

指定下一点或 [放弃(U)]:　　　// 按 Enter 键结束画直线命令,结果如图 2-20 所示

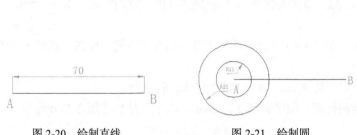

图 2-20　绘制直线　　　　　　　图 2-21　绘制圆　　　　　　　图 2-22　"对象捕捉"设置

（2）绘制圆形图形,绘制过程如图 2-21、图 2-23 所示,分别绘制以 A 点和 B 点为圆心的圆。下面先绘制以 A 点为圆心,半径分别为 11 和 22 的两个圆,画半径为 11 的圆。

命令:_Circle　　　　　　　　//输入 C ,按空格键执行命令;在 AutoCAD 界面最下端的"捕捉模式"或"栅格显示"按钮上用鼠标右键打开"草图设置"对话框,将"对象捕捉"设置为"端点"捕捉和"切点"捕捉,如图 2-22 所示

指定圆的圆心或 [三点(3P)/两点(2P)/切点、切点、半径(T)]:

　　　　　　　　　　　　　　//在屏幕上绘图区域中单击 A 点,作为圆心

指定圆的半径或 [直径(D)]: 11 //在系统 AutoCAD 的提示下,输入半径数据 11,按空格键,画出半径为 11 的圆,如图 2-21 所示。

用相同的方法使用圆命令,AutoCAD 文本提示省略,绘制半径为 22 的圆,结果如图 2-21 所示。

用相同的方法再绘制以 B 点为圆心,半径分别为 6 和 12 的两个圆,绘制的结果如图 2-23 所示,AutoCAD 提示省略。

（3）绘制切线,结果如图 2-24 所示。

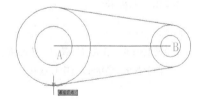

图 2-23　绘制圆　　　　　　　　　　　　　　图 2-24　绘制切线

命令:_Line　　　　　　　　　//输入 l,按空格键执行画直线命令

指定第一个点:　　　　　　　//按 F9 键打开捕捉模式,光标放在圆心为 A 的大圆上端,出现"切点"光标后单击,作为第一点

指定下一点或 [放弃(U)]:　　//光标放在圆心为 B 的小圆上端,出现"切点"光标后单击,作为下一点,单击确定作为下一点,两点决定一条直线,上面切线画完,如图 2-24 所示

命令:　　　　　　　　　　　//按空格键继续画直线命令

用相同的方法,使用直线命令,AutoCAD 提示省略,绘制结果如图 2-24 所示。

2.1.7　椭圆绘图

ELLIPSE（椭圆）是椭圆的命令,椭圆的特点由椭圆的中心点、长轴、短轴 3 个参数来确定

的。如果长轴和短轴相等，绘制出来的就是圆，"椭圆"和"椭圆弧"命令能够绘制其他工程制图中的图形。

命令启动方法

方法一：【命令栏】单击 AutoCAD "草图与注释"工作空间界面的"常用"选项卡 > "绘图"面板 > 椭圆按钮 ⊙。

方法二：【菜单栏】单击 AutoCAD "AutoCAD 经典"工作空间界面下的"绘图"菜单 > "椭圆"命令。

方法三：【命令】输入 Ellipse 或快捷键 EL，按空格键或 Enter 键执行。

【练习 2-16】用中心点方式绘制椭圆，结果如图 2-25 所示，电子文件见"图 2-25.dwg"。

命令：_Ellipse	//单击"椭圆"命令按钮 ⊙
指定椭圆的轴端点或 [圆弧(A)/中心点(C)]：c	//输入 C，按空格键
指定椭圆的中心点：	//在屏幕绘图区域中单击一点 O，即椭圆的中心点
指定轴的端点：	//输入端点的相对极坐标@50<90，按空格键，即端点 A
>>输入 ORTHOMODE 的新值 <0>：	
正在恢复执行 Ellipse 命令。	
指定轴的端点：@50<90	
指定另一条半轴长度或 [旋转(R)]：75	//输入另一条半长轴的距离 75，按空格键，椭圆完成，可以看到两条半长轴，即 OA 和 OB，结果画出椭圆如图 2-25 所示

【练习 2-17】用椭圆的画弧方式绘图，结果如图 2-26 和图 2-27 所示。

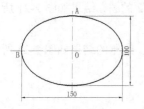

图 2-25　画椭圆一

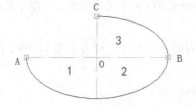

图 2-26　画椭圆二

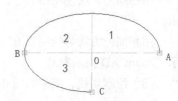

图 2-27　画椭圆三

命令：_Ellipse	//单击"AutoCAD 经典"界面左边命令栏中的"椭圆"命令按钮 ⊙
指定椭圆的轴端点或 [圆弧(A)/中心点(C)]：a	//输入 a，选择圆弧选项，按空格键
指定椭圆弧的轴端点或 [中心点(C)]：	
	//在屏幕绘图区域中单击一点 A，即椭圆的一个轴端点
指定轴的另一个端点：	//在屏幕绘图区域中单击一点 B，即椭圆的另一个轴端点
指定另一条半轴长度或 [旋转(R)]：	//在屏幕绘图区域中单击一点 B，即椭圆的另一个轴端点
指定起点角度或 [参数(P)]：0	//输入起点角度 0 度，按空格键
指定端点角度或 [参数(P)/包含角度(I)]：270	//输入端点角度 270 度，按空格键
命令：*取消*	//按 Esc 键，撤销 ellipse 绘图命令，结果如图 2-26、图 2-27 所示

注意与提示

椭圆画弧，起点从左向右，起点为 0 度，旋转方向为逆时针，转到 270 度，结果如图 2-25 所示；椭圆画弧，起点从右向左，起点为 0 度，旋转方向为逆时针方向，转到 270 度，结果如图 2-26 所示。无论起始端点从左到右，是从右到左，都从起始点开始，仍旧以椭圆的中心点 O 为旋转中心，端点的顺序是 A、B、C。比较形成的椭圆图形，分成 1、2、3 共三部分，如从 1 开始到 2～

3 有三个区域，都是按逆时针旋转排列的，第 3 区域是终结角度的区域。

案例绘图分析——绘制洗脸台盆平面

用矩形或直线、圆、椭圆等命令绘制如图 2-28 所示尺寸的洗脸台盆平面。

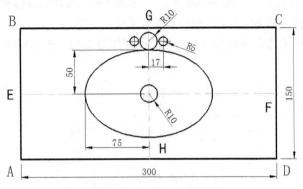

图 2-28　洗脸台盆的形状和尺寸

（1）建立基本框架，用矩形 Rectangle 命令绘制一个长 300、宽 150 的长方形，结果如图 2-29 所示。电子文件见"图 2-28.dwg"。

命令：_Rectang	//单击"Auto CAD 经典"界面左边命令栏中的矩形命令□按钮
指定第一个角点或 [倒角(C)/标高(E)/圆角(F)/厚度(T)/宽度(W)]:	//在屏幕绘图区域中单击一点作为第一角点
指定另一个角点或 [面积(A)/尺寸(D)/旋转(R)]: d	//输入 d，选择尺寸选项，按空格键
指定矩形的长度 <10.0000>: 300	//输入 300，按空格键
指定矩形的宽度 <10.0000>: 150	//输入 150，按空格键
指定另一个角点或 [面积(A)/尺寸(D)/旋转(R)]:	//在第一角点左边单击一点，作为另一个角点，矩形绘制完成

需要二维角点或选项关键字。

指定另一个角点或 [面积(A)/尺寸(D)/旋转(R)]:	//按空格键或者 Enter 键结束 rectangle 命令
命令：*取消*	//按 Esc 键，撤销矩形绘图命令，结果如图 2-29 所示

（2）用直线画辅助的水平中线，结果如图 2-31 所示。

画图前，右键单击"捕捉模式"，打开"草图设置"对话框，在"对象捕捉"栏勾选"中点""圆心""垂足"等选项，如图 2-30 所示。下面是绘制分别经过 AB 和 CD 的中点水平直线 EF 的过程，如图 2-32 所示。

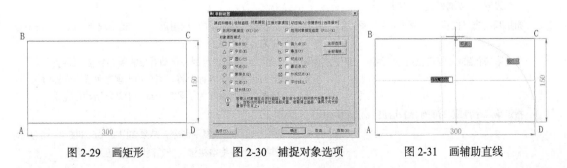

图 2-29　画矩形　　　　图 2-30　捕捉对象选项　　　　图 2-31　画辅助直线

命令：_Line　　　　　　　　　//单击"Auto CAD 经典"界面左边命令栏中的直线命令按钮

指定第一个点：　　　　　　　//光标放在 AB 上，自动出现 时，单击 AB 上的中点，作为第一个点

指定下一点或 [放弃(U)]：

　　　　　　　　　　　　　　//光标放在 CD 上，自动出现 时，单击 CD 上的中点，作为第二个点

指定下一点或 [放弃(U)]：　　//按空格键或者 Enter 键结束 line 命令，结果参照图 2-31 和图 2-32 所示

同样的方法，绘制经过 BC 和 AD 的中点垂线 GH。

（3）用圆、复制和镜像命令画洗脸台的盆。过程如图 2-32～图 2-34 所示。

图 2-32　画中间椭圆

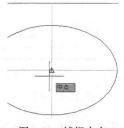

图 2-33　捕捉中点

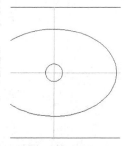

图 2-34　画中间圆

命令：_Ellipse　　　　　　　　//单击"Auto CAD 经典"界面左边命令栏中的椭圆命令按钮

指定椭圆的轴端点或 [圆弧(A)/中心点(C)]：c　//输入 c，选择"中心点"选项，按空格键

指定椭圆的中心点：　　　　　//按 F9 键用捕捉模式，当光标在 EF 的中点附近出现 时单击中点

指定轴的端点：75　　　　　　//输入 75，按 F8 键，打开正交模式，光标水平向右，按空格键

指定另一条半轴长度或 [旋转(R)]：50　//输入 50，按空格键，椭圆绘制完成，如图 2-32 所示

　　命令：C　　　　　　　　　//输入 C，按空格键，开始画圆操作

CIRCLE

指定圆的圆心或 [三点(3P)/两点(2P)/切点、切点、半径(T)]：//保持打开捕捉模式，光标放在水平直线 EF 的

　　　　　　　　　　　　　　　　　　　　　　　　　　中点附近，当自动出现 光标时，单击，选

　　　　　　　　　　　　　　　　　　　　　　　　　　择它作为将画圆圆的圆心，如图 2-33 所示

指定圆的半径或 [直径(D)]：10　//在命令提示下，输入 10，按空格键，画完中间圆，如图 2-34 所示

（4）用复制命令画水龙头中间的水管，用画圆命令画右边一个水龙头开关，结果如图 2-35～

图 2-37 所示。

命令：CO　　　　　　　　　　//输入 CO，按空格键，开始复制操作

COPY

选择对象：找到 1 个　　　　　//用光标框选或单击要复制的对象中心的小圆，按空格键

选择对象：

当前设置：　复制模式 = 多个

指定基点或 [位移(D)/模式(O)] <位移>：//光标放在椭圆中心处附近，当自动出现 时，单击中点

　　　　　　　　　　　　　　　　　　作为复制的基点

指定第二个点或 [阵列(A)] <用第一个点作为位移>：//第二点就是要复制并移动对象的哪一个点，保持正

　　　　　　　　　　　　　　　　　　　　　交的状态下，光标上移，当自动出现绿色垂直光标时，

　　　　　　　　　　　　　　　　　　　　　单击，垂足就作为了第二个点，于是复制动作完成

指定第二个点或 [阵列(A)/退出(E)/放弃(U)] <退出>：

　　　　　　　　　　　　　　//按空格键结束复制命令，结果如图 2-35 和图 2-36 所示。

命令：C　　　　　　　　　　//输入 C，按空格键，开始画圆操作

CIRCLE

指定圆的圆心或 [三点(3P)/两点(2P)/切点、切点、半径(T)]: from　　　//输入 from ，按空格键

基点: <偏移>: @17<0　　　　　　　　　　//确保捕捉模式打开的情况下，鼠标在上端圆处移动，
　　　　　　　　　　　　　　　　　　　　　　当出现绿色圆心光标╂╌╂时，单击作为基点，同时输
　　　　　　　　　　　　　　　　　　　　　　入@17<0，按空格键

指定圆的半径或 [直径(D)] <10.0000>: 5　　//输入 5，按空格键，上端小圆画出，参照图 2-37 所示

命令: *取消*　　　　　　　　　　　　　　//按 Esc 键，撤销画圆命令。

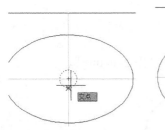
图 2-35　选择复制的基点

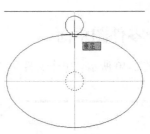
图 2-36　复制

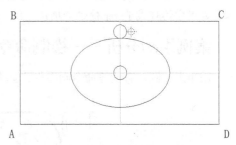
图 2-37　画小圆并镜像小圆

　　使用相同方法用画圆方法完成另一个小圆，表示水龙头左边的开关，AutoCAD 提示省略。也可以用镜像的方法，来绘制表示水龙头的小圆，方法如下。

　　（5）用镜像命令绘制水龙头左边的小圆。在完成镜像操作命令之前，将椭圆上端的小圆开关的细节 "+" 字图形绘制完成，如图 2-38 所示，下面是镜像的 AutoCAD 提示。

命令: Mirror　　　　　　　　　　　　　//输入 mi ，按空格键，开始镜像命令操作

选择对象: 指定对角点: 找到 3 个　　　//左键框选右边的小圆和 "+" 元素

选择对象:　　　　　　　　　　　　　　//按空格键确认

　指定镜像线的第一点: >>　　　　　　//确保捕捉模式打开，按 F9 键，光标捕捉 AB 上的中点时单
　　　　　　　　　　　　　　　　　　击，作为第一点正在恢复执行 MIRROR 命令

指定镜像线的第一点: 指定镜像线的第二点:　//光标左键上移，捕捉 BC 的中点时，单击，作为第二点

要删除源对象吗? [是(Y)/否(N)] <N>: n　//根据 AutoCAD 的提示，输入 n，按空格键，完成复制，结
　　　　　　　　　　　　　　　　　　果如图 2-38 所示

　　（6）最后完成洗脸台盆平面并标注尺寸，尺寸标注现在暂时不讲， AutoCAD 过程省略，结果如图 2-39 所示。

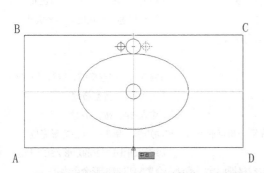
图 2-38　用圆绘制上端小圆并镜像上端小圆

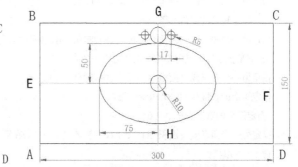
图 2-39　洗脸台盆平面尺寸示意图

注意与提示

（1）From，是从什么点开始偏移的命令，偏移的时候有一个基点，基点用左键单击；之后的点是偏移点，采用相对坐标或相对极坐标命令来确定偏移得来的新坐标新起点。

（2）复制 Copy，根据 AutoCAD 的提示来操作，选取对象、选择第一点、选择第二点，复制操作命令就完成了。

（3）镜像 Mirror，镜像对象选择后，需要有一个镜像的镜像线，可以是实际的线，也可以用两个点来决定一条线，选择两个点也是可以作为假想的一条线来镜像的。所有的对象，确定选择，都需要用空格键或 Enter 键进行确认。

案例绘图分析——绘制命令零件图平面

用矩形、圆、直线等命令画零件，如图 2-40 所示。电子文件见"图 2-40.dwg"。

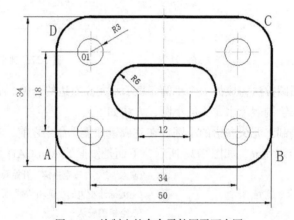

图 2-40　绘制出的命令零件图平面全图

画图前"捕捉模式"设置"中点""圆心"等捕捉模式，以方便绘制图形。

【练习 2-18】绘制两个矩形，如图 2-41 和图 2-42 所示。

命令：_Rectang	//输入 rec，按空格键
当前矩形模式：圆角=8.0000　宽度=0.5000	
指定第一个角点或 [倒角(C)/标高(E)/圆角(F)/厚度(T)/宽度(W)]：w	//输入 w，按空格键
指定矩形的线宽 <0.5000>：0.4	//输入 0.4，按空格键
指定第一个角点或 [倒角(C)/标高(E)/圆角(F)/厚度(T)/宽度(W)]：f	//输入 f，按空格键，执行圆角命令，
指定矩形的圆角半径 <8.0000>：	//按空格键，默认圆角半径大小
指定第一个角点或 [倒角(C)/标高(E)/圆角(F)/厚度(T)/宽度(W)]：	
//在屏幕上绘图区域上单击一点作为第一角点	
指定另一个角点或 [面积(A)/尺寸(D)/旋转(R)]：d	//输入 d，按空格键，执行尺寸命令
指定矩形的长度 <10.0000>：50	//输入 50，按空格键
指定矩形的宽度 <5.0000>：34	//输入 34，按空格键
指定另一个角点或 [面积(A)/尺寸(D)/旋转(R)]：	//在第一角点的右边，拉动矩形，单击一点，矩形完成
命令：*取消*	//结果如图 3-41 的矩形 ABCD 所示
命令：RECTANG	//按空格键两次，等到命令窗口出现矩形命令为止
当前矩形模式：圆角=8.0000　宽度=0.4000	
指定第一个角点或 [倒角(C)/标高(E)/圆角(F)/厚度(T)/宽度(W)]：f	//输入 f，按空格键，准备执行圆角命令

指定矩形的圆角半径 <8.0000>: 6　　　　　　　　//输入 6，按空格键，准备执行圆角命令

指定第一个角点或 [倒角(C)/标高(E)/圆角(F)/厚度(T)/宽度(W)]: from

　　　　　　　　　　　　　　　　　　　　　　//输入 from，按空格键，准备偏移

基点: <偏移>:　　@-12,-6　　　　　　　　　　//左键移动到矩形的水平和纵向的追踪中线的交点出现时，单击，

　　　　　　　　　　　　　　　　　　　　　　作为基点，键盘输入相对坐标@-12,-6，按空格键，指定第一个角点

指定另一个角点或 [面积(A)/尺寸(D)/旋转(R)]: d　　//输入 d，按空格键，执行尺寸的选项

指定矩形的长度 <50.0000>: 24　　　　　　　　　//输入 24，按空格键

指定矩形的宽度 <34.0000>: 12　　　　　　　　　//输入 12，按空格键

指定另一个角点或 [面积(A)/尺寸(D)/旋转(R)]:　　//在第一角点的右边，拉动矩形，单击一点，矩形完成

命令: *取消*　　　　　　　　　　　　　　　　　//按 Esc 键，撤销矩形命令，结果如图 2-42 所示

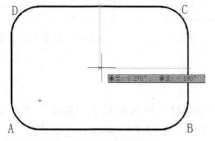
图 2-41　绘制圆角矩形

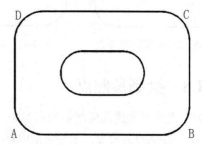
图 2-42　绘制第二个圆角矩形

【练习 2-19】绘制图形中的第一个圆，如图 2-43 和图 2-44 所示。

命令: _circle　　　　　　　　　　　　　　　　//输入 c，按空格键，执行画圆命令

指定圆的圆心或 [三点(3P)/两点(2P)/切点、切点、半径(T)]:

//当光标放在有圆心出现的时候，单击作为圆心

指定圆的半径或 [直径(D)]: 3　　　　　　　　　//输入 3，按空格键，第一个圆完成，如图 2-43 和图 2-44 所示

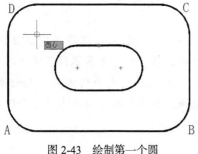
图 2-43　绘制第一个圆

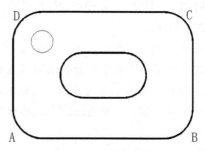
图 2-44　绘制第一个圆

【练习 2-20】将第一个圆复制三个，操作步骤如图 2-45～图 2-47 所示。

命令: CO　　　　　　　　　//输入 CO，按空格键，执行复制命令 copy

选择对象: 找到 1 个　　　　// 左键框选第一个小圆，按空格键，确定选择的复制对象如图 2-45 所示

选择对象:

当前设置: 复制模式 = 多个

指定基点或 [位移(D)/模式(O)] <位移>:

指定第二个点或 [阵列(A)] <用第一个点作为位移>:　　//将光标上下移动到 A 点附近区域，当出现绿色圆心光

　　　　　　　　　　　　　　　　　　　　　　　　　标时，单击，确定第二个点，复制了第一个圆

指定第二个点或 [阵列(A)/退出(E)/放弃(U)] <退出>:　　//将光标上下移动到 B 点附近区域，当出现绿色圆心光

指定第二个点或 [阵列(A)/退出(E)/放弃(U)] <退出>：　//将光标上下移动到 C 点附近区域，当出现绿色圆心光标时，单击，确定 第二个点，复制了第二个圆

标时，单击，确定 第二个点，复制了第二个圆

标时，单击，确定第二个点，复制了第三个圆

指定第二个点或 [阵列(A)/退出(E)/放弃(U)] <退出>：　//按 Esc 键，撤销复制命令，最后完成的图形，如图 2-46 所示，尺寸标注如图 2-47 所示

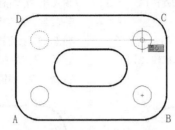

图 2-45　复制圆前确定基点　　　　图 2-46　复制完成三个圆

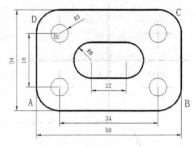

图 2-47　绘制完成的全图

2.1.8　绘制参照点

作为节点或者参照几何图形的点对象，对于"对象捕捉"和相对于"偏移"非常有用。在 AutoCAD 中绘制点的命令，主要包括单点、多点、定数等分点和定距等分点 4 种。

1．设置点样式

在 AutoCAD 中，点是没有大小和形状的，因此一般要设置点的样式来满足用户设计制图的需要，用"点样式"对话框可以设置点的形状和大小。

命令启动方法

方法一：【菜单栏】在 AutoCAD 经典界面中，单击"格式"菜单 >"点样式"命令；

方法二：【命令】输入 Ddptype，按空格键执行。

启动"点样式"，各种点的样式见"点样式"对话框，如图 2-48 所示。

注意与提示

点样式大小确定的操作：①单击"点样式"对话框中的各种图标，选择不同的点样式形状；②单击调节点大小的数值来调节点的大小；③或者用选择"相对于屏幕设置大小"选项，确定点的大小；④或者用选择"按绝对单位设置大小"来确定点的大小的方式。无论做了什么样的选择，都需要单击 ▭确定 按钮来执行用户的选择。不清楚的可以单击"帮助"按钮，以解决困惑。

2．绘制单点

命令启动方法

方法一：【菜单栏】在 AutoCAD 经典界面中，单击"绘图"菜单 >"点" >"单点"按钮；

方法二：【命令】输入 po，按空格键或 Enter 键执行。

【练习 2-21】绘制单点。选择的点样式为"⊕"，结果如图 2-49 和图 2-50 所示。

命令：PO　//输入 PO，按空格键，执行单点命令

POINT

当前点模式：PDMODE=34　PDSIZE=0.0000

指定点：　//单击"对象捕捉"命令栏中的圆心，让圆心被勾选，确定捕捉命令。左键放到圆心附近位置，当出现绿色圆心光标⊕时，单击，单点指定完毕，单点绘制完成，结果如图 2-49 和图 2-50 所示

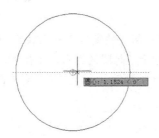
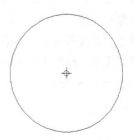

图 2-48　"点样式"对话框　　　　　图 2-49　选择圆心　　　　　　图 2-50　绘制单点

3. 绘制多点

命令启动方法

方法一：【菜单栏】在 AutoCAD 经典界面中，单击"绘图"菜单 > "点" > "多点"按钮；

方法二：【命令栏】单击"绘图"命令面板 > "多点"按钮 ·；

方法三：【命令栏】在 AutoCAD "草图与注释"界面，单击"常用" > "多点"按钮 ·。

【练习 2-22】绘制多点。绘制多点前，设置对象捕捉"端点"模式，如图 2-51 所示。为了便于清楚识别点的效果，选择和设置点样式为"⊗"，执行多点样式。结果如图 2-52～图 2-53 所示。

命令：_point	// 输入 PO，按空格键
当前点模式：PDMODE=35 PDSIZE=0.0000	
指定点：	//用光标放到矩形的一个端点上，当出现绿色端点光标时，单击，绘制端点，如图 2-52 所示，再依次单击矩形的其他三个端点，结果如图 2-53 所示。
指定点：*取消*	//按 Esc 键，取消多点命令，电子文件见"图 2-53.dwg"

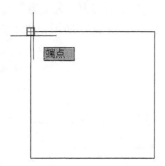
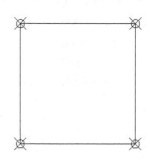

图 2-51　设置对象捕捉"端点"模式　　　图 2-52　单击捕捉"端点"　　　图 2-53　多点绘制完成

4. 绘制定数等分点

DIVIDE 定数等分点就是能够在一个图形上按指定的点数绘制出多点，这些点之间距离均匀分布。

命令启动方法

方法一：【命令栏】在 AutoCAD 的"草图与注释"工作界面中，单击"常用" > "绘图命令栏" > "定数等分点"按钮；

方法二：【菜单】在 AutoCAD 经典工作界面中，单击"绘图" > "点" > "定数等分点"按钮；

方法三：【命令】输入"Divide"或快捷键 DIV，并按空格键执行。

【练习 2-23】绘制定数等分点，结果如图 2-54 和图 2-56 所示。

命令：Divide　　　　　　　　　// 输入 divide，按空格键

选择要定数等分的对象：　　　　　　//单击圆，按空格键确定选择的对象，结果如图 2-54 所示

输入线段数目或 [块(B)]：8　　　// 输入 8，按空格键，执行定数等分点命令，结果如图 2-55 所示

注意与提示

对于"定数等分点"命令而言，同样的定数等分点数 8，对于封闭的图形，如圆，点数是 8，等分段数是 8，如图 2-55 所示；对于不封闭的图形，如弧形，点数是 9，等分的段数还是 8，如图 2-56 所示。无论怎样，等分的段数都是一样的。电子文件见"图 2-54.dwg"。

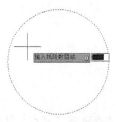

图 2-54　选择圆

图 2-55　定数等分点

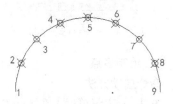

图 2-56　定数等分点

5. 绘制定距等分点

MEASURE 定距等分点命令是能够在一个图形上，按照指定的距离绘制多点。

命令启动方法

方法一：【命令栏】在 AutoCAD 的"草图与注释"工作界面中，单击"常用" > 绘图命令栏 > 定距等分点（测量）⊠按钮；

方法二：【菜单栏】在 AutoCAD 经典工作界面，单击"绘图" > "点" > "定距等分"按钮；

方法三：【命令】输入 Measure 或快捷键 ME，按空格键执行。

【练习 2-24】将一条长 130 毫米的线段用定距 27 毫米的等距离进行等分。事先将"对象捕捉"对话框中的"端点"和"节点"捕捉模式打开，为了方便查看点的效果，这里设置点样式为"⊠"。执行"定距等分点"命令后，结果如图 2-57 所示，电子文件见"图 2-57.dwg"。

命令：_Measure　　　　　　　　　　//输入 measure，或 ME，按空格键执行

选择要定距等分的对象：　　　　　　//用单击直线 AB，按空格键

指定线段长度或 [块(B)]：27　　　　//输入 27，按空格键，结果如图 2-57 所示

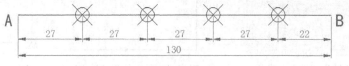

图 2-57　定距等分点

注意与提示

定距等分点是从离拾取点最近的端点处开始放置，以相等的距离计算度量点，直到剩下部分不足一个间距为止。

2.1.9　绘制其他线

1. 射线

RAY 射线命令用来绘制辅助线，射线只有起点没有终点。

命令启动方法

方法一：【命令栏】在 AutoCAD 的"草图与注释"工作界面中，单击"常用" > "绘图命令

栏" > "射线" ◢ 按钮；

方法二：【菜单栏】在 AutoCAD 经典工作界面中，单击"绘图" > "射线"；

方法三：【命令】输入 Ray，按空格键执行。

【练习 2-25】用"射线"命令绘制射线，结果如图 2-58 所示，电子文件见"图 2-58.dwg"。

命令：_Ray 指定起点：　　　　　　　　　//输入 ray，按空格键

指定用点：　　　　　　　　　　　　　　//在屏幕绘图区域单击一点 A，绘制射线 OA

指定用点：　　　　　　　　　　　　　　//在屏幕绘图区域单击一点 B，绘制射线 OB

指定用点：　　　　　　　　　　　　　　//在屏幕绘图区域单击一点 C，绘制射线 OC，按空格键

2. 构造线

XLINE，"构造线"是一种没有起点和终点，两方无限延伸的直线，可以放置在三维空间的任何地方，主要用作辅助线。在制图中，构造线经常用作实现"长对正、宽相等、高平齐"制图原理的辅助线，以绘制基准坐标轴。

命令启动方法

方法一：【命令栏】在 AutoCAD 的"草图与注释"工作界面中，单击"常用" > "绘图命令栏" > "构造线" ◢ 按钮；

方法二：【菜单】在 AutoCAD 经典工作界面中，单击"绘图" > "构造线"；

方法三：【命令】输入 Xline 或者输入 XL 快捷键，按空格键执行。

【练习 2-26】用"构造线"命令绘制一组构造线。

命令：_Xline　　　　　　　　　　　　　//输入 xl，按空格键

指定点或 [水平(H)/垂直(V)/角度(A)/二等分(B)/偏移(O)]：h　//输入 h，按空格键，选择水平画线

指定用点：　　　　　//在-屏幕绘图区域单击一点 A，绘制构造线一

指定用点：　　　　　//在-屏幕绘图区域单击一点 B，绘制构造线二

指定用点：　　　　　//在-屏幕绘图区域单击一点 C，绘制构造线三，结果如图 2-59 所示

构造线 XLINE 有 6 种不同的绘制方法，可以从 AutoCAD 的提示中看到，选择其中一种就会得到一种绘图方式，下面介绍其中的三种：水平、垂直、二等分。

【练习 2-27】用"构造线"水平（H）方式，绘制用指定点 A、B、C 的水平构造线，如图 2-59 所示，AutoCAD 提示省略，电子文件见"图 2-59.dwg"

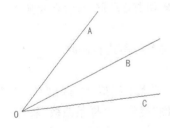

图 2-58　绘制射线

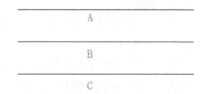

图 2-59　绘制水平构造线

【练习 2-28】用"构造线"垂直（H）方式，绘制用指定点 A、B、C 的垂直构造线，如图 2-60 所示，AutoCAD 提示省略，电子文件见"图 2-59.dwg"。

【练习 2-29】用"构造线"二等分（B）方式，创建角平分线，平分指定的两条相交线 AB、AC 之间的角度，如图 2-61 所示[①]。

命令：_Xline　　　　　　　　　　　　　//输入 xl，按空格键

① 绘图前，在"捕捉模式"对话框中设置，勾选"端点""交点"选项。

指定点或 [水平(H)/垂直(V)/角度(A)/二等分(B)/偏移(O)]: b   //输入 b，按空格键，选择二等分画线

指定角的顶点: //在屏幕上的绘图区域，已经有两条交叉直线 OA 和 OB，单击点 O，即确定顶点

指定角的起点: //单击 OA 直线方向上端最近点

指定角的端点: //单击 OB 直线方向上端最近点

命令: *取消*   //按 Esc 键退出构造线 xline 命令，结果如图 2-61 所示

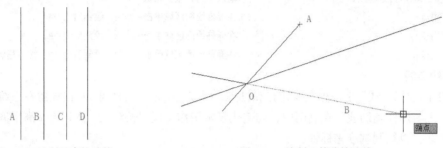

    图 2-60   绘制垂直构造线   图 2-61   绘制二等分构造线

3. 修订云线

REVCLOUD，修订云线，可以在 AutoCAD 的绘图界面中用拖动光标创建新的修订云线，也可以将闭合对象（例如椭圆或多段线）转换为修订云线。可用"修订云线"亮显要查看的图形部分。

命令启动方法

方法一：【命令栏】单击 AutoCAD 2013"草图与注释"工作界面 >"常用"选项卡 >"绘图"面板 >"修订云线"按钮；

方法二：【菜单栏】单击"AutoCAD 经典"工作界面 >"绘图" > "修订云线"按钮；

方法三：【命令栏】单击"AutoCAD 经典"工作界面下 "修订云线"绘图按钮。

【练习 2-30】 用"修订云线"绘制图形，如图 2-62 所示，电子文件见"图 2-62.dwg"。

命令: _Revcloud   //启动"修订云线"命令，按空格键

最小弧长：0.5   最大弧长：1   样式：普通   //输入相关数据，按空格键确认

指定起点或 [弧长(A)/对象(O)/样式(S)] <对象>:   //在屏幕绘图区，按左键开始绘图，光标移动，图形生成，按右键单击结束"修订云线"过程，结果如图 2-62 所示

命令: *取消*   // 按 Esc 键退出修订云线线 revcloud 命令

4. 样条线

SPLINE，样条线，可以用来绘制异形弯曲的图形，对"样条线"等进行修改。

命令启动方法

方法一：【命令栏】单击"草图与注释" >"常用" >"绘图" >"样条曲线拟合"按钮；

方法二：【菜单栏】单击"AutoCAD 经典"工作界面 >"绘图"菜单 > "样条曲线"菜单 > "拟合点"；

方法三：【命令】输入 Spline 或 SPL，按空格键执行。

【练习 2-31】 用"样条曲线"，在图 2-62 所示图形的基础上画树干，结果如图 2-63 所示。

命令: SPLINE   //是输入 spl，按空格键

当前设置：方式=控制点   阶数=3

指定第一个点或 [方式(M)/阶数(D)/对象(O)]: m   //输入 m，按空格键

输入样条曲线创建方式 [拟合(F)/控制点(CV)] <CV>:   //输入 f，按空格键

当前设置：方式=控制点   阶数=3

指定第一个点或 [方式(M)/阶数(D)/对象(O)]：*取消*　//在绘图中鼠标点击画出需要的图形，结果如图 2-63 所示

图 2-62　用"修订云线"绘制树叶　　　图 2-63　用"样条曲线"拟合方式画树干图

5. 螺旋线

HELIX，螺旋线，可以用来绘制二维或三维弹簧图形、螺纹和楼梯。

命令启动方法

方法一：【命令栏】单击"草图与注释" > "常用" > "绘图" > "螺旋"按钮 ；

方法二：【菜单栏】单击"AutoCAD 经典" > "绘图" > "螺旋" 螺旋(I)；

方法三：【命令】输入 Helix，按空格键执行。

【练习 2-32】用螺旋线绘图，结果如图 2-64 所示。

命令：Helix　　　　　　　　　　　　　//输入 helix，按空格键

圈数 = 5.0000　　扭曲=CCW　　　　　　//CCW 是逆时针旋转的方向

指定底面的中心点：　　　　　　　　　　//左键在绘图区域单击一点作为中心点

指定底面半径或 [直径(D)] <15.0000>:20　//输入 20，按空格键

指定顶面半径或 [直径(D)] <20.0000>: 10　//输入 10，按空格键

指定螺旋高度或 [轴端点(A)/圈数(T)/圈高(H)/扭曲(W)] <26.2072>: t　//输入t，选择图数，按空格键

输入圈数<2.0000>:　　　　　　　　　　//输入 5，按空格键

指定螺旋高度或 [轴端点(A)/圈数(T)/圈高(H)/扭曲(W)] <26.2072>:

　　　　　　　　　　　　　　　　　　　//按空格键结束螺旋绘图，结果如图 2-64 所示。

6. 圆环

DONUT，圆环线，可以由两个大小不相等的同心圆组成组合对象，用设置圆环的内径和外径以及中心点来完成绘图。

命令启动方法

方法一：【命令栏】单击"草图与注释" > "常用" > "绘图" > "圆环"按钮 ；

方法二：【菜单栏】单击"AutoCAD 经典" > "绘图" > "圆环"按钮 ；

方法三：【命令】输入 Donut，按空格键执行。

【练习 2-33】用圆环命令画图，结果如图 2-65 和图 2-66 所示，电子文件见"图 2-66.dwg"。

命令：Donut　　　　　　　　　//是输入 donut，按空格键

指定圆环的内径 <1.0000>: 4　　//输入 4，制定圆环的内径，按空格键，见图 2-65

指定圆环的外径 <5.0000>: 6　　//输入 6，制定圆环的外径，按空格键，见图 2-65

指定圆环的中心点或 <退出>：　　//在绘图区域，单击一点，作为中心点，画出第一个圆环，见图 2-66

指定圆环的中心点或 <退出>：　　//在绘图区域，单击一点，作为中心点，画出第二个圆环，见图 2-66

指定圆环的中心点或 <退出>：*取消*　//按 Esc 键退出 donut 圆环命令，结果如图 2-65 和图 2-66 所示

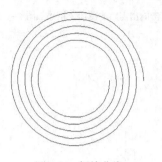

图 2-64　螺旋曲线　　　　　　图 2-65　定制圆环内径和外径　　　　图 2-66　绘制两个圆环

案例绘图分析——绘制机械平面图

用构造线定位，用画圆命令、直线命令等来练习图 2-67 所示的图形，电子文件见 "图 2-67.dwg"。

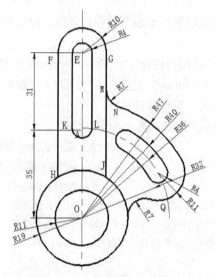

图 2-67　绘制机械零件图平面

（1）新建一个名为 "2-67.dwg" 的文件，打开图层管理器，新建图层，图 2-68 所示的有 5 个图层，分别命名为 "粗实线""中实线""细实线""标注""虚线" 图层。设置 "虚线" 为当前图层，设置线型为 CENTER（中心线）。

（2）设置辅助线图层为当前图层，用 Xline 构造线命令，建立基本框架，如图 2-69 所示。

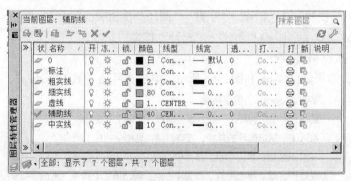

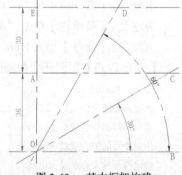

图 2-68　图层设置　　　　　　　　　　图 2-69　基本框架构建

命令：XL　　　　　　　　　　　　　　　　　　　　　　// 输入 xl，按空格键
XLINE
指定点或 [水平(H)/垂直(V)/角度(A)/二等分(B)/偏移(O)]：h[①]　　// 输入 h，按空格键
指定用点：　　　　　　　　　　　　　　// 在屏幕绘图区域单击一点，作水平构造线 OB
指定用点：　　　　　　　　　　　　　　// 按空格键
垂直的构造线绘制，作垂直构造线 OE，AutoCAD 提示略，结果如图 2-69 所示。
经过 O 点，选择角度 A 选项，输入角度 30，绘制构造线 OC，AutoCAD 提示略。
经过 O 点，选择角度 A 选项，输入角度 60，绘制构造线 OD，AutoCAD 提示略。
通过构造线命令，对直线 OB 进行偏移，偏移距离依次为 36、30，如图 2-69 所示。
命令：XL　　　　　　　　　　　　　　　// 按空格键，继续执行构造线命令
XLINE
指定点或 [水平(H)/垂直(V)/角度(A)/二等分(B)/偏移(O)]：o　　// 输入 o，按空格键
指定偏移距离或 [用(T)] <用>：36　　　　　　　　//输入 36，按空格键
选择直线对象：　　　　　　　　　　　　　　//单击直线 OB，准备偏移
指定向哪侧偏移：　　　　　　　　　//鼠标在直线 OB 上单击一点，绘制出 AC 选择直线对象
　　　　　　　　　　　　　　　　　　　　//按空格键
　命令：XLINE　　　　　　　　　　　　　// 按空格键，继续执行构造线命令
指定点或 [水平(H)/垂直(V)/角度(A)/二等分(B)/偏移(O)]：o[②]　// 输入 o，按空格键
…………
　选择直线对象：*取消*　　　　　　　// 按 Esc 键退出 Xline 命令，完成的结构线框架如图 2-66 所示。

（3）用圆形命令画圆，在构造线的框架下，绘制所有相关的圆，基本图形如图 2-70 所示。

（4）用直线命令画直线，将"粗实线"图层置为当前，用"对象捕捉"模式，勾选"交点"选项，按 F8 键，打开正交模式，添加直线，基本图形如图 2-71 所示，AutoCAD 提示省略。

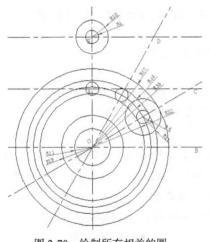

图 2-70　绘制所有相关的圆

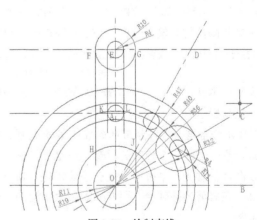

图 2-71　绘制直线

（5）用"修剪"TRIM 修改图形。

命令启动方法

方法一：【命令栏】单击"草图与注释" > "常用" > "修改" > "修剪"按钮　；

方法二：【菜单】单击"AutoCAD 经典" > "修改" > "修剪" 　修剪(T)；

---

① 指定点提示，有水平 H、垂直 V、角度 A、二等分 B、偏移 O 几种选择方式，几种画法相似。
② 偏移构造线的画法同上，只是距离不同。

方法三：【命令】输入，Trim 或 TR，按空格键执行。

将如图 2-72 所示的图形修剪编辑成需要的图形，在修改前，设置"对象捕捉"，勾选"垂足""交点""相切"选项，最后修剪的图形如图 2-73 所示。

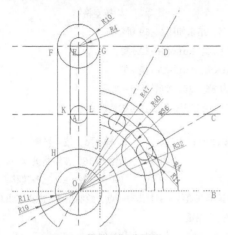

图 2-72　修剪的部分图形一

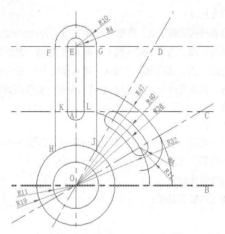

图 2-73　修剪的部分图形二

命令：TR　　　　　　　　　　　　　　　　　// 输入 tr，按空格键

当前设置：投影=UCS，边=无

选择剪切边...

选择对象或 <全部选择>：　找到 1 个　　　　　// 单击在屏幕绘图区域里的直线 GJ

选择对象：找到 1 个，总计 2 个　　　　　　　// 左键在屏幕绘图区域里单击直线 OB，按空格键

选择要修剪的对象，或按住 Shift 键选择要延伸的对象，或

[栏选(F)/窗交(C)/投影(P)/边(E)/删除(R)/放弃(U)]：　//系统默认的是要修剪的对象，单击直线 GJ 左边的圆弧，从上到下，半径从大到小，有四个圆弧，依次单击，减掉

选择要修剪的对象，或按住 Shift 键选择要延伸的对象，或

[栏选(F)/窗交(C)/投影(P)/边(E)/删除(R)/放弃(U)]：

　　　　　　　　//单击直线 OB 下端的圆弧，从左向右，半径从小到大，有四个圆弧，依次单击，减掉

命令：*取消*　　　　　// 按 Esc 键退出 Xline 命令，完成的结构线线框架如图 2-73 所示

注意与提示

TRIM 修剪命令，在修剪的时候有 6 个选项，需要框选、确定线的方向或者边缘，分两步进行。第一步：选择一个修剪的投影、框框等，选择之后按空格键确定；第二步：单击要修剪的对象，方向性很重要，单击哪边就会修剪哪边，用户不妨多做练习。

（6）在修剪的基础上，用 Circle 圆命令绘制与圆弧相切的圆，基本图形如图 2-74 所示。

命令：c　　　　　　　　　　　　　　　　　　// 输入 c，按空格键

CIRCLE

指定圆的圆心或 [三点(3P)/两点(2P)/切点、切点、半径(T)]：

需要点或选项关键字。

指定圆的圆心或 [三点(3P)/两点(2P)/切点、切点、半径(T)]：t　　//输入 t，按空格键

指定对象与圆的第一个切点：//左键靠近 GJ 直线附近出现切点绿色图标时单击，选择第一个切点 M

　指定对象与圆的第二个切点：

　　　　　　　　//左键靠近半径 R47 圆弧附近，附近出现切点绿色图标时单击，选择第二个切点 N

指定圆的半径：7　　　　//输入 7，按空格键，画出半径为 7 的圆⊙O11

下面绘制一个半径为 7 的圆，它与绘制圆⊙O11 的方法一样，这里省略过程叙述。

（7）用（Fillet）圆角命令，对相切的圆进行修剪。

命令启动方法

方法一：　【命令栏】单击"草图与注释"＞"常用"＞"修改"＞"圆角"按钮 ◢ 圆角(F)；

方法二：【菜单】单击"AutoCAD 经典"工作界面＞"修改"菜单＞"圆角" ◻ 按钮；

方法三：【命令】输入 Fillet，按空格键执行。

由于圆⊙O12 与半径 R11 的圆弧不相连呈断开状态，如图 2-74 所示；因此用 FILLET，即"圆角"命令，对圆⊙O12 进行修改，结果如图 2-75 所示。

命令：Fillet　　　　　　　　　　　　　　　// 输入 fillet，按空格键

当前设置：模式 = 修剪，半径 = 0.0000

选择第一个对象或 [放弃(U)/多段线(P)/半径(R)/修剪(T)/多个(M)]：r　　//输入 r，选择半径，按空格键

指定圆角半径 <0.0000>:　　　　　　　// 按空格键，默认半径为 0

选择第一个对象或 [放弃(U)/多段线(P)/半径(R)/修剪(T)/多个(M)]：

　　　　　　　　　　　　　　　//单击靠近圆⊙O12 与 Q 点附近的圆弧

选择第二个对象，或按住 Shift 键选择对象以应用角点或 [半径(R)]:　//单击靠近圆⊙O12，半径为 R11 圆
　　　　　　　　　　　　　　　　　　　　　　　弧附近 Q 点的圆弧，圆角命令完成，
　　　　　　　　　　　　　　　　　　　　　　　结果如图 2-75 所示

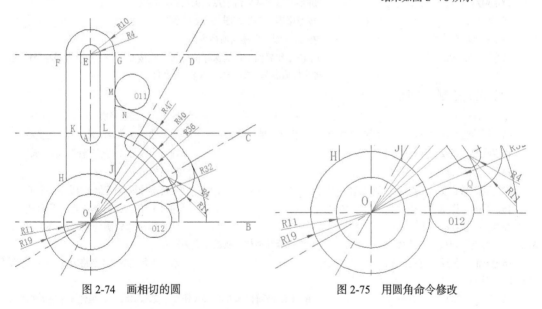

图 2-74　画相切的圆　　　　　　　　图 2-75　用圆角命令修改

（8）用 Trim "修剪"命令，修剪至最后目标。

2.2　AutoCAD 2013 修改与编辑

2.2.1　制作多个相同的图形对象的命令

Array 要复制呈规则分布的图形对象时，仅仅用 Copy（复制）命令是不够的，AutoCAD 提供了图形阵列 Array（阵列）命令，便于用户快速准确地复制对象并按照规律分布图形。

命令启动方法

方法一：【命令栏】单击"草图与注释">"常用">"修改">"阵列" 🔳 按钮；

方法二：【菜单】单击"修改">"阵列"命令；①

方法三：【命令】输入 Array，按空格键执行。

【练习 2-34】 环形阵列，Arraypolar，下面是在画圆的部分基础上进行的阵列，最后要完成的图形和尺寸结果如图 2-76 所示。如果从头开始绘制，分四步进行，电子文件见"图 2-76.dwg"。

第一步：完成基本框架；

第二步：完成要阵列的圆；

第三步：完成阵列和其他修改；

最后完成基本构架。

（1）绘制基本的框架构造线，结果如图 2-77 所示。

命令：_Xline   //启动构造线命令，输入 xline，按空格键或 Enter 键
指定点或 [水平(H)/垂直(V)/角度(A)/二等分(B)/偏移(O)]: h   // 输入 h，选择水平方式，按空格键
指定用点：   //屏幕上绘图区单击一点，确定水平直线指定用点：// 按空格键
命令：Xline   //按空格键，继续执行构造线命令
指定点或 [水平(H)/垂直(V)/角度(A)/二等分(B)/偏移(O)]: v   // 输入 v，选择垂直方式，按空格键
指定用点：   //屏幕上绘图区单击一点，确定垂直直线
指定用点：   //按空格键，结果如图 2-77 所示
命令：*取消*   //按 Esc 键，取消当前命令
命令：_QSAVE   //单击工作界面上端的保存按钮🔳，或按 Ctrl+S 组合键保存所画成果，
                                         将文件命名为"2-76.dwg"的文件

（2）完成绘制三个圆。

令：_Circle   //输入 c，按空格键
指定圆的圆心或 [三点(3P)/两点(2P)/切点、切点、半径(T)]:   //光标选择纵横构造线的交点为圆心
指定圆的半径或 [直径(D)] <17.0000>: 21   //输入半径 21，按空格键，圆画成
命令：Circle   //按空格键
指定圆的圆心或 [三点(3P)/两点(2P)/切点、切点、半径(T)]:   //左键选择纵横构造线的交点为圆心
指定圆的半径或 [直径(D)] <21.0000>: 17   //输入半径 17，按空格键，圆画成
命令：Circle   //按空格键指定圆的圆心或 [三点(3P)/
两点(2P)/切点、切点、半径(T)]:   //左键选择纵横构造线的交点为圆心
指定圆的半径或 [直径(D)] <17.0000>: 12   //输入半径 12，按空格键，圆画成，结果
如图 2-78 所示
命令：_QSAVE   // 单击工作界面上端的保存按钮🔳，或按 Ctrl+S 组合键保存所画成果

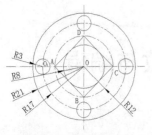
图 2-76 要完成的图形

图 2-77 绘制框架构造线

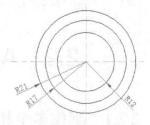
图 2-78 画三个圆

---

① "阵列"命令下还有三种阵列方式，即"矩形""路径"和"环形"。

（3）用格式刷命令📋对线型修改，结果如图 2-80 所示。

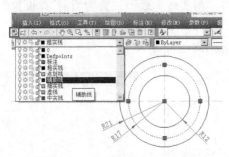

图 2-79　"格式刷"命令参照的线

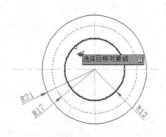

图 2-80　用"格式刷"修改线

命令：'_Matchprop　　　　　　　//单击 AutoCAD 经典界面命令栏的特性匹配按钮📋。

当前活动设置：颜色 图层 线型 线型比例 线宽 透明度 厚度 打印样式 标注 文字 图案填充 多段线 视口 表格材质 阴影显示 多重引线

选择目标对象或 [设置(S)]：　　　//单击如图 2-79 中的 R17 圆的虚线，光标变成 选择目标对象或 图标

选择目标对象或 [设置(S)]：　　　//单击 R12 的圆，将此圆变成"虚线"图层，结果如图 2-80 所示

正在恢复执行 MATCHPROP 命令。

（4）用直线命令绘制圆内接的四边线，结果如图 2-81 左图所示。

命令：_Line　　　　　　　　　// 输入 1，按空格键

指定第一个点：　　　　　　　//启动捕捉模式，勾选"交点"选项，单击半径 R12 的圆与纵横构造线的交点，从左到右依次单击 A 点

指定下一点或 [放弃(U)]：

　　　　　　　　　　　　//启动捕捉模式，勾选"交点"选项，单击半径 R12 的圆与纵横构造线的交点 B

指定下一点或 [放弃(U)]：

　　　　　　　　　　　　//启动捕捉模式，勾选"交点"选项，单击半径 R12 的圆与纵横构造线的交点 C

指定下一点或 [闭合(C)/放弃(U)]：c　　　//当画到最后一条直线的时候，在 AutoCAD 中输入字母 c，选择闭合命令，封闭直线完成，结果如图 2-81 左图所示

指定第一个点：*取消*　　　　　　//按 Esc 键，取消当前命令

（5）用圆命令绘制四边线内切圆，结果如图 2-81 右图所示。

命令：_Circle　　　　　　　　　// 输入 c，按空格键

指定圆的圆心或 [三点(3P)/两点(2P)/切点、切点、半径(T)]：　　//单击纵横直线的交点作为圆心

指定圆的半径或 [直径(D)]：　　//光标移动带动着圆变化，当捕捉到内接四边形时，出现切点，单击，圆画成，圆的半径 R 为 8，按空格键，结果如图 2-81 右图所示

命令：*取消*　　　　　　　　　//按 Esc 键，取消当前命令

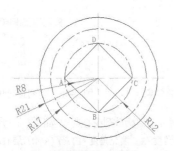

绘制圆内接正方形

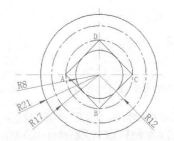

绘制四边形的内切圆

图 2-81

（6）绘制出要被用作阵列的圆，结果如图 2-84 所示。

画圆之前，需要在"图层控制"对话框中将"粗实线"线型"置为当前"，设置的情况如图 2-82 所示；捕捉模式在"草图设置"对话框下拉的"对象捕捉"对话框中，勾选"交点"和"圆心"两种捕捉选项，捕捉模式设置的情况如图 2-83 所示。

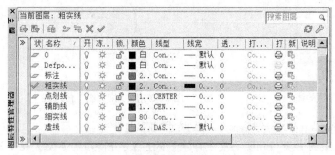

图 2-82　粗实线设置为当前线层

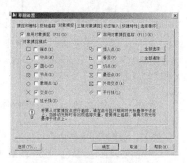

图 2-83　设置对象捕捉模式

启动画圆命令，画用作阵列的半径 R 为 3 的圆，结果如图 2-84 所示。

命令：_Circle　　　　　　　　　　　// 输入 c，按空格键
指定圆的圆心或 [三点(3P)/两点(2P)/切点、切点、半径(T)]：
　　　　　　　　　　　　　　　　　// 单击水平横线左边与半径 R 为 17 的圆弧的交点
指定圆的半径或 [直径(D)] <8.4853>：3　　//输入 3，按空格键，圆画成如图 2-84 所示

（7）用环形阵列模式阵列圆，结果如图 2-88 所示。

命令：ARRAYPOLAR　　　　　　　　　// 输入 Arraypolar，按空格键
选择对象：找到 1 个　　　//单击⊙O₁，如图 2-85 所示，⊙O₁ 的圆弧呈"虚线亮显"状态，按空格键
选择对象：
类型 = 极轴　关联 = 是
指定阵列的中心点或 [基点(B)/旋转轴(A)]：b　　//输入 b，选择基点选择，按空格键
指定基点或 [关键点(K)] <质心>：>>
正在恢复执行 ARRAYPOLAR 命令。
指定基点或 [关键点(K)] <质心>：　　//单击圆心 O₁ 作为基点，单击"绿色亮显"的光标米，
　　　　　　　　　　　　　　　　　如图 2-86 所示
指定阵列的中心点或 [基点(B)/旋转轴(A)]：

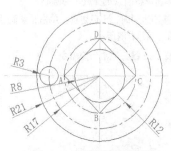

图 2-84　绘制要阵列的圆

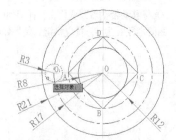

图 2-85　阵列选定的对象

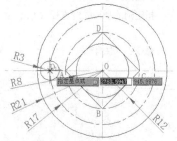

图 2-86　阵列指定的基点

//鼠标移动到大圆圆心 O 附近，出现"绿色亮显"圆心图标时单击，作为阵列中心点 ，如图 2-87 所示
选择夹点以编辑阵列或 [关联(AS)/基点(B)/项目(I)/项目间角度(A)/填充角度(F)/行(ROW)/层(L)/旋转项目(ROT)/退出(X)] <退出>：I　　//输入 I，确定"项目"选项，按空格键
输入阵列中的项目数或 [表达式(E)] <6>：4　　//输入 4，按空格键，阵列完成，结果如图 2-88 所示

选择夹点以编辑阵列或 [关联(AS)/基点(B)/项目(I)/项目间角度(A)/填充角度(F)/行(ROW)/层(L)/旋转项目(ROT)/退出(X)] <退出>:

正在恢复执行 ARRAYPOLAR 命令。

选择夹点以编辑阵列或 [关联(AS)/基点(B)/项目(I)/项目间角度(A)/填充角度(F)/行(ROW)/层(L)/旋转项目(ROT)/退出(X)] <退出>: *取消*　　　　　//按 Esc 键，取消当前命令

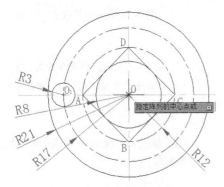 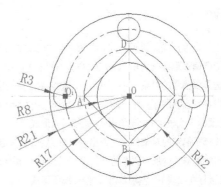

図 2-87　指定阵列的中心点　　　　　　　図 2-88　阵列完成图

以上是环形阵列的画法，环形已经绘制完成，过程比较复杂，事情比较简单。

案例绘图分析——绘制小酒吧立面图形

矩形阵列，Arrayrect。下面以如图 2-89 所示的一个小酒吧的立面图形作为例子讲解矩形阵列的绘图方法，绘制此图分三步。电子文件见"图 2-89.dwg"。

第一步：用直线（Line）命令，完成基本轮廓；然后用偏移命令（Offset），完成主体轮廓。

第二步：用修剪命令（Trim），完成主体轮廓的修剪；同时，用矩形（REC）命令绘制矩形。

第三步：用移动命令（Move），完成矩形阵列图形的定位；最后用"矩形阵列"，即 Arrayrect 命令进行阵列。

（1）用直线命令和偏移命令绘制基本轮廓，如图 2-90 和图 2-91 所示。

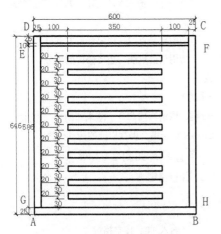 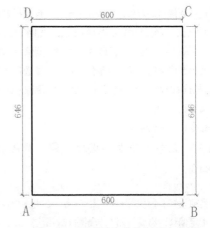

図 2-89　矩形阵列绘制酒吧立面图形　　　　図 2-90　用直线命令绘制基本轮廓

命令：L　　　　　　　　　　　　//输入 l，按空格键或 Enter 键

LINE

指定第一个点：　　　　　　　　　//在屏幕绘图区单击一点，作为起始点 A

指定下一点或 [放弃(U)]: 600　　　　　　　　//按 F8 键打开正交模式，鼠标向右，输入 600，按空格键

指定下一点或 [放弃(U)]: 646　　　　　　　　//鼠标向上，输入 646，按空格键，到 C 点

指定下一点或 [闭合(C)/放弃(U)]: 600　　　　//鼠标向左，输入 600，按空格键，到 D 点

指定下一点或 [闭合(C)/放弃(U)]: C　　　　　//输入 C，按空格键，封闭图形画成，如图 2-90 所示

命令: *取消*　　　　　　　　　　　　　　　　//按 Esc 键，取消当前命令

命令: O　　　　　　　　　　　　　　　　　　//输入 O，按空格键或 Enter 键

OFFSET

当前设置：删除源=否　图层=源　OFFSETGAPTYPE=0

指定偏移距离或 [用(T)/删除(E)/图层(L)] <10.0000>: 25　　//输入 25，指定偏移的距离，按空格键

选择要偏移的对象，或 [退出(E)/放弃(U)] <退出>:　　　　//单击线段 AB，线段呈"虚线亮显"状态

指定要偏移的那一侧上的点，或 [退出(E)/多个(M)/放弃(U)] <退出>:

//鼠标在线段 AB 上端单击，偏移线段形成

选择要偏移的对象，或 [退出(E)/放弃(U)] <退出>:　　　　//单击线段 BC，线段呈"虚线亮显"状态

指定要偏移的那一侧上的点，或 [退出(E)/多个(M)/放弃(U)] <退出>:

//鼠标在线段 BC 左端单击，偏移线段形成

用同样的方法，绘制出 CD、AD 的偏移直线。

命令: *取消*　　　　　　　　　　　　　　　　//按 Esc 键，取消当前命令，结果如图 2-91 所示

命令: _qsave　　　　　　　　　　　　　　　　//按 Ctrl+S 组合键，保存以上的劳动成果

（2）用"修剪"命令修剪基本轮廓，绘制阵列的基础图形矩形，如图 2-92 所示。

命令: TR　　　　　　　　　　　　　　　　　　// 输入 tr，按空格键

TRIM

当前设置:投影=无，边=无

选择剪切边...

选择对象或 <全部选择>: 指定对角点: 找到 8 个 //用鼠标框选用直线和偏移命令所画的直线

选择对象:　　　　　　　　　　　　　　　　　　//按空格键，确定选择

选择要修剪的对象，或按住 Shift 键选择要延伸的对象，或

[栏选(F)/窗交(C)/投影(P)/边(E)/删除(R)/放弃(U)]: p　// 输入 p，选择投影，按空格键

输入投影选项 [无(N)/UCS(U)/视图(V)] <无>: N　　// 输入 N，选择"无"，按空格键

选择要修剪的对象，或按住 Shift 键选择要延伸的对象，或

[栏选(F)/窗交(C)/投影(P)/边(E)/删除(R)/放弃(U)]:　　//用单击直线一边要修剪的部分

[栏选(F)/窗交(C)/投影(P)/边(E)/删除(R)/放弃(U)]:　　//用单击直线一边要修剪的部分

选择要修剪的对象，或按住 Shift 键选择要延伸的对象，或

[栏选(F)/窗交(C)/投影(P)/边(E)/删除(R)/放弃(U)]: *取消*

命令: *取消*　　　　　　　　　　　　　　　　//按 Esc 键，取消当前命令，结果如图 2-87 所示

命令: _qsave　　　　　　　　　　　　　　　　//按 Ctrl+S 组合键，保存以上的劳动成果

（3）以线段 EF 为被偏移对象，偏移 10 毫米，画一条直线，如图 2-93 所示。

命令: O　　　　　　　　　　　　　　　　　　// 输入 O，按空格键

OFFSET

当前设置：删除源=否　图层=源　OFFSETGAPTYPE=0

指定偏移距离或 [用(T)/删除(E)/图层(L)] <用>: 10　　//输入 10，按空格键

选择要偏移的对象，或 [退出(E)/放弃(U)] <退出>:　　// 光标变成 选择要偏移的对象，或，单击线段 EF，EF

直线变成亮显的虚线

指定要偏移的那一侧上的点，或 [退出(E)/多个(M)/放弃(U)] <退出>:

　　　　　　　　　　　　　　　　　// EF 直线变成亮显的虚线，向下单击一点，偏移直线画成

选择要偏移的对象，或 [退出(E)/放弃(U)] <退出>：*取消*

命令：*取消*　　　　　　　　　　　//按 Esc 键，取消当前命令，结果如图 2-93 所示

命令：_qsave　　　　　　　　　　　//按 Ctrl+S 组合键，保存以上的劳动成果

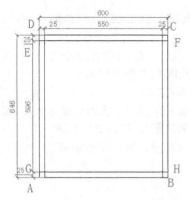

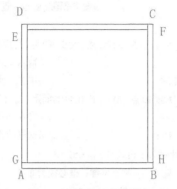

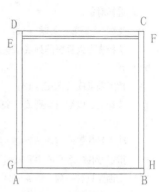

图 2-91　用偏移命令绘制基本轮廓　　　　图 2-92　修剪基本轮廓　　　　图 2-93　偏移基本轮廓

（4）用直线命令绘制阵列的基本形——疏气长孔，如图 2-94 和图 2-95 所示。

命令：L　　　　　　　　　　　　　// 输入 l，按空格键

LINE

指定第一个点：from　　　　　　　//输入 from，按空格键，准备偏移直线的起点

基点：　　　　　　　　　　　　　//单击绿色的交点，作为基点，如图 2-94 所示

<偏移>：　@100,30　　　　　　　//输入@100,30 ，按空格键，确定偏移的直线的起点 J

指定下一点或 [放弃(U)]：<正交 开> 350

　　　　　　　　　　　　　　　//按 F8 键，将正交模式打开，鼠标向右，输入 350，按空格键，画 JK 线段

指定下一点或 [放弃(U)]：20　　　//鼠标方向向上，输入 20，按空格键，画线段 KL

指定下一点或 [闭合(C)/放弃(U)]：350　　//鼠标方向向左，输入 350，按空格键，画线段 LM 画成

指定下一点或 [闭合(C)/放弃(U)]：c　　//输入 c，选择闭合，按空格键，画线段 MJ 画成

命令：*取消*　　　　　　　　　　//按 Esc 键，取消当前命令，结果如图 2-95 所示

命令：_qsave　　　　　　　　　　//按 Ctrl+S 组合键，保存以上的劳动成果

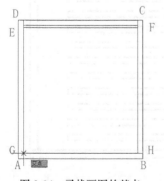

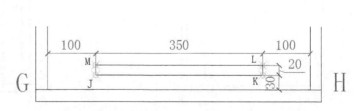

图 2-94　寻找画图的基点　　　　　　图 2-95　用直线绘制用以阵列的基本图形——疏气长孔

（5）矩形阵列（Arrayrect）。将被阵列的基本形已经画完，下面对基本形用矩形阵列方式进行阵列，结果如图 2-96 和图 2-97 所示。

命令：ARRAYRECt　　　　　　　　//输入 arrayrect，按空格键

选择对象：找到 1 个　　　　　　　//单击直线 JK，JK 呈亮显虚线状态

选择对象：找到 1 个，总计 2 个　　　　　　//单击直线 LK，LK 呈亮显虚线状态

选择对象：找到 1 个，总计 3 个　　　　　　//单击直线 LM，LM 呈亮显虚线状态

选择对象：找到 1 个，总计 4 个

　//单击直线 MJ，MJ 呈亮显虚线状态(也可以用框选法直接选择 4 个对象

选择对象：　　　　　　　　　　　　　　//按空格键或 Enter 键，确定选择的对象矩形 JKLM，如图 2-96 所示。

类型 = 矩形　关联 = 是

选择夹点以编辑阵列或 [关联(AS)/基点(B)/计数(COU)/间距(S)/列数(COL)/行数(R)/层数(L)/退出(X)] <退出>：b　　　　　　　　　　　　　　//输入 b，按空格键，准备选择基点

指定基点或 [关键点(K)] <质心>：　　　　//单击 J 点，确定基点

选择夹点以编辑阵列或 [关联(AS)/基点(B)/计数(COU)/间距(S)/列数(COL)/行数(R)/层数(L)/退出(X)] <退出>：col　　　　　　　　　　　　　//输入 col，按空格键，准备选择列数选项

输入列数数或 [表达式(E)] <4>：1　　　　//这里的列数只有一列，输入 1，按空格键

指定 列数 之间的距离或 [总计(T)/表达式(E)] <525>：0

　//因为只有一列，距离就是 0，输入 0，按空格键，值必须为非零。

指定列数 之间的距离或 [总计(T)/表达式(E)] <525>：0　//按空格键

值必须为 非零。

指定 列数 之间的距离或 [总计(T)/表达式(E)] <525>：　//按空格键

选择夹点以编辑阵列或 [关联(AS)/基点(B)/计数(COU)/间距(S)/列数(COL)/行数(R)/层数(L)/退出(X)] <退出>：r　　　　　　　　　　　　　　//输入 r，按空格键，选择行数选项

输入行数数或 [表达式(E)] <3>：11　　　　//输入 11 ，按空格键，行数为 11

指定 行数 之间的距离或 [总计(T)/表达式(E)] <30>：50　//输入 50 ，按空格键，指定每一行数的距离

指定 行数 之间的标高增量或 [表达式(E)] <0>：0　//输入 0，按空格键，阵列已经画出，如图 2-97 所示

选择夹点以编辑阵列或 [关联(AS)/基点(B)/计数(COU)/间距(S)/列数(COL)/行数(R)/层数(L)/退出(X)] <退出>：

命令：*取消*　　　　　　　　　　　　//按 Esc 键，取消当前命令

命令：_qsave　　　　　　　　　　　　//按 Ctrl+S 组合键，保存以上的劳动成果

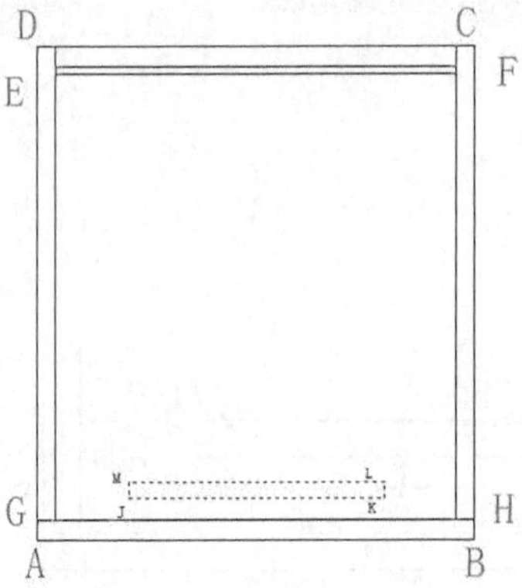

图 2-96　阵列选择的图形

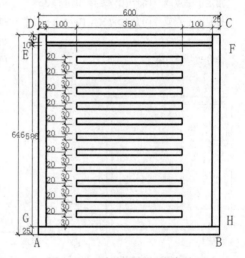

图 2-97　疏气长孔的矩形阵列

【练习 2-35】路径阵列，Arraypath。用路径阵列方法对落叶乔木沿道路进行阵列，选择的对象是"落叶乔木"图形，路径是一条直线或曲线，路径阵列的过程分三步。

第一步：画"落叶乔木"图形，作为基本形。

第二步：画直线或曲线，作为阵列路径。

第三步：用路径阵列命令，对落叶乔木图形进行阵列。

（1）用圆命令画乔木基本图形，结果如图 2-98 所示。

命令：_Circle	//输入 c，按空格键
指定圆的圆心或 [三点(3P)/两点(2P)/切点、切点、半径(T)]：	//在屏幕上单击一点作为圆心，如图 2-98 的绿色点
指定圆的半径或 [直径(D)]：2000	//输入 2000，按空格键，画半径为 2000 的圆，作为树的投影面

用同样的方法绘制半径为 150 的同心圆，结果如图 2-98 所示，AutoCAD 提示略。

（2）用直线命令画路径，结果如图 2-99 所示。

图 2-98　落叶乔木　　　　　　　　图 2-99　要阵列的图形和路径

命令：_Line	//输入 l，按空格键
指定第一个点：	//在圆的下面找一点，单击作为第一点 A
指定下一点或 [放弃(U)]：85000	//按 F8 键打开正交模式，鼠标向右，输入 85000，按空格键，画出直线 AB，结果如图 2-99 所示。
指定下一点或 [放弃(U)]：	
命令：*取消*	//按 Esc 键，取消当前命令
命令：_qsave	//按 Ctrl+S 组合键，保存以上的劳动成果

（3）路径阵列（Arraypath），对落叶乔木平面进行以直线 AB 为路径的阵列，路径阵列的参数如图 2-100 所示，结果如图 2-101 所示，路径阵列命令提示如下。

图 2-100　路径阵列参数设置

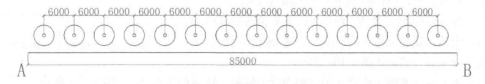

图 2-101　路径阵列的结果

命令：_Arraypath	//输入 arraypath 或者在"草图与注释"工作界面的常用窗口中单击"修改"面板的"阵，列"按钮 的下拉菜单，选择"路径阵列"按钮 ，打开路径阵列命令
选择对象：指定对角点：找到 2 个	// 用左键框选所画的两个同心圆，按空格键
选择对象：	

类型 = 路径　关联 = 是

选择路径曲线：　　　　　　　　　　　　//单击所画的直线 AB，按空格键

选择夹点以编辑阵列或 [关联(AS)/方法(M)/基点(B)/切向(T)/项目(I)/行(R)/层(L)/对齐项目(A)/Z 方向(Z)/退出(X)] <退出>：I　　　　　　//输入 i，选择项目个数选项，按空格键

指定沿路径的项目之间的距离或 [表达式(E)] <6000>：

　　　　　　　　　　　　　　　　　//输入 6000，按空格键，选择阵列对象之间的间距，如图 2-100 所示

最大项目数 = 15

指定项目数或 [填写完整路径(F)/表达式(E)] <15>：14　　//输入 14，准备沿路径进行阵列 14 个相同的落叶灌木图形，按空格键，于是路径阵列　的任务完成，结果如图 2-101 所示

选择夹点以编辑阵列或 [关联(AS)/方法(M)/基点(B)/切向(T)/项目(I)/行(R)/层(L)/对齐项目(A)/Z 方向(Z)/退出(X)] <退出>：

命令：*取消*　　　　　　　　　　　//按 Esc 键，取消当前命令

命令：_qsave　　　　　　　　　　　//按 Ctrl+S 组合键，保存以上的劳动成果

注意与提示

阵列有三种方式，启动的方法都是一样的，但难免都会出差错，需要用空间思考和数据推算，还需要采用试一试的方法，看是否满足制图的需要，再进行调整。无论什么命令和方法，都需要进行多次练习，实践是最好的老师。

1. 复制（Copy）

命令启动方法

方法一：【命令栏】在 AutoCAD 的"草图与注释"工作界面中，单击"常用"命令面板 > 修改命令栏 > 复制按钮 ；

方法二：【菜单】在 AutoCAD 经典工作界面下，单击"修改" > "复制"；

方法三：【命令】输入 CO，按空格键或 Enter 键执行。

【练习 2-36】，用直线（Line）、多线（Polyline）、复制（Copy）等命令，绘制如图 2-102 所示的抽屉柜的立面图部分。电子文件见"图 2-102.dwg"。

绘制过程分三步进行。

第一步：用 Line（直线）和 Offset（偏移）命令，制作一个基本的框架；

第二步：在框架的基础上，用 Line（直线）、Circle（圆）和 Trim（修剪）等命令作抽屉基本形单元图的复制；

第三步：用 Copy（复制）命令，用被复制的抽屉单元，以一个基点复制同样的抽屉单元。这个过程用矩形阵列也可以完成，结果如图 2-102 所示。

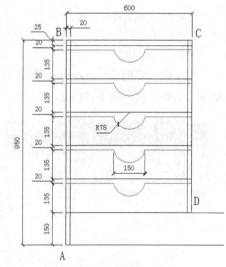

图 2-102　抽屉柜立面图部分

（1）用 Line（直线）命令画抽屉柜的立面框架，结果如图 2-103 和图 2-104 所示。

命令：_Line　　　　　　　　　// 输入 l，按空格键

指定第一个点：　　　　　　　// 在绘图区，单击 一点作为第一个点，即 A 点

指定下一点或 [放弃(U)]：<正交 开> 950

　　　　　　　// 按 F8 键，打开正交模式，鼠标垂直向上，输入 950，按空格键，画垂直线段 AB

指定下一点或 [放弃(U)]：600　　　//输入 600，鼠标水平向右，按空格键，画水平线段 BC

指定下一点或 [闭合(C)/放弃(U)]：800　　//输入 800，鼠标垂直向下，按空格键，画水平线段 CD

命令：_qsave	//按 Ctrl+S 组合键，保存以上的劳动成果，结果如图 2-103
命令：_line	//按空格键，继续执行直线命令
指定第一个点：<对象捕捉 开>	//按 F3 键，打开对象捕捉设置，设置设定"端点" 捕捉捕捉点 A 为第一点
指定下一点或 [放弃(U)]：<正交 开>	//按 F8 键，打开正交模式，鼠标向右超过 D 点位置一端单击，结果如图 2-104 所示
指定下一点或 [放弃(U)]：	//按空格键
命令：*取消*	//按 Esc 键，取消当前命令
命令：_qsave	//按 Ctrl+S 组合键，保存以上的劳动成果

（2）用 Offset（偏移）命令画抽屉立柜的两侧和上下的层板等，结果如图 2-105 所示。

图 2-103 直线画框架图

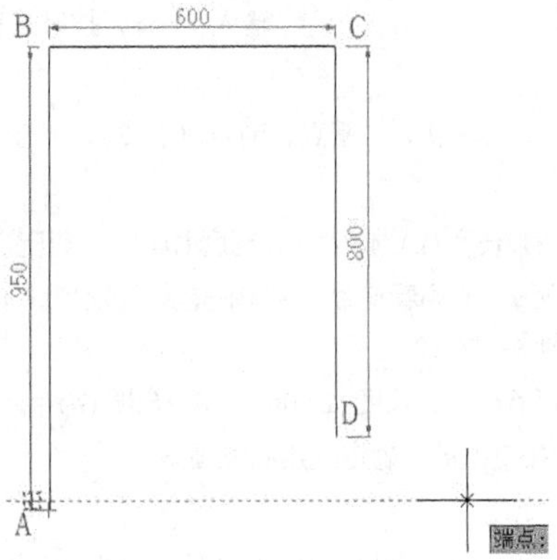

图 2-104 直线画底座图

图 2-105 偏移画框架图

命令：O	// 输入 O，按空格键
OFFSET	
当前设置：删除源=否 图层=源 OFFSETGAPTYPE=0	
指定偏移距离或 [用(T)/删除(E)/图层(L)] <150.0000>：25	//输入 25，按空格键，确定偏移的距离
选择要偏移的对象，或 [退出(E)/放弃(U)] <退出>：	// 单击线段 BC，BC 变成"亮显虚线"
指定要偏移的那一侧上的点，或 [退出(E)/多个(M)/放弃(U)] <退出>：	
	//单击线段 BC 下面一点，直线偏移成功
选择要偏移的对象或 [退出(E)/放弃(U)] <退出>：命令：OFFSET	//按空格键
当前设置：删除源=否 图层=源 OFFSETGAPTYPE=0	
指定偏移距离或 [用(T)/删除(E)/图层(L)] <25.0000>：20	//输入 20，按空格键
选择要偏移的对象，或 [退出(E)/放弃(U)] <退出>：	//单击线段 AB，确定要偏移的直线
指定要偏移的那一侧上的点，或 [退出(E)/多个(M)/放弃(U)] <退出>：	
	//单击 AB 右边一点，偏移直线成功
选择要偏移的对象，或 [退出(E)/放弃(U)] <退出>：	//单击线段 CD，确定要偏移的直线
指定要偏移的那一侧上的点，或 [退出(E)/多个(M)/放弃(U)] <退出>：	
	//单击 CD 左边一点，偏移直线成功
选择要偏移的对象，或 [退出(E)/放弃(U)] <退出>：	
命令：OFFSET	//按空格键，继续执行偏移命令
当前设置：删除源=否 图层=源 OFFSETGAPTYPE=0	
指定偏移距离或 [用(T)/删除(E)/图层(L)] <20.0000>：150	//输入 150，按空格键
取消	//结果如图 2-105 所示，按 Esc 键，结束当前命令

注意与提示

Offset，偏移命令，是用来进行多个相同对象制作的命令。这里不专门列出来作为一节来叙述。偏移命令产生之后，相应的过程顺序是：先选择对象，然后输入数据，即设置偏移的距离，接着就是偏移的方向了，到哪个方向，鼠标就点击哪个方向。偏移的产生，首先是单击选择要偏移的对象；要注意，AutoCAD 提示"用（T）"，是偏移对象要偏移的距离；AutoCAD 提示"删除（E）"，是进行偏移后，源对象就会被删除掉；AutoCAD 提示"图层（L）"，是确定将偏移的对象创建在"当前图层"上还是源对象所在的图层上。

（3）用 Polyline（多线）命令画要复制的图形，结果如图 2-106～图 2-108 所示。

命令：PL   //输入 pl，按空格键

PLINE

指定起点：from   //输入 from，按空格键，准备启用画多线的偏移

基点：<偏移>：@0,-20

                     //指定 B 点下面的点 0 为基点，输入@0,-20，按空格键，找到多线的第一点 1

当前线宽为 0.0000

指定下一个点或 [圆弧(A)/半宽(H)/长度(L)/放弃(U)/宽度(W)]：<正交 关> <正交 开> 225

                     //按 F8 键两次，直到看到命令窗口中提示栏显示为"<正交 开>"为止，鼠标向右移输入 225，按空格键画多线段 12

指定下一点或 [圆弧(A)/闭合(C)/半宽(H)/长度(L)/放弃(U)/宽度(W)]：a

                     //输入 a，按空格键，确定改用圆弧画图

指定圆弧的端点或

[角度(A)/圆心(CE)/闭合(CL)/方向(D)/半宽(H)/直线(L)/半径(R)/第二个点(S)/放弃(U)/宽度(W)]：ce

                     //输入 ce，选择"圆心"选项，按空格键

指定圆弧的圆心：   //按 F3 键，确认 AutoCAD 显示为"对象捕捉关"，按 F8 键，确认 AutoCAD 显示为"正交关"，单击选择上面线段的中点为圆心，结果如图 2-106 所示

指定圆弧的端点或 [角度(A)/长度(L)]：<对象捕捉 关> <正交 关> >>

                     //用光标追踪，鼠标放在线段 12 的水平线上向右移动，出现绿色亮显的虚线，弧与虚线交点的地方，向上出现一条亮显的绿色的垂直于水平线的直线虚线，单击交点处，结果如图 2-107 所示

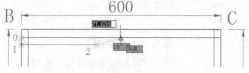

图 2-106   多线画复制的基本图形一

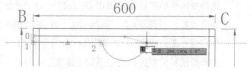

图 2-107   多线画复制的基本图形二

正在恢复执行 PLINE 命令。

指定圆弧的端点或 [角度(A)/长度(L)]：

指定圆弧的端点或[角度(A)/圆心(CE)/闭合(CL)/方向(D)/半宽(H)/直线(L)/半径(R)/第二个点(S)/放弃(U)/宽度(W)]：l

                     //输入 l，选择"直线"选项，按空格键，准备画直线

指定下一点或 [圆弧(A)/闭合(C)/半宽(H)/长度(L)/放弃(U)/宽度(W)]：<正交 开> 225

   //按 F8 键，到 AutoCAD 显示为"正交开"，鼠标水平向右，输入 225，按空格键，画线段 45，结果如图 2-108 所示

指定下一点或 [圆弧(A)/闭合(C)/半宽(H)/长度(L)/放弃(U)/宽度(W)]：命令：*取消*

命令：*取消*   //按 Esc 键，取消当前命令

命令：_qsave   //按 Ctrl+S 组合键，保存以上的劳动成果

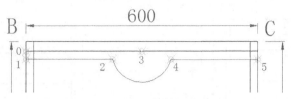

图 2-108   多线画复制的基本图形三

（4）用 Offset（偏移）命令画被用作复制对象基础点的直线，结果如图 2-109 所示。

命令：O   //输入 O，按空格键

OFFSET

当前设置：删除源=否   图层=源   OFFSETGAPTYPE=0

指定偏移距离或 [用(T)/删除(E)/图层(L)] <155.0000>：

                           //在命令提示下，按空格键，默认括号中的距离 155

选择要偏移的对象，或 [退出(E)/放弃(U)] <退出>：

                           //单击线段 BC 下直线 m_1，作为要偏移的对象，如图 2-109 所示

指定要偏移的那一侧上的点，或 [退出(E)/多个(M)/放弃(U)] <退出>：

                           //单击要偏移的直线 m_1 下一点，偏移直线 m_2 画成

……同样的方法有

指定要偏移的那一侧上的点，或 [退出(E)/多个(M)/放弃(U)] <退出>：

                           //单击要偏移的直线 m_4 下一点，偏移直线 m_5 画成

选择要偏移的对象，或 [退出(E)/放弃(U)] <退出>：*取消*

                           //按空格键，偏移完成，结果如图 2-109 所示。

命令：*取消*   //按 Esc 键，取消当前命令

命令：_qsave   //按 Ctrl+S 组合键，保存以上的劳动成果

（5）用 Copy（复制）命令画抽屉，结果如图 2-110～图 2-113 所示。

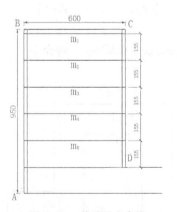

图 2-109   偏移基点直线

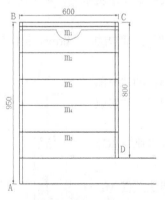

图 2-110   抽屉图形

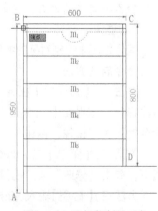

图 2-111   选择复制的对象

命令：CO   //输入 CO，按空格键，执行复制命令

COPY

选择对象：找到 1 个   //单击所画的多线，多线呈"黄色亮显的虚线"，按空格键，确定选择

选择对象：

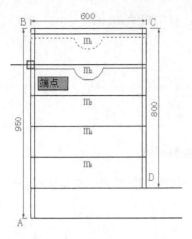

图 2-112 复制的第一个图形

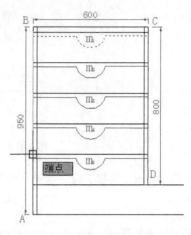

图 2-113 复制的最后一个图形

当前设置： 复制模式 = 多个

指定基点或 [位移(D)/模式(O)] <位移>：   //单击线段 m_1 的左边端点，作为复制的基点

指定第二个点或 [阵列(A)] <用第一个点作为位移>： //单击线段 m_2 的左边端点，作为复制的第二个点，结果如图 2-112 所示的绿色方格的端点，复制完成第一个

指定第二个点或 [阵列(A)/退出(E)/放弃(U)] <退出>： //单击线段 m_5 的左边端点，作为复制的第二个点，结果如图 2-113 所示的绿色方格的端点，复制完成第四个

指定第二个点或 [阵列(A)/退出(E)/放弃(U)] <退出>： //按空格键，结果如图 2-113 所示。

命令： *取消*   //按 Esc 键，取消当前命令

命令： _qsave   //按 Ctrl+S 组合键，保存以上的劳动成果

注意与提示

复制命令产生之后，要选择复制的对象，并按空格键或者 Enter 键确认。注意，复制要有基点，下一次复制的点就是第二点，后面会出现很多第二点选项提示，此时选择点的位置很重要。它就是将复制对象放置的点，此时要按 F3 键，打开"对象捕捉"模式，并设置相应的"对象捕捉"的各种需要的方式。在每一次的第二点提示下，单击的点都会复制出一个一个的对象。

2. 镜像

镜像是用来绘制对称的物体图形的一种方法，Mirror，镜像是修改命令面板中的一种命令。

命令启动方法

方法一：【命令栏】在 AutoCAD 的"草图与注释"工作界面中，单击"常用" > "修改命令栏" > "镜像"按钮▲；

方法二：【菜单】在 AutoCAD 经典工作界面下，单击"修改" > "镜像"；

方法三：【命令】输入 Mirror 或快捷键 MI，按空格键或 Enter 键执行。

【练习 2-37】如图 2-114 所示，用镜像（Mirror）的方法来完成图形，电子文件见"图 2-114.dwg"。图形的绘制和完成分为两步。

第一步：用直线命令完成要镜像的对象；

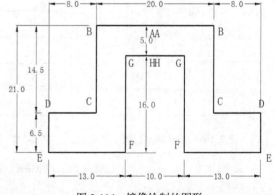

图 2-114 镜像绘制的图形

第二步：用镜像命令来完成镜像，结果如图 2-116 和图 2-117 所示。

（1）用 Line（直线）命令画镜像的源对象，结果如图 2-115 所示。

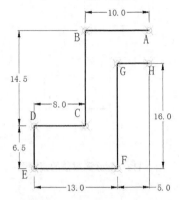

图 2-115　直线绘制的基本图形

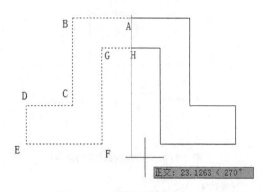

图 2-116　镜像选择的轴线

命令：L	//输入 l，按空格键，执行直线命令
LINE	
指定第一个点：　<正交 开>	//按 F8 键，打开正交模式，光标在屏幕上单击一点，作为第一点 A
指定下一点或 [放弃(U)]：10	//光标在点 A 的水平方向的左边，输入 10，按空格键，画线段 AB
指定下一点或 [放弃(U)]：14.5	//光标沿 B 点垂直下方，输入 14.5，按空格键，画出线段 BC
指定下一点或 [闭合(C)/放弃(U)]：8	//光标沿 C 点水平左边，输入 8，按空格键，画出线段 CD
指定下一点或 [闭合(C)/放弃(U)]：6.5	//光标沿 D 点垂直下方，输入 6.5，按空格键，画出线段 DE
指定下一点或 [闭合(C)/放弃(U)]：13	//光标标沿 E 点水平右边，输入 13，按空格键，画出线段 EF
指定下一点或 [闭合(C)/放弃(U)]：16	//光标沿 F 点垂直向上，输入 16，按空格键，画出线段 FG
指定下一点或 [闭合(C)/放弃(U)]：5	//鼠标沿 G 点水平向右，输入 5，按空格键，画出线段 GH 画成
指定下一点或 [闭合(C)/放弃(U)]：	//按空格键，结束直线命令，结果如图 2-115 所示
命令：*取消*	//按 Esc 键，取消当前命令
命令：_qsave	//按 Ctrl+S 组合键，保存以上的劳动成果，将文件命名为"图 2-114.dwg"

使用正交模式，使用直线命令，从 A 点开始依次画下来，直到 H 点结束，完成镜像源对象的绘制。

（2）用 Mirror（镜像）命令对选择的源对象进行镜像，结果如图 2-117 和图 2-118 所示。

命令：MI	//输入 mi，按空格键，执行镜像命令
MIRROR	
选择对象：找到 1 个	
//单击从线段 AB 开始，往下逐个单击，被选中的线段呈"虚线亮显"状态，如图 2-110 所示	
选择对象：找到 1 个，总计 2 个	
选择对象：找到 1 个，总计 7 个	
选择对象：	//按空格键，确定选择的源对象
指定镜像线的第一点：	//按 F3 键，并设置对象捕捉为端点捕捉模式，单击 A 点，作为第一点
指定镜像线的第二点：	//单击 H 点，作为第二点
要删除源对象吗？[是(Y)/否(N)] <N>：n	
	//输入 n，选择不删除源对象此项选择，按空格键，如图 2-117 所示

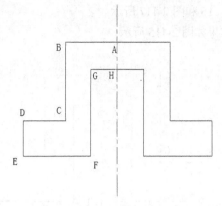

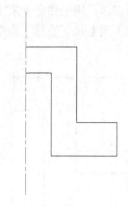

图 2-117 不删除源对象的镜像图 　　　　　　　　　　图 2-118 删除源对象的镜像图

选择对象：

指定镜像线的第一点：

指定镜像线的第二点：

要删除源对象吗？[是(Y)/否(N)] <N>：y 　　　　　　　//输入 y，按 Enter 键，结果如图 2-118 所示

注意与提示

镜像时有两种选项，第一种是删除源对象；第二种是不删除源对象。前者出现的图片效果，是不对称的图形；后者出现的图片效果，是对称的图形。镜像时，当选择了对象之后，确定的是两个点，两点决定一条直线，这条直线就是镜像的对称轴线。

案例绘图分析——绘制入口台阶平面

如图 2-119 所示，用矩形、圆弧、偏移、镜像、修剪和圆角等命令来绘制入口台阶平面。第一步，先画门和开门线；第二步，在门和开门线的基础上，画房屋的基础，定位线；第三步，画入口平面和台阶。电子文件见"图 2-119.dwg"。

（1）画门。用"矩形"Rectangle 命令画门，用"弧形"Arc 命令画开门线，结果如图 2-120～图 2-123 所示。

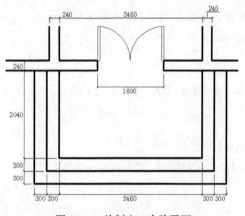

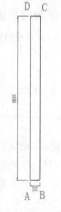

图 2-119 绘制入口台阶平面 　　　　图 2-120 矩形画门 　　图 2-121 用"弧"画开门线一

① 下面是画门的过程。

命令：_Rectang 　　　　　　　　　　　　　　　　//输入 rec，按空格键，执行矩形命令

指定第一个角点或 [倒角(C)/标高(E)/圆角(F)/厚度(T)/宽度(W)]:
//在屏幕绘图区单击一点作为第一角点 B

指定另一个角点或 [面积(A)/尺寸(D)/旋转(R)]: d
//输入 d，按空格键，选择尺寸选项

指定矩形的长度 <10.0000>: 50
//输入 50，指定矩形的长度，按空格键

指定矩形的宽度 <10.0000>: 800
//输入 800，指定矩形的宽度，按空格键

指定另一个角点或 [面积(A)/尺寸(D)/旋转(R)]:
//在矩形右边单击一点，选择另一角点 C，如图 2-121 所示

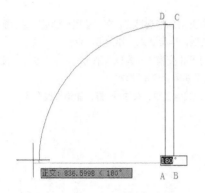

图 2-122　用"弧"绘制开门线二

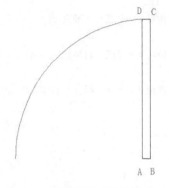

图 2-123　用"弧"绘制开门线三

② 用"弧形"ARC 命令画开门线。

命令: _arc
//输入 arc，按空格键，执行画弧命令

指定圆弧的起点或 [圆心(C)]: c
//输入 c，按空格键，指定圆心

指定圆弧的圆心: <对象捕捉 开>
//按 F3 键，打开对象捕捉，并设置"端点"捕捉，见绿色小方框，单击点 B 作为圆心

指定圆弧的起点:
//鼠标捕捉绿色小方框，单击选择 D 点为画弧的起点，如图 2-122 所示

指定圆弧的端点或 [角度(A)/弦长(L)]:
//按 F8 键，打开正交模式，鼠标移到与 AB 水平状态即 180 度时，单击，结果如图 2-122 和图 2-123 所示。

（2）画对开门及开门线。用"镜像"Mirror 命令完成。下面是"镜像"Mirror 命令的画门过程，结果如图 2-124 和图 2-125 所示。

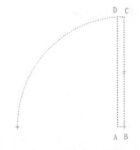

图 2-124　镜像选择的源对象

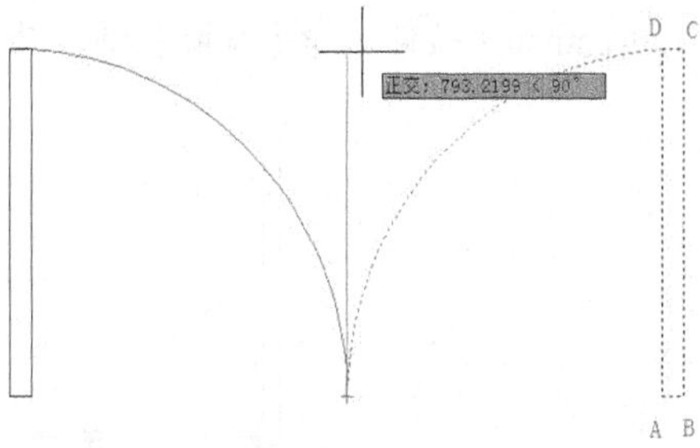

图 2-125　镜像选择的两点参照

命令: MI
//输入 mi，按空格键，执行镜像命令
MIRROR
选择对象: 找到 1 个
选择对象: 指定对角点: 找到 0 个
选择对象: 找到 1 个，总计 2 个
//单击矩形和弧，矩形被看做一个对象，弧被看做一个对象，如图 2-124 所示，按空格键，确定选择

选择对象: 指定镜像线的第一点:<捕捉 开>　<正交 开>　　//按 F3 键和 F8 键,打开捕捉和正交模式,单击弧形上的左下端点,作为第一点,如图 2-125 所示

指定镜像线的第二点:　　　　　　　　　　　//在正交模式打开的条件下,鼠标向上移动单击一点作为第二点

要删除源对象吗? [是(Y)/否(N)] <N>:n　　　//输入 n,选择不删除源对象,结果如图 2-125 所示

(3)用"直线"Line 命令,画墙(基础)平面,结果如图 2-126 所示。

命令:L　　　　　　　　　　　　　　　　//输入 l,按空格键,执行直线命令
LINE

指定第一个点:<捕捉 开>　　　　　　　　//按 F3 键,打开对象捕捉模式,在"草图与设置"对话框中,勾选"端点"选项,单击 B 点,作为第一点

指定下一点或 [放弃(U)]:<正交 开> 930　//按 F8 键,打开正交模式,鼠标水平向右,输入 930,按空格键,画直线 AE 结果如图 2-126 所示

指定下一点或 [闭合(C)/放弃(U)]:　　　　//按空格键,完成画直线,按 Esc 键,撤销直线命令

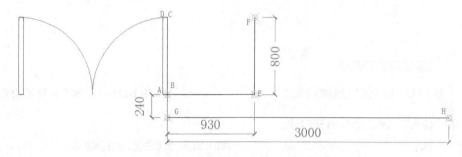

图 2-126　用直线命令绘制墙(基础)平面

命令:L　　　　　　　　　　　　　　　　//输入 L,按空格键
LINE

指定第一个点:　　　　　　　　　　　　　// 注意保持端点捕捉状态,单击点 B,作为第一点

指定下一点或 [放弃(U)]:240

　　　　　　　// 注意保持正交模式状态,鼠标在 B 点下方,并垂直向下,输入 240,按空格键,画直线 BG

指定下一点或 [放弃(U)]:3000

　　　　　　　//鼠标在 G 点右方,并水平向右,输入 3000,按空格键,画直线 GH

指定下一点或 [闭合(C)/放弃(U)]:　　//按空格键,完成画直线,结果如图 2-126 所示

(4)用 Strenthen(拉伸)命令画墙基础,结果如图 2-127～图 2-130 所示。

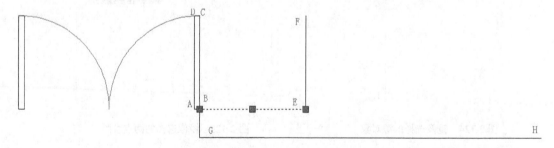

图 2-127　拉伸(单击直线 BE,呈亮显的虚线状态,出现三个蓝色的节点,之后便可以进行拉伸编辑了)

注意与提示

拉伸是将直线单击,形成有蓝色节点的虚线开始进行拉伸变形处理的。直线经过单击之后,通常会出现三个蓝色方块节点,只有选择两边的端点,才能够进行拉伸操作。如果点击中间的点,则可以用来进行直线的移动等操作,不能用来变形拉伸。

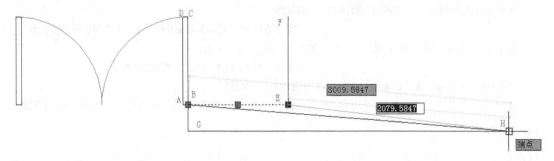

图 2-128　拉伸端点（拉伸前，按 F3 键打开捕捉模式，并在 "草图与设置" 对话框中，选择 "端点" 捕捉；勾选 "极轴追踪" 选项，设置极轴追踪的 0°、90°、180° 选项；鼠标捕捉点 E，E 点变成红色，并向点 H 靠近）

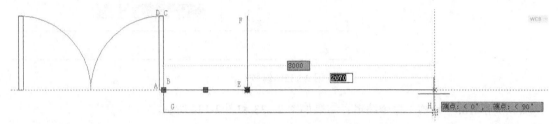

图 2-129　拉伸端点（当鼠标靠近点 H 时，出现绿色方块，先不要单击点 H，沿着点 H 向上移动出现垂直的绿色虚线，并向上移动与直线 BE 靠近，直线 BE 出现水平的绿色虚线，光标选择两条虚线的交点单击，拉伸端点的动作完成）

图 2-130　拉伸端点　（单击之后，直线 BE 仍然处于亮显状态，有三个节点，按 Esc 键，结束拉伸编辑任务）

（5）用 Offset（偏移）命令绘制墙线，结果如图 2-131 和图 2-132 所示。

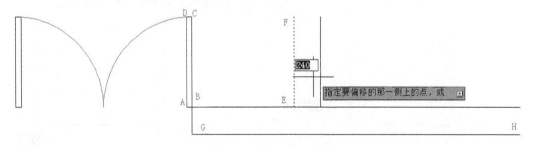

图 2-131　选择要偏移的对象

命令：O　　　　　　　　　　　　　　　　　　//输入 O，按空格键，执行偏移命令
OFFSET
当前设置：删除源=否　图层=源　OFFSETGAPTYPE=0
指定偏移距离或 [用(T)/删除(E)/图层(L)] <用>：240　　// 输入 240，按空格键，确认偏移距离

选择要偏移的对象，或［退出(E)/放弃(U)］<退出>：
>　　　　　　　//单击直线 EF，确认为要偏移的对象，对象呈亮显虚线状态
指定要偏移的那一侧上的点，或［退出(E)/多个(M)/放弃(U)］<退出>：
>　　　　　　　//单击直线 EF 右边一点，完成偏移过程
选择要偏移的对象，或［退出(E)/放弃(U)］<退出>：*取消*
>　　　　　　　//按 Esc 键，退出偏移命令，结果如图 2-131 和图 2-132 所示

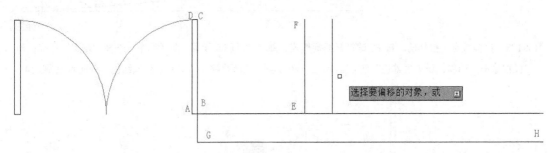

图 2-132　偏移完成

（6）用 Trim（修剪）命令编辑，结果如图 2-133 和图 2-134 所示。

命令：TRIM　　　　　　　　　　//输入 tr，按空格键，执行修剪命令
当前设置：投影=无，边=无
选择剪切边...
选择对象或 <全部选择>：找到 1 个　　//单击直线 EF
选择对象：找到 1 个，总计 2 个　　//单击直线 BE
选择对象：找到 1 个，总计 3 个
>　　　　// 单击直线 EF 右边的刚偏移出来的直线，按空格键，确认要修剪的对象，如图 2-133 所示
选择对象：
选择要修剪的对象，或按住 Shift 键选择要延伸的对象，或
［栏选(F)/窗交(C)/投影(P)/边(E)/删除(R)/放弃(U)］：
>　　　　　　　//单击夹在两条垂直直线夹在中间的直线部分，如图 2-134 所示
选择要修剪的对象，或按住 Shift 键选择要延伸的对象，或
［栏选(F)/窗交(C)/投影(P)/边(E)/删除(R)/放弃(U)］：*取消*
>　　　　　　　//按 Esc 键，退出偏移命令，结果如图 2-134 所示

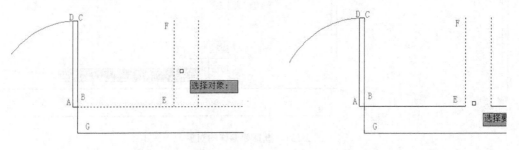

图 2-133　修剪图形前选择对象　　　　　　图 2-134　修剪对象

（7）或者用 Break（打断）命令修改和编辑墙基础的平面。下面是用打断命令编辑画墙的过程，结果如图 2-135～图 2-137 所示。

命令：BREAk　　　　　　　　　　//键盘输入 break，按空格键，执行打断命令

选择对象：	//单击直线 BE，BE 呈亮显虚线状态
指定第二个打断点 或 [第一点(F)]: f	// 输入 f，准备选取第一个点，按空格键
指定第一个打断点：	// 如图 2-135 所示，单击绿色光标显示的交点 E，作为第一点
指定第二个打断点：	// 如图 2-136 所示，单击绿色方块光标显示的点，作为第二点，打断任务完成
命令：<退出>: *取消*	//按 Esc 键，结束当前操作，结果图 2-137 所示

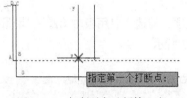
图 2-135　打断对象选择第一点

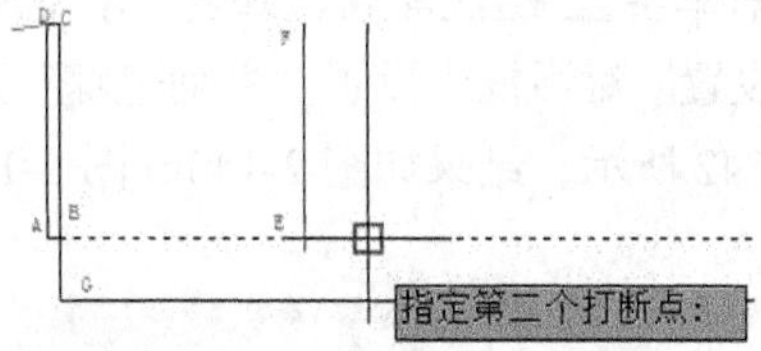

图 2-136　打断对象选择第二点

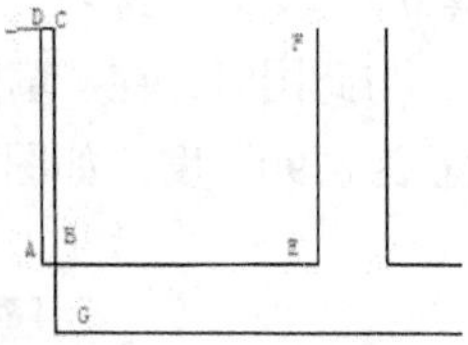

图 2-137　打断完成

（8）用 Mirror（镜像）命令画完墙基础的平面。下面是用镜像命令编辑画墙的过程，结果如图 2-138 和图 2-139 所示。

命令：MI	//键盘输入 mi，按空格键，执行镜像命令
MIRROR	
选择对象：找到 1 个，总计 5 个	//如图 2-138 所示，单击图中右边的直线选项，直线呈亮显状态
选择对象：找到 1 个，总计 6 个	
选择对象：	// 按空格键，确认对象的选择
指定镜像线的第一点：	// 如图 2-138 所示，单击开门线下端两弧相交的交点，即亮显的绿色方块
指定镜像线的第二点： <正交 关> <正交 开>	
	//按 F8 键，确保正交模式打开，鼠标沿第一点向上移动单击选择第二点
要删除源对象吗？[是(Y)/否(N)] <N>: n	//输入 n，不删除源对象，按空格键，结果图 2-139 所示
命令：<退出>: *取消*	//按 Esc 键，结束当前操作

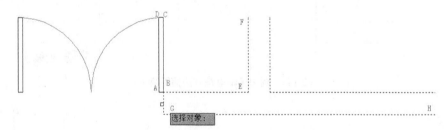
图 2-138　镜像选择的对象呈量化虚线状态

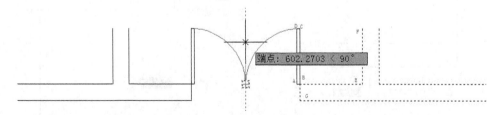
图 2-139　镜像选择的轴线

（9）用 Line（直线）命令画台阶的水平投影平面部分。第一步：用直线命令（Line）画台阶的基本平面；第二步：用偏移（Offset）方法完成延伸出来的踏步平面；第三步：用圆角命令（Fillet）完成台阶平面的编辑。

① 用 Line（直线）命令画台阶平面部分的过程，如图 2-140～图 2-143 所示。

注意与提示

绘图前的准备，按 F3 键，AutoCAD 提示，看到 "<对象捕捉 开>" 时，单击右键打开 AutoCAD 工作界面最下端 "状态栏" 的对象捕捉按钮，在打开的选项中单击 "设置"，如图 2-140 所示。当 "草图设置" 对话框打开后，选择并打开其中的 "对象捕捉" 对话框，勾选 "启用对象捕捉" "端点" "交点" 选项，然后单击 确定 按钮，如图 2-141 所示。

与此同时，在 "草图设置" 对话框中设置 "极轴追踪" 选项，勾选 "启用极轴追踪"，增量角设置为 "90" 度，如图 2-142 所示，结果如图 2-143～图 2-147 所示。

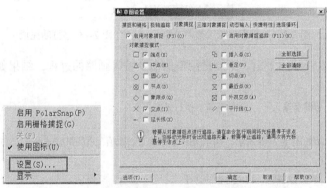

图 2-140　"捕捉" 设置　　　图 2-141　"草图设置" 的点设置　　　图 2-142　"极轴追踪" 的设置

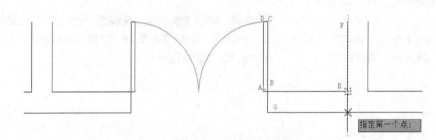

图 2-143　利用极轴追踪方法捕捉第一点

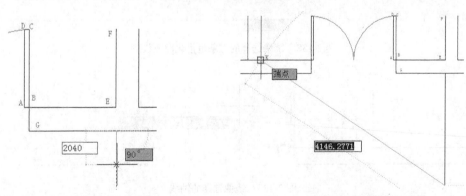

图 2-144　利用极轴追踪线画直线一　　　图 2-145　利用极轴追踪线画直线二

命令：_Line　　　　　　　//输入 l，按空格键，执行直线命令
指定第一个点：　　　　　　//按 F3 键，打开对象捕捉，准备用极轴追踪法，如图 2-143 所示，左键经过 E 点，
　　　　　　　　　　　　　出现绿色亮显的极轴追踪虚线，顺着虚线下移，捕捉到下面绿色的交点，单击交点，

作为第一点，如图 2-144 所示

指定下一点或 [放弃(U)]：2040　　　　//光标沿 FE 直线下移经过刚才捕捉的交点，输入 2040，按空格键，画
　　　　　　　　　　　　　　　　　　线段，如图 2-145 所示

指定下一点或 [放弃(U)]：　　　　　　//鼠标移动到 K 点，出现绿色的端点图标，沿端点 K 向下移动，不要单
　　　　　　　　　　　　　　　　　　击，当移动到与下面水平线相交 时，即垂直相交时，如图 2-145 所示，
　　　　　　　　　　　　　　　　　　单击选择这个交点

指定下一点或 [闭合(C)/放弃(U)]：
　　　　　　　　　//如图 2-146 所示，沿刚才的交点的极轴追踪绿色虚线向上，并向 K 点移动，再折回向下，捕
　　　　　　　　　捉 K 点下面的交点，作为直线的终点，单击，结果如图 2-147 所示。

指定下一点或 [闭合(C)/放弃(U)]：　　　　　　　　//按空格键，完成画直线

命令：<退出>：*取消*　　　　　　　　　　　　　　//按 Esc 键，结束当前操作

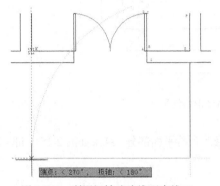

图 2-146　利用极轴追踪线画直线三

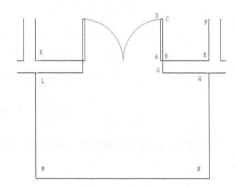

图 2-147　利用极轴追踪线画直线四

② 用偏移命令完成台阶平面，结果如图 2-148 和图 2-149 所示。

命令：OFFSET　　　　　　　　　　　　　　　　　　　//输入 Offset，按空格键，执行偏移命令

当前设置：删除源=否　图层=源　OFFSETGAPTYPE=0

指定偏移距离或 [用(T)/删除(E)/图层(L)] <240.0000>：300　　// 输入 300，按空格键

选择要偏移的对象，或 [退出(E)/放弃(U)] <退出>：
　　　　　　　　　　　　　//如图 2-148 所示，单击直线 QN，直线呈虚线亮显状态

指定要偏移的那一侧上的点，或 [退出(E)/多个(M)/放弃(U)] <退出>：
　　　　　　　　　　　　　//单击要偏移的方向，右边，偏移一条直线

选择要偏移的对象，或 [退出(E)/放弃(U)] <退出>：
　　　　　　　　　　　　　//单击刚偏移产生的直线，直线呈虚线亮显状态，如图 2-149 所示

指定要偏移的那一侧上的点，或 [退出(E)/多个(M)/放弃(U)] <退出>：
　　　　　　　　　　　　　//单击要偏移的方向，右边，偏移第二条直线，如图 2-149 所示

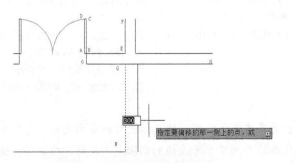

图 2-148　偏移选择要偏移的对象

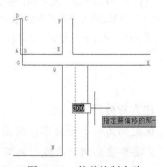

图 2-149　偏移绘制台阶

用同样的方法完成入口的正下方台阶和正左边台阶的偏移，结果如图 2-150 所示。

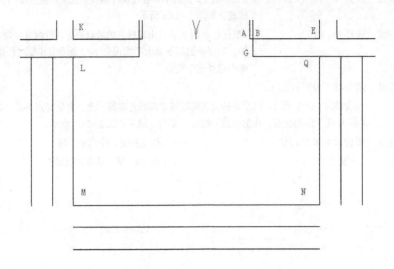

图 2-150　偏移绘制台阶图形的结果

③ 用 Fillet（圆角）命令修改台阶平面。圆角命令修改台阶平面部分，结果如图 2-151 和图 2-152 所示。

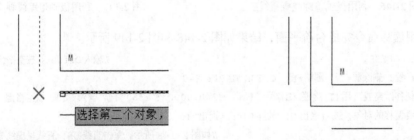

图 2-151　圆角前选择两个对象　　　　　图 2-152　第一个圆角任务完成

命令：Fillet　　　　　　　　　　　　　　　　　　　//输入 Fillet，按空格键，执行圆角命令
当前设置：模式 = 修剪，半径 = 0.0000
选择第一个对象或 [放弃(U)/多段线(P)/半径(R)/修剪(T)/多个(M)]: r　// 输入 r，按空格键
指定圆角半径 <0.0000>:　　　　　　　　　　　　　//按空格键，默认命令提示行的数据
选择第一个对象或 [放弃(U)/多段线(P)/半径(R)/修剪(T)/多个(M)]:　//单击左边直线，呈虚线亮显状态，
光标向下移与第二条水平线齐平出现绿色交点图标，如图 2-151 所示
选择第二个对象，或按住 Shift 键选择对象以应用角点或 [半径(R)]:　//单击入口正下方的台阶平面下的
　　　　　　　　　　　　　　　　　　　　　　　　　　　　第一条水平线，结果如图 2-152 所
　　　　　　　　　　　　　　　　　　　　　　　　　　　　示，原来分开的直线，现在连在了一
　　　　　　　　　　　　　　　　　　　　　　　　　　　　起，按空格键一次，继续执行圆角命令

注意与提示

设置圆角的半径为零，用圆角命令单击两条直线，按照既定的绘图目标方向进行，分别单击两个需要单击圆角的直线。入口台阶右边的画法与入口台阶左边的画法是一样的，方法略，最后的入口台阶平面圆角的结果如图 2-153 所示。

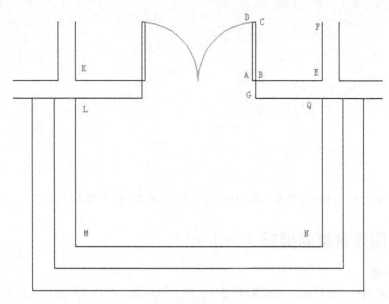

图 2-153　圆角编辑台阶完成

课后练习

请使用直线、圆、矩形、阵列等命令绘制图 2-154～图 2-156 所示尺寸。电子文件见"图 2-154.dwg"。

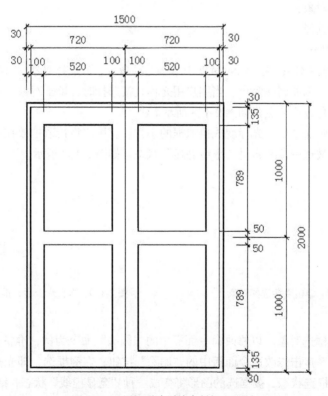

图 2-154　用矩形阵列绘密封门立面图

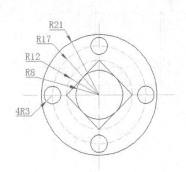

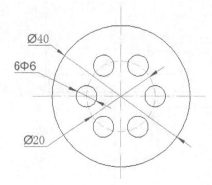

图 2-155 环形阵列绘图一（电子文件见"图 2-155.dwg"）　　图 2-156 环形阵列绘图二

2.2.2 图像对象的编辑（一）

1. 选择对象

打开 AutoCAD 工作界面，选择编辑命令，再选择对象，在命令栏里出现提示：选择对象。当选择对象之后，就可以进行图像编辑了。如用选择"删除"命令，如图 2-157 所示。选择对象的操作，需要用鼠标在屏幕上操作，即用"十字"光标进行选取，将对象选取成为可以编辑操作的对象。

```
命令: _erase
ERASE 选择对象:
```

图 2-157 删除命令

命令启动方法

方法一：直接选择对象；

方法二：用光标框选对象；

方法三：栏选对象；

方法四：快速选择。

2. 直接选择对象

【练习 2-38】选择对象。在 AutoCAD 中单击编辑命令，再选择对象。有些直接用光标选择对象，再编辑命令的，例如删除命令。当用户用光标直接选择时，单击对象，对象呈"虚线亮显"状态，并显示出蓝色方块节点，如图 2-158 所示。

当用户选择编辑命令后，光标变成拾取框的小方块。用户将拾取框放在某个对象上并进行左键单击，则该对象被选中，并将呈"虚线亮显"状态，如图 2-159 所示。

图 2-158 单击直接选择对象　　　　　　图 2-159 选择命令后，准备单击选择对象

3. 框选对象

【练习 2-39】框选对象。以修改命令面板中的"删除"命令为例，准备选择删除如图 2-160 所示的图形。首先，单击修改命令面板中的"删除"按钮，左键框选，即光标从左下角向右上角框选，最后呈矩形框选状态，被框选的图形将变成一种"亮显虚线"状态，结果如图 2-161 所示。当按空格键之后，被选择的对象就被删除掉了。电子文件见"图 2-160.dwg"。

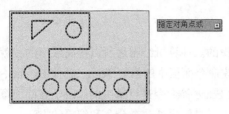

图 2-160　光标矩形框选

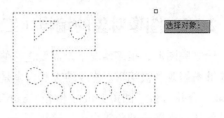

图 2-161　对象被框选后

4. 栏选对象

【练习 2-40】栏选对象。还是以"修改"命令面板中的"删除"命令为例。先做删除前的准备，单击选择的范围，如图 2-162 所示；选择之后，按鼠标右键，表示选择确定并结束，被选择到的对象呈"亮显虚线"状态，结果如图 2-163 所示。

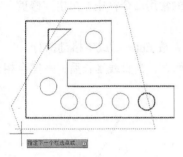

图 2-162　单击栏选

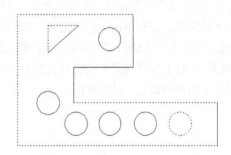

图 2-163　单击栏选确定后

5. 快速选择

在命令状态栏中输入 Qselect，按空格键执行快速选择命令，出现一个"快速选择"对话框，如图 2-164 所示。

通过快速选择选项选择"整个图形"；图形未选择前是实线的状态，如图 2-165 所示；选择后呈"亮显的虚线并有蓝色方块节点"状态，如图 2-166 所示。

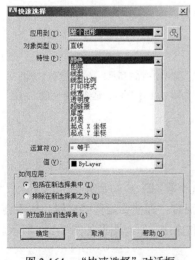

图 2-164　"快速选择"对话框

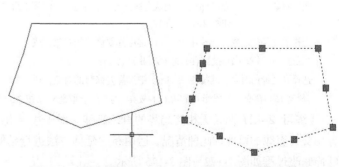

图 2-165　快速选择前　　　　图 2-166　快速选择后

2.2.3　图像对象的编辑（二）

绘制完图形，很多情况下是需要进行修改和编辑的。计算机绘图之所以是高效率的，就在于它能够被修改和被编辑。修改的方法大多是利用修改命令面板中的修剪 Trim、延伸 Extend、打断 Break、合并 Jiont、圆角 Fillet、倒角 Chamfer、删除 Erase 等命令进行解决的。由于在前面章节中已经叙述过修剪、圆角等命令，这里不一一地去讲，只讲解另外几个命令和编辑的方法。

1.　延伸 EXTEND

利用延伸命令可以将直线、曲线等对象延伸到靠近一个边界的对象上去，并且与边界的对象相交。这在画剖视图的填充剖面线以及在普通绘图过程中，非常便捷有用。

命令启动方法

方法一：【菜单】在 AutoCAD 2013 的"经典界面"中，单击"修改" > "延伸"按钮 ┤ 延伸 (D)；

方法二：【命令栏】在 AutoCAD 2013 "草图与注释"的常用命令栏中，单击"修剪"右边的三角形下拉菜单，打开单击选择"延伸"按钮；

方法三：【命令】输入"Extend"或者输入缩写"EX"，按 Enter 键或空格键执行。

【练习 2-41】两条直线有相交的趋势延伸。对于边界而言，当直线延长后，一定会相交的，此种情况下用延伸命令，结果如图 2-167～图 2-170 所示。

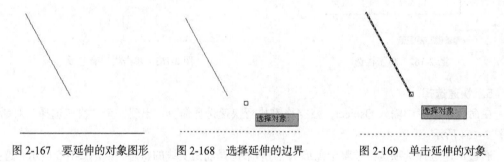

图 2-167　要延伸的对象图形　　图 2-168　选择延伸的边界　　图 2-169　单击延伸的对象

命令：EX　　　　　//输入 ex，按空格键
EXTEND
当前设置：投影=UCS，边=无
选择边界的边 ...
选择对象或 <全部选择>：　找到 1 个
　　　　　　　　//单击水平直线作为延伸的边界，水平线段呈虚线亮显状态，如图 2-168 所示，光标呈空心小方块
选择对象：　//按空格键，确认上面的选择，单击倾斜直线的下端，如图 2-169 所示；延伸命令完成，结果如图 2-170 所示
选择要延伸的对象，或按住 Shift 键选择要修剪的对象，或
[栏选(F)/窗交(C)/投影(P)/边(E)/放弃(U)]：
选择要延伸的对象，或按住 Shift 键选择要修剪的对象，或
[栏选(F)/窗交(C)/投影(P)/边(E)/放弃(U)]：　*取消*　//按 Esc 键，结果如图 2-170 所示

【练习 2-42】两条无相交趋势的直线延伸。对于边界直线而言，即使要延伸的直线，也不会有相交的直线的可能。此种情况，运用新的延伸方法进行延伸和连接，原有图形如图 2-171 所示。延伸修改过程如图 2-172～图 2-175 所示。

命令：EX　　　　　　　　　　//输入 ex，按空格键
EXTEND

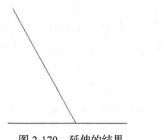

图 2-170　延伸的结果　　　　　　　　图 2-171　不能直接延伸的图形

当前设置:投影=无,边=无
选择边界的边...
选择对象或 <全部选择>: 找到 1 个
选择对象:找到 1 个,总计 2 个
　　　　　　　　　　　　　　//单击水平与倾斜两条直线,两条直线呈亮显的虚线状态结果如图 2-173 所示
选择对象:　　　　　　　　　//按空格键,如图 2-173 所示
选择要延伸的对象,或按住 Shift 键选择要修剪的对象,或
[栏选(F)/窗交(C)/投影(P)/边(E)/放弃(U)]: e
　　　　　　　　　　　　　　//输入 e,按空格键,选择"边"选项,单击水平直线,如图 2-173 所示
输入隐含边延伸模式 [延伸(E)/不延伸(N)] <不延伸>: e
　　　　　　　　　　　　　　//键盘输入 e,按空格键,选择"延伸"选项,单击倾斜直线,如图 2-174 所示
选择要延伸的对象,或按住 Shift 键选择要修剪的对象,或
[栏选(F)/窗交(C)/投影(P)/边(E)/放弃(U)]:
指定对角点:　　　　　　　　//单击斜线的下端,单击水平直线的右端,既是选择要延伸的对象,也是指定
　　　　　　　　　　　　　　对角点,结果如图 2-175 所示
选择要延伸的对象,或按住 Shift 键选择要修剪的对象,或
[栏选(F)/窗交(C)/投影(P)/边(E)/放弃(U)]:
　　　　　　　　　　　　　　//按空格键,现在已经完成了两条线段从趋势上很难相交的延伸工作,结果如
　　　　　　　　　　　　　　图 2-175 所示
选择要延伸的对象,或按住 Shift 键选择要修剪的对象,或
[栏选(F)/窗交(C)/投影(P)/边(E)/放弃(U)]: *取消*　　　//按 Esc 键,结束当前的命令

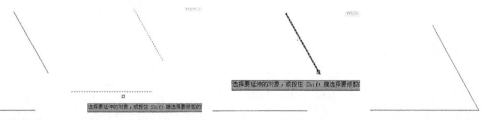

图 2-172　延伸前的图形　　图 2-173　选择要延伸的对象　　图 2-174　选择要延伸的对象　　图 2-175　两条直线延伸

注意与提示

　　选择要延伸的对象有好几种,系统一般情况下默认为有边界的修剪延伸对象;当选择了延伸对象的时候,系统在命令状态栏的提示就会有几种:"[栏选(F)/窗交(C)/投影(P)/边(E)/放弃(U)]"等情况的选择。①栏选(F),主要用来绘制连续的折线,与折线相交的将被延伸;②窗交(C),利用交叉窗口选择对象;③投影(P),用该选项指定延伸操作的空间,用于三维绘图;④边(E),用该选项控制是否将对象延伸到隐含的边界里,用于三维绘图;⑤放弃(U),取消上一次的操作。

2. 合并 JOIN

合并命令可以将打断的对象或者在同一条延长线上的对象，合并为一个对象。用户也可以用圆弧和椭圆弧创造一个完整的圆和椭圆。合并的对象包括：圆弧、椭圆弧、直线、多段线和样条曲线。

命令启动方法

方法一：【命令栏】在 AutoCAD "草图与注释"的工作界面中，单击"常用" > "修改" > "合并"按钮⊞，执行合并命令；

方法二：【菜单】在 AutoCAD 的"AutoCAD 经典界面"工作界面中，单击"修改" > "合并"命令 ⊬ 合并⑴，执行合并命令；

方法三：【命令】键盘输入 Join 或者英文缩写 J，按空格键执行。电子文件见"图 2-176.dwg"

【练习 2-43】 合并圆弧曲线，结果如图 2-176~图 2-181 所示，AutoCAD 提示行如下。

命令: Join   //输入 join，按空格键执行合并命令

选择源对象或要一次合并的多个对象: 找到 1 个

　　　　　　　　　　//单击弧 AB，图形呈亮显虚线状态，光标变成空心的小方块，结果如图 2-177 所示

选择要合并的对象: 找到 1 个，总计 2 个

选择要合并的对象:　　//单击弧 CD，于是弧 CD 也变成亮显的虚线状态，如图 2-178 所示，按空格键，于是弧 AB 和弧 CD 合并连接起来，如图 2-179 所示 2 条圆弧已合并为 1 条圆弧

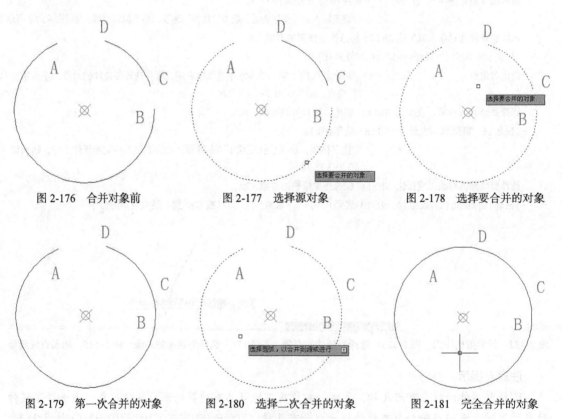

图 2-176　合并对象前　　　　　图 2-177　选择源对象　　　　　图 2-178　选择要合并的对象

图 2-179　第一次合并的对象　　图 2-180　选择二次合并的对象　　图 2-181　完全合并的对象

命令: JOIN   //按空格键，继续执行合并命令

选择源对象或要一次合并的多个对象: 找到 1 个

　　　　　　　　　　//单击弧 ABCD，弧呈亮显的虚线状态，如图 2-180 所示

选择要合并的对象:　　　　　　　　//按空格键,确定要合并的选择

选择圆弧,以合并到源或进行 [闭合(L)]: 1

　　　　　　　　　　　　　　　//在命令提示行下输入 "1",按空格键,执行闭合命令,结果如图 2-181 所示

已将圆弧转换为圆。

命令: *取消*　　　　　　　　　//按 Esc 键,取消当前的命令操作

命令: _SAVEAS　　　　　　　//输入 Save as,或者,单击 AutoCAD 界面的左上角的 按钮右边的下拉
　　　　　　　　　　　　　　三角,打开一个菜单栏,如图 2-182 和图 2-183 所示。

图 2-182　"另存为"

图 2-183　另存为文件为 "2-176.dwg"

3. 倒角 CHAMFER

倒角命令可以用来编辑和绘制轴端或工作件的边缘部分等的倒角问题。

命令启动方法

方法一:【命令栏】在 AutoCAD 的 "草图与注释" 工作界面中,单击 "常用" 命令栏,单击打开 "修改" 面板中的圆角按钮,单击右边的下拉三角,打开内藏的其他三个按钮,选择倒角按钮;

方法二:【菜单】在 AutoCAD 的 "AutoCAD 经典" 界面中,单击 "修改(M)">"倒角";

方法三:【命令】输入 Chamfer 或英文缩写 CHA(快捷键),按空格键执行。

【练习 2-44】如图 2-184 所示,倒角修改 "限位板" 工作部件。先绘制基本形,再进行倒角修改。

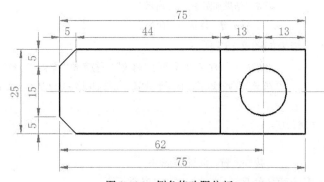

图 2-184　倒角修改限位板

在倒角之前,需要完成如下步骤。

第一步：绘制基本形。用矩形命令（Rectangle）画基本形；用直线命令（Line）画水平的对称轴；用爆炸分解命令（Explode）对矩形进行分解；用偏移方法（Offset）偏移画圆的对称轴；画圆（Circle）等。

第二步：对基本形用倒角命令（Fillet）进行图形的修改。电子文件见"图 2-184.dwg"。

（1）绘制基本形。

① 绘制矩形，结果如图 2-185 所示。

命令：_Rectang   // 输入 rec，按空格键执行矩形命令

当前矩形模式：宽度=1.0000

指定第一个角点或 [倒角(C)/标高(E)/圆角(F)/厚度(T)/宽度(W)]：w   //输入 W，执行宽度选项

指定矩形的线宽 <1.0000>：0.5   // 输入 0.5，选择矩形的宽度，按空格键

指定第一个角点或 [倒角(C)/标高(E)/圆角(F)/厚度(T)/宽度(W)]：

　　　　　　　　　　　　　　　　//在屏幕上单击一点作为矩形的起始角点

指定另一个角点或 [面积(A)/尺寸(D)/旋转(R)]：d   //输入 d，选择矩形的尺寸选项

指定矩形的长度 <75.0000>：   //按空格键

指定矩形的宽度 <25.0000>：   //按空格键

指定另一个角点或 [面积(A)/尺寸(D)/旋转(R)]：

　　　　　　　　　　　　　//在屏幕上在第一角点的右边单击一点，作为另一个角点，画出矩形

命令：*取消*   // 按 Esc 键，取消当前命令，结果如图 2-186 所示

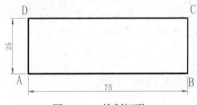
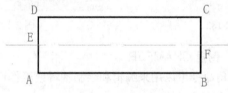

图 2-185　绘制矩形　　　　　　　　　　　　　　图 2-186　增加轴线

② 用直线命令绘制矩形中间的轴线，结果如图 2-186 所示。

命令：_Line   // 输入 L，按空格键执行直线命令

指定第一个点：   // 绘图之前，用单击"捕捉模式"，右键单击，打开"草图设置"对话框，在"对象捕捉"对话框中，勾选"中点"捕捉选项，左键放在 AD 线段的中点 E 附近，启用极轴追踪命令，沿经过 E 点的水平直线向左，单击一点作为第一个点

指定下一点或 [放弃(U)]：//光标沿着线段 BC 的中点 F，沿水平的虚线向右移动，单击一点作为下一点，轴线画成，结果如图 2-186 所示

命令：*取消*   // 按 Esc 键，取消当前命令

③ 爆炸分解矩形，结果如图 2-187 所示。

命令：_Explode   // 在 AutoCAD 经典界面的"修改"下拉菜单中单击"分解"菜单 ⚏ 分解(X)

选择对象：找到 1 个   //单击所画的矩形，将矩形分解，结果如图 2-187 所示，原有粗线变成细线

选择对象：

分解此多段线时丢失宽度信息。

可用 UNDO 命令恢复。

命令：*取消*   // 按 Esc 键，取消当前命令

④ 偏移完成基本形的两条线段，结果如图 2-188 所示。

命令：o   //输入 o，按空格键，执行偏移命令

OFFSET

图 2-187　爆炸分解对象

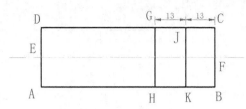

图 2-188　偏移直线对象

当前设置：删除源=否　图层=源　OFFSETGAPTYPE=0

指定偏移距离或 [用(T)/删除(E)/图层(L)] <6.5000>:13　//输入偏移的距离 13，按空格键

选择要偏移的对象，或 [退出(E)/放弃(U)] <退出>:　　//单击线段 BC，光标变成空心小方块

指定要偏移的那一侧上的点，或 [退出(E)/多个(M)/放弃(U)] <退出>:

　　　　　　　　　　　　　　　　　　　　　//鼠标在线段 BC 的左边单击一点，偏移的直线完成

选择要偏移的对象，或 [退出(E)/放弃(U)] <退出>:　　//按空格键，继续执行偏移命令

命令：OFFSET

当前设置：删除源=否　图层=源　OFFSETGAPTYPE=0

指定偏移距离或 [用(T)/删除(E)/图层(L)] <13.0000>:　//按空格键默认偏移的距离

选择要偏移的对象，或 [退出(E)/放弃(U)] <退出>:　　//单击刚偏移形成的直线 JK，光标变成空心小方块

指定要偏移的那一侧上的点，或 [退出(E)/多个(M)/放弃(U)] <退出>:

//单击直线 JK 左边一点，直线 GH 被偏移完成

选择要偏移的对象，或 [退出(E)/放弃(U)] <退出>:*取消*　　// 按 Esc 键，取消当前命令

⑤ 用特性匹配命令改变轴线的线型，结果如图 2-189 和图 2-190 所示。

命令：'_Matchprop // 单击直线 EF，然后单击 AutoCAD 经典界面窗口上端菜单栏下的"特性匹配"按钮，
　　　　　　　　　光标变成有刷子的光标。

当前活动设置：颜色　图层　线型　线型比例　线宽　透明度　厚度　打印样式　标注　文字　图案填充　多段线　视口　表格材质　阴影显示　多重引线

选择目标对象或 [设置(S)]:　　//单击线段 JK，让线段 JK 的线型变成轴线的线型，结果如图 2-189 所示

选择目标对象或 [设置(S)]:*取消*　//按 Esc 键，取消当前命令，结果如图 2-190 所示

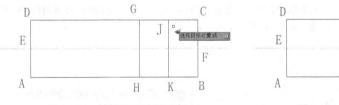

图 2-189　特性匹配选择对象　　　　　　　　图 2-190　特性匹配修改对象

⑥ 用线段节点拉伸的编辑，结果如图 2-191 和图 2-192 所示。

** 拉伸 **　　　//单击线段 JK，原有线段变成虚线，并且均匀分布三个蓝色方块节点，结果如图 2-191 所示

指定拉伸点或 [基点(B)/复制(C)/放弃(U)/退出(X)]:

　　　　　　//单击线段 JK 的上端蓝色节点，并沿垂直方向向上拉伸

命令：

** 拉伸 **

指定拉伸点或 [基点(B)/复制(C)/放弃(U)/退出(X)]:

　　　　　　//单击线段 JK 的下端蓝色节点，并沿垂直方向向下拉伸

命令：*取消*　//按 Esc 键，取消当前命令，结果如图 2-192 所示

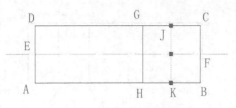

图 2-191　拉伸对象选择对象

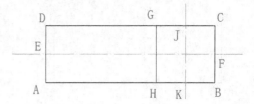

图 2-192　拉伸对象完成

⑦ 用圆形命令画半径为 7 的圆，结果如图 2-193 和图 2-194 所示，AutoCAD 提示省略。

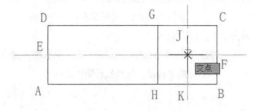

图 2-193　画圆选择圆心

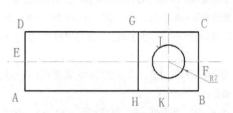

图 2-194　画圆成功

（2）倒角命令（Chamfer）修改基本形，结果如图 2-195 和图 2-196 所示。

命令：CHAMFER　　　　　　　//在 AutoCAD 经典界面中单击"修改"下拉菜单，单击"倒角"菜单 ◢ 倒角(C)，
　　　　　　　　　　　　　　执行倒角命令

（"修剪"模式）当前倒角距离 1 = 0，距离 2 = 0

选择第一条直线或 [放弃(U)/多段线(P)/距离(D)/角度(A)/修剪(T)/方式(E)/多个(M)]：d
　　　　　　　　　　　　　　//输入 d，选择距离选项，按空格键执行

指定 第一个 倒角距离 <0>：5　　//输入 5，按空格键，确定第一个倒角的距离

指定 第二个 倒角距离 <5>：　　//输入 5，按空格键，确定第二个倒角的距离

选择第一条直线或 [放弃(U)/多段线(P)/距离(D)/角度(A)/修剪(T)/方式(E)/多个(M)]：
　　　　　　　　　　　　　　//单击直线 CD，直线呈"虚线亮显"状态，鼠标的十字光标变成一个光标后
　　　　　　　　　　　　　　带有"选择第一条直线或"的形状，如图 2-195 所示

选择第二条直线，或按住 Shift 键选择直线以应用角点或 [距离(D)/角度(A)/方法(M)]：
　　　　　　　　　　　　　　//单击直线 AD，于是直线 CD 和直线 AD 的直角消失，变成倒角，结果如
　　　　　　　　　　　　　　图 2-195 和图 2-196 所示

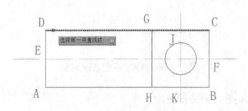

图 2-195　倒角选择第一条直线 CD

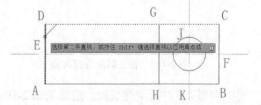

图 2-196　倒角选择第二条直线 AD

命令：CHAMFER　　　　　　　//再次按空格键，继续执行倒角命令

（"修剪"模式）当前倒角距离 1 = 0，距离 2 = 0

选择第一条直线或 [放弃(U)/多段线(P)/距离(D)/角度(A)/修剪(T)/方式(E)/多个(M)]： d
　　　　　　　　　　　　　　//输入 d，选择距离选项，按空格键

指定 第一个 倒角距离 <0>：5　//输入 5，按空格键，确认倒角的距离

指定 第二个 倒角距离 <5>：　//按空格键，默认当前数据，结果如图 2-197 所示

选择第一条直线或 [放弃(U)/多段线(P)/距离(D)/角度(A)/修剪(T)/方式(E)/多个(M)]：

//单击直线 AB，直线 AB 变成亮显的虚线状态，如图 2-198 所示

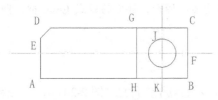

图 2-197　第一次倒角的结果

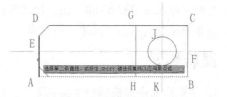

图 2-198　再选择倒角的直线

选择第二条直线，或按住 Shift 键选择直线以应用角点或 [距离(D)/角度(A)/方式(M)]：

//单击直线 AD，倒角命令完成，结果如图 2-199 和图 2-200 所示

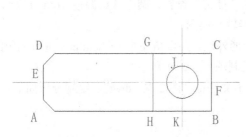

图 2-199　第二次倒角的结果

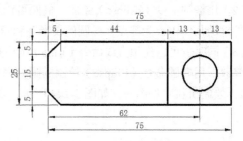

图 2-200　限位板的尺寸

注意与提示

倒角命令产生后，在 AutoCAD 的提示下，常常有几个选项："放弃(U)/多段线(P)/距离(D)/角度(A)/修剪(T)/方式(E)/多个(M)。"其中 U 是放弃，不做倒角操作；P 是多段线，对多段线形成的图形进行倒角；D 是距离，设置倒角的距离；A 是角度，一般指定第一条线的倒角距离和倒角的角度；T 是修剪，选择此项，就是将倒角命令切换到了修剪命令方式，结果有两种，如图 2-201 和图 2-202 所示；E 是方式选择，选择倒角是根据两倒角的距离设置倒角，还是根据距离和角度设置倒角；M 是多个，就是对多个对象进行倒角，按空格键结束。

图 2-201　矩形的倒角

图 2-202　矩形不修剪的倒角

4.　删除 ERASE

在绘图过程中，经常产生一些错误的图形，当不需要这些图形的时候，用删除命令选中，按空格键或 Enter 键确认选择，即可删除。

命令启动方法

方法一：【命令栏】在 AutoCAD "草图与注释"界面，单击"常用">"修改">删除（Erase）命令按钮 ；

方法二：【菜单】在 AutoCAD 经典界面，单击"修改">"删除"按钮 删除(E)；

方法三：【命令】键盘输入 Erase 命令或者英文缩写 E，按空格键执行。

注意与提示

单击选择 ERASE 删除命令之前，要单击将被删除的对象，再单击删除命令选项。或者在命令状态栏中输入快捷键或 ERASE，按空格键，单击不需要的图形，按空格键或 Enter 键，即可删掉。具体删除的过程，在此不一一列举。

课后练习

1. 用矩形命令和椭圆命令绘制图形，如图 2-203 所示，电子文件见"图 2-203.dwg"。绘制分析如下。

（1）用矩形命令（Rectangle）绘制外框。绘制矩形的时候，选择宽度选项能够决定矩形线的宽度；还可以按照尺寸设定倒角尺寸大小，画外框。

（2）用椭圆命令（Ellipse）绘图。椭圆可以用"捕捉"设置，圆心基点偏移 from 方式选择；选择外框的几何中心为基点，椭圆的长半轴和短半轴来绘图。

（3）同时也可以先用直线命令（Line）画出矩形外框，用倒角命令（Chamfer）进行倒角的设置并修改，用椭圆命令（Ellipse）绘制椭圆，完成制图。

2. 绘制机械零件图一，如图 2-204 所示，电子文件见"图 2-204.dwg"。绘制分析如下。

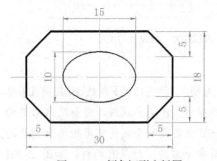

图 2-203　倒角矩形和椭圆

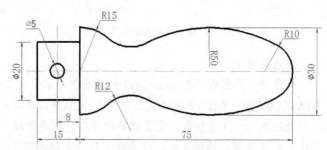

图 2-204　机械零件图一

（1）建立基本框架。在虚线图层，用构造线（Xline）命令画水平和垂直的直线；用偏移的方法，依照尺寸，确定纵横方向的基本形。

（2）用圆命令（Circle）画图。根据尺寸大小，画出不同半径的圆；用修剪命令（Trim），对直线、圆等进行符合如图 2-204 所示图形尺寸要求的修剪；最后，用特性匹配命令（Matchprop）对线型进行调整。

3. 绘制机械零件图二，如图 2-205 所示，电子文件见"图 2-205.dwg"。绘制分析如下。

（1）建立基本框架。在虚线图层，用构造线命令画水平和垂直的直线，并用偏移的方法，依照尺寸的标示，确定纵横方向的基本形。

（2）在实线图层，用圆命令根据尺寸大小，画出符合半径尺寸的圆；用直线命令，将垂直线与圆的交点相连接；用修剪命令，对直线、圆进行符合图 2-205 要求的修剪；最后，用特性匹配命令对线型进行修改调整。

4. 绘制机械零件图三，如图 2-206 所示，电子文件见"图 2-206.dwg"。绘制分析如下。

（1）建立基本框架。在实线图层，用直线命令，依照图 2-206 的尺寸标注，画出基本的外轮廓。在绘制过程中，打开正交模式，先画直角的基本外形。

（2）绘制符合要求的圆。在实线图层，用圆命令，用 From 偏移的方法，设置端点的捕捉模式，从基点偏移确定圆心，根据尺寸大小，画出符合半径尺寸和位置的圆。

（3）用倒角命令修改。对左下角的直角进行符合图 2-206 要求的倒角修改。

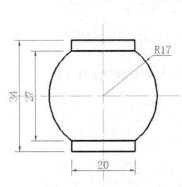

图 2-205　机械零件图二

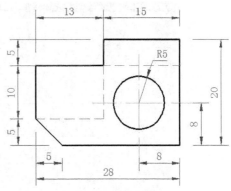

图 2-206　机械零件图三

注意与提示

依据图形和尺寸绘制，可能有好几种方法，用了不同的命令，这种情况是会经常发生的。本次练习不再列举 AutoCAD 的提示和图形演变的过程，需要读者分析、琢磨并练习。当然，重要的还是思考，之后在电脑上请各位读者练习。

2.2.4　图像对象的编辑（三）

MLINE 多线绘制和编辑

（1）多线样式。在绘制多线前，需要根据多线的绘制需要，对多线进行修改和定义，这就是多线样式。对多线样式的修改和定义，单击"AutoCAD 经典界面"下拉菜单，单击"格式"下拉菜单，单击选择"多线样式"如图 2-207 所示。打开"多线样式"对话框如图 2-208 所示。单击"修改"按钮，对多线的有关数据进行编辑和定义。

图 2-207　打开"多线样式"

图 2-208　修改和定义多线样式

【练习 2-45】多线距离设置。修改多线，设置几条平行直线的距离，用偏移获得。"0"表示中心直线；"+120"表示以"0"直线为参照线，向上偏移，偏移数量为 120 个单位；"-120"表示以"0"直线为参照线，向下偏移，偏移数量为-120 个单位，如图 2-209 所示。

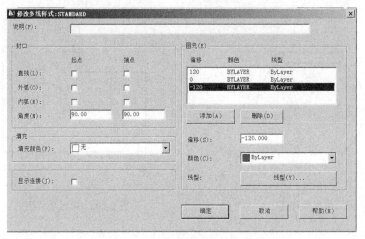

图 2-209　多线样式图元修改

【练习 2-46】多线开口与否的设置。如图 2-209 所示，在"修改样式对话框"左边的"封口"栏下，不做任何勾选，此时所画的多线图形是"开口"的，如图 2-210 所示。如图 2-211 所示，在"修改样式对话框"左边的"封口"栏下，勾选直线的"起点"和"终点"选项。绘制的多线两端是直线"直角封口"的，如图 2-212 所示；当在"封口"栏的"外弧"选项行勾选"起点"和"终点"时，两端以外弧封口，用多线绘制的图形如图 2-213 所示。

图 2-210　封口选择直线形式

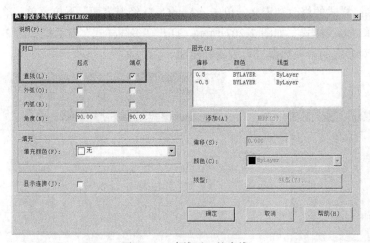

图 2-211　直线开口的多线

图 2-212　多线直线垂直角度封口　　　　　图 2-213　多线外弧封口

（2）多线的绘制。在制图过程中，经常会碰到平行并列的双线，多线可以方便地绘制此种线，且轻松容易。

命令启动方法

方法一：【菜单】在"AutoCAD 经典界面"界面中，单击"绘图">"多线"。

方法二：【命令】键盘输入 Mline，按空格键执行。

注意与提示

当启动多线 Mline 命令之后，选择"J"对正选项之后有：上（T）、无（Z）和下（B）三种
选项。在绘图之前，用直线命令绘制一个红色点划线的三角形基本形，单击命令状态栏下的捕捉
图标，选择"设置"；在"草图设置"对话框中，在"对象捕捉"命令窗口中勾选捕捉，设置捕捉
模式为"端点"模式。选择"对正模式"有以上三种选项。

【练习 2-47】用多线命令（Mline）绘制三角形的基本形。

① 选择"上"（T）的绘图情况，结果如图 2-214～图 2-216 所示。电子文件见"图 2-214.dwg"。

命令：ML　　　　　　　　　　　　　　　//在命令状态栏中输入 ml，按空格键执行多线命令
MLINE
当前设置：对正 = 上，比例 = 20.00，样式 = STANDARD
指定起点或 [对正(J)/比例(S)/样式(ST)]：j　　//输入 j，执行对正选项，按空格键
输入对正类型 [上(T)/无(Z)/下(B)] <上>：t　　//输入 t，选择对正类型为"上"，按空格键
当前设置：对正 = 上，比例 = 20.00，样式 = STANDARD
指定起点或 [对正(J)/比例(S)/样式(ST)]：>>　　//用"端点"对象捕捉，捕捉直角顶点
正在恢复执行 MLINE 命令。
指定起点或 [对正(J)/比例(S)/样式(ST)]：
指定下一点：　　　　　　　　　　　　//捕捉直角顶点水平方向左端的端点，结果如图 2-214 所示
指定下一点或 [放弃(U)]：　　　　　　//捕捉直角顶点垂直方向下端的端点，结果如图 2-215 所示
指定下一点或 [闭合(C)/放弃(U)]：c　　//输入 c，按空格键，画出封闭的多线图形，结果如图 2-216 所示

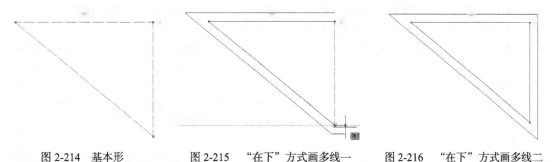

图 2-214　基本形　　　　图 2-215　"在下"方式画多线一　　　图 2-216　"在下"方式画多线二

② 选择"无"（Z）的绘图情况，结果如图 2-217～图 2-219 所示。

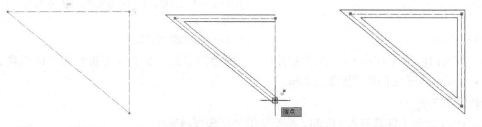

图 2-217　基本形　　　图 2-218　"无"方式画多线一　　　图 2-219　"无"方式画多线二

命令：_u MLINE　　　　　　　　　　　//按空格键，继续执行多线命令
命令：ml MLINE

当前设置：对正 = 上，比例 = 20.00，样式 = STANDARD

指定起点或 [对正(J)/比例(S)/样式(ST)]： j   //输入 j，选择对正选项，按空格键

输入对正类型 [上(T)/无(Z)/下(B)] <上>： z   //输入 z，选择对正类型为"无"，按空格键

当前设置：对正 = 无，比例 = 20.00，样式 = STANDARD

指定起点或 [对正(J)/比例(S)/样式(ST)]：   //用"端点"对象捕捉，依旧捕捉直角顶点，此时的多线不在原有的三角形基本形上

指定下一点：   //捕捉直角顶点水平方向左端的端点，结果如图 2-217 所示

指定下一点或 [放弃(U)]：   //捕捉直角顶点垂直方向下端的端点，结果如图 2-218 所示

指定下一点或 [闭合(C)/放弃(U)]： c   //输入 c，按空格键，画出封闭的多线图形，结果如图 2-219 所示

③ 选择"下"（B）的绘图情况，结果如图 2-220～图 2-223 所示。

 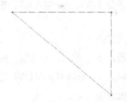 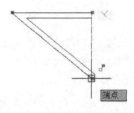 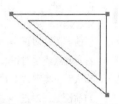

图 2-220 "下"方式   图 2-221 基本形   图 2-222 下端对齐的多线图形   图 2-223 完成的多线图形
选择三个顶点画多线

命令：ML   //输入 ML，按空格键执行多线命令

MLINE

当前设置：对正 = 无，比例 = 20.00，样式 = STANDARD

指定起点或 [对正(J)/比例(S)/样式(ST)]： j   //输入 j，选择对正选项，按空格键，确认选择

输入对正类型 [上(T)/无(Z)/下(B)] <无>： b   //输入 b，选择对正类型为"下"，按空格键

当前设置：对正 = 下，比例 = 20.00，样式 = STANDARD

指定起点或 [对正(J)/比例(S)/样式(ST)]：   //用"端点"对象捕捉，捕捉"直角顶点"，此时的多线的上边线起点捕捉的是直角顶点，结果如图 2-222 所示

指定下一点：   //捕捉"直角顶点"水平方向左端的端点，多线上端的线在基本形上边，结果如图 2-222 所示

指定下一点或 [放弃(U)]：   //捕捉"直角顶点"垂直方向下端的端点，多线上端的线在基本形上边，结果如图 2-223 所示

指定下一点或 [闭合(C)/放弃(U)]： c   //输入 c，按空格键，画出封的多线图形，结果如图 2-223 所示

命令：_qsave   //按 Ctrl+S 组合键保存当前的文件，文件取名为"2-223.dwg"

命令：*取消*   //按 Esc 键，撤销当前命令

（3）多线的编辑（Mledit）。多线绘制之后，需要对多线的交叉位置进行相关的编辑，如图 2-224 所示。电子文件见"图 2-224.dwg"。

命令启动方法

方法一：【命令】键盘输入 Mledit，按空格键执行多线编辑命令。

方法二：【菜单】在 AutoCAD 经典界面中，单击 "修改" > "对象" > "多线" 按钮。

【练习 2-48】"十字合并"选项多线编辑修改，结果如图 2-225 和图 2-226 所示。

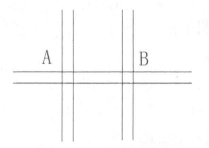

图 2-224 多线形成的基本形　　　　　　　　　　图 2-225 "十字合并"多线编辑

命令：_mledit　　　　　　　　　//输入 mledit，按空格键执行多线编辑命令

选择第一条多线：　　　　　　　// 在屏幕中出现的"多线编辑命令"对话框中，选择"十字合并"，单击如图 2-224
　　　　　　　　　　　　　　　　所示的"A"部分的水平和垂直的两条多线，对话框显示如图 2-226 所示，修改编
　　　　　　　　　　　　　　　　辑的结果如图 2-225 所示

选择第二条多线：

选择第一条多线 或 [放弃(U)]：*取消*　　　　　//按 Esc 键，撤销当前命令

【练习 2-49】 "T 形打开"选项多线编辑修改，如图 2-227～图 2-230 所示。

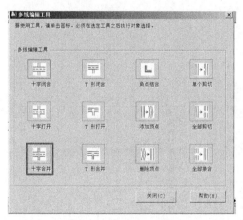
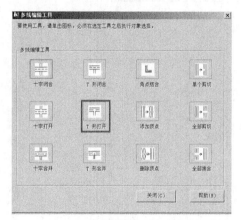

图 2-226 选择十字合并模式　　　　　　　　　　图 2-227 选择 T 形打开

命令：_mledit　　　　　　　　　//按 Enter 键，继续刚才的多线编辑命令

选择第一条多线：　　　　　　　//如图 2-229 所示，空心方块点先单击"B"部分垂直直线下端

选择第二条多线：　　　　　　　//如图 2-230 所示，空心方块点再单击"B"部分水平直线左端，结果如图 2-230 所示

选择第一条多线 或 [放弃(U)]：*取消*　　//按 Esc 键，撤销当前命令

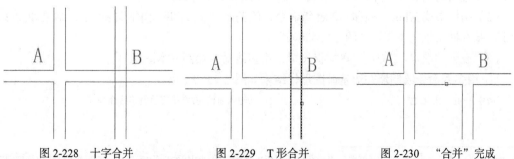

图 2-228 十字合并　　　　　　图 2-229 T 形合并　　　　　　图 2-230 "合并"完成

以上是多线编辑演示的几个过程，其他的方式请读者练习。

案例绘图分析——绘制室内墙基础平面

1. 用多线命令（MLINE）绘制室内墙基础平面

如图 2-231 所示，绘图分为如下几步。

第一步：绘图前的一些准备工作；

第二步：完成基本图形的构架；

第三步：设置"捕捉"方式，用多线命令绘制墙基础图形；

第四步：用多线编辑命令和其他命令修改和完成直线及多线绘制的图形。

（1）绘图前的一些准备工作。

① 图层设置。绘图前，先设置当前图层，图层设置新建的结果如图 2-232 所示，增设粗线、中线、细线和轴线等线型，粗线、中线和细线的线型为实线，轴线为点划线，并用不同的颜色进行区分。[①]

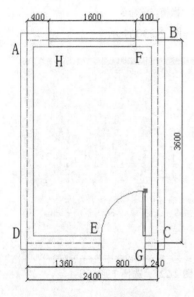

图 2-231　一个房间平面

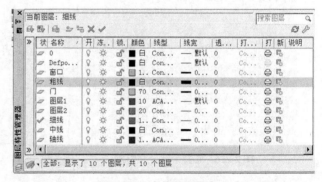

图 2-232　当前图层设置

② 多线格式修改。绘图前，对多线的样式进行设置修改，这里墙体基础的宽度是 240，120 和 -120 分别代表墙基础的两条直线，定位轴线居于墙体宽度的中心轴线上，用 0 来代表。"封口"栏下选择直线的起点和端点的封口模式，结果如图 2-233 所示。

（2）用构造线 Xline、偏移 Offset 等命令，绘制定位轴线和基本图形的框架，结果如图 2-234 所示。基本框架见电子文件"图 2-234.dwg"。

（3）设置"端点""交点"等捕捉设置，用多线命令绘制基本图形。

① 用多线命令绘制墙左边基础图形，结果如图 2-235 所示。

命令：ML　MLINE　　　　　　　　　　　　//输入 ml，按空格键执行多线命令

---

① 具体方法：通过单击"AutoCAD 经典"界面菜单栏下面工具栏中的"图层特性管理器"，打开"图层特性管理器"对话框，开始图层新建设置，并选择"粗线"置为当前。或者键盘输入"layer"，按 Enter 键，打开图层特性管理器对话框，也可以进行图层设置。

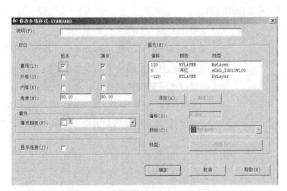

图 2-233   多线样式直线的设定

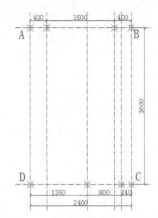

图 2-234   绘制墙体定位轴线框架

当前设置：对正 = 下，比例 = 20.00，样式 = STANDARD

　　//系统默认的对正设置为下，比例为 20，样式为 STANDARD 这种

指定起点或 [对正(J)/比例(S)/样式(ST)]：s　　　　　//输入 s，选择比例选项，按空格键

输入多线比例 <20.00>：1　　　　　　　　　　　//输入 1，将比例数据定为 1，按空格键，执行数据的选择

当前设置：对正 = 下，比例 = 1.00，样式 = STANDARD

指定起点或 [对正(J)/比例(S)/样式(ST)]：j　　　　　//输入 j，按空格键

输入对正类型 [上(T)/无(Z)/下(B)] <下>：z

　　//输入 z，执行无的选择，起点将在多线中轴线的位置开始捕捉，按空格键

当前设置：对正 = 无，比例 = 1.00，样式 = STANDARD

指定起点或 [对正(J)/比例(S)/样式(ST)]：　　　　　//光标捕捉点 H，如图 2-235 所示

指定下一点：　　　　　　　　　　　　　　　//光标捕捉点 A，如图 2-235 所示

指定下一点或 [放弃(U)]：　　　　　　　　　　//光标捕捉点 D，如图 2-235 所示

指定下一点或 [闭合(C)/放弃(U)]：　　　　　　　//左键捕捉点 E，结果如图 2-235 所示

指定下一点或 [闭合(C)/放弃(U)]：　　　　　　　//按空格键，结束多线的绘制

命令：*取消*　　　　　　　　　　　　　　　//按 Esc 键，取消当前命令

② 设置"端点""交点"捕捉设置，用多线命令绘制墙右边基础，结果如图 2-236 所示。

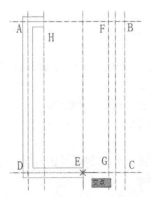

图 2-235   多线绘制墙体的左边部分

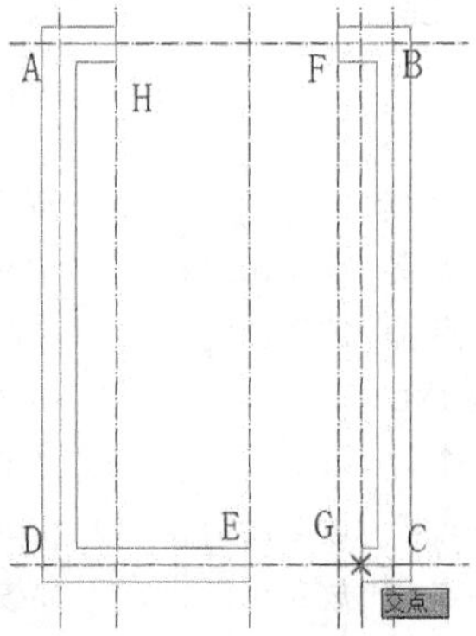

图 2-236   多线绘制墙体的右边部分

命令：ML MLINE　　　　　　　　　　　　　　　//再次按空格键，系统将继续多线命令

当前设置：对正 = 无，比例 = 1.00，样式 = STANDARD　//此时，系统默认上面的设置为当前的设置

指定起点或 [对正(J)/比例(S)/样式(ST)]：j　　　　　//输入 j，选择对正方式

输入对正类型 [上(T)/无(Z)/下(B)] <无>：z	//输入 z，选择对正类型为"无"的选项
当前设置：对正 = 无，比例 = 1.00，样式 = STANDARD	
指定起点或 [对正(J)/比例(S)/样式(ST)]：	//单击 F 点，如图 2-236 所示
指定下一点：	//光标水平向右移动，单击 B 点，如图 2-236 所示
指定下一点或 [放弃(U)]：	//光标垂直向下移动单击 C 点，如图 2-236 所示
指定下一点或 [闭合(C)/放弃(U)]：	//光标水平向左移动单击 G 点，如图 2-236 所示
指定下一点或 [闭合(C)/放弃(U)]：	//按空格键，结束多线命令，结果如图 2-236 右边图所示
命令：*取消*	//按 Esc 键，结束当前的命令

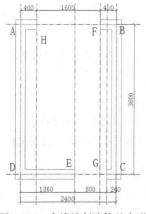

图 2-237　多线绘制墙体基本形

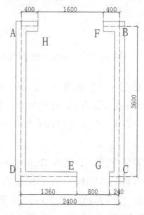

图 2-238　墙体基本形

（4）编辑和修改图形。用删除命令删除多余的构造线，用直线命令和偏移命令绘制窗户水平投影线，用弧线命令绘制关门线。

① 用删除命令时，在 AutoCAD 中输入 E，按空格键执行删除命令，将所画的构造线删除，如图 2-237 和图 2-238 所示。删除命令执行之后，单击要被删除的对象，呈亮显状态，按空格键就会被删除，AutoCAD 的提示和注解不再叙述。

② 绘制窗户墙体位置的基线。用直线命令之前，设定"端点"捕捉模式，便于精确绘图。通过"图层特性管理器"（layer 命令）将"粗线"图层置为当前，如图 2-239 所示，用于绘制窗户墙体位置的基线。

命令：L	//输入 l，按空格键执行直线绘图命令
LINE	
指定第一个点：	//单击直线 HF 上面左端的点 M，如图 2-240 图中黑线显示情况
指定下一点或 [放弃(U)]：	//单击直线 HF 上面右端的点 N
指定下一点或 [放弃(U)]：	//按空格键，结束当前直线命令，直线 MN 绘制完成
命令：LINE	//再次按空格键，继续直线命令
指定第一个点：	//单击直线 HF 上的 H 点
指定下一点或 [放弃(U)]：	//单击直线 HF 上的 F 点，如图 2-240 图中黑线显示情况
指定下一点或 [放弃(U)]：	//按空格键，结束当前直线命令
命令：*取消*	//按 Esc 键，撤销当前的命令

③ 在绘制窗口位置墙体基础直线的前提下，执行偏移命令，完成窗户的水平截面图形。

命令：O	//输入 o，按空格键执行偏移修改命令
OFFSET	
当前设置：删除源=否　图层=源　OFFSETGAPTYPE=0	

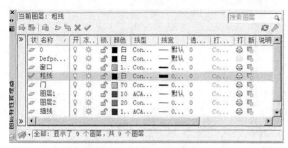

图 2-239　将 "粗线" 图层置为当前

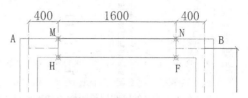

图 2-240　绘制窗户平面

指定偏移距离或 [用(T)/删除(E)/图层(L)] <2000.0000>: 100　//输入数据 100，指定偏移的距离

选择要偏移的对象，或 [退出(E)/放弃(U)] <退出>:

　　　　　　　//选择绘制的黑色的窗户基础上端的直线单击，作为偏移对象

指定要偏移的那一侧上的点，或 [退出(E)/多个(M)/放弃(U)] <退出>:

　　　　　　　//光标移动到最上端黑色直线 MN 下面，单击一下，偏移完成，如图 2-241 所示

选择要偏移的对象，或[退出(E)/放弃(U)] <退出>:

　　　　　　　//选择绘制的黑色的窗户基础最下端的直线 HF，单击，作为偏移对象

指定要偏移的那一侧上的点，或 [退出(E)/多个(M)/放弃(U)] <退出>:

　　　　　　　//光标移动到最下端黑色直线 HF 上面，单击一下，偏移完成，结果如图 2-241 所示

选择要偏移的对象，或 [退出(E)/放弃(U)] <退出>: *取消*

　　　　　　　//按 Esc 键，撤销当前命令，结果如图 2-241 所示。其中的虚线部分表示最后一次偏移形成的图形

最后结果如图 2-243 所示。

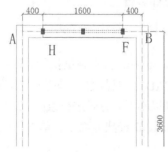

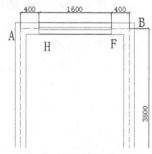

图 2-241　偏移墙体线　　　　图 2-242　编辑窗户部分的直线　　　图 2-243　窗户截面的编辑

④ 用 "图层特性管理器" 对话框，更换图层。首先单击图 2-242 中刚被偏移完成的两条窗户截面水平投影直线，此时变成亮显的直线状态，如图 2-242 所示的亮显虚线。将窗户水平截面中间的两条粗直线，更换成蓝色的细线，如图 2-243 所示。这样线型就形成粗细对比，表现出窗户与墙体的区别。再单击 AutoCAD 经典界面上端的 "图层特性管理器" 按钮，打开 "图形特性管理器" 对话框，单击选择 "细线" 图层，并且在对话框的上端单击 "勾选" 按钮，将蓝色 "细线" 图层置为当前，如图 2-244 所示。这样原有的黑色 "粗线" 图层变为 "细线" 图层，此时按 Esc 键，结束线型的编辑。

⑤ 用矩形命令和画弧命令绘制门和关门线，如图 2-245 所示，电子文件见 "图 2-245.dwg"。

命令: _rectang　　　　　　//选择中粗线的 "门" 图层作为当前图层，输入 rec，按空格键，执行矩形命令

指定第一个角点或 [倒角(C)/标高(E)/圆角(F)/厚度(T)/宽度(W)]:

　//设置 "端点" 捕捉，单击端点 G 点，作为第一个角点

指定另一个角点或 [面积(A)/尺寸(D)/旋转(R)]: d　　　//输入 d，选择尺寸，按空格键

图 2-244　选择细线图层作为窗户截面的平面当前图层

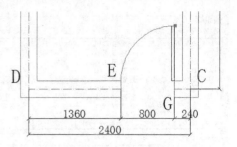

图 2-245　绘制完成门和关门线

指定矩形的长度 <10.0000>: 40	//根据形状和位置，输入 40，作为矩形的长度，按空格键
指定矩形的宽度 <10.0000>: 800	//输入 800，作为矩形的宽度，按空格键
指定另一个角点或 [面积(A)/尺寸(D)/旋转(R)]:	
	//打开正交模式，在第一角点的正上方单击一点，矩形完成见图 2-245 中右端的矩形图。
命令: *取消*	//按 Esc 键，撤销当前的命令。
命令: _arc	//设置蓝色的"细线"图层作为当前图层，输入 arc，按空格键，执行画弧命令
指定圆弧的起点或 [圆心(C)]: c	//输入 c，选择圆心选项
指定圆弧的圆心:	//设置"端点"捕捉，单击矩形左下端的端点作为圆心，如图 2-245 所示
指定圆弧的起点:	//单击所画矩形上端的右边端点作为起点
指定圆弧的端点或 [角度(A)/弦长(L)]	//启用端点捕捉，单击 E 点上端的直角拐点作为圆弧的端点
命令: ARC	
指定圆弧的起点或 [圆心(C)]: *取消*	//按空格键，结束当前命令，结果如图 2-245 所示

2. 样条线 SPLINE 的绘制和编辑

（1）样条线的绘制。

命令启动方法

方法一：【命令】键盘输入 Spline，按空格键执行。

方法二：【菜单】在 AutoCAD 经典界面中，单击 "绘图" > " 样条曲线(S) " > " 拟合点(F) " 或 " 控制点(C) " 按钮，可分别以不同的方式进行绘图。

方法三：【命令栏】在 AutoCAD 经典界面中，单击 "～" 按钮，打开样条线绘制命令。

（2）样条线的编辑。

【练习 2-50】样条线的编辑，如图 2-246～图 2-248 所示。单击如图 2-247 所示的样条线，样条线呈虚线有蓝色方块的节点状态，单击出现"拟合、控制点"对话框，单击"拟合"，就勾选"拟合"，结果如图 2-248 所示；单击"控制点"，就勾选"控制点"。可以用单击使之变成红色之后，调整圆弧线上面的点来调整图形的形状，结果如图 2-248 所示。

图 2-246　样条线

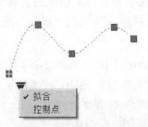

图 2-247　样条线拟合状态

图 2-248　样条线控制状态

案例绘图分析——用样条线命令绘制墙立面上的窗帘

如图 2-249 所示，这是一个有窗户的立面图，请根据图中的尺寸标注和形式进行绘图。

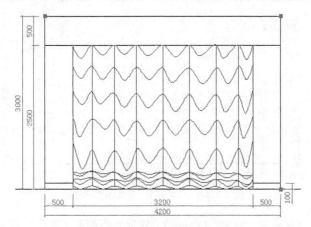

图 2-249　有窗帘的立面图

绘图构思如下。

（1）绘制墙体立面的主要轮廓框架。用直线命令（Line）绘制基本框架；用"偏移"命令（Offset）编辑墙面上立体面的柱身和横梁部分；用"修剪"命令（Trim）对直线进行编辑和修剪，让它成为墙体立面部分。基本过程如图 2-250～图 2-253 所示，请读者绘图。

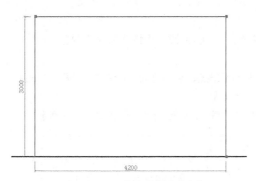

图 2-250　用直线绘制基本框架

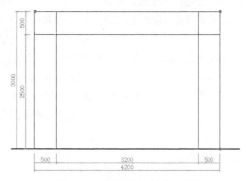

图 2-251　用偏移绘制落地窗洞

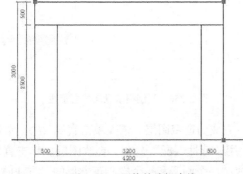

图 2-252　用修剪编辑直线

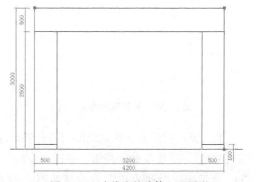

图 2-253　有线脚的墙体立面图形

（2）用复制命令（Copy）绘制纵向窗帘线，结果如图 2-255 和图 2-256 所示，电子文件见"图

2-249.dwg"。

绘图之前，在"图层特性管理器"中新建图层"中线"，线型为连续线型，线宽为 0.3，中等宽度，并将"中线"图层置为当前，此时"中线"图层用来绘制窗帘，设置结果如图 2-254 所示。

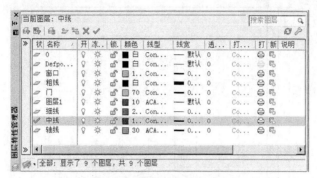

图 2-254　新建图层，并置为当前图层

第一步：将直线 AB 向右"复制"（Copy）。复制的距离不必等长，只是反映了窗帘的一种形式感，如图 2-255 所示。其他直线复制的过程与直线 AB 复制的过程一样。

命令：CO　　　　　　　　//输入 CO,按空格键执行复制命令

COPY

选择对象：找到 1 个

选择对象：　　　　　　　// 单击直线 AB，按空格键，确定复制选择的对象

当前设置：　复制模式 = 多个

指定基点或 [位移(D)/模式(O)] <位移>:

　　　　　　　　　　　//单击点 A，作为复制的基点，在"草图设置"中将"最近点"勾选

指定第二个点或 [阵列(A)] <用第一个点作为位移>:

　　　　　　　　　　　//任意地向右单击一点 C 作为指定要复制的点，复制完成直线 CD，如图 2-255 所示

指定第二个点或 [阵列(A)/退出(E)/放弃(U)] <退出>: *取消*

　　　　　　　　　　　//系统会自动提示再次复制第二个等，这样复制很多个，如图 2-256 所示

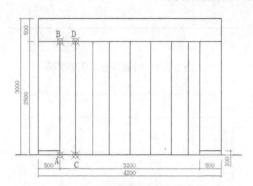

图 2-255　复制纵向的窗帘线

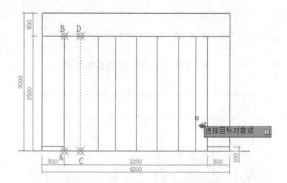

图 2-256　复制很多纵向的窗帘线

第二步：对新复制的直线图层进行修改编辑，让它成为窗帘图层。依次单击直线 CD，单击"图层控制"三角形命令按钮，单击"中线"图层。用"特性匹配"命令，更改图层。单击直线 CD，再单击 "特性匹配"命令按钮，当光标变成"一个刷子和一个空心正方形的"方块时，去单击需要更改"图层"的所有直线，将它们变成窗帘图层，结果如图 2-256 所示。

（3）用"样条线"Spline 命令绘制窗帘上的波浪线型装饰线条，如图 2-257 所示。

命令：_spline　　　　//输入 spl，按空格键执行样条线绘图命令

当前设置：方式=拟合　　节点=弦

指定第一个点或 [方式(M)/节点(K)/对象(O)]：

　　　　　　　　　　//在"草图设置"对话框中勾选"端点"选项，开始从左向右捕捉端点绘制弯曲的样条线

输入下一个点或 [端点相切(T)/公差(L)/放弃(U)/闭合(C)]：

　　　　　　　　　　//经过众多的单击捕捉下一个点之后完成了一条连续的样条线的绘制，结果如图 2-257 所示

命令：　　　　　　　　//单击右键结束绘制样条线

用复制命令（Copy），将样条线复制多个，复制的样条线从上至下逐步展开，没有固定的距离要求，形成的结果如图 2-258 所示。电子文件见"图 2-258.dwg"。

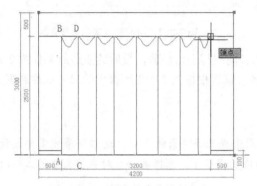

图 2-257　用样条线命令绘制窗帘

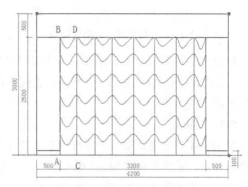

图 2-258　复制多个样条线

（4）对"样条线"进行编辑修改和调整。用复制完成多个样条线之后，单击第一条样条线，选择控制点选项进行修改，选择突出的弧形处的点调整图形，并修改拉伸，过程和结果如图 2-259 和图 2-260 所示。

命令：　　　　// 单击第一条样条线，"样条线"变成亮些的虚线，并出现蓝色的方块节点，如图 2-259 所示

** 拉伸 **

指定拉伸点或 [基点(B)/复制(C)/放弃(U)/退出(X)]：　　//如图 2-259 所示，单击左边的三角形，选择其中的控制点选项，单击凸出的波峰波谷下面的三角形的圆形蓝色点，作为控制点，调整图形的形状

命令：　　　　// 单击最后一条样条线，"样条线"变成亮显的虚线，并出现蓝色的方块节点

** 拉伸 **

指定拉伸点或 [基点(B)/复制(C)/放弃(U)/退出(X)]：　　//单击左边的三角形，选择其中的控制点选项，单击凸出的波峰波谷下面的三角形的圆形蓝色点，作为控制点，调整图形的形状，结果如图 2-260 和图 2-261 所示

命令：*取消*　　　　　　　　　　　　// 按 Esc 键，取消样条线的编辑命令

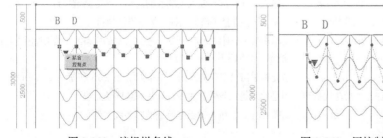

图 2-259　编辑样条线　　　　　　　图 2-260　用控制点来调整样条线

（5）用"样条线"（Spline）命令绘制窗帘下摆的线脚装饰。继续用"样条线"命令（Spline）绘制窗帘的线脚装饰，绘图时设置"捕捉模式"为"最近点"选择，进行样条线的绘制，尽量绘

制成两条成对出现的样条线，形成整齐愉悦的视觉装饰效果，如图 2-262 所示。

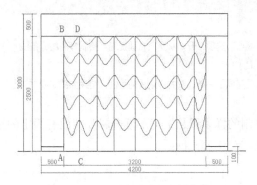 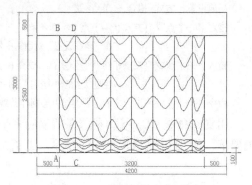

图 2-261　用控制点来调整样条线　　　　　　　　图 2-262　用控制点来调整样条线

最终用"修剪"命令（Trim），对窗帘下摆的装饰线脚进行修剪，最后的图形效果如图 2-262 所示。其他 AutoCAD 的显示，注解不再叙述，请各位读者根据图 2-262 所提供的尺寸标注和形式，绘制图形。

注意与提示

用 Blend 命令光滑曲线，当用样条线绘制了两条或三条样条线之后，这些样条线需要连接成光滑的曲线，可以用输入 Blend 命令，在 AutoCAD 的提示下，选择第一个对象，选择第二个对象来完成。结果如图 2-263～图 2-266 所示。

图 2-263　已经画出的两条样条曲线　　　　　　图 2-264　用 Blend 命令选择第一个对象

图 2-265　单击第二个对象之前的状态　　　　图 2-266　单击第二个对象之后的完整的样条线

命令：blend　　　　　　　　　　　　　　　//输入 blend，按空格键，执行光滑曲线命令
连续性 = 相切
选择第一个对象或 [连续性(CON)]: con　　　//输入 con，选择曲线连续性的选择，按空格键执行
输入连续性 [相切(T)/平滑(S)] <相切>: s　　//输入 s，选择平滑的选择，按空格键执行
选择第一个对象或 [连续性(CON)]:　　　　　//单击第一个对象，第一个对象变成亮显的样条线，结果如图 2-264
　　　　　　　　　　　　　　　　　　　　　　所示，光标变成空心的方块
选择第二个点:　　　　　　　　　　　　　　//光标单击第二条样条线，结果如图 2-265 和图 2-266 所示，
　　　　　　　尽管用 blend 光滑曲线命令，但是此时是三条样条曲线，不是一条样条曲线
命令:　　　　　　　　　　　　　　　　　　//按 Ctrl+S 组合键保存绘制的样条线文件

3. 对象编组 GROUP

（1）创建编组。编组是以单元为单位进行的操作编组的一种方法，可以快速创建编组和默认名称，可以为编组指定名称和说明。编组一般不要创建包含成百上千的大型编组，这样会降低程序的性能。

命令启动方法

方法一：【命令】键盘输入 Group，按空格键执行"编组"命令；

方法二：【命令栏】在 AutoCAD "草图与注释"界面中，单击"常用"命令>编组 按钮，执行编组命令。[①]

【练习 2-51】打开章节中的示例"图 2-267.dwg"文件，对图 2-267 进行编组。

命令：GROUP　　　　　　　　　　　//输入 group，按空格键，执行编组命令

选择对象或 [名称(N)/说明(D)]:n　　//输入 n，准备输入名称，按空格键

输入编组名或 [?]: flower　　　　　//输入即将编组的名称 flower，按空格键

选择对象或 [名称(N)/说明(D)]:d　　//输入 d，按空格键，准备完成说明选项

输入组说明：花瓣的组合　　　　　　//输入说明"花瓣的组合"，按空格键，确认输入的说明

选择对象或 [名称(N)/说明(D)]:指定对角点：找到 1 个

　　　　　　　　　　　　　　　　　//框选所有花瓣，因为花瓣被阵列是关联了，只是一个对象，按空格键，确认选择

选择对象或 [名称(N)/说明(D)]:　　//按空格键，结束编组的命令，结果如图 2-268 所示

组 "FLOWER" 已创建。

命令：　　　　　　　　　　　　　　// 单击已经被编组的"花瓣的组合"图形，呈亮显状态，外围是正方形，中间是圆形，已经编组了，如图 2-269 所示

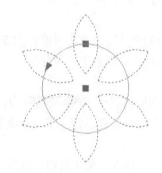  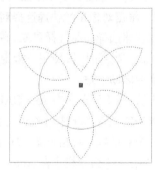

图 2-267　编组前极轴关联阵列　　　图 2-268　编组后的对象　　　图 2-269　编组后单击图形

（2）选择编组中的对象。

将选择的对象编组之后，除了可以选择该编组外，还可以选择编组中的各个对象。

【练习 2-52】选择编组中的对象。按 Ctrl+H 或 Ctrl+Shift+A 组合键可以打开或关闭编组的选择。关闭编组的选择后，用户可以选择编组中的各个对象。用上面两种组合键的方法选择对象编组或关闭编组，AutoCAD 的提示会有所不同，结果如图 2-270～图 2-273 所示。打开章节中的"图 2-270.dwg"文件，进行编组的练习。

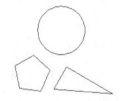 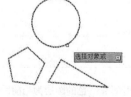  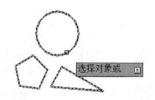

图 2-270　三个图形单元　　　图 2-271　已经编组图形　　　图 2-272　Ctrl+H 编组　　　图 2-273　Ctrl+Shift+H 编组

---

① 在"组"按钮的右边，还有"解除编组""组编辑""启用/禁用组选择"三个按钮；另外还有"组"的下拉三角菜单，及"编组管理器""组编辑框"和"组"三个命令按钮，不妨试一试。

命令: Group　　　　　　　　　　　　//输入 group, 按空格键执行编组命令

选择对象或 [名称(N)/说明(D)]: <编组 关> <编组 开> 找到 5 个, 2 个编组

　//按 Ctrl+Shift+H 组合键, 按第一次"关", 按第二次"开", 循环按, 就是"关"和"开"之间选择

选择对象或 [名称(N)/说明(D)]:　　　　　// 单击三个图形单元, 呈亮显虚线状态, 如图 2-271 所示

包含相同对象的组已经存在。仍要创建新的组? [是(Y)/否(N)]: <N>:

　//按空格键, 不选择编组, 放弃编组

命令: GROUP　　　　　　　　　　　　//输入 group, 按空格键执行编组命令

选择对象或 [名称(N)/说明(D)]:'_setvar　//按 Ctrl+H 组合键, 执行选择编组命令

>>输入变量名或 [?] <PICKSTYLE>: pickstyle

　　　　　　　　　　　　　　　　　//输入以前编组编辑的组名称, 也可以鼠标放在某一个图形单元,
　　　　　　　　　　　　　　　　　单击圆形时, 圆形呈亮显虚线状态, 结果如图 2-272 所示

>>输入 PICKSTYLE 的新值 <1>: 0　　//单击圆形, 圆形被选择成为编组的对象, 结果如图 2-273 所示

正在恢复执行 GROUP 命令。

选择对象或 [名称(N)/说明(D)]:*取消*　　// 按 Esc 键, 撤销当前命令

注意与提示

对于不需要进行编组的对象已经被编组的情况, 用 Explode 命令对编组的对象进行爆炸分解。这样编组的对象就回到了编组之前的状态, 用户就可以对每一个对象进行单独的操作了。

4. 根据对象属性快速选择对象

用快速选择功能选择对象。快速选择是一种快速、灵活、简单的创建对象选择过滤器的方法。用 Qselect 命令可以按照用户指定的对象特性或对象类型将对象包括在选择集中或排除。

命令启动方法

方法一:【菜单】在 AutoCAD 经典界面中, 单击"命令">"快速选择" ⬛⁺快速选择(K)...;

方法二:【右键选择】在没有其他选择的条件下, 或没有其他命令在工作的情况下, 右键单击打开一个对话框, 单击 ⬛ 快速选择(Q)...平滑按钮, 打开快速选择命令;

方法三:【命令栏】在 AutoCAD 经典界面中, 单击 "修改">"特性"菜单按钮, 打开"特性"对话框, 单击对话框右上端的"快速选择"按钮⬛, 执行快速选择命令;

方法四:【命令】键盘输入 Qselect, 按空格键执行。

【练习 2-53】打开"图 2-274.dwg"文件, 进行快速选择练习。

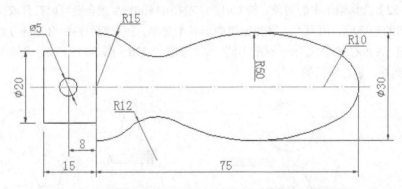

图 2-274　　"图 2-274.dwg"图形打开时, 红色的图层为当前图层

键盘输入 Qselect, 打开"快速选择"对话框, 系统默认"当前图层"为对象类型, 单击"快速选择"对话框右端的"选择对象"按钮⬛; 当光标变成正方形空心方块后, 单击红色的图层。过程如图 2-274~图 2-276 所示。

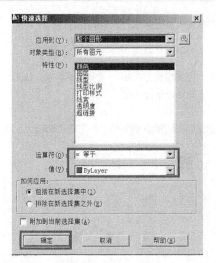

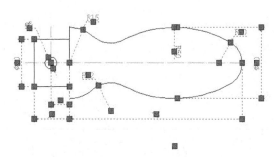

图 2-275　快速选择对话框，默认的当前图层　　　　图 2-276　选择对象之后，被选择图形单元"亮显"

命令：Qselect　　　　　　　　　　　　　//输入 Qselect，按空格键执行编组命令
选择对象：找到 1 个　　　　　　　　　　//光标变成空心方块，单击第一个用来标注的红色图层
选择对象：找到 1 个，总计 2 个　　　　　//光标变成空心方块，单击第二个用来标注的红色图层
选择对象：找到 1 个，总计 10 个　　　　 //光标变成空心方块，单击第十个用来标注的红色图层
选择对象：　　　　　　　　　　　　　　//按空格键，决定所有选择
已选定 10 个项目。
命令：*取消*　　　　　　　　　　　　　// 按 Esc 键，撤销当前命令

如图 2-276 所示，在"快速选择"对话框中，让系统默认图层为选择的对象，单击确定按钮，这样所有标注的红色"文字"图层被选择，并呈亮显状态。

5．图案的填充和编辑

（1）图案填充命令启动。图案填充命令是在 AutoCAD 中用得非常多的一款命令，用来指定需要图案填充的区域。

命令启动方法

方法一：【命令】输入 Hatch，或者英文缩写 h，按空格键执行；

方法二：【命令栏】在 AutoCAD 经典界面中，单击"图案填充"按钮▨，启动执行；

方法三：【菜单】在 AutoCAD 经典界面中，单击 "绘图">图案填充▨ 图案填充(H)...平滑按钮，打开图案填充对话框。

【练习 2-54】打开电子文件 "图 2-277.dwg"，填充矩形的图案。

第一步：先画一个矩形，矩形长 120、宽 50；

第二步：对矩形进行图案的填充。

命令：_Rectang　　　　　　　　　　　　　　　　　//输入 rec，按空格键，执行矩形绘图命令
指定第一个角点或 [倒角(C)/标高(E)/圆角(F)/厚度(T)/宽度(W)]：//在工作界面中单击一点作为第一角点
指定另一个角点或 [面积(A)/尺寸(D)/旋转(R)]：d　 //输入 d，选择尺寸选项，按空格键
指定矩形的长度 <10.0000>：120　　　　　　// 输入指定的长度 120，按空格键
指定矩形的宽度 <10.0000>：50　　　　　　 // 输入指定的宽度 50，按空格键
指定另一个角点或 [面积(A)/尺寸(D)/旋转(R)]：
　　　　　　//光标移动到屏幕右边单击一点，作为矩形的第二角点，矩形绘制完成，结果如图 2-277 所示
命令：*取消*　　　　　　　　　　　　　　//按 Esc 键，取消当前命令操作

命令：h   //键盘输入快捷键 h，按空格键执行命令

HATCH

拾取内部点或 [选择对象(S)/删除边界(B)]：

　　//在"图案填充和渐变色"对话框中"图案"右边的"图案填充选项板" 选择图案类型，如图 2-278
和图 2-279 所示。再单击"添加：拾取点"选项，在矩形内单击一点

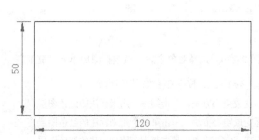

图 2-277　准备填充的矩形

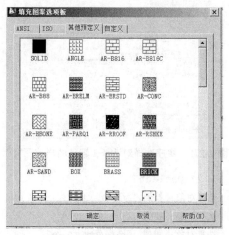

图 2-278　图案填充选项

正在选择所有对象...   //在此过程中，矩形图形逐渐变成亮显的虚线状态，表示填充图形对象被选择

正在选择所有可见对象...

正在分析所选数据...

正在分析内部孤岛...

拾取内部点或 [选择对象(S)/删除边界(B)]：

　　//"图案填充和渐变色"对话框再次出现，可以单击对话框最左下端的"预览"按钮，查看填充的效
果，最后，单击"确定"按钮，确定图案的填充，结果如图 2-280 所示。

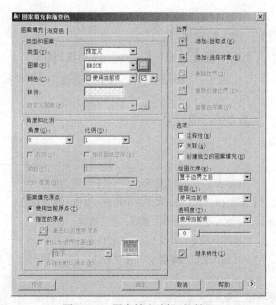

图 2-279　图案填充编辑对话框

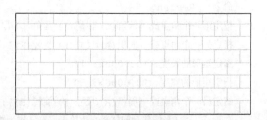

图 2-280　图案的选项

拾取或按 Esc 键返回到对话框或 <单击右键接受图案填充>： //按空格键执行图案填充

命令：*取消* //按 Esc 键，取消当前命令，结束当前的命令

命令：H HATCH //输入图案填充的快捷键 h，按空格键执行命令

选择对象或 [拾取内部点(K)/删除边界(B)]：找到 1 个

　　　　//单击"添加：选择对象"按钮🔲，单击矩形，按空格键，如图 2-281 所示

选择对象或 [拾取内部点(K)/删除边界(B)]：

　　　　//单击"图案填充和颜色对话框"中的图案右边的方块；单击地砖图案如图 2-282 所示；
　　　　单击预览，察看效果，调节比例大小；再单击预览按钮，觉得图案填充效果好之后如图 2-283
　　　　所示；单击确定，图案填充完毕，如图 2-284 所示

命令：HATCH //按空格键，继续重复"填充图案和渐变色"操作

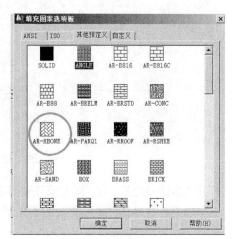

图 2-281　被图案填充的对象　　　　　　　图 2-282　单击地砖图案

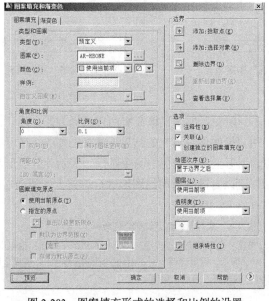

图 2-283　图案填充形式的选择和比例的设置

图 2-284　图案填充完毕

（2）打开电子文件"图 2-286.dwg"，填充图案。这里有更多选项可供选择，按 Alt+>组合键，或者单击"图案填充和渐变色"对话框右下角的"更多选项"⊙平滑按钮打开，如图 2-285 所示。

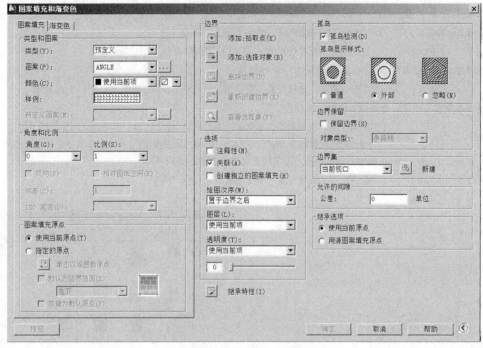

图 2-285　图案填充形式的更多选项

　　打开更多选项之后，在"图案填充和渐变色"对话框的"孤岛"栏，有"普通""外部"和"忽略"三个选项。这样几种图形图案的填充形式，如图 2-286～图 2-288 所示。

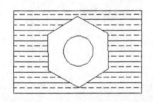

图 2-286　"外部"图案填充

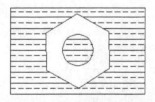

图 2-287　"普通"图案填充

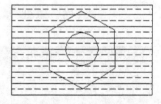

图 2-288　"忽略"图案填充

6. 对于不封闭图形的图案填充

　　【练习 2-55】填充不封闭的图形图案。对于不封闭图形的图案填充有两种选择方式，用"拾取点"填充按钮⊞和"选择对象"填充按钮⊞。用"拾取点"填充的结果形式如图 2-289 所示，会有一个"图案填充——边界定义错误"的警告，图形上出现红色的两个圆圈，表示此处图形没有封口封闭。用"选择对象"按钮单击选择图形，可以对没有封闭的图形进行填充，如图 2-290 和图 2-291 所示。

命令：h HATCH　　　　　　　　　　　　　　//输入 h，执行图案填充和渐变色命令

拾取内部点或 [选择对象(S)/删除边界(B)]：　　　//单击"图案填充和渐变色"对话框右边的"添加：拾取点"
按钮⊞，单击框选不封闭图形内一点，如图 2-290 或图 2-291 所示。需要强调，对不封闭的图形填充时，不能完全填充，此时，如图 2-289 上端小图，在未封口处　出现两个红色的圆圈，表示未封闭

正在选择所有对象…

正在选择所有可见对象…

正在分析所选数据…

未发现有效的图案填充边界。

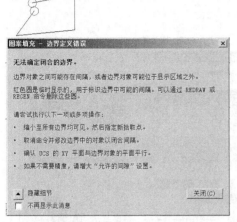

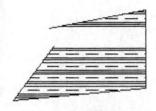

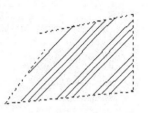

图 2-289　"拾取点"填充形式　　　图 2-290　"选择对象"填充一　图 2-291　"选择对象"填充二

拾取内部点或 [选择对象(S)/删除边界(B)]:*取消*　　//按 Esc 键，取消当前命令和操作

命令：h　HATCH　　　　　　　　　　　//输入 h，执行图案填充和渐变色的操作命令

选择对象或 [拾取内部点(K)/删除边界(B)]:

　　　　　　　　　　// 单击"图案填充和渐变色"对话框中的右边的"添加：拾取对象"按钮，

指定对角点：找到 4 个

　　　　　　　　　　//光标框选未封闭的图形的四条直线，按空格键，再次出现"图案填充和渐变色"对话框

选择对象或 [拾取内部点(K)/删除边界(B)]:

　　　　　　　　　　//选择"图案填充和渐变色"对话框左边的"预览"按钮，察看图案的填充情况，可以调整对话框中的比例，到适当的图案为止，单击对话框的确定按钮

拾取或按 Esc 键返回到对话框或 <单击右键接受图案填充>:

　　　　　　　　　　//按空格键，或右键单击接受图案填充的选择

命令：*取消*　　　　//填充结果如图 2-290 或图 2-291 所示，按 Esc 键，结束当前命令操作

7. 渐变色填充

（1）单色渐变填充。

【练习 2-56】用圆、修剪和阵列命令绘制花瓣和单色渐变填充练习。下面是单色填充图形的基本绘图过程，绘制两个圆，两圆相交，修剪成为花瓣，将一个花瓣选择轴心阵列，过程及结果如图 2-292 所示。打开电子文件"图 2-292.dwg"进行练习。

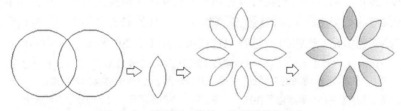

图 2-292　图绘制、修剪、阵列和单色填充

【练习 2-57】用渐变色填充花瓣图形。启动渐变色填充命令的方法，单击 AutoCAD 经典界面中绘图下拉菜单的"渐变色"命令按钮 渐变色...，打开"图案填充和渐变色"对话框，或者在命令栏中，单击"渐变色填充"按钮 ，打开后，选择单色填充选项。填充过程如图 2-293～图 2-296 所示。

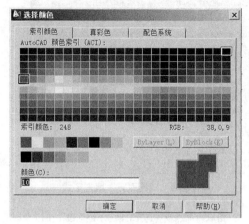

图 2-293 渐变色单色选项 　　　　　　　　 图 2-294 颜色选择对话框

图 2-295 单色渐变色填充选择对象 　　　 图 2-296 单色渐变色填充结果

（2）双色渐变填充。

【练习 2-58】双色渐变填充树木。这种填充方式是从一种颜色过渡到另一种颜色，打开章节文件"图 2-297.dwg"，对这四棵树进行双色填充。启动填充渐变色命令，单击 AutoCAD 经典界面中绘图下拉菜单的渐变色命令按钮 ▣ 渐变色...，打开"图案填充和渐变色"对话框，或者在命令栏中，单击"渐变色填充"按钮 ▨，选择双色选项，如图 2-297 和图 2-298 所示。

命令：_gradient 　　//单击 AutoCAD 经典界面上端的菜单栏，单击绘图下拉菜单，打开之后，选择单击"渐变色填充"按钮，当打开"图案填充和渐变色对话框"之后，选择双色填充，单击添加拾取点按钮 ▣

拾取内部点或 [选择对象(S)/删除边界(B)]：//单击第一个树干部分，树干部分呈亮显虚线

正在选择所有对象...

正在选择所有可见对象...

正在分析所选数据...

正在分析内部孤岛...

拾取内部点或 [选择对象(S)/删除边界(B)]：

　　　　　　　　 //单击第四个树干部分，树干部分呈亮显虚线，结果如图 2-297 所示

正在选择所有对象...

正在选择所有可见对象...

正在分析所选数据...

正在分析内部孤岛...

拾取内部点或 [选择对象(S)/删除边界(B)]:

拾取或按 Esc 键返回到对话框或 <单击右键接受图案填充>:　　　　　　　　　//按空格键,继续执行命令

自动保存到C:\Users\Administrator\appdata\local\temp\2-274_1_1_6443.sv$ ...//系统自动保存文件

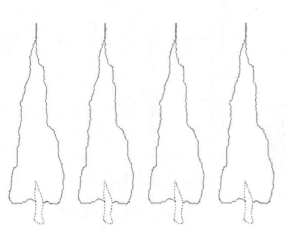

图 2-297　选择填充对象

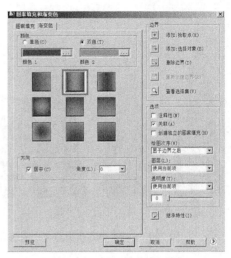

图 2-298　选择双色填充种类

　　同样的方法,单击渐变色的双色选项,选择其中的两种颜色,填充颜色选择从上到下色彩渐变方式,用"添加:拾取点"形式,单击树冠部分,并逐个单击选择、填充,方法如上所示。光标选择对象单击的图形部分为虚线亮显状态,方法过程如图 2-299 和图 2-300 所示,最后双色填充的结果如图 2-301 所示。

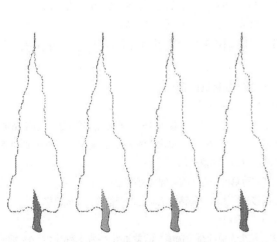

图 2-299　选择填充对象树冠

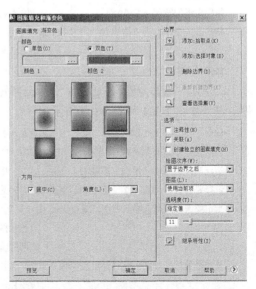

图 2-300　双色选择从上至下两色渐变方式

案例绘图分析——填充衣柜立面图案

打开电子文件"图 2-302.dwg",如图 2-302 所示的图形和尺寸,对此图绘制分析如下。

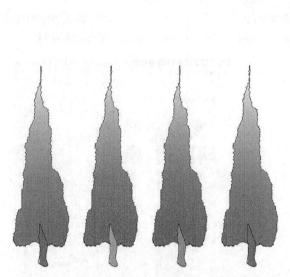

图 2-301　渐变色双色填充树木的结果

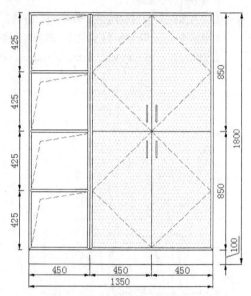

图 2-302　填充衣柜立面图案

（1）用矩形命令绘制衣柜外框。绘制矩形的时候,选择宽度选项决定矩形线的宽度,按照尺寸设定矩形的长度 1350 和宽度 1700,画衣柜主体外框,如图 2-303 所示。

```
命令: _rectang                                      //键盘输入矩形快捷键 rec,按空格键执行矩形绘制命令
指定第一个角点或 [倒角(C)/标高(E)/圆角(F)/厚度(T)/宽度(W)]:    //在屏幕上单击一点作为第一个角点
指定另一个角点或 [面积(A)/尺寸(D)/旋转(R)]: d                 //输入 d,选择尺寸选项,按空格键
指定矩形的长度 <1350>:                               //输入矩形的长度为 1350,或按空格键默认提示
指定矩形的宽度 <1700>:                               //输入矩形的宽度为 1350,或按空格键默认 AutoCAD 的提示
指定另一个角点或 [面积(A)/尺寸(D)/旋转(R)]:
                                                  //在出现矩形之后,在第一个角点的右上端单击一点,矩形画成
命令: *取消*                                         //按 Esc 键,结束当前的命令选项,结果如图 2-303 所示
```

（2）用"爆炸分解"Explode 命令分解矩形,用偏移命令绘制出木芯板的厚度和家具的立面图。结果如图 2-304 和图 2-305 所示。

```
命令: o    OFFSET                                   //输入字母 o,按空格键执行偏移命令
当前设置: 删除源=否 图层=源 OFFSETGAPTYPE=0
指定偏移距离或 [用(T)/删除(E)/图层(L)] <用>: 450         //输入 450,指定偏移的距离,按空格键
选择要偏移的对象,或 [退出(E)/放弃(U)] <退出>:            //单击直线 AB,直线 AB 作为偏移的对象
指定要偏移的那一侧上的点,或 [退出(E)/多个(M)/放弃(U)] <退出>:
                                                  //光标移动到右边单击一点,偏移完成直线 LM
                                                  //再用前面偏移的直线作为偏移对象向右进行偏移,完成偏移
选择要偏移的对象,或 [退出(E)/放弃(U)] <退出>:  *取消*
                                                  //按 Esc 键,结束当前的命令选项,结果如图 2-304 和图 2-305 所示
```

以上是将直线 AB 从左向右依次偏移出两条直线,距离都为 450,结果如图 2-304 所示;将直线 AC 从上至下依次偏移三次,距离均为 425,结果如图 2-304 所示。

（3）将直线 AB、AC、CD 分别向左、向下、向左偏移距离为 18，结果如图 2-305 所示。

图 2-303　绘制衣柜矩形外框

图 2-304　偏移完成的基本框架

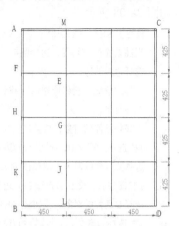

图 2-305　偏移完成的木芯板边框

（4）对直线 LM 右端的水平直线部分进行修剪（Trim），结果如图 2-306 所示。

命令: tr　TRIM　　　　　　　　　//输入修剪命令的快捷键 tr，按空格键执行

当前设置:投影=无，边=延伸

选择剪切边...

选择对象或 <全部选择>：　找到 1 个　//单击直线 LM 作为被修剪的对象，按空格键确认选择

选择对象:

选择要修剪的对象，或按住 Shift 键选择要延伸的对象，或

[栏选(F)/窗交(C)/投影(P)/边(E)/删除(R)/放弃(U)]:

　　　　　　　　　　　　　　　　// 单击直线 FE 在直线 LM 右端的部分,在右端的直线 FE，部分被修剪

选择要修剪的对象，或按住 Shift 键选择要延伸的对象，或

[栏选(F)/窗交(C)/投影(P)/边(E)/删除(R)/放弃(U)]:

　　　　　　　　　　　　　　　　// 单击直线 KJ 在直线 LM 右端的部分,在右端的直线 KJ，部分被修剪

命令：*取消*　　　　　　　　　//按 Esc 键，结束当前命令操作

（5）将直线 FE、HG、KJ 用偏移的方法，分别向上和向下偏移 9 个单位；将直线 BD 向上偏移 18 个单位，向下偏移 100 个单位，偏移方法相同，结果如图 2-307 所示。

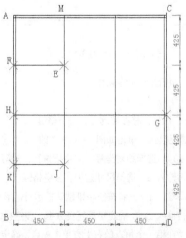

图 2-306　右边衣柜被修剪的结果

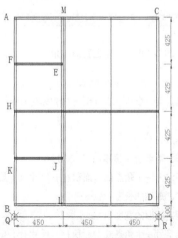

图 2-307　衣柜部分偏移后的结果

（6）用延伸 Extend 命令将直线 AB 和直线 CD 分别向最下端偏移的直线 QR 方向延伸，结果如图 2-308 所示。

命令: EX　EXTEND　　　　//输入 ex 命令，按空格键执行延伸命令

当前设置:投影=无，边=延伸

选择边界的边...

选择对象或 <全部选择>: 找到 1 个

选择对象:　　　　　　　　//单击 QR 直线作为选择的对象，作为边界，如图 2-298 所示，按空格键执行

选择要延伸的对象，或按住 Shift 键选择要修剪的对象，或

[栏选(F)/窗交(C)/投影(P)/边(E)/放弃(U)]:　　　//单击要延伸的对象，直线 AB 和 CD 靠近直线 QR 这一端

选择要延伸的对象，或按住 Shift 键选择要修剪的对象，或

[栏选(F)/窗交(C)/投影(P)/边(E)/放弃(U)]:　　　//单击 AB，AB 向直线 QR 延伸；单击 CD，CD 向直线 QR 延伸

选择要延伸的对象，或按住 Shift 键选择要修剪的对象，或

[栏选(F)/窗交(C)/投影(P)/边(E)/放弃(U)]: *取消*　//按 Esc 键，撤销当前命令操作，如图 2-308 所示

（7）用矩形命令绘制柜门的四个拉手，先绘制一个，然后用镜像命令镜像其他的。在绘制的时候，用"对象捕捉"对话框设置交点捕捉模式。画第一个矩形，结果如图 2-309 所示。用镜像命令将第一个矩形，左右沿直线 ST 镜像，形成两个；再将上面的两个矩形拉手沿直线 HU 上下镜像，形成四个矩形拉手。镜像后四个拉手如图 2-310 所示。

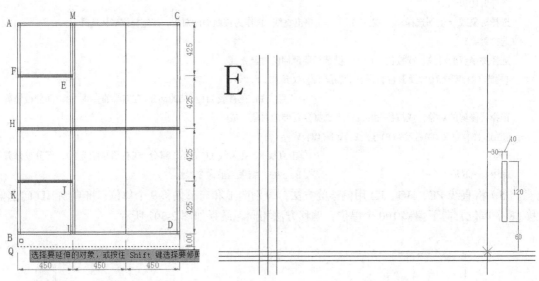

图 2-308　延伸之后的结果　　　　　　　　　　图 2-309　绘制矩形拉手

命令: REC　RECTANG　　　　　　　　　　　//输入 rec，执行矩形命令操作

指定第一个角点或 [倒角(C)/标高(E)/圆角(F)/厚度(T)/宽度(W)]: from

　　　　　　　　　　　　　　　　　　　//输入 from，选择偏移参照起点，按空格键

基点: int　　　　　　　　　　　　　　//设置交点捕捉模式，单击如图 2-309 中的"×"点，

作为基点于 <偏移>: @30,60　　　　　　//输入@30,60，选择相对坐标，空格键执行，画第一个角点

指定另一个角点或 [面积(A)/尺寸(D)/旋转(R)]: d　//输入 d，选择尺寸选项，按空格键

指定矩形的长度 <10>:　　　　　　　　　//输入 10 或者按空格键默认提示行矩形长度数据

指定矩形的宽度 <10>: 120　　　　　　　//输入 120,确定矩形宽度数据，按空格键执行操作

指定另一个角点或 [面积(A)/尺寸(D)/旋转(R)]:　　//在第一个角点的右上方单击一点，确定第二角点的位置，此时矩形拉手画成，结果如图 2-309 所示。按空格键，结果系统自动保存到"2-302".dwg 格式的文件中

自动保存到 C:\Users\Administrator\appdata\local\temp\2-293_1_1_9677.sv$ ...

（8）用直线命令对衣柜的细节进行补充，使得框架接口处呈 45°角，结果如图 2-310 左边的局部放大图所示；用修剪命令将多余直线减掉，结果如图 2-311 所示。

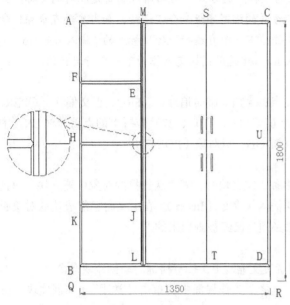

图 2-310　衣柜局部隔板接头处放大

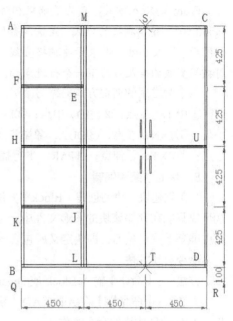

图 2-311　镜像绘制完成的拉手

（9）用"图案填充"命令，给衣柜的柜门部分填充图案。打开"图案填充和渐变色"对话框，选择"DOTS"图案选项，单击拾取点选项，预览效果，将比例修改为 15，单击确定，如图 2-312 所示，操作的顺序可以从上面标注的 1、2、3、4、5 顺序进行。柜门图案填充的效果如图 2-313 所示。

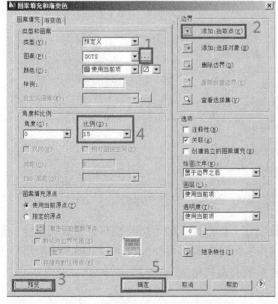

图 2-312　衣柜柜门的图案填充过程

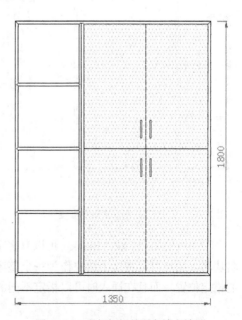

图 2-313　衣柜柜门的图案填充效果

（10）用直线命令，将"虚线图层"置为当前，绘制柜门的关门线，绘制左边的衣柜的空格位。绘制效果如图 2-314 所示。

注意与提示

From 的输入方式，是为了捕捉相对基点的偏移点的方式。后面输入的都是相对的坐标，如 "@30,60"。精确捕捉的方式，是输入常用捕捉方式的缩写字母命令实现的，如当启动直线操作命令之后，输入 mid of 表示要捕捉直线的中点作为下一个直线行进的目标点的；输入 per to，是用捕捉直线的垂足作为下一个行进点的；输入 int of 是用捕捉交点作为下一个行进点的。

以下为常用的捕捉方式的缩写字母。

①END，端点；②MID，中点；③INT，交点；④TT，临时追踪；⑤FRO，正交偏移；⑥PER，垂足；⑦TAN，切点；⑧QUA，象限点（圆上 0°、90°、180°、270°位置上的点）；⑨CEN，中心点；⑩EXT，延伸点；⑪PAR，平行捕捉；⑫NOD，点对象（POINT）。

8. 块的创建和编辑

（1）创建块。块的创建（Block）方法有多种，定义块时，需要从选择的对象中建立块，而且这个块只能在存储该块的图形文件中，才能用插入块命令（Insert）。在定义时，组成块的对象必须在屏幕上是可见的，即块定义所包含的对象必须是已经被画出来的。

命令启动方法

方法一：【命令】输入 Block 或 Bmake 或者英文缩写 B，按空格键启动创建块命令；

方法二：【命令栏】在 AutoCAD"草图与注释"工作界面中，单击"常用">"创建块"按钮🔲，启动创建块的命令操作。

方法三：【菜单】在 AutoCAD 经典界面中，单击 "绘图">"块">"创建下拉菜单"①>"创建"按钮🔲创建(M)...，启动块的创建命令，打开"块定义"对话框，如图 2-315 所示。

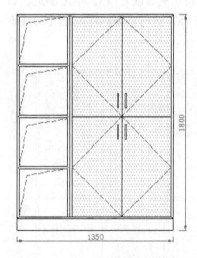

图 2-314 绘制门的关门线和空格位

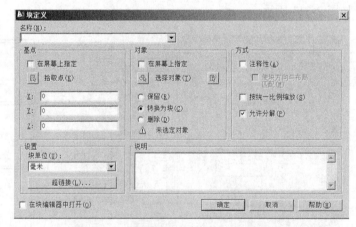

图 2-315 创建块，打开"块定义"对话框

（2）块的用处。块（Block）可以有多个并绘制在不同图层上的不同特性对象组成的集合，命名块名。用户可以将这个对象作为一个整体来操作，可以随时将块作为单个对象插入当前图形中的指定位置，而且在插入时可以指定不同的缩放系数和旋转角度。

---

① 出现块的三种选择，"创建""基点""定义属性"。

（3）绘制图形。

【练习 2-59】绘制标高练习。标高尺寸是由标高符号和标高数字组成，标高尺寸应注重以下几点。标高符号以直角等腰三角形表示，将细线设置为"当前图层"进行绘制，标高用直线命令进行绘制，结果如图 2-316～图 2-318 所示。电子文件见"图 2-316.dwg"。

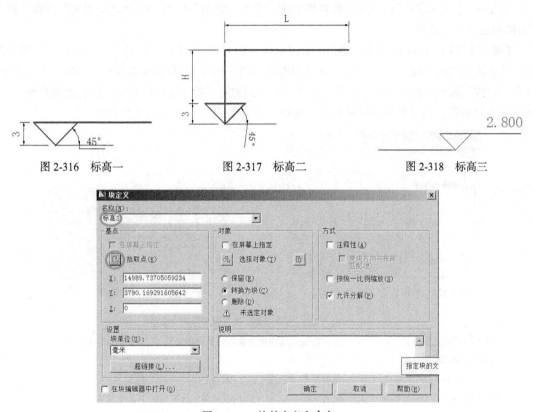

图 2-316　标高一　　　　　　　图 2-317　标高二　　　　　　　图 2-318　标高三

图 2-319　　块的定义和命名

（4）创建自定义块。

【练习 2-60】"块"的定义练习，启动"块"的命令操作如下。

命令：b　　　　　　　　　//输入 b，按空格键，执行块定义命令，打开"块定义"对话框，名称下取名为"标高 3"，单击"拾取点"按钮，光标变成绿色空心方块，光标后面跟着"指定插入点"

BLOCK 指定插入基点：　　//单击标高图形左边的端点，如图 2-319 所示

选择对象：

　　　　//左键选择基点之后，如图 2-320 所示，单击"选择对象"按钮，如图 2-321 所示

选择对象：指定对角点：找到 5 个　　//光标框选整个标高 3 图形，按空格键

命令：*取消*　　　　　　　//单击"块定义"对话框下端的"确定"按钮，按 Esc 键，取消当前命令操作

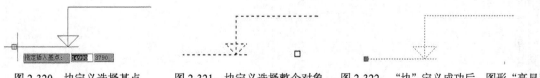

图 2-320　块定义选择基点　　　图 2-321　块定义选择整个对象　　　图 2-322　　"块"定义成功后，图形"亮显"

（5）编辑自定义块。当定义块之后（见图 2-322），还可以对块进行修改，即编辑自定义块。

命令启动方法

方法一：【命令】键盘输入 Bedit 或英文缩写 BE，按空格键执行；

方法二：【命令栏】在 AutoCAD "草图与注释"工作界面中，单击"常用" > "块编辑器"按钮，打开"编辑块定义"对话框。

方法三：【菜单】在 AutoCAD 经典界面中，单击"修改" > "对象" > "块说明"按钮，打开"编辑块定义"对话框。

【练习 2-61】打开电子文件"图 2-316.dwg"，编辑块定义练习。打开"编辑块定义"对话框后，单击左边栏的"标高 3"，在右边预览中便出现块"标高 3"所定义的图形，如图 2-323 所示。单击"确定"按钮，如图 2-324 所示，出现一个提问的对话框，选择保存将"将更改保存到"，并依据命令提示行，在屏幕中做相应的单击选择。结果如图 2-325～图 2-327 所示。

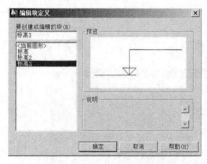

图 2-323　编辑块定义选择"标高 3"

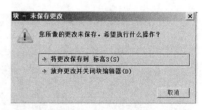

图 2-324　保存编辑块定义

命令：BE　　　　　　　　　　//输入 BE，按空格键，执行编辑块定义命令

BEDIT 正在重生成模型。　　　//打开块编辑选项板面板，结果出现如图 2-323 所示的工作界面

正在重生成模型。

命令：_BParameter 基点　　　//单击基点按钮 ⊕ 基点，如图 2-326 右端方框所示

指定参数位置：　　　　　　　//单击如图 2-326 所示的左边黄色圈圈里的点，作为基点

命令：*取消*　　　　　　　　//单击如图 2-325 中上端的 关闭块编辑器(C) 按钮，出现如图 2-327 所示的"未保存对话框"，单击"将更改保存到"浮动按钮，将文件保存。

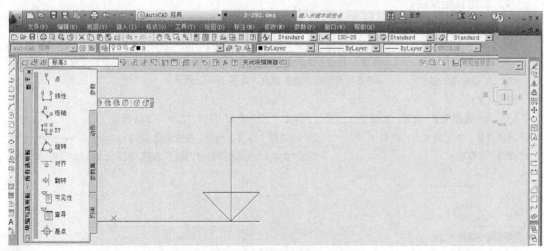

图 2-325　进入编辑块定义状态之后

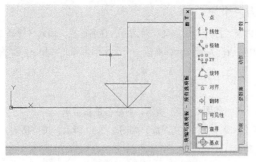

图 2-326　编辑块定义的"基点"选项

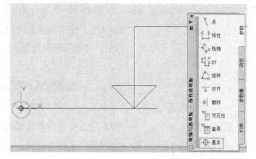

图 2-327　选择"基点"编辑块定义

（6）块属性的应用。在 AutoCAD 中，还可以对"块"创建附加信息。这些从属于"块"的文字信息就成为属性，是"块"的组成部分。块属性的应用，首先从创建"块"属性开始；然后创建"块"；最后编辑属性。

创建块属性并定义属性后，当执行创建块操作并选择作为块的对象时，既要选择组成块的图形对象，也要选择对应的属性标记。

命令启动方法

方法一：【命令栏】在 AutoCAD2013 的"草图与注释"工作界面中，单击"常用">"块"三角下拉按钮>"定义属性"按钮，打开创建块属性命令；

方法二：【菜单】在 AutoCAD2013 的"经典"工作界面中，"绘图">"块">"定义属性"按钮　定义属性(D)...，打开创建块属性命令；

方法三：【命令】输入 Attdef，或英文缩写 ATT，按空格键执行。

【练习 2-62】定义（块）属性练习，结果如图 2-328～图 2-333 所示。

命令：_attdef　　　//输入 attdef，按空格键执行定义属性命令，此时"属性定义"对话框打开，如图 2-328 所示，在标记栏输入"标高 9"，在提示栏输入"请注明标高"，在默认栏输入"2.800"，单击"确定"按钮。

指定起点：　　　　//当单击"确定"按钮后，光标变成带有"标高 9"的长尾　的光标，单击绘图区域屏幕中"标高 9"文字中间一点，作为基点，如图 2-330 所示，此时"属性定义"完成。

命令：*取消*　　　//按空格键或按 Esc 键，结束或取消当前操作命令

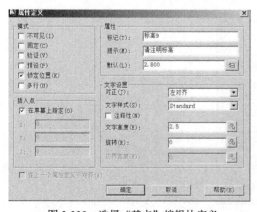

图 2-328　选择"基点"编辑块定义　　　图 2-329　标高符　　　图 2-330　标高的文字

【练习 2-63】打开电子文件"图 2-316.dwg"，创建块，将图形和文字创建为块。当"块"属

性创建工作完成后，将"图形和文字"一起定义为一个块。

命令：b　　　　　　　　//输入 b，按空格键执行创建块命令，打开"块定义"对话框，在名称栏，输入"标高 9"，之后，单击拾取点按钮 🔲，此时对话框关闭，光标变成一个十字形带着文字和 xy 数字的

光标

BLOCK 指定插入基点：//光标单击文字"标高 9"中间一点，如图 2-331 所示，对话框重新出来

选择对象：　　　　　　//光标变成空形方框，框选文字"标高 9"和标高图形，如图 2-332 所示，按空格键

指定对角点：找到 4 个　//已经选择了四个对象，并且成功确认了

选择对象：　　　　　　//单击"块定义"对话框中的确定按钮 确定 ，如图 2-333 所示．

图 2-331　基点选择"文字中间"　　　　　　　　　　图 2-332　图形和文字被选择

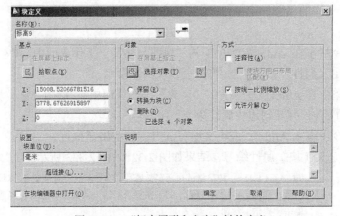

图 2-333　"标高图形和文字"被块定义

【练习 2-64】编辑属性练习。当单击 确定 按钮之后，将出现编辑属性的对话框，如图 2-334 所示。在"请注明标高"栏输入 5.600，再单击 确定 按钮，此时原来的标高图形和汉字组合的图形，变成了标高图形和阿拉伯数字组合而成的经过编辑之后的块属性定义的图形，如图 2-335 所示。

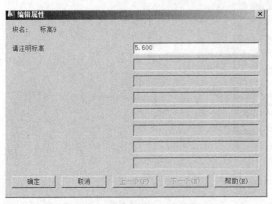

图 2-334　"编辑属性"对话框　　　　　　　　　　图 2-335　标高文字被编辑

（7）插入自定义的块。创建块之后，用户就可以用插入"块"的命令（Insert）插入块了。

命令启动方法

方法一：【命令栏】单击 "插入块" 按钮 ，启动 "插入块" 命令；

方法二：【菜单】在 AutoCAD2013 "经典界面" 中，单击菜单栏 "插入" > "块" 按钮 块(B)...，启动 "插入块" 命令；

方法三：【命令】输入 Insert 或者快捷键 I，按空格键执行。

【练习 2-65】用圆命令和直线命令，绘制索引符号，电子文件见 "图 2-336.dwg"。

绘制时分别依次将粗线、中线、细线和文字标注 4 种图层 "置为当前"，并用不同颜色区分，粗细线型对比强烈。步骤分两步：第一步，在 "细线" 图层置为当前图层情况下，用画圆命令绘制圆；第二步，用直线命令经过圆心绘制水平分隔线，设置对象捕捉为圆心捕捉方式，画出引出线。

命令：_circle	//输入 circle，或者输入快捷键 c，按空格键执行

指定圆的圆心或 [三点(3P)/两点(2P)/切点、切点、半径(T)]：　　//在屏幕上单击一点作为圆心

指定圆的半径或 [直径(D)]：d　//选择输入 d，执行直径选项

指定圆的直径：10　　　　　//输入 10，按空格键，确定直径为 10，圆画出，如图 2-336 所示。

命令：_line　　　　　　　//输入 line，或者输入快捷键 L，按空格键执行

指定第一个点：

　　//设置捕捉对象条件下，光标经过圆心向左边移动与圆相交，单击这一点，如图 2-337 所示

指定下一点或 [放弃(U)]：

　　//用光标沿极轴追踪向右移动经过圆心向圆右边出现一个绿色交点符号，单击这一点，如图 2-338 所示

指定下一点或 [放弃(U)]：　　//按空格键，或右键单击，出现一个对话框，选择单击 "确定"，结束直线绘图命令，结果如图 2-339 所示，瞬间出现绿色方块图标

命令：　　　　　　　　　//按空格键或 Esc 键，结束或取消当前的命令

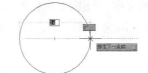

图 2-336　画圆	图 2-337　捕捉点 1	图 2-338　捕捉点 2	图 2-339　完成中线

画直线之前，设置 "极轴追踪" 和 "对象捕捉" 选项。选择 "草图设置" 中的 "对象捕捉" 按钮，打开 "对象捕捉" 对话框，勾选 "端点、交点、圆心" 等对象捕捉模式，如图 2-340 所示。打开 "极轴追踪" 对话框，勾选启用极轴追踪模式，增量角为 90，单击确定按钮，如图 2-341 所示。

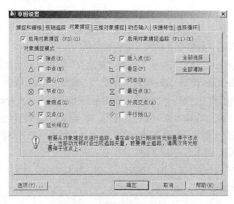
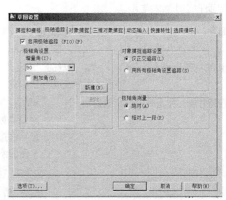

图 2-340　对象捕捉设置	图 2-341　极轴追踪设置

（8）添加文字。

命令启动方法

方法一：【菜单】单击"绘图">"文字">"多行文字"按钮A，启动多行文字命令；

方法二：【命令】键盘输入Mtext,按空格键启动多行文字命令；

方法三：【命令栏】在AutoCAD"草图与注释"界面中，单击"常用命令">"多行文字"按钮A 多行文字，启动多行文字命令。

【练习2-66】用文本命令（Mtext）添加文本。

命令：_mtext   //输入mtext，或者输入快捷键mt，按空格键执行命令

当前文字样式："Standard" 文字高度：3 注释性：否   //按空格键，执行默认选项

指定第一角点：   //在屏幕界面上单击一点，作为第一角点，如图2-342（a）所示

指定对角点或 [高度(H)/对正(J)/行距(L)/旋转(R)/样式(S)/宽度(W)/栏(C)]：

                                //单击第二角点，同时输入数字5，单击确定按钮，具体如图2-342（c）所示

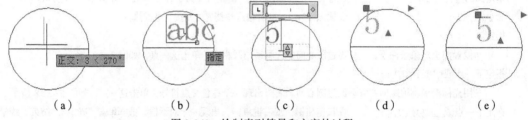

（a）   （b）   （c）   （d）   （e）

图2-342 绘制索引符号和文字的过程

用同样的方法或者复制，用多行文本命令（Mtext）或复制命令（Copy）来编辑文本（Ddedit）绘制完成索引符号中的文字，如图 2-343 所示；再用直线命令（Line）绘制出左边的索引线，索引线延长线用圆心，绘制过程省略，结果如图 2-344 所示。

图2-343 添加索引符号文本   图2-344 绘制的索引线

【练习2-67】定义块练习，启动定义块命令（Block）。用定义块命令前，设置好"草图捕捉"，勾选"端点"捕捉模式。

命令：b   //输入快捷键b，按空格键，执行创造块的命令，出现"块定义"对话框，如图2-345
                  所示，在"块定义"对话框的"名称"下输入"索引符号"

BLOCK 指定插入基点： //在出现的"块定义"对话框中，单击"基点"下的"拾取点"按钮，对话框消失，
                  光标变成空心方块，单击索引直线的左边的端点作为基点，如图2-344所示

选择对象：指定对角点：找到 5 个 //单击直线左边的端点之后，"块定义"对话框重新出现，单击对话框中
                  间的"对象"下的"选择对象"按钮，于是"块定义"对话框再次消失，
                  鼠标框选索引图标全图，选择之后，在"块定义"对话框的右端出现了
                  全图的缩小图形，如图2-346所示

选择对象：   //单击"块定义"对话框下端的"确定"按钮，执行块定义过程

命令：   //按空格键结束块定义

图 2-345　定义块

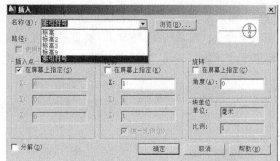

图 2-346　插入块

【练习 2-68】插入块练习。启动"插入块"命令，结果如图 2-346～图 2-348 所示。

命令：I　　　　　　　//输入字母 I，按空格键执行插入块命令，出现"插入"对话框，如图 2-346 所示
INSERT

指定块的插入点：　　//单击"插入"对话框"名称"右边空格的三角滑动按钮，选择其中的"索引符号"，在对
　　　　　　　　　　话框的右边空白处出现"索引符号"的图形，如图 2-346 所示；插入点的选择，勾选在
　　　　　　　　　　屏幕上指定，其他不需要调整和修改，单击"确定"按钮，对话框关闭，光标后面带着
　　　　　　　　　　一个整体的"索引符号"图形，十字光标就是基点位置

命令：*取消*　　　　//按 Esc 键，取消当前操作命令

图 2-347　插入"索引符号"块　　　图 2-348　指定块的插入点　　　图 2-349　爆炸块后，5 与 2 分离

注意与提示

使用爆炸命令（ExPlode）将刚才插入的"块"爆炸，图形就会分离，结果如图 2-349 所示，不再赘述，请读者通过 AutoCAD 对已经定义成块的图形进行爆炸练习。

课后练习

依据如图 2-350～图 2-352 所示的图形和尺寸绘图，再将各图定义为块。

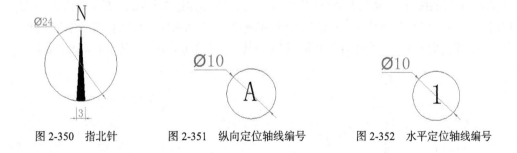

图 2-350　指北针　　　图 2-351　纵向定位轴线编号　　　图 2-352　水平定位轴线编号

（1）绘制指北针图形。

【练习 2-69】画指北针图。先用画圆命令绘制圆，圆的直径为 24；设置"圆心"和"交点"捕捉方式，设置极轴追踪角度为 90°，画出经过圆心的垂线一条，过程如图 2-353 所示；用偏移

命令，格式菜单中，单位的精确度为"0.0"，保证箭头尾部宽度为3；用删除命令，删除多余直线；用填充命令，对箭头用"Solid"类型进行实心填充；最后在上面用多行文本命令书写字母 N，字母高 5 个单位，表示"北"，如图 2-354 所示。电子文件见"图 2-350.dwg"。

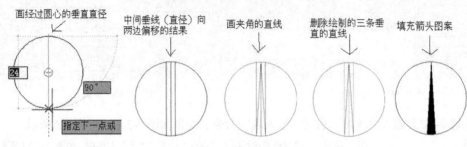

图 2-353　指北针的绘制过程

```
命令：c
CIRCLE
指定圆的圆心或 [三点(3P)/两点(2P)/切点、切点、半径(T)]：
指定圆的半径或 [直径(D)] <5>：12
命令：*取消*
命令：o
OFFSET
当前设置：删除源=否　图层=源　OFFSETGAPTYPE=0
指定偏移距离或 [用(T)/删除(E)/图层(L)] <1.5>：
选择要偏移的对象，或 [退出(E)/放弃(U)] <退出>：
指定要偏移的那一侧上的点，或 [退出(E)/多个(M)/放弃(U)] <退出>：
选择要偏移的对象，或 [退出(E)/放弃(U)] <退出>：*取消*
```

画直线过程、删除多余直线、箭头填充过程的命令提示等省略。

（2）定位轴线编号。

【练习 2-70】属性定义练习，绘制定位轴线编号。先用圆命令绘制圆，直径为 10，如图 2-355 所示；当圆绘制完成后，对圆形进行（块）属性定义，输入 Attdef，用属性编辑命令进行编辑。如图 2-356 所示，属性下的标记为"编号"，提示输入"请输入编号"，默认输入"A"，单击对话框中的"文字高度"右边的按钮，在圆中测量文字的高度，文字高度接近 3 个单位，单击对话框下端的"确定"按钮。此时光标变成后面带着一个有"十字形和编号文字"的图标，当"编"这个字接近圆心位置时，单击一点作为指定起点，此时文字和编号放在一起，如图 2-357 所示，属性定义就此结束。

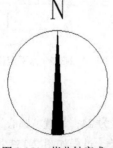

图 2-354　指北针完成

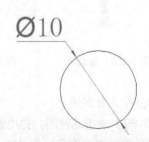

图 2-355　定位轴线编号圆绘制

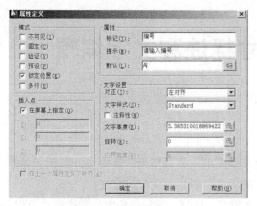

图 2-356　属性定义

图 2-357　指定起点

【练习 2-71】创造块（Block）练习。键盘输入快捷键 b，按空格键执行创造块命令。单击"拾取点"按钮，对话框关闭，单击圆中"编"字并接近圆心的位置，对话框再次出现，单击"选择对象"按钮，将圆形和编号文字一起框选，按空格键，"编辑属性"对话框出现，默认编号为 A，也可以输入 B，或者阿拉伯数字 1 或 2 等文字。结果如图 2-358～图 2-360 所示。

图 2-358　块定义起名、拾取点和选择对象

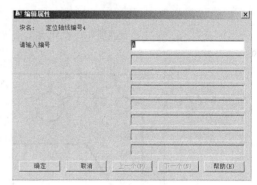

图 2-359　编辑属性

（3）内视符号。

【练习 2-72】内视符号的绘制。请读者依据图 2-361～图 2-363 所示的图形和尺寸进行绘制，内视符号中的文字约高 3mm。电子文件见"图 2-360.dwg"。

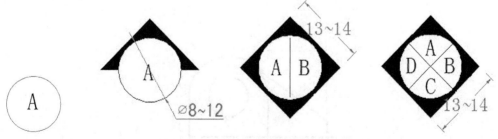

图 2-360　编辑属性完成　　图 2-361　单面内视符号　　图 2-362　双面内视符号　　图 2-363　四面内视符号

2.3 图形的尺寸标注和文字编辑

2.3.1 尺寸标注

尺寸标注概述

尺寸标注是图纸的重要组成部分，无论是产品图纸、家具图纸、室内设计图纸、建筑图纸，还是景观设计图纸，完整的图纸都必须有尺寸的标注，否则制图没有意义。

（1）尺寸标注的基本知识。尺寸标注的基本类型：线型、半径、角度。标注形式可以是水平、垂直、对齐、旋转、坐标、基线和连续，如图 2-364 所示。打开 AutoCAD 经典界面，单击菜单栏中 "标注" 下拉菜单，从上到下，可以看到多种标注类型的命令按钮，如图 2-365 所示。

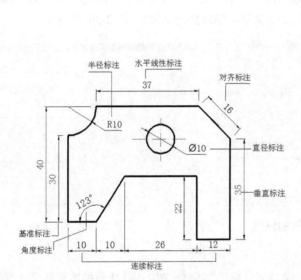

图 2-364 尺寸标注类型图示   图 2-365 各类标注样式菜单的展开

图形尺寸由尺寸界限、尺寸线、尺寸界止符号和尺寸数字等要素组成，如图 2-366 所示。

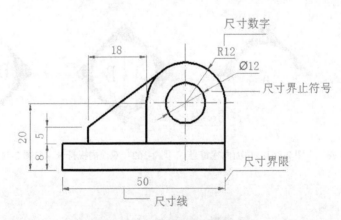

图 2-366 尺寸标注组成部分说明

（2）尺寸标注各组成部分。尺寸界线，用于表示所标注尺寸的界限。尺寸界线由图形轮廓线、轴线或对称中心线引出，也可以利用轮廓线、轴线或对称中心线作为尺寸界线，用细实线绘制。

尺寸线，用于表明标注的范围。尺寸线一般是一条带有双箭头或其他符号的线段。AutoCAD 通常将尺寸线放置在测量区域内，如果空间不足，则将尺寸线或文字移动到测量区域的外部。对于角度标注，尺寸线是一段圆弧。尺寸线用细实线标注。

尺寸界止符号，用于指出划定测量的开始和结束的位置。箭头或其他符号显示在尺寸线的末端，系统提供了多种箭头符号，以满足不同行业的需要，如建筑标记、小斜线箭头、点、斜杠等。

尺寸数字，用于表示所选标注对象的具体尺寸大小。在进行尺寸标注时系统会自动生成标注对象的尺寸数据数值，用户也可以对标注文本进行修改。尺寸文本按标准字体书写，在同一张图纸上，标注的文字大小要统一，不要有大有小。尺寸数据数值一定是真实物体的真实长度，因此在绘图的时候，就是依据对象的真实长度来绘制的，并不是自己又经过一定比例计算来绘制的。即使宇宙中的星球，也是用真实长度绘制出来。在 AutoCAD 操作系统中，长度单位的设置是光年，较小范围的长度单位就是千米。总之，一切的绘图都是按照实际的长度来绘制的。这样，标注出来的尺寸就会自动生成真实的长度。通常情况下，国际单位制是毫米，不同的长度单位要根据具体的绘图需要来设置，单位的精度一般也不必精确到小数点后很多位，一般就是 "0" 或者 "0.0"。

用 AutoCAD 创建尺寸标注的步骤如下。

第一步，确定 "标注" 图层，创建一个独立的 "图层" 用于尺寸标注，尺寸类型复杂的，要创建多个图层。第二步，确定文字样式，创建一种文字样式用于尺寸标注。第三步，确定样式标注，创建一种标注样式用于标注。第四步，设置 "对象捕捉" 功能，当尺寸标注命令标注尺寸时，对图形中的特征元素点进行有效捕捉。

（3）设置尺寸标注样式。在 AutoCAD 中进行尺寸标注时，标注的外观是由当前标注样式控制的。因此在标注之前应对尺寸样式进行设置，如线、符号、箭头大小、文字和尺寸线等，然后进行标注，以方便图纸的管理和图形尺寸标注的调整。

① 创建尺寸标注样式。AutoCAD 2013 的标注样式提供了 ISO-25 和 Standard 尺寸标注样式，有一些不符合我们的制图标准。因此，要根据需要创建自己的标注样式，以标注出合格的工程图样。

命令启动方法

方法一：【命令栏】单击 "标注" > "标注样式" 平滑按钮 ◢ 标注样式(S)... ；

方法二：【菜单】在 AutoCAD 2013 经典界面中，单击 "格式" > "标注样式" ◢ 标注样式(D)... ；

方法三：【命令】输入 Ddim、Dimstyle、Dimsty，或快捷键 D，按空格键执行。

【练习 2-73】打开电子文件 "图 2-364.dwg"，进行标注样式创建练习。启动标注样式命令之后，在工作界面出现 "标注样式管理器" 对话框，如图 2-367 所示。单击 "新建" 按钮 新建(N)... ，出现 "创建新标注样式" 对话框，如图 2-368 所示。在 "创建新标注样式" 对话框中，单击 "新样式名（N）" 栏下的空格，输入新的名称 "尺寸标注"，单击空格中的三角形下拉菜单，选择 "ISO-25" 样式，再单击 "继续" 按钮，在屏幕中出现 "新建标注样式：尺寸标注" 对话框，可以对标注样式的 "线、符号和箭头、文字、调整、主单位、换算单位和公差" 进行修改。如图 2-369 所示，单击 确定 按钮之后，新建样式完成之后，将文件右边的图进行标注。

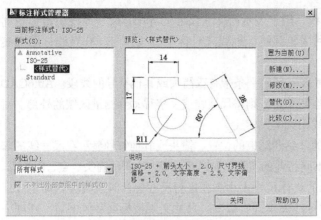

图 2-367　"标注样式管理器"对话框

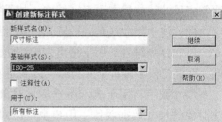

图 2-368　"创建新标注样式"对话框

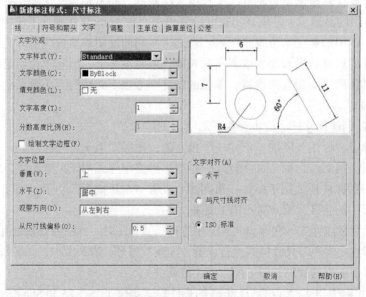

图 2-369　"新建标注样式：尺寸标注"对话框

② 修改尺寸标注样式。设置尺寸标注样式，在标注图形时，会有很多不协调的地方，如符号和箭头的大小可能过大或过小；文字看起来过小或过大，文字高度需要调整等；尺寸界限中的起点偏移量、超出尺寸线的距离可能过大或过小；主单位的单位格式、精度；角度标注的单位格式和精度；换算单位、公差等，这些都是需要调整和修改的。

【练习 2-74】创建尺寸标注样式命令练习。如图 2-370 所示，此时上面新建的"尺寸标注"样式出现在"标注样式管理器"对话框的左边栏。单击对话框左边的"尺寸标注"，呈"蓝底亮显"状态，单击对话框右边的 修改(M)... 按钮，出现"修改标注样式：尺寸标注"对话框，如图 2-371 所

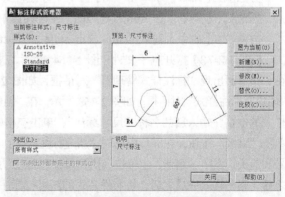

图 2-370　"标注样式管理器"对话框

示。在对话框中上端一栏，能够对"线、符号和箭头、文字、调整、主单位、换算单位和公差"等各项指标进行修改。

在"修改标注样式：尺寸标注"对话框中，单击第二栏的"符号和箭头"的第一个空格右边的下拉三角按钮，如图 2-372 所示，可以看到箭头的很多样式。具体的运用，应按照需求选用。

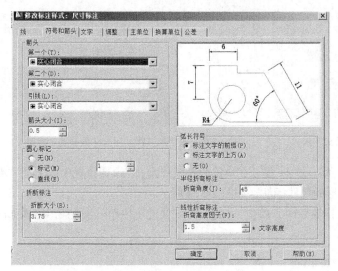

图 2-371　"修改标注样式：尺寸标注"对话框　　　　图 2-372　箭头的样式

案例绘图分析：一个图形的尺寸标注

【练习 2-75】给一个图形标出尺寸。打开章节中文件"图 2-378.dwg"，给图形进行尺寸标注。

（1）定义标注样式。打开"图 2-378.dwg"文件后，启动标注样式命令。单击"新建"按钮，新建一个"尺寸标注"样式，如图 2-373 所示。单击"修改"命令按钮，单击"修改标注样式：打开尺寸标注"对话框中的"主单位"按钮，将主单位设置为"0.0"，如图 2-374 所示。将"符号和箭头"栏箭头的第一个空格，设置为"建筑标记"；第二个空格，设置为"建筑标记"，结果如图 2-375 所示。选择"尺寸标注"样式，单击"置为当前"按钮，单击"确定"按钮，关闭"标注样式管理器"对话框。在样式设置时，将"线"这个对话框中的"超出尺寸线"和"起点偏移量"的数值增大点，结果如图 2-376 中右边黄色圈中的数值。

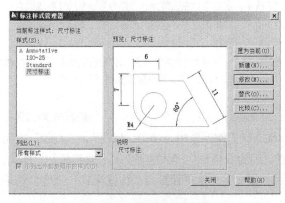

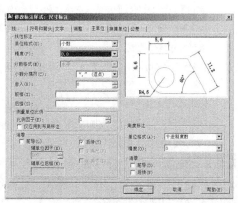

图 2-373　标注样式管理器　　　　　　　　　　　图 2-374　修改主单位

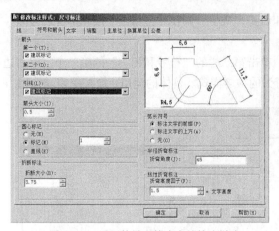

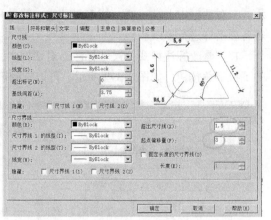

图 2-375　设置符号和箭头中的箭头样式　　　　图 2-376　超出尺寸线和起点"偏移量"调整

（2）准备标注尺寸。新建"标注"和"文字"图层，设置为细线线型；在草图设置中，设置"端点""交点"捕捉方式，准备进行图形的尺寸标注，如图 2-377 所示。

（3）线性标注。在 AutoCAD 工作界面中，单击"标注" > "线性"按钮 线性(L)，结果如图 2-378～图 2-380 所示。

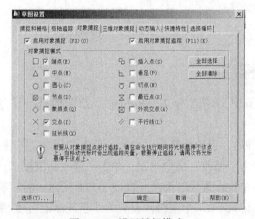

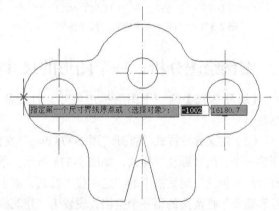

图 2-377　设置捕捉模式　　　　　　　图 2-378　线性标注捕捉第一点

命令：_dimlinear　　　　　　　　　　// 单击 AutoCAD 经典界面中的"标注"界面中的"标注"下拉菜单，单击"线性" 线性(L)按钮

指定第一个尺寸界线原点或 <选择对象>：　　//如图 2-378 所示，单击图形左边的交点，作为第一个尺寸界线原点

指定第二条尺寸界线原点：　　　　　　//如图 2-379 所示，单击图形左下边的端点作为第二条尺寸界线原点

指定尺寸线位置或

[多行文字(M)/文字(T)/角度(A)/水平(H)/垂直(V)/旋转(R)]：　//将光标向左水平移动，恰当处单击一点，线性标注完成，标注结果如图 2-380 所示

标注文字 = 17

自动保存到 C:\Users\Administrator\appdata\local\temp\2-346_1_1_0130.sv$ ...　//系统自动保存文件

（4）确定尺寸标注样式和尺寸标注。在 AutoCAD 工作界面中，单击"标注" > "直径"按钮 直径(D)，启动直径标注命令。在直径标注之前，因为线性标注样式的箭头是"建筑标记"样式，现在需要更换为"实心闭合"样式，此时箭头大小和文字高度要保持与"标注样式"一致，结果如图 2-381 和图 2-382 所示。

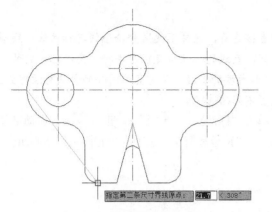

图 2-379　线性标注捕捉第二点

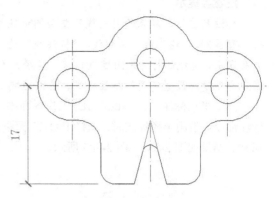

图 2-380　线性标注完成

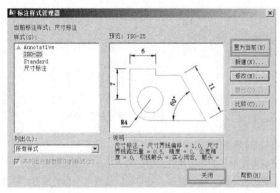

图 2-381　直径标注前选择标注样式为 ISO-25 样式

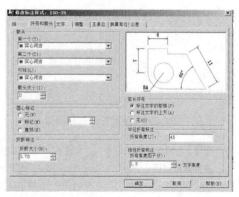

图 2-382　设置 ISO-25 样式中符号与箭头样式

命令：_dimdiameter　　　　//输入直径标注的快捷键 ddi，按空格键，执行直径标注命令

选择圆弧或圆：　　　　　　//光标变成空心的小方块，后面紧跟着"选择圆弧或圆"的提示，单击图中间上部的小圆，如图 2-383 所示；将光标放在标注形成的适合的位置，然后单击恰当位置处，标注生成，如图 2-384 所示

标注文字 = 5

指定尺寸线位置或 [多行文字(M)/文字(T)/角度(A)]：

命令：*取消*　　　　　　　//按 Esc 键，结束当前操作命令

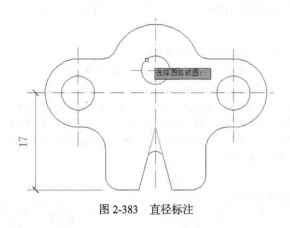

图 2-383　直径标注

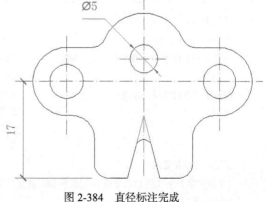

图 2-384　直径标注完成

注意与提示

标注尺寸时，起点的引出线不要与图形轮廓直接连着，这样不便区分轮廓线与标注线，线型也要有区别，"轮廓线"为粗线，"标注线"为细线；直线的标注与直径、半径、角度标注的箭头要有区别，直线的标注采用建筑标记；直径、半径和角度的标准，采用实心闭合的箭头标注形式。因此要新建和设置不同的标注样式，在标注前设置不同的选择。

（5）半径标注。在 AutoCAD 工作界面中，单击"标注" > "半径"按钮 ◎ 半径(R)，启动半径标注命令。当用半径标注时，选择 ISO-25 标注样式，"符号和箭头"选项为"有箭头的实心闭合"那种。结果如图 2-385～图 2-386 所示。

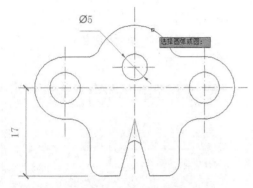

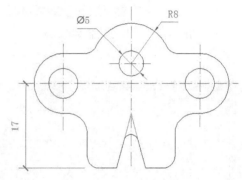

图 2-385　半径标注选择圆弧　　　　　　　图 2-386　半径标注完成

命令：_dimradius	//输入 dra，按空格键，执行半径标注命令
选择圆弧或圆：	//如图 2-385 所示，光标变成空心的小方块，后面还拖着一个"选择圆弧或圆"的小尾巴。单击图形中上端的大圆弧，拖动光标，将半径标注放在恰当的地方，单击，半径标注完成，结果如图 2-386 所示
标注文字 = 8	
指定尺寸线位置或 [多行文字(M)/文字(T)/角度(A)]：	
命令：_QSAVE	//按 Ctrl+S 组合键，执行保存已经绘制或标注的图形

（6）连续标注。在用连续标注前，用"线性标注"对某一线段进行标注，线性标注成功之后，连续标注才能用，因为"连续标注"是建立在"线性标注"基础上的。连续标注的启动，单击菜单栏中"标注" > "连续"标注按钮 ┡┤ 连续(C)，启动连续标注命令。

启动线性标注命令，在 AutoCAD 工作界面中，单击"标注" > "线性"按钮 ┝┥ 线性(L)，启动线性标注命令。线性标注后，再启动连续标注。线性标注采用的箭头样式为建筑标注样式。标注前，将"标注样式"置为当前。

命令：_dimlinear	//输入 dli，按空格键，执行直线标注命令
指定第一个尺寸界线原点或 <选择对象>：	//如图 2-387 所示，单击图上端中间的小圆的"圆心"作为第一个尺寸界线的原点
指定第二条尺寸界线原点：	//如图 2-388 所示，单击图中的上端中间两条轴线的交点作为第二条尺寸界线的原点，将，光标向右边拖动，当"直线标注"在恰当的位置时，单击，确定直线标注的位置，此时直线标注完成，结果如图 2-389 所示

指定尺寸线位置或
[多行文字(M)/文字(T)/角度(A)/水平(H)/垂直(V)/旋转(R)]：
标注文字 = 4

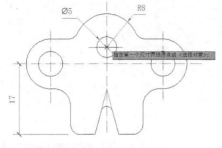

图 2-387　线性标注第一点

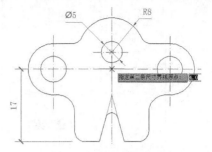

图 2-388　线性标注第二点

命令：_dimcontinue　　　//单击 AutoCAD 经典界面中的"标注"下拉菜单的"连续"标注光滑浮动按钮
　　　　　　　　　　　　　 连续(C)，启动连续标注命令，此时光标的起点自动从刚才标注的直线的第二条尺
　　　　　　　　　　　　　寸界线原点开始，如图 2-389 所示

指定第二条尺寸界线原点或 [放弃(U)/选择(S)] <选择>：　　//利用捕捉端点模式，捕捉三角的顶点，如图 2-390 所示，
　　　　　　　　　　　　　　　　　　　　　　　　　　 单击作为连续标注的第二条尺寸界线的原点，此时第一
　　　　　　　　　　　　　　　　　　　　　　　　　　 次连续标注完成，光标还是空心的小方块，后面紧跟着
　　　　　　　　　　　　　　　　　　　　　　　　　　 "选择连续标注"的提示栏，如图 2-390 所示

标注文字 = 6

指定第二条尺寸界线原点或 [放弃(U)/选择(S)] <选择>：　　//按空格键，继续"连续标注"命令

选择连续标注：

正在恢复执行 DIMCONTINUE 命令。

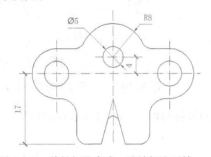

图 2-389　线性标注完成，连续标注开始

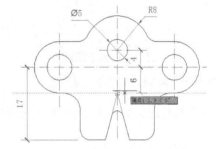

图 2-390　连续标注单击第二点

当"线性标注"完成第一段的标注后，单击 AutoCAD 经典界面上端的"标注"菜单栏，展开下拉菜单；单击连续"标注"按钮 连续(C)，AutoCAD 系统会自动地在"线性标注"的第二点基础上进行连续的标注。当连续标注完成后，按空格键两次，第二次光标变成空心小方块，后面跟着一个"选择连续标注"的图标，可以再次进行"连续标注"的线段，系统自动以原有的标注为基础进行连续标注。

（7）角度标注。在 AutoCAD 工作界面中，单击"标注"下拉菜单，单击"角度"标注按钮 角度(A)，启动角度标注命令。角度标注之前，选择标注样式，此时用格式或者"标注"菜单打开"标注样式"，选择"ISO-25"样式，文字对齐样式为"水平"。结果如图 2-391 和图 2-392 所示。

命令：_dimangular　　　//输入"角度标注"快捷键 dan，按空格键，执行角度标注命令

选择圆弧、圆、直线或 <指定顶点>：　//单击如图 2-392 图中下端角度左边夹角直线，单击之前光标为空心小
　　　　　　　　　　　　　　　　　　 方块，带着一个"选择圆弧、圆、直线或……"的尾巴

选择第二条直线：　　　　//单击第一条夹角直线之后，第一条直线变成亮显的虚线，光标还是一
　　　　　　　　　　　　 个空心的小方块，后面紧跟着一个"选择第二条直线"的尾巴，如图 2-393
　　　　　　　　　　　　 所示，单击图中夹角左边的直线，将光标在夹角附近拖动，选择如图
　　　　　　　　　　　　 2-394 所示的"+"字光标的位置，单击一下，角度标注工作完成

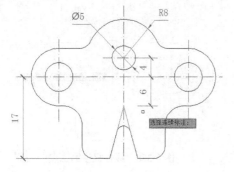

图 2-391 连续标注

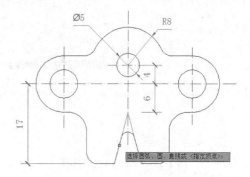

图 2-392 角度标注单击第一条直线

指定标注弧线位置或 [多行文字(M)/文字(T)/角度(A)/象限点(Q)]:

标注文字 = 30

命令：*取消*   //按 Esc 键，结束当前的命令操作，结果如图 2-395 所示

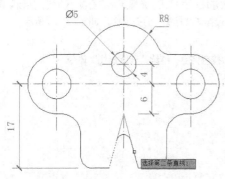

图 2-393 角度标注单击第二条直线

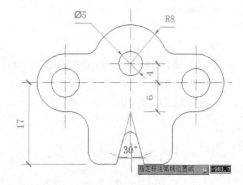

图 2-394 单击角度要标注的位置

（8）用直径标注、半径标注完成图形需要标注的各种数据，结果如图 2-396 所示。

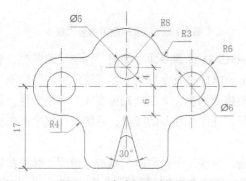

图 2-395 完成标注后的图形

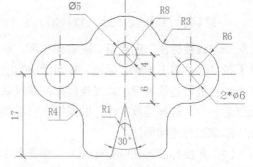

图 2-396 图形标注完全修改编辑后的图示

（9）文字和数据编辑修改，图 2-396 左右两边的圆是一样大，只需要标注一个就可以了，因此右边圆的标注数据需要编辑和修改。键盘输入字母 Ddedit，按空格键就可以进行文字或标注数据的编辑和修改。编辑的最后结果如图 2-397 和图 2-398 所示。

命令：ddedit   //输入 ddedit，按空格键，执行文字的编辑修改

选择注释对象或 [放弃(U)]:   //光标变成空心小方块时，后面拖着一个"选择注释对象或"的尾巴，单击需要进行编辑或修改的标注的文字部分，于是出现如图 2-397 所示的文字变成阴影的状态，上面出现一个文字格式的对话框；用框选选择，输入"2*F6"，

并在"文字格式"对话框中将原来的文字样式"T Gulin"更改为"Romanc"样式，最后单击"文字格式"的确定按钮

选择注释对象或 [放弃(U)]：*取消* //按 Esc 键，结束当前的命令操作，结果如图 2-398 所示

自动保存到 C:\Users\Administrator\appdata\local\temp\2-346_1_1_0946.sv$ ...

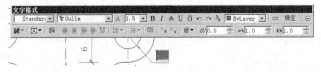

图 2-397 单击要编辑的对象

图 2-398 重新输入文字进行编辑

2.3.2 文字编辑和修改

1. 创建和修改文字样式

在一个完整的图样中，通常都包含一些文字注释来标注图样中的一些非图形信息。例如，机械工程图形中的技术要求、装配说明，以及工程制图中的材料说明、建筑制图和室内设计制图中的施工说明、材料注释等，如果没有文字和尺寸数字说明就没有意义。

AutoCAD 2013 中图形文字是根据当前文字样式标注的，例如文字高度、颜色、方向等。系统为用户提供了默认的文字样式 Standard，用户要以国家制图标准创建文字样式。

命令启动方法

方法一：【菜单栏】在 AutoCAD 2013 "经典界面"中，单击"格式" > "文字样式"按钮 A 文字样式(S)...；

方法二：【命令栏】在 AutoCAD 2013 "草图与注释"界面中，单击常用命令栏中的"注释" > "文字"栏右边的下拉箭头按钮，就是文字样式按钮 ，启动文字样式命令。

方法三：【命令】键盘输入 Style，或者快捷键 ST，按空格键执行。

【练习 2-76】定义文字样式。如图 2-399～图 2-404 所示，当启动"文字样式"命令之后，单击"新建"按钮，系统默认的样式名为"样式 1"，单击框选，输入"文字标注"；单击"字体"栏空白右边的下拉三角，展开字体的各种样式；在图纸文字高度空白栏处将高度"0.0"更改为"2.0"；单击"应用"按钮后，"应用"按钮变成灰色，表示设置成功，再单击"置为当前"按钮，最后单击"关闭"按钮，对话框关闭，"文字样式"设置完成。

图 2-399 文字样式命令启动系统默认的状态

图 2-400 单行文字

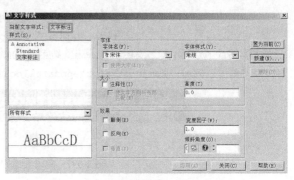

图 2-401　创建新文字样式　　　　　　　　　　图 2-402　创建新文字样式

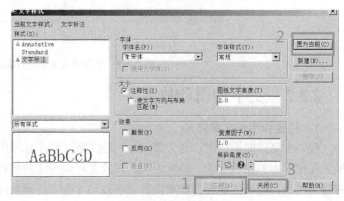

图 2-403　文字样式中的字体种类　　　　　　图 2-404　文字样式设置完成

【练习 2-77】添加多行文字练习。

（1）启动多行文字命令。在 AutoCAD 经典界面中，单击左边"绘图"命令栏 >"多行文本"命令面板 A > 启动多行文字命令。

（2）"多行文字"编辑，如图 2-405～图 2-410 所示。当输入文字，文字的位置不够宽或长时，鼠标下拉上下可以调节变动的按钮 ，调节书写文字的范围，最后将文件保存为"2-410.dwg"。

命令：_mtext　　　//输入 mtext，或者快捷键 mt，按空格键，执行多行文字命令

当前文字样式："文字标注"　文字高度：2　注释性：是

　　　　//系统默认上面设置和创建的文字样式"文字标注"样式，并在 AutoCAD 中自动提示出来，"标注文字"样式文字的高度为 2，注释性选择等信息

指定第一角点：　　//在屏幕上单击一点，作为第一角点，如图 2-405 和图 2-406 所示

指定对角点或 [高度(H)/对正(J)/行距(L)/旋转(R)/样式(S)/宽度(W)/栏(C)]：

　　　　//鼠标在屏幕上向下向右拖动，单击第二点，作为第二角点，划出一个长方形的文字输入的方框出来，再单击一点，长方形方框中的"abc"消失，变成带有一个"文字格式"对话框，上面提供有可以调节文字的高度、字体的种类、符号的输入、对齐方式等按钮和下拉对话框，如图 2-409、图 2-410 所示

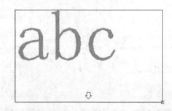

图 2-405　多行文字在屏幕上第一角点开始　　图 2-406　单击多行文字第二角点，拉出文本的范围

图 2-407　多行文字第二角点位置的确定　　　图 2-408　文字格式下文字高度的更改及文本框的调节

图 2-409　输入文字　　　　　　　　图 2-410　完成输入文字的效果

（3）文字的编辑和调节。在 AutoCAD 2013"草图与注释"工作界面中，单击 "注释"下拉按钮，打开"文字编辑器"。如图 2-411 所示，可以见到各种"文字标注"调节命令按钮，字体样式、高度、对正形式、符号等，用以调节和选择文字的输入需要。

图 2-411　文字标注命令栏中的选择和调节项目

注意与提示

①在多行文字命令执行后，单击屏幕上一点后，AutoCAD 提示有很多选择项：高度（H）、对正（J）、行距（L）、旋转（R）、样式（S）、宽度（C）等，请读者逐一试用。②在"注释"下拉菜单打开之后，输入符号如半径、直径、角度度数符号等，需要用"@"符号按钮，打开进行选择，如图 2-412 所示。

【练习 2-78】添加单行文字的练习。启动单行文字命令，在 AutoCAD "注释与常用"界面中，单击"常用"命令栏面板 > "单行文字"按钮 > 启动单行文字命令；在 AutoCAD 的提示下，输入"J"，即选择对齐，按空格键出现对话框，如图 2-413 所示；按 F8 键，选择"正交"模式，在屏幕上单击一点，如图 2-414 所示；同时，光标向右移动，出现一条水平横线，如图 2-415 所示。在合适距离单击一点，作为第二个端点；输入文字"材料说明"，输完之后，按空格键两次，单行文字输入完成，水平的结果如图 2-416 所示，垂直的过程和结果如图 2-417～图 2-419 所示。电子文件见"图 2-416.dwg"。

命令：_text　　　　　　　　　　　//输入"text"，按空格键，执行单行文字命令
当前文字样式："Standard" 文字高度：2.5000 注释性：否
指定文字的起点或 [对正(J)/样式(S)]：j　//输入 j，按空格键，选择对正命令

输入选项 [对齐(A)/布满(F)/居中(C)/中间(M)/右对齐(R)/左上(TL)/中上(TC)/右上(TR)/左中(ML)/正中(MC)/右中(MR)/左下(BL)/中下(BC)/右下(BR)]：A　　//输入 A，或单击对话框中的"对齐"选项

指定文字基线的第一个端点：　　//在屏幕上单击一点，作为第一点，如图 2-412 所示，此时单击选择向水平方向或者垂直方向移动第二点，作为第二端点，如图 2-413 所示；出现的单行文字的排列分别不同，水平的就是水平方向排列，如图 2-416；垂直的就是垂直排列，如图 2-419 所示

指定文字基线的第二个端点：　　//单击第二点之后，按空格键两次，单行文字编辑完成，文件自动保存

图 2-412　符号种类的选择

图 2-413　对齐对话框

指定文字基线的第一个端点：42.5621 205.9846

图 2-414　屏幕上选择第一点

正交：196.0570 < 0°

图 2-415　选择第二点出现一条水平横线

材料说明

图 2-416　单行文字输入完成

图 2-417　在绘图命令栏启动单行文字

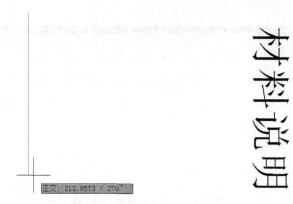

图 2-418　垂直选择第二点　　　　　图 2-419　单行文字输入完成

2．文字的编辑和修改

下面借用"图 2-410.dwg"文件来说明文字的编辑和修改。

（1）文字的编辑。打开"图 2-410.dwg"文件，单击文件中的多行文本，如图 2-420 所示，文字呈"亮显虚线"状态。右键单击，出现一个如图 2-421 所示对话框；单击"编辑多行文字"平滑按钮，单击出现的"文字格式"对话框，如图 2-422 所示。在对话框中，从左向右，有"文字样式""字体类型""字体的高度""粗体""字体颜色"，到"确定"，直到最后的"⊙"选项按钮。在这里有很多选项和选择，读者可以逐个试用来了解。下面是多行文本编辑的几个过程，文本框的向水平方向扩大、文本的字体改变、文本的改变。如图 2-423～图 2-425 所示，分别是多行文本字体的选择与多行文本段落和行数的调整。

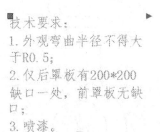

图 2-420　选择多行文本　　　　　图 2-421　编辑多行文字命令选择

（2）文字的修改。单击"图 2-410.dwg"文件中的"多行文本'，文本呈亮显状态；或者光标框选所编辑的文字文本，此时呈蓝色框选状态；单击执行文字编辑状态，将原有文字文本更替，输入新的文本内容，如"北京欢迎您"部分歌词，更替和修改的文字与技术参数等数值不变，结果如图 2-425 所示，电子文件见"图 2-425.dwg"。

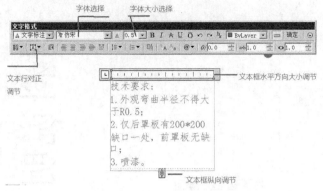

图 2-422　"文本格式"对话框

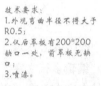

图 2-423　字体选择　　　　图 2-424　文本框大小的调节

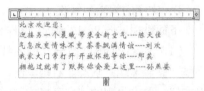

图 2-425　文本的内容变换

注意与提示

在文字的修改与编辑过程中，可以对单行文本和多行文本进行修改，用的命令就是文字编辑命令，键盘输入[①]"ddedit"命令，就可以对单行文本和多行文本的文字进行修改和编辑了。当然，这个命令主要用于文字内容的编辑和修改。

课后练习

1．依照如图 2-426～图 2-429 所示尺寸，绘制图形并标注尺寸。电子文件见"图 2-426～图 2-429.dwg"。

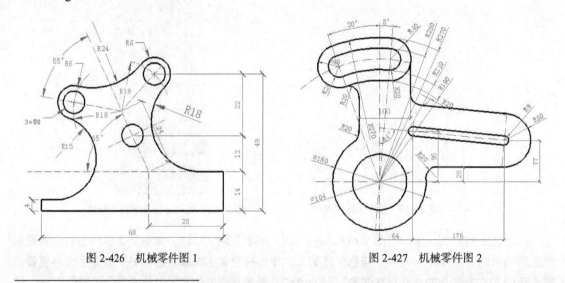

图 2-426　机械零件图 1　　　　　　　　图 2-427　机械零件图 2

---

① 键盘输入，其实就是在 AutoCAD 工作界面最下端的命令行窗口状态栏中输入文字或数据，这个解释应该在前面出现时就提出来，这里再次注解（编者注）。

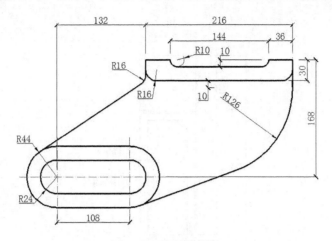

图 2-428　机械零件图 3

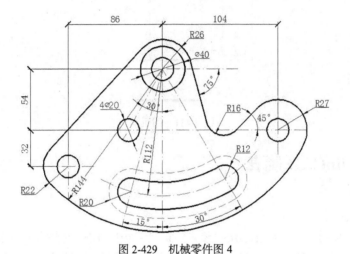

图 2-429　机械零件图 4

2. 依照如图 2-430 和图 2-431 所示的文字，用多行文本进行编写练习；依照下列的尺寸和文字说明，绘制图形并进行尺寸标注和文字注解。电子文件见"图 2-430.dwg"。

　　说明：

1. 本图尺寸：管径、距离以mm计，标高以m计。

2. 本设计室内给水管为PP-R管，热熔连接；排水管材均采用
　　UPVC管，承插粘接。所有管道穿基础时应预留孔洞并加装
　　套管，室内给排水管穿楼板时需要加设套管。

3. 排水管坡度：DN50 i=0.035；管径小于50mm，i=0.026。

4. 给水管道穿伸缩缝时设金属软管或橡胶软接头，排水管穿
　　伸缩缝时管道接口采用柔性接口。

5. 所有埋地金属管道均除锈后刷冷底子油两道，热沥青两道，
　　总厚度不小于3mm。

图 2-430　多行文本

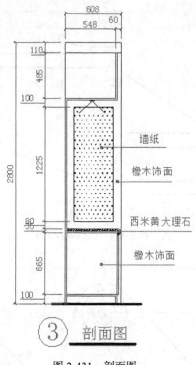

图 2-431　剖面图

2.3.3　AutoCAD 制表

1．绘制表格

命令启动方法

方法一：【菜单栏】在 AutoCAD 2013"经典界面"界面中，单击"绘图" > "表格"按钮■ 表格... ；

方法二：【命令栏】在 AutoCAD 2013"经典界面"左端的"绘图"命令栏，单击"表格"按钮■ > 打开"表格"命令对话框；

方法三：【命令】输入 Table，按 Enter 键。

【练习 2-79】制定表格练习。打开"表格"命令之后，出现如图 2-432 所示的"插入表格"对话框，系统默认的插入选项为"从空表格开始"，在"列"与"行"设置中，分别选择"6"和"5"，使数据符合所画表格的需求，"列宽"先保持默认，之后可以在绘制出来的表格中进行调整。

在对话框左侧上端的"表格样式"右侧的■表格样式按钮对话框，选择表格样式，或者对表格样式进行修改，如图 2-433 所示。可以修改的表格样式有：表格方向分有向上和向下两种。单元样式有"创建新单元样式"和"管理单元样式"。在单元样式右栏中有三个选项，如常规、文字、边框。这些问题的解决，读者可以逐个单击试用了解。

选择表格样式数据之后，单击"确定"按钮，关闭"修改表格样式"对话框。表格样式经过修改确定之后，将新的表格样式置于当前。当"插入表格"对话框的各种数据确定之后，关闭对话框，就可以在屏幕上绘制表格了。此时出现"文字格式"的对话框，选择文字的高度和字体等。之后，单击对话框中的"确定"按钮，如图 2-434 所示。单击屏幕，设置好的表格在屏幕中出现了，如图 2-435 所示。

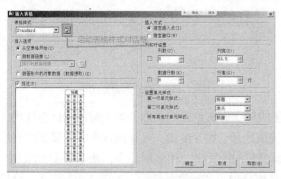

图 2-432　"插入表格"对话框

图 2-433　"修改表格样式：Standard"对话框

图 2-434　文字格式

图 2-435　表格空格

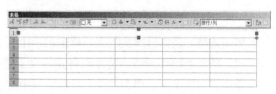

图 2-436　表格输入 1

　　单击表格中最上面的空格，如图 2-436 所示。单击两次，出现"文字格式"对话框，在表格中输入文字"门窗表"，单击如图 2-437 所示的空格，并输入"编号"，如图 2-438 所示。之后按 Enter 键，光标下移，如图 2-439 所示。依此类推，完成表格左侧所有的文字输入，如图 2-441 所示。

图 2-437　表格输入 2

图 2-438　文字输入之一

　　表格中左边第一栏中的字母 C1、C2、M1、M2 等数字需要下标，左键单独选择数字，此时表格上的对话框变成"文字格式"对话框，鼠标在"文字格式"中将字体高度由原来的"4.5"更改为"3"，数字成为下标形式，结果如图 2-439 和图 2-440 所示。单击最下面多余的一行，对话框变成"表格"对话框，表格呈黄色的 "亮显粗线"状态，选择整个一行，单击"删除行"的平滑按钮，将多余的不需要的行删掉，结果和图 2-441 和图 2-442 所示。

图 2-439　文字输入之二

图 2-440　文字大小调整之一

图 2-441　文字大小调整之二　　　　　　　　图 2-442　删除不需要的行

表格横向的文字输入。单击两次，黄色的粗线框变成灰色虚线状态，当上面的对话框变成了"文字格式"时，开始输入文字，当第一栏输入完成之后，按 Tab 键，光标向水平方向紧邻的表格移动，完成文字输入。在文字输入的过程中，遇到相同的文字，用复制命令，按 Ctrl+C 组合键；在下一个空格，相同文字用粘贴命令，按 Ctrl+V 组合键，进行复制粘贴，如图 2-443 所示。最后完成所有的文字输入，结果如图 2-444 所示。

图 2-443　表格中水平文字的输入　　　　　　图 2-444　表格中文字输入完成

单击表格，表格呈虚线状态。单击图形中正方形的蓝色方块，当方块变成红色时，拖动鼠标，当"栏"的宽度缩小到适当宽度时停止拖动。经过逐个调整，结果如图 2-445 所示。

单击栏内的文字，单击"表格"对话框中的"对齐" 按钮右边的下拉三角箭头，单击"正中"选项，将栏内文字正中对齐。依照此法，逐个将没有正中对齐的栏内文字全部对齐，结果如图 2-446 所示。电子文件见"图 2-446.dwg"。

图 2-445　表格栏的宽度调整　　　　　　　　图 2-446　文字对齐

2. 建筑图纸标题栏的表格绘制

【练习 2-80】建筑图纸标题栏表格绘制练习。

① 打开绘制"表格"命令，在修改表格的样式上作修改，对插入表格的列宽、列数进行设置，具体过程和图解如下。

② 打开表格命令，出现"插入表格"对话框，单击"表格样式"右侧的"启动表格样式"按钮 ，单击"表格样式"对话框右侧的"修改"按钮，结果如图 2-447 所示。之后，用户可以在"修改表格样式"对话框中，从"1"至"5"对表格样式进行设置，如图 2-448 所示。在第 4 项的设定中，当不勾选时，标题就不会出现；当方框被勾选，就会有标题栏出现在表格的上端；单击"确定"按钮后，重新回到"插入表格"对话框。

③ 如图 2-449 所示，在"插入表格"的右边，设置列数为 6，列宽 120，数据行数为 5，行高为 8。之后，单击"确定"按钮，光标变成末段带有表格的图标，拖动光标在屏幕的左边，单击一点，表格的框架完成。如图 2-450 所示，在形成的单元格之后，单击选择中间的第三栏部

分，需要合成的单元格线框变成黄色，在框选范围之内出现蓝色的方块节点；再单击表格中"合并单元"按钮 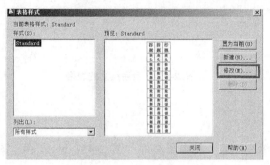，结果如图 2-451 所示，表格上端中间已经有合并的部分了。单击框选表格最下端两行，边框呈黄色亮显状态，边框两端有几个蓝色的方块节点，此时单击"表格"对话框中的"删除行"按钮 ，将多余行列删除，结果如图 2-452 所示。

图 2-447　表格样式的修改

图 2-448　表格样式的设置

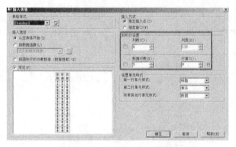

图 2-449　列和行的数据设置

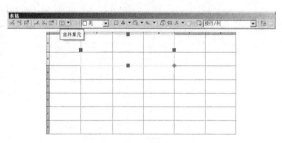

图 2-450　合并单元格

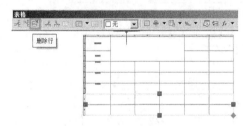

图 2-451　合并行和删除另一行之前

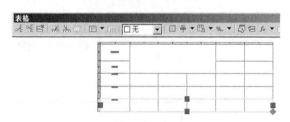

图 2-452　删除行之后

④ 文字输入。如图 2-452 所示，输入的文字都很小，不能正确地放置在空格中。单击"工程制图"文字，出现"文字格式"对话框，"工程制图"文字呈蓝色亮显状态。在对话框中调节字体高度，高度由"6"调整变成"15"，结果如图 2-453 所示。用此方法，逐个调整和修改第一栏中所有的文字高度。同时，将图中的文字逐个完成调整。文字输入过程如图 2-454～图 2-456 所示。

图 2-453　修改字体的大小

工程名称		图　号	
子项名称		比　例	
设计单位	监理单位	设　计	
建设单位	制　图	负责人	
施工单位	审　核	日　期	

图 2-454　第一栏文字高度调整后的效果

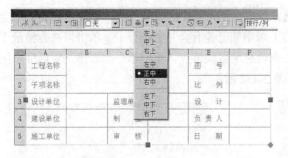

图 2-455　将所有表格框选，选择对正选项的“正中”

工程名称				图 号	
子项名称				比 例	
设计单位		监理单位		设 计	
建设单位		制 图		负 责 人	
施工单位		审 核		日 期	

图 2-456　最后绘制的表格

课后练习

请用两种方法，依照图 2-457 和图 2-458 绘制图表。见电子文件“图 2-457.dwg”和“图 2-458.dwg”

承台明细表

承台编号	mm	mm	mm	配筋		
				①	②	③
CT1	1200	1200	650	Φ14@120	Φ14@120	Φ8@600×600
CT2	1400	1400	650	Φ14@120	Φ14@120	Φ8@600×600
CT3	1400	1200	650	Φ14@120	Φ14@120	Φ8@600×600

图 2-457　绘制表格输入文字

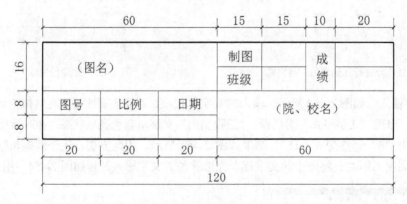

图 2-458　标题栏制作

2.3.4　AutoCAD 部分对象特性管理

1. 面积查询

命令启动方法

方法一：【菜单栏】在 AutoCAD 的经典界面中，单击“命令”>“查询”平滑按钮，展开一

群命令面板，单击其中的"面积"平滑按钮，执行查询面积的命令。如图 2-459 所示，在"查询"展开的群面板命令栏里，有"距离""面积""半径"等选项。

方法二:【命令】输入英文"Measuregeom"，按 Enter 键执行查询命令，在命令提示行选择"Ar（ea）"选项，可以查询面积。

【练习 2-81】面积查询练习。打开电子文件"图 2-460.dwg"，图片注解如图 2-460 和图 2-461 所示。查询面积时，单击命令状态栏下的"对象捕捉"按钮 对象捕捉 ，单击之后，"对象捕捉"按钮呈亮显状态，将光标放在"对象捕捉"上，右键单击；再单击"设置"按钮，打开"草图设置"对话框，设置"端点"捕捉，并勾选"启用对象捕捉"选项，以便查询面积时捕捉图形的顶点。

图 2-459　用"面积"查询命令

```
命令: _MEASUREGEOM                                    //单击"查询"按钮，再单击"面积"按钮
输入选项 [距离(D)/半径(R)/角度(A)/面积(AR)/体积(V)] <距离>: _area
指定第一个角点或 [对象(O)/增加面积(A)/减少面积(S)/退出(X)] <对象(O)>: //单击 A 点
指定下一个点或 [圆弧(A)/长度(L)/放弃(U)]:                        //单击 B 点
指定下一个点或 [圆弧(A)/长度(L)/放弃(U)]:        //启用对象捕捉，单击 C 点，当图形中出现三角形时，面的
                                                感觉才出现了，屏幕界面上的图形有了绿色的区域，如图
                                                2-460 所示
指定下一个点或 [圆弧(A)/长度(L)/放弃(U)/总计(T)] <总计>: //启用对象捕捉，单击 D 点，面积覆盖的
                                                范围就扩大到 D，屏幕界面中的绿色区域
                                                面积扩展成　四边形，如图 2-461 所示
指定下一个点或 [圆弧(A)/长度(L)/放弃(U)/总计(T)] <总计>: //按空格键，结束面积查询
区域 = 46175.4, 周长 = 868.6                      //查询面积结束，得出面积的结果，同时
                                                得出周长的结果
```

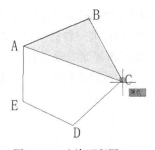

图 2-460　查询面积图一

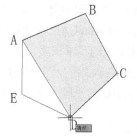

图 2-461　查询面积图二

2. 距离查询

命令启动方法

方法一:【菜单栏】在 AutoCAD 的经典界面中，单击 "命令" > "查询" > "距离"平滑按钮，执行查询距离的命令；

方法二:【命令】输入英文 "MEASUREGEOM"，按 Enter 键执行查询命令，选择 "D"即 Distance 选项，查询距离。

【练习 2-82】距离查询练习。打开电子文件"图 2-463.dwg"，用"命令查询"命令之前，打

开"对象捕捉"按钮 对象捕捉 ，设置"端点"捕捉，勾选"启用对象捕捉"选项，以便查询"距离"时捕捉直线的端点。下面是查询距离的过程，结果如图 2-462～图 2-464 所示。

命令：_MEASUREGEOM   //单击"命令"＞"查询"＞"距离"按钮，执行"查询距离"任务

输入选项 [距离(D)/半径(R)/角度(A)/面积(AR)/体积(V)] <距离>：_distance

指定第一点：>>   //单击直线上的左边的第一个端点 A，如图 2-463 所示

指定第二个点或 [多个点(M)]：   //光标向右下方移动，单击直线上左边第二个端点 B，如图 2-464 所示

距离 = 882.4，XY 平面中的倾角 = 348， 与 XY 平面的夹角 = 0

X 增量 = 862.7， Y 增量 = -185.2，   Z 增量 = 0.0

输入选项 [距离(D)/半径(R)/角度(A)/面积(AR)/体积(V)/退出(X)] <距离>：

                //按空格键，结束查询距离命令，查询到直线 AB 的长度（距离）

图 2-462　单击查询"距离"命令

图 2-463　查询选择第一点 A

图 2-464　查询选择第二点 B

2.4　本 章 小 结

本章是 AutoCAD 教程中重要的一章，是 AutoCAD 绘图的基础。通过本章循序渐进的学习，读者可以熟练地掌握 AutoCAD 绘图命令。AutoCAD 绘图的任何一种命令都可以用三种形式来实现：AutoCAD 菜单栏的菜单扩展点（单）击；AutoCAD 经典界面中命令面板的单击或 AutoCAD 草图与注释界面中菜单式命令面板单击；命令栏的英文命令或快捷键输入。运用各种实际的绘图是熟练掌握 AutoCAD 的手段，是 AutoCAD 绘图的基础。

课后练习

1. 请根据图 2-465 提供的尺寸和图形完成门锁拉手和钥匙孔的图形绘制。电子文件见"图 2-465.dwg"。

解题思路：

具体钥匙孔的方孔大小没有标注尺寸，孔宽为 2 毫米，长度为 12 毫米，水平方向居于圆的中间。工业产品应该不会是那样直角方挺，容易伤手伤人，因此一般都会有圆角，且表面光滑。这里没有画出来，请读者自己安排。

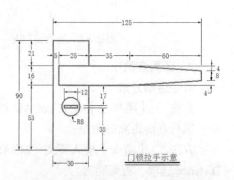

图 2-465　门拉手和钥匙孔的绘制

2. 请根据图 2-466 中的尺寸进行绘图，再用查询工具查询窗户拱形边框的面积；查询长方形窗户中每块玻璃的面积和窗户边框非玻璃部分的面积。电子文件见 "图 2-466.dwg"。

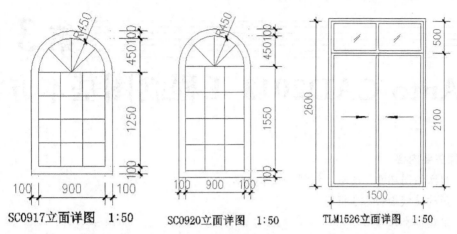

图 2-466　根据以上图形的尺寸绘制图形，并用命令中的查询命令来查询拱形窗的面积

3. 请依据提供的尺寸和要求来绘图 2-467～图 2-469。电子文件见 "图 2-467 ~ 图 2-469.dwg"。

解题思路：

① 如图 2-467 所示，将关门线线宽设置为细实线，大门用矩形命令（Rectangle）绘制，矩形线的宽度为 5；继而将门创建为块，基点为 A 点，取名为 "1200 双开门平面 1"；

② 如图 2-468 所示，关门线为细实线，门最后用多段线命令（PolyLine）绘制，线宽为 10，并创建为块，块的插入基点为 A 点，块命名为 "900 双开门平面 1"；

③ 如图 2-469 所示，推拉门线宽 1，墙线宽 10，用多段线命令（PolyLine）绘制，并创建为块（Block）。创建块时，选择对象不要包括墙体，命名为 "700 推拉门平面 1"，用块的插入命令（Insert）进行插入绘制，基点为 A 点。

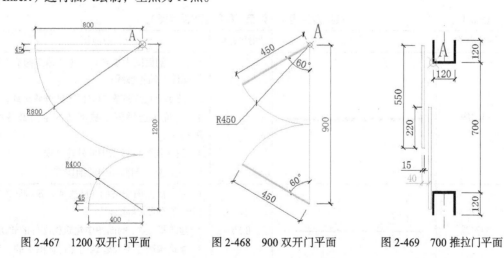

图 2-467　1200 双开门平面　　　图 2-468　900 双开门平面　　　图 2-469　700 推拉门平面

第3章
Auto CAD2013 工程制图基本方法

本章主要内容

- 建立绘图环境，图层、线型、图形界限
- 用构造线绘制基本框架
- 绘制水平投影图
- 绘制主视图和左视图
- 熟悉绘图基本过程

通过本章的学习，读者可熟悉建立制图的环境及基本过程。

3.1 工程制图基本方法

3.1.1 建立绘图环境

1. 创建并设置图层和线型

表 3-1　　　　　　　　　　图线及其应用（建筑工程与室内设计类）

图线名称	线型	图线宽度	一般应用举例
粗实线	————	b	1. 平、剖面图中被剖切的主要建筑构造（包括构配件）的轮廓线； 2. 建筑立面图或室内立面图的外轮廓线； 3. 建筑构造详图中被剖切的主要部分的轮廓线； 4. 建筑构配件详图中的外轮廓线； 5. 平、立、剖面图中的剖切符号
中实线	————	0.5b	1. 平、剖面图中被剖切的次要建筑构图（包括构配件）的轮廓线； 2. 建筑平、立、剖面图中建筑构配件的轮廓线； 3. 建筑构造详图及建筑构配件详图中的一般轮廓线
细实线	————	0.5b	小于 0.5b 的图形线，尺寸线，尺寸界线，图例线，索引符号，标高符号，详图材料做法引出线等

图线名称	线型	图线宽度	一般应用举例
中虚线		0.5b	1. 建筑构造详图及建筑构配件不可见的轮廓线； 2. 平面图中的起重机（吊车）轮廓线； 3. 拟扩建的建筑物轮廓线
细虚线		0.25b	图例线、小于 0.5b 的不可见轮廓线
粗单点长划线		b	起重机（吊车）轨道（线）
细单点长划线		0.25b	中心线、对称线、定位轴（线）
折断线		0.25b	不需要画全的断开界线
波浪线		0.25b	不需要画全的断开界线 构造层次的断开界线

注：地平线的线宽可用 1.4b。

在绘图之前，根据不同工程类型，图形的线型、线宽特点，分别给线命名。如果是室内设计的图，就要设置"墙""窗""门""设备""铺装""文字""标注""轴线""粗实线""中实线""细实线""中虚线""细虚线""折断线"等图层，并设置对应的不同颜色。线宽的粗细有比例，不同线型对应不同的图形意义，具体参照表 3-1。

创建设置的图层，如图 3-1 所示，如果是机械制图，线型、图层、对应的形状要体现"粗实线""细实线""细虚线""细点划线""粗点划线""细双点划线""波浪线""双折线""文字""标注"等图层类型。每一类线型，可能都有粗、中、细的线宽组。机械制图对应的线型、线宽和意义等，如表 3-2 所示。

表 3-2　　　　　　　　　　图线及其应用（机械工程设计类）

图线名称	线型	图线宽度	一般应用举例
粗实线		b	可见轮廓线
细实线		0.5b	尺寸线和尺寸界线、剖面线、重合断面的轮廓线
细虚线		0.5b	轴线、对称中心线
细点划线		0.5b	有特殊要求的线或表面的表示线
粗点划线		b	相邻辅助零件的轮廓线、极限位置的轮廓线、轨迹线
细双点划线		0.5b	断裂处的边界线、视图和剖视图的分界线
波浪线		0.5b	断裂处的边界线、视图和剖视图的分界线
双折线		0.5b	断裂处的边界线、视图和剖视图的分界线

建筑工程、室内设计等，线宽分为粗、中、细三种；机械工程设计类，线宽分为粗和细两种。若线宽粗线为 b，细线则为 b/2，线宽有一个尺寸比例组：0.13mm、0.18mm、0.25mm、0.35mm、0.5mm、0.7mm、1mm、1.4mm、2mm。在同一幅制图中，同类图线的宽度要一致。

2. 设置绘图界限

在 AutoCAD 的制图中，单击 AutoCAD 工作界面中的"格式"菜单栏，设置绘图的单位之后，在工作界面中能够绘制非常巨大的空间，且都是采用真实的长度进行绘制的。绘图过程中根据绘制图形的大小，设定 AutoCAD 的工作界面，方便绘图，随时保持一定的大小和绘图的可操作性。绘图的大小以 A0、A1、A2、A3、A4 几个尺度的标准，按照图形的比例进行设置，绘图的参照如表 3-3 和图 3-2 所示。

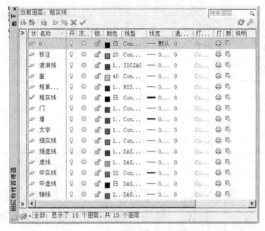

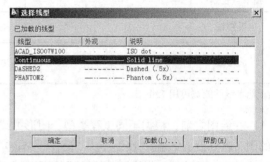

图 3-1 创建设置图层、线型和线宽　　　　　　图 3-2 设置不同线型

表 3-3　　　　　　　　　　　　　　　幅面及图框尺寸

尺寸代号　　　　　幅面代号	A0	A1	A2	A3	A4
b × l/mm	841 × 1189	594 × 841	420 × 594	297 × 420	210 × 297
C/mm	10			5	
A/mm	25				

绘图界限依据幅面和图框尺寸大小的长与宽来设定 AutoCAD 工作界面的界限，幅面样式如图 3-3 所示。绘图界限大小往往都是以幅面大小一定的倍数来设计的，常常是以上表格中的整数倍，如以 10 倍、100 倍、1000 倍、10000 倍等来设定 AutoCAD 的工作界面。

图形界限命令启动方法

方法一：【菜单】单击"格式" > "图形界限"，启动图形界限命令；

方法二：【命令】输入文字"Limits"，按空格键或者 Enter 键执行图形界限命令。

【练习 3-1】设定图形界限。

命令：'_limits　　　　　　　　　　　　//输入 limits，按空格键，执行"图形界限"命令

重新设置模型空间界限：

指定左下角点或 [开(ON)/关(OFF)] <0,0>：　　//按空格键，默认左下角的数据

指定右上角点 <420,297>：42000,29700

　// X 输入为 42000，Y 输入为 29700，按空格键执行，图形界限命令完成

设定图形界限之前，单击 AutoCAD 经典界面中的"格式"下拉菜单，展开"单位"菜单，继续单击"图形单位"并展开对话框，在对话框中设定精度为"0"、单位为"毫米"，单击"确定"按钮，就设置了"图形界限"的数据，如图 3-4 所示。

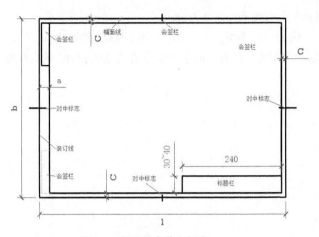

图 3-3　幅面的名称和长度

图 3-4　图形的单位和精度设置

3. 建立绘图的基本框架

在 AutoCAD 制图过程中，首先要完成水平投影图，即平面图；再以平面图为基础，完成正立面图、侧立面图。运用和遵守"长对正、高平齐、宽相等"的制图原理，用水平投射、垂直投射，角度为 45°的折射，形成三视图。下面以绘制一只板凳的水平投影图、主视图、左视图三视图为例来讲解绘图的方法和步骤。

【练习 3-2】板凳水平投影图绘制前格式设置。电子文件见"图 3-5.dwg"。

将"轴线"图层置为当前，用直线命令（Line）绘制封闭图形 ABCD，建立基本的水平投影框架，如图 3-4 所示。绘图前，单击 "格式"下拉菜单的"单位"，精度为"0.0"。

【练习 3-3】用直线 Line 命令绘制矩形框架，如图 3-5 所示。

命令：_line　　　　　　　　　//键盘输入"l"，按空格键

指定第一个点：<栅格 关>

//按 F7 关掉栅格模式，按 F8 打开正交模式，在屏幕上单击一点 A，作为第一点

指定下一点或 [放弃(U)]：360　　　//光标向右，输入 360，按空格键，直线在 A 点正右方行进到 B 点

指定下一点或 [放弃(U)]：255　　　//光标向下，输入 255，按空格键，直线在 B 点正下方行进到 C 点

指定下一点或 [闭合(C)/放弃(U)]：360

//光标向左，输入 360，按空格键，直线在 C 点左方行进到 D 点

指定下一点或 [闭合(C)/放弃(U)]：c

//输入 c，按空格键，闭合封闭直线，形成矩形 ABCD，结果如图 3-5 所示。

【练习 3-4】用偏移 Offset 命令绘制矩形框架，如图 3-6 所示。

命令：o OFFSET　　　　　　　//键盘输入"o"，按空格键，执行"偏移"命令

当前设置：删除源=否　图层=源　OFFSETGAPTYPE=0

指定偏移距离或 [用(T)/删除(E)/图层(L)] <用>：12.5　　　//输入 12.5，按空格键，确认偏移的距离

选择要偏移的对象，或 [退出(E)/放弃(U)] <退出>：

　　　　　　　　　　//单击直线 AB,作为要偏移的对象，光标变成空心小方块

指定要偏移的那一侧上的点，或 [退出(E)/多个(M)/放弃(U)] <退出>：

　　　　　　　　/在直线 AB 下端任意单击一点，偏移的直线形成，与直线 AB 的距离为12.5

选择要偏移的对象，或 [退出(E)/放弃(U)] <退出>：

　　　　　　　　　　//单击直线 CD,作为要偏移的对象，光标变成空心小方块

选择要偏移的对象，或 [退出(E)/放弃(U)] <退出>：

//在直线 CD 上端任意单击一点，偏移的直线形成，与直线 CD 的距离为 12.5

选择要偏移的对象，或 [退出(E)/放弃(U)] <退出>：*取消*　　　//按 Esc 键，撤销当前命令操作

用同样的方法，使用偏移命令，此次偏移的距离为 10，偏移产生垂直线 AD 和 BC 的内框线，结果如图 3-6 所示。

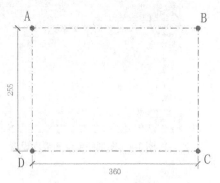
图 3-5　水平投影的矩形框架

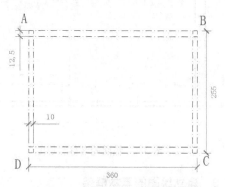
图 3-6　偏移形成的内框边缘线

继续使用偏移命令（Offset）绘制板凳底座支撑结构，结果如图 3-7 所示。

命令：O　　　　　　　　　　　　　　　　　　　　　//键盘输入字母"o"，按空格键，执行偏移命令
OFFSET

当前设置：删除源=否　图层=源　OFFSETGAPTYPE=0

指定偏移距离或 [用(T)/删除(E)/图层(L)] <10.0>：25　　//输入 25，按空格键确认偏移的距离

选择要偏移的对象，或 [退出(E)/放弃(U)] <退出>：

　　　　　//单击直线 AB 下面的第一条水平直线，作为被偏移的直线，此时光标变成空心小方块

指定要偏移的那一侧上的点，或 [退出(E)/多个(M)/放弃(U)] <退出>：

　　　　　//在直线 AB 下面第一条水平直线下面单击一下，形成一条偏移的直线

　　　　　//上面偏移命令之后，作为偏移基础，经过上下，左右四次偏移之后的结果，如图 3-8 所示。

选择要偏移的对象，或 [退出(E)/放弃(U)] <退出>：*取消*　　//按 Esc 键，撤销当前命令操作

【练习 3-5】用矩形（Rectangle）命令绘制矩形凳腿横截面，如图 3-8 所示。

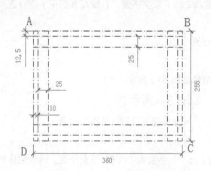
图 3-7　偏移形成板凳底座支撑结构图

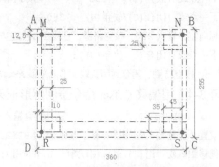
图 3-8　矩形命令绘制四条腿的水平投影位置

命令：REC RECTANG　　　　　　//按 Esc 键两次，键盘输入"rec"，按空格键执行矩形绘图命令

指定第一个角点或 [倒角(C)/标高(E)/圆角(F)/厚度(T)/宽度(W)]：>>

正在恢复执行 RECTANG 命令。

指定第一个角点或 [倒角(C)/标高(E)/圆角(F)/厚度(T)/宽度(W)]：

　　　　　//按 F9 键，打开对象捕捉，设置"交点"捕捉方式，单击 M 点作为第一角点

指定另一个角点或 [面积(A)/尺寸(D)/旋转(R)]: d　　　　　　　　　//输入"d"，按空格键

指定矩形的长度 <10.0>: 45　　　//输入矩形的长度 45，按空格键，确认数据的输入

指定矩形的宽度 <10.0>: 35　　　//输入矩形的宽度 35，按空格键

指定另一个角点或 [面积(A)/尺寸(D)/旋转(R)]:　　//在 M 点右下角单击一下，确定另一个角点的方向

　　　　　　　　　　　　　　　　　　　　　　//运用以上方法，分别画出其他的三个矩形，结果如图 3-8
　　　　　　　　　　　　　　　　　　　　　　所示

【练习 3-6】重新修改和指定边缘线的"图层"和"线型"。将板凳最外面边缘线的线型指定为粗实线、里面的线型指定为虚线，如图 3-9 所示。用修剪命令（Trim）对所绘制的基本投影图进行修剪，形成板凳的水平投影图；用圆角命令（Fillet）对板凳的四个直角进行圆角处理，结果如图 3-10 所示。

命令:'_matchprop　　　　　　　//启动"特性匹配"命令前，单击"目的"线型图层，然后再用单击 AutoCAD
　　　　　　　　　　　　　　　经典界面菜单中的"特性匹配"按钮 ，光标变成一个空心方块，再单击需
　　　　　　　　　　　　　　　要指定的直线或图形，直线或图形就变成"目的"图层的直线和图形了，这
　　　　　　　　　　　　　　　样，板凳边缘的轮廓线就变成了中实线，其他的看不见的线为虚线，如图 3-9
　　　　　　　　　　　　　　　所示

当前活动设置: 颜色 图层 线型 线型比例 线宽 透明度 厚度 打印样式 标注 文字 图案填充 多段线 视口 表格

命令: tr TRIM　　　　　　　　　//键盘输入"tr"，按 Enter 键，执行"修剪"命令

当前设置:投影=无，边=延伸

选择剪切边...　　　　　　　　　//光标框选所有图形，按空格键

或 <全部选择>: 找到 1 个

选择对象: 找到 1 个，总计 2 个

选择对象: 找到 1 个，总计 4 个

选择对象:

选择要修剪的对象，或按住 Shift 键选择要延伸的对象，或

[栏选(F)/窗交(C)/投影(P)/边(E)/删除(R)/放弃(U)]:　//单击不需要的直线，单击那段，那段被修剪掉

选择要修剪的对象，或按住 Shift 键选择要延伸的对象，或

[栏选(F)/窗交(C)/投影(P)/边(E)/删除(R)/放弃(U)]:

//单击不需要的直线，单击那段，那段被修剪掉，最后修剪按照图形最终的样子方向进行，最后形成的图形如图 3-8
所示，修剪的过程省略

选择要修剪的对象，或按住 Shift 键选择要延伸的对象，或

[栏选(F)/窗交(C)/投影(P)/边(E)/删除(R)/放弃(U)]: *取消*　　//按 Esc 键，撤销当前操作

命令: Fillet　　　　　　　　　　　　　//输入"Fillet"，按空格键，执行圆角命令

当前设置: 模式 = 修剪，半径 = 0.0

选择第一个对象或 [放弃(U)/多段线(P)/半径(R)/修剪(T)/多个(M)]: r

　　　　　　　　　　　　　　　　　　　//输入 r，选择半径选项，按空格键确定选项

指定圆角半径 <0.0>: 4　　　　　　　　　//输入 4，按空格键执行

选择第一个对象或 [放弃(U)/多段线(P)/半径(R)/修剪(T)/多个(M)]:　　//单击直线 AB 的右端

选择第二个对象或 [放弃(U)/多段线(P)/半径(R)/修剪(T)/多个(M)]:

//单击直线 BC 的上端，于是直线 AB 和 BC 所形成的直角变成半径为 4 的圆弧，结果如图 3-10 所示，同样的方法将矩形 ABCD 四个角都变成半径为 4 的圆角，其他过程省略

4. 用水平和垂直投射法建构立面的投影

在 AutoCAD 的制图过程中，首先要完成的是水平投影图，即平面图（俯视图），然后在平面图基础上完成主视图和左视图。

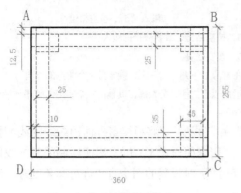

图 3-9　线型的指定和修改

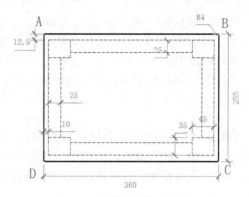

图 3-10　板凳的修剪和圆角

要完成的绘图过程为：

（1）绘制板凳俯视图的横向投射线和垂直投射线。

（2）绘制折射法线和折射线。

具体在【练习 3-7】和【练习 3-8】中。

【练习 3-7】用造构线 Xline 命令绘制板凳三视图的水平与垂直投射线。将"轴线"图层，"置为当前"，用构造线（Xline）命令按照水平投影原理画水平和垂直的构造线，投射出水平和垂直的基本轮廓，结果如图 3-11 所示。

命令：XLINE　　　　　//输入字母 xl，按空格键，执行构造线命令

指定点或 [水平(H)/垂直(V)/角度(A)/二等分(B)/偏移(O)]：h

　　　　　　　　　　　//输入 h，按空格键确认，选择"水平"选项

指定用点：<打开对象捕捉> //设置"交点"捕捉和"最近点"捕捉方式，从直线 AB 到直线 CD 的水平线之间依次捕捉交点（遇"交点"符号就单击捕捉），最后得到如图 3-10 所示矩形右边的水平投影。

命令：xl XLINE　　　　//按 Enter 键，或者按空格键，系统将继续构造线命令

指定点或 [水平(H)/垂直(V)/角度(A)/二等分(B)/偏移(O)]：v　　//输入 v，按空格键确认"垂直"选项

指定用点：>>

正在恢复执行 XLINE 命令。

指定用点：　　　　　　//从直线 AD 到直线 BC 的垂直线之间，依次单击各个交点，画出纵向构造线，结果如图 3-11 所示矩形的上端部分

【练习 3-8】用构造线 Xline 命令绘制法线和折射线。打开"图层特性管理器"对话框，将"轴线"图层置为当前，用直线命令（Line）画一条水平直线 EF 和垂直直线 GH，如图 3-10 所示矩形的上边和右边。启用构造线（Xline）命令，绘制构造线，选择角度（A）选项，输入角度为 135°，画一条斜线，这条斜线就是法线；启用构造线（Xline）命令，在 AutoCAD 提示下，选择垂直选项（V），设置"交点"捕捉方式，从左向右、从上向下单击捕捉"交点"，画出垂直的构造线，结果如图 3-11 右边投射出的垂直线。

命令：_line　　　　　 //输入字母"l"，按空格键，执行直线命令

指定第一个点：　　　　//单击第一点的位置为点 E，如图 3-11 所示

指定下一点或 [放弃(U)]：<正交 开>

　　　　　　　　　　　//按 F8 键，打开正交模式，看 AutoCAD 的提示，出现"<正交 开>"，表示正交模式已经打开，可以保证绝对垂直和水平画直线了

指定下一点或 [放弃(U)]：//鼠标水平向右移动，当鼠标跨越直线 BC 的投射垂线右边以外之后，单击一点，此点为 F，结果如图 3-11 所示

用直线命令还在矩形 ABCD 的右侧画一条纵向的垂直的直线 GH，如图 3-11 所示，过程省略。

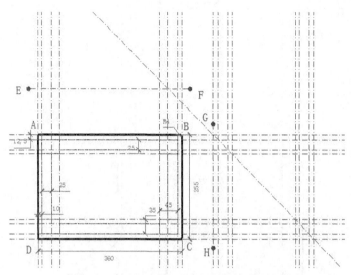

图 3-11 水平和垂直投射线绘制及法线的绘制

命令：xl XLINE   //输入"xl"，按 Enter 键，执行构造线命令

指定点或 [水平(H)/垂直(V)/角度(A)/二等分(B)/偏移(O)]：a   //输入 a，选择角度，按空格键确认

 输入构造线的角度 (0) 或 [参照(R)]：135   //输入数值 135，按空格键

指定用点：   //单击直线 AB 的延长线和直线 GH 的交点，绘制成 135 度的斜线，即法线

指定用点：   //按空格键两次，系统重新回到画构造线命令上来

命令：xl XLINE

指定点或 [水平(H)/垂直(V)/角度(A)/二等分(B)/偏移(O)]：v   //输入字母 v，按空格键

指定用点：

//保证"交点"捕捉情况下，围绕刚才画的 135 度的构造线，即法线与板凳水平投影折射出的水平构造线产生了很多交点；用垂直的构造线，用法线的交点，依次单击，形成了与板凳的水平投射线对应，经过交点的垂直构造线组，最后形成的图形如 3-11 右边所示的图形

指定用点：   //其他的绘制过程不再叙述，过程省略

3.1.2 布局主视图和左视图

【练习 3-9】用偏移命令绘制板凳主视图框架。

（1）绘制板凳。用偏移（Offset）命令，将直线 EF 向上偏移，距离为 437，形成主视图的上限位置直线 JK，结果和尺寸如图 3-12 所示上端左边。

（2）绘制板凳主视图的所有水平直线。用偏移命令，绘制板凳的座面线、板凳的稳固支架木的线，具体的尺寸如图 3-13 所示。

（3）绘制主视图和左视图，步骤如下。

① 绘图原理。根据"长对正、高平齐、宽相等"的原则进行直线的投射绘制。[①]

② 布局。俯视图放在下面，最先画；主视图放在俯视图的正上方；左视图与主视图平齐，放

---

① 绘图原理：长对正，即主视图与俯视图在垂直方向的长度对正；高平齐，即主视图与左视图在水平方向的长度对正并平齐；宽相等，即通过斜线（法线）沿 135° 折射之后形成的宽度尺寸相等的原则。

在主视图的右边，这样形成基本布局。

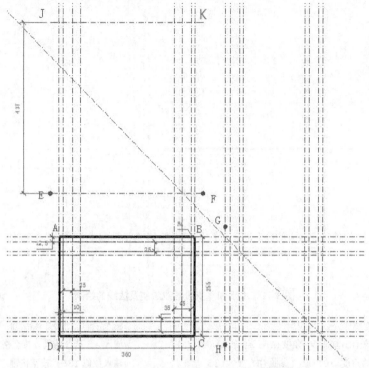

图 3-12 "偏移"形成板凳主视图和其上限直线 JK

③ 用"延伸"（Extend）命令，将偏移形成的板凳主视图上面的水平直线向右一直延伸到从俯视图经过法线折射到最右上边位置的直线为止，用绘制形成基本轮廓。用"延伸"命令绘图，完成左视图板凳起稳定支撑作用的"撑子"的基本轮廓，结果如图 3-14 和图 3-15所示。

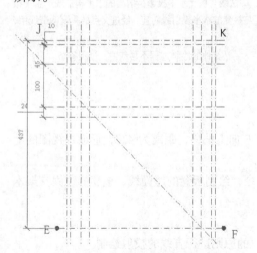

图 3-13 "偏移"形成主视图的水平直线

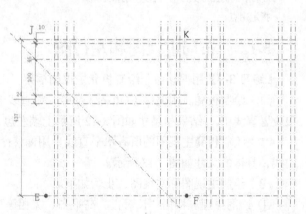

图 3-14 延伸，将主视图中的水平直线向左视图延伸

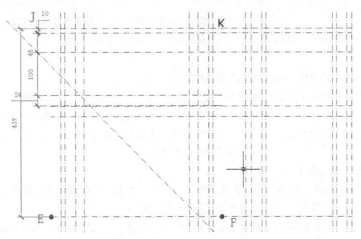

图 3-15　用延伸命令，依据左视图的实际需要进行延伸

④ 用"修剪"（Trim）命令将黑色虚线以上的部分修剪掉，修剪选项选用"栏选"F 选项，"栏选"修剪会更加便捷，如图 3-16 和图 3-17 所示。

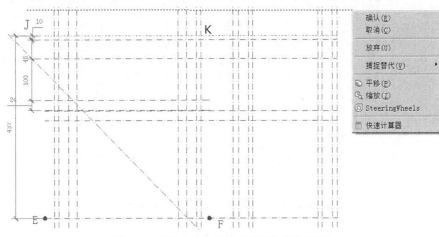

图 3-16　用修剪命令的栏选修剪选项修剪图形

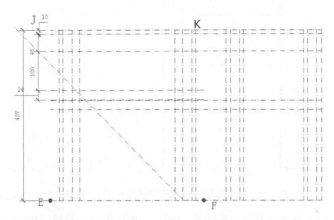

图 3-17　修剪用"栏选"项目形成的结果

命令：TR TRIM　　　　　　　　　　　//输入"tr"，按空格键，执行修剪命令

当前设置:投影=无，边=延伸

选择剪切边…   //单击直线 JK 作为剪切边，直线变成亮显的虚线，如图 3-16 所示

选择对象或 <全部选择>：找到 1 个   //单击直线 JK，并按空格键确认选择

选择对象：

选择要修剪的对象，或按住 Shift 键选择要延伸的对象，或

[栏选(F)/窗交(C)/投影(P)/边(E)/删除(R)/放弃(U)]：f   //输入"f"，按空格键执行

指定第一个栏选点：   //在图 3-16 的上端的左边单击一点，作为第一个栏选点

指定下一个栏选点或 [放弃(U)]：   //光标在 JK 直线上端向右移动，不断单击，直到单击到最右边一点，作为下一个栏选点

指定下一个栏选点或 [放弃(U)]：

//单击到最后一个栏选点，再右键单击，弹出"确定"对话栏，单击，完成修剪，最后如图 3-17 所示

选择要修剪的对象，或按住 Shift 键选择要延伸的对象，或

[栏选(F)/窗交(C)/投影(P)/边(E)/删除(R)/放弃(U)]：*取消*   //按 Esc 键，取消当前操作命令

⑤ 用修剪（Trim）命令，将主视图和左视图两图分开；用删除命令（Erase），删除不必要的基本轮廓，形成的主视图和左视图的主体框架，结果如图 3-18 和图 3-19 所示。

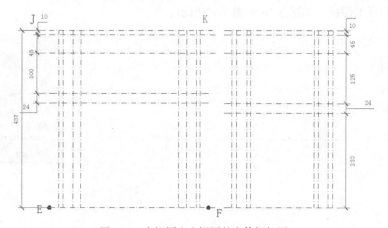

图 3-18 主视图和左视图的主体框架图

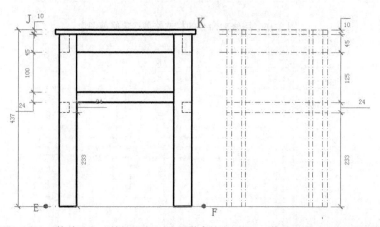

图 3-19 "修剪"和"特性匹配"整理形成的主视图；"修剪"形成左视图框架

⑥ 用修剪（Trim）命令和删除（Erase）命令，将主视图和左视图框架向着板凳制图完成图的方向整理；同时单击直线，用"特性匹配"命令，分别指定为"粗实线"和"虚线"的线型图层，将相同类型的线型调整并修改，可见的轮廓线为实线，看不见的轮廓线为虚线，形成粗细、

虚实对比清晰的主视图和左视图轮廓框架，最后的结果图 3-20 所示。

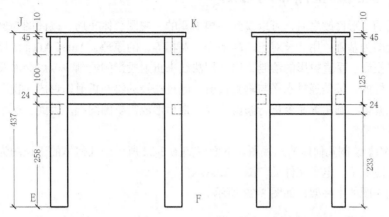

图 3-20　用"修剪"和"特性匹配"整理，将板凳的主视图和左视图图线分类

3.2　制图的基本过程

3.2.1　制图的整体布局

经过一系列的修改之后，可以看到一幅板凳的三视图制图，包括了俯视图、主视图和左视图等，其总体布局如图 3-21 所示。

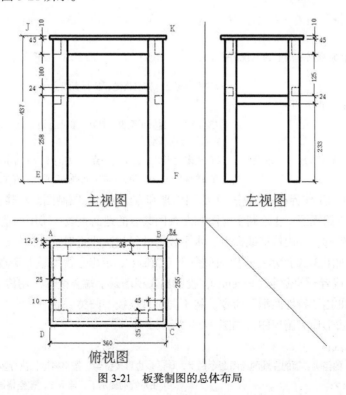

主视图　　　　左视图

俯视图

图 3-21　板凳制图的总体布局

3.2.2　制图的整体布局方法

经过系列的图形修改之后，可以看到一幅板凳的三视图总体布局。以此图为例，可以看到制图首先以俯视图为基础，用"长对正、高平齐、宽相等"的原理，AutoCAD 绘图常用"构造线"命令进行水平投影、垂直投影的绘制，以及用法线来折射投影的绘制。今后会涉及更多的制图，基本原理是一样的，都是经过水平与垂直投射，经过法线的绘制折射，形成三视图的基本框架，再经过偏移、修剪、圆角等命令进行修剪修改，最后形成需要的图纸。因此，这个制图在方法上要加强练习以致熟练。

【练习 3-10】绘制几何体的三视图。下面以如图 3-22 所示的几何体的三视图为例进行分析和讲解，绘制方法如下。电子文件见"图 3-22.dwg"。

（1）绘制制图的十字架，如图 3-23 所示。

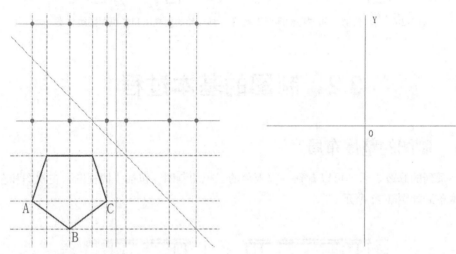

图 3-22　建立在俯视图基础上的三视图基本形　　　　图 3-23　制图的总体布局

命令：_line　　　　　　　　　　　　　　//输入字母 l，按空格键，执行直线命令

指定第一个点：<正交 开>

　　　　　　　　　　　　　　　　　　　　//按 F8 键，保证正交模式打开，在正五边形的左上角，单击一点，光标向右水平方向移动

指定下一点或 [放弃(U)]：*取消*　　　　　//在正多边形的右边单击一点，如图 3-23 所示的水平直线

　　　　　　　　　　　　　　　　　　　　//同样的方法，在正五边形的右边画一条垂直的直线，结果如图 3-23 所示

在 AutoCAD 的工作界面中，用这个绘图原理和方法进行绘图制图。步骤：①绘制基本框架，"十字架"；②绘制俯视图；③绘制主视图和左视图共有的地面直线；④用构造线（Xline）垂直投射主视图的对应轮廓；⑤用构造线命令，水平投射并经过法线折射垂直投射出侧视图中的关键点和对应的直线，如图 3-22 所示；⑥用偏移命令（Offset），定出主视图最上端直线的位置，用构造线命令（Xline）或者延伸命令（Extend），投射出左视图最上端直线；⑦用修剪命令（Trim），对图形进行修剪；⑧用"特性匹配"命令，将不同的直线线型归类。

（2）绘制五边形作为俯视图，如图 3-24 所示。

命令：_polygon

//在 AutoCAD 的经典界面的左端的绘图命令栏上，单击多边形按钮⬠，按空格键，执行多边形命令

输入侧面数 <4>：　　　　　　　　　　　　//在系统的提示下，输入 5，按空格键，准备画正五边形

指定正多边形的中心点或 [边(E)]:　　　　　//在屏幕上单击一点，指定正多边形的中心点

输入选项 [内接于圆(I)/外切于圆(C)] <I>: I　　//输入 I，按空格键，确认内接于圆的选择

指定圆的半径:　　　　　　　　　　　//光标在屏幕上拖动，紧紧围绕一个多边形的中心点进行，保证正交模式下，正多边形的上面一条边与桌面平行，在屏幕上单击一点，指定圆的半径，此时正多边形画成，结果如图 3-24 所示。

命令: *取消*　　　　　//按 Esc 键，撤销当前操作

（3）绘制主视图和左视图共有的地面直线——基线，如图 3-25 所示 。

命令: l　LINE　　　　　//输入字母 "l"，按空格键

指定第一个点:　　　　　//如图 3-25 所示，在 "十字架" 水平直线的上端，左边单击一点，作为第一个点

指定下一点或 [放弃(U)]: <正交 开>　　//按 F8 键保证正交模式打开，光标水平向右经过垂直线靠近右边一端，单击一点，作为指定的下一点

指定下一点或 [放弃(U)]:　　　　　//按空格键，结束当前直线绘图操作

命令: *取消*　　　　　　　　　　//按 Esc 键，撤销当前操作

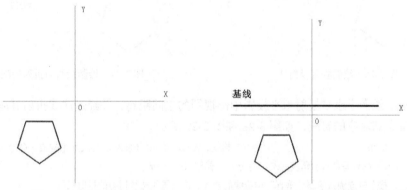

图 3-24　绘制正五边形　　　　　　图 3-25　绘制正视图和左视图的基线

（4）用构造线（Xline）垂直投射主视图的对应轮廓，如图 3-26 和图 3-27 所示。

命令: xl　XLINE　　　　　　　//输入字母 "xl"，按空格键，执行构造线命令

指定点或 [水平(H)/垂直(V)/角度(A)/二等分(B)/偏移(O)]: v

　　　　　　　　　　　　　　　//输入 "v"，按空格键

指定用点:　　　　　　　　　　//设置 "交点" "端点" 捕捉模式，这样从正五边形的最左端开始选择 "交点"，作为用点，在端点方块空心标识出来时，单击

指定用点:　　　　　　　　　　//在正多边形的左边的第二点上单击，作为指定的用点，单击

//依照此法，用构造线从左向右，选择正多边形的 "端点"（交点），绘制垂直投射线，结果如图 3-26 所示

指定用点: *取消*　　　　　//按 Esc 键，撤销当前操作

命令: xl XLINE　　　　　　　//输入字母 "xl"，按空格键，执行构造线命令

指定点或 [水平(H)/垂直(V)/角度(A)/二等分(B)/偏移(O)]: a

//输入 "a"，按空格键确认绘制 "角度" 构造线的选择

输入构造线的角度 (0) 或 [参照(R)]: 135　　//输入角度 135，按空格键

指定用点:　　　　　　　　　//启用交点捕捉，单击橙色 "十字架 "的交点，作为用点，用来投射折射的法线画成

指定用点:　　　　　　　　　//按空格键，结束当前构造线操作，结果如图 3-26 所示

命令: *取消*　　　　　//按 Esc 键，撤销当前操作

命令: xl XLINE　　　　　　　//输入字母 "xl"，按空格键，执行构造线命令

指定点或 [水平(H)/垂直(V)/角度(A)/二等分(B)/偏移(O)]: h

//输入 "h"，按空格键，确认绘制 "水平" 构造线的选择

指定用点：　　　　　　　　　　//单击正多边形的最上端的"交点"，作为指定用点，画第一条水平投射线
　　　　　　　　　　　　　　　//同样的方法，从上至下单击，画出另外两条水平投射线，结果如图 3-27 所示
命令：*取消*　　　　　　　　　//按 Esc 键，撤销当前操作

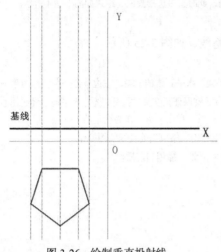

图 3-26　绘制垂直投射线　　　　　　　　　　图 3-27　绘制投射与折射的法线

（5）用构造线命令水平投射水平投影中侧视图的空间距离，并经过法线折射并垂直投射出侧视图中的关键点和对应的直线，如图 3-28 和图 3-29 所示。

命令：xl XLINE　　　　　　　　　//按空格键，AutoCAD 系统将自动再次开始构造线命令
指定点或 [水平(H)/垂直(V)/角度(A)/二等分(B)/偏移(O)]：v
//输入"v"，按空格键确认绘制"垂直"构造线的选择，准备画用法线折射的投射线
指定用点：　　　　　　　　　　//单击正多边形的水平投射过来的水平线与法线相交的从上至下的第一
　　　　　　　　　　　　　　　个点，作为指定的用点，画第一条垂直投射线，如图 3-28 所示
//同样的方法，画出与正多边形水平线对应的投射线，结果如图 3-28 所示
命令：*取消*　　　　　　　　　//按 Esc 键，撤销当前操作

用同样的方法，再次使用构造线命令，经过水平投射线与法线的交点，选择并通过垂直投射，画出侧视图宽度上对应的直线，如图 3-29 中所示的折射线。

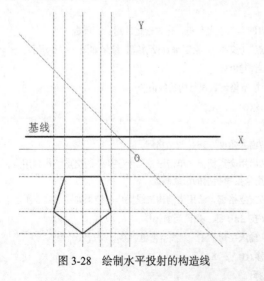

图 3-28　绘制水平投射的构造线　　　　　　　图 3-29　用法线绘制折射线

（6）用偏移命令（Offset），定出主视图最上端直线的位置，用构造线命令（Xline）或者延伸命令（Extend），投射出左视图最上端直线，如图 3-30 所示。

命令：o OFFSET　　　　　　　　　　　　//输入字母"o"，按空格键，执行操作

当前设置：删除源=否　图层=源　OFFSETGAPTYPE=0

指定偏移距离或 [用(T)/删除(E)/图层(L)] <2.0>：　　//输入偏移的距离 4784，按空格键

选择要偏移的对象，或 [退出(E)/放弃(U)] <退出>：　　//单击基线，按空格键确认选择要偏移的对象

指定要偏移的那一侧上的点，或 [退出(E)/多个(M)/放弃(U)] <退出>：

　　//在基线的上端单击一点，偏移产生的直线形成，如图 3-30 所示

选择要偏移的对象，或 [退出(E)/放弃(U)] <退出>：*取消* 按 Esc 键，撤销当前操作

用图形比例因子命令（Ltscale），修改直线的虚线显示情况，如图 3-31 所示。

命令：LTSCALE　　　　　　　　　　　　//输入字母"LTSCAL"，按空格键执行命令

输入新线型比例因子 <15.0000>：30　　//输入 30，按空格键确定输入的比例因子数据

正在重生成模型。　　　　　　　　　　//对比图 3-30 与图 3-31 可以看到线型因子在图形上的变化

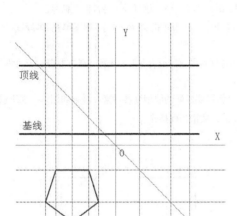

图 3-30　主视图和左视图的顶线偏移

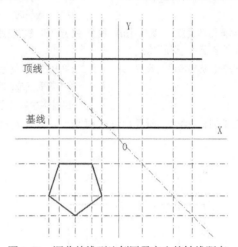

图 3-31　调节的线型比例因子产生的轴线距离

（7）用修剪命令（Trim）对图形进行修剪，过程如图 3-32 和图 3-33 所示。

命令：tr TRIM　　　　　　　　　　　　//输入字母"TR"，按空格键执行操作

当前设置：投影=无，边=延伸

选择剪切边...

选择对象或 <全部选择>：找到 1 个　　//单击基线

选择对象：找到 1 个，总计 2 个　　　//单击顶端线

选择对象：找到 1 个，总计 3 个　　　//单击顶线最左边的垂直的构造线

选择对象：找到 1 个，总计 4 个

　　　　　　　　　　　　　　　　//单击顶端线最右边的垂直的构造线，按空格键，确认被选择的剪切边

选择对象：　　　　　　　　　　　//单击这四条直线以外部分的各构造线，即需要被剪切的部分

选择要修剪的对象，或按住 Shift 键选择要延伸的对象，或

[栏选(F)/窗交(C)/投影(P)/边(E)/删除(R)/放弃(U)]：

　　//单击被修剪部分，过程省略，当要修剪部分被单击之后，就被切断，消失了，如图 3-32 所示。再经过修剪，将主视图和左视图完全分开。如图 3-33 所示。

（8）用"特性匹配"命令，将不同的直线线型归类，如图 3-34 所示；修改完善的结果如图 3-35 所示。

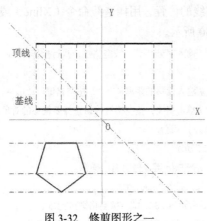

图 3-32　修剪图形之一

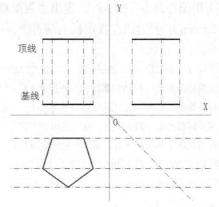

图 3-33　修剪图形之二

命令：'_matchpro　　　　　　　　//单击"特性匹配"命令之前，首先单击"源"线型，再单击 AutoCAD 经典
界面上端栏的"特性匹配"面板，就打开了特性匹配命令。

当前活动设置：颜色 图层 线型 线型比例 线宽 透明度 厚度 打印样式 标注 文字 图案填充 多段线 视口 表
格材质 阴影显示 多重引线

选择目标对象或 [设置(S)]：　　　//单击需要调整为源对象线型的直线或者图形，光标变成方框带刷子的图形，
单击需要变成的图形
//经过多次单击之后，将需要匹配的线型变换过来，结果如图 3-35 所示。

选择目标对象或 [设置(S)]：*取消*　　//按 Esc 键，撤销当前操作

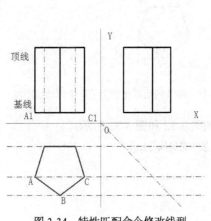

图 3-34　特性匹配命令修改线型

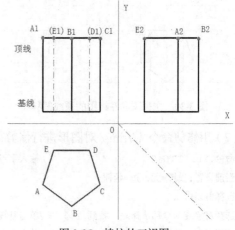

图 3-35　棱柱的三视图

注意与提示

① 用删除（Erase）命令将多余的直线删除，结果如图 3-35 所示，其中括号表示的如（E1）、
（D1）实际上是不可见的点，虚线表示的实际是不可见的线性轮廓。

② 如图 3-35 所示，俯视图、主视图和左视图的绘图，首先是布局，布局就是先画这个布局
的"十字架"；其次开始画平面图，用构造线命令绘制法线，进行水平的投射和垂直的投射；再次
就是用偏移来进行各种尺度的偏移绘图；最后就是用修剪命令修剪，形成主视图和左视图的主体
框架。无论是建筑设计、室内设计、园林景观设计、产品设计还是机械设计的制图，都是采用这
样一个基本的方法，绘制三视图以及六视图。

③在绘图布局之前，还需要做一些准备工作，这个准备工作：从"格式"菜单上讲，就是图

纸的大小、绘图的单位、精度等；从"图层"菜单上讲，就是设置各种图层，线型、粗细和颜色等增强图形轮廓在视觉上的对比效果。

3.2.3　三视图的尺寸标注

【练习 3-11】给图形标注尺寸。制图完成后，需要对制图进行尺寸标注。在标注尺寸之前，需要在 AutoCAD 的经典界面中，单击"标注"菜单栏的"标注样式"选项并打开，在打开的"标注样式管理器"对话框中，对标注样式的"主单位""文字""符号和箭头""线"等项目进行修改，修改完成后，将修改的样式"置为当前"。启动标注样式，过程如图 3-36～图 3-40 所示。

命令：'_dimstyle　　　//在 AutoCAD 经典界面中，单击"格式"菜单栏，选择"标注样式"进行修改，出现"标注样式管理器"，新建一个样式，或者修改一个样式，对"主单位""符号与箭头""线"等具体对话框中的一些选项数据进行修改，如精度变成"0"、起点偏移量增大、符号和箭头的箭头大小数据更改为增大的数据等等，最后单击"置为当前"选项，按"确定"按钮，选择所进行的"样式标注"的修改。

自动保存到 C:\Users\Administrator\appdata\local\temp\3-21_1_1_8127.sv$ ...

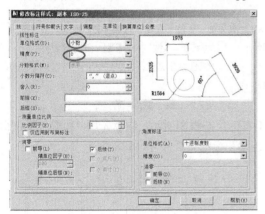

图 3-36　主单位内容的调整与设置

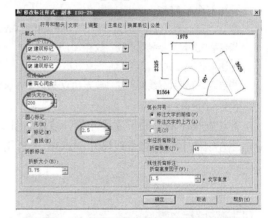

图 3-37　符号和箭头等选项的调整与设置

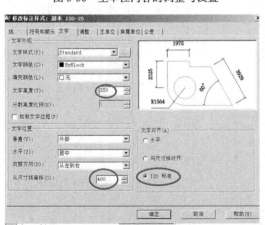

图 3-38　文字选项的调整和设置

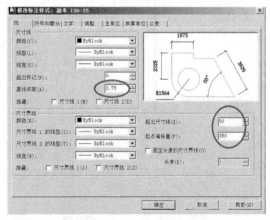

图 3-39　与线有关的调整和设置

标注正视图的上端长度尺寸，如图 3-41 所示。

命令：_dimlinear　　　　　　　　　　//在 AutoCAD 经典界面中单击"标注"菜单栏，选择"线性标注"按钮
指定第一个尺寸界线原点或 <选择对象>：>>
正在恢复执行 DIMLINEAR 命令。

指定第一个尺寸界线原点或 <选择对象>：	//单击图 3-41 图中主视图的基线左边点
指定第二条尺寸界线原点：	//单击图 3-41 图中主视图的顶线左边点
指定尺寸线位置或	
[多行文字(M)/文字(T)/角度(A)/水平(H)/垂直(V)/旋转(R)]：	//线性标注完成，尺寸数据出现
标注文字 = 4784	
	//按 Esc 键，撤销当前命令

其他的尺寸如俯视图上"线型标注"_dimlinear 的长度尺寸"3804"标注过程省略。同样的，启动"对齐标注"命令：_dimaligned，标注的长度距离为"2352"，为正五边形边长尺寸。标注主视图的上端长度尺寸等，结果如图 3-41 中左下角水平投影图所示。

命令：_dimlinear	//再次按空格键，继续执行线性标注命令
指定第一个尺寸界线原点或 <选择对象>：	//单击图 3-41 图主视图顶线左边点 A1
指定第二条尺寸界线原点：	//单击图 3-41 图主视图顶线中间的点
指定尺寸线位置或	
[多行文字(M)/文字(T)/角度(A)/水平(H)/垂直(V)/旋转(R)]：	//线性标注完成，尺寸数据出现
标注文字 = 1902	
命令：_dimcontinue	//单击 AutoCAD 经典界面"标注"菜单下拉展开的"连续"菜单按钮
指定第二条尺寸界线原点或 [放弃(U)/选择(S)] <选择>：	//系统在"线性"标注基础上，进行连续标注
标注文字 = 1902	//线性标注完成，尺寸数据出现
指定第二条尺寸界线原点或 [放弃(U)/选择(S)] <选择>：	
命令：*取消*	//按 Esc 键，撤销当前命令

标注左视图的上端长度尺寸等，结果如图 3-41 右上角左视图所示。注意先用"线性"标注命令标注左视图上端左边直线尺寸"2236"，再用"连续"标注直线尺寸"1382"。

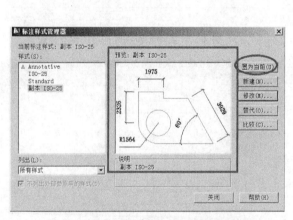

图 3-40　标注样式置为当前和标注的预览

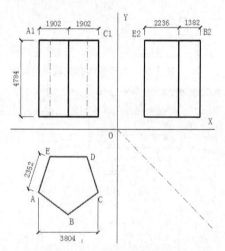

图 3-41　线性标注和连续标注

3.3　本 章 小 结

本章的重点是工程制图的方法，这个方法要遵循"长对正、高平齐、宽相等"的制图原则。绘图时，第一，用"格式"菜单设置图层、图形大小、长度单位、精度等。第二，从绘制水平投影平面的轴线开始，绘制整体框架，完成平面图。第三，是用构造线来绘制投射立面图、剖立面图的轴线，再用绘制水平直线进行偏移。这里要进行修剪整理工作，删掉和处理不需要的直线和图形。有时候，经过修剪整理之后的图形，与某个立面图的视觉方向正好相反，需要用镜像命令镜像还原。第四，就是给图形等添加文字、图案，以及标注尺寸。标注前，启动 AutoCAD 的"格式"菜单，进行"文字样式""标注样式""多重引线样式"的定义、调整，最后给图形标注尺寸和注解文字说明。

课后练习

根据如图 3-42 所示的图形和尺寸标注，绘制液晶显示器的水平投影图、正视图、左视图和背视图。电子文件见"图 3-42.dwg"和"图 3-45.dwg"。

注意与提示

如图 3-42～图 3-45 所示，这些图分别是液晶显示器的正视图、左视图、后视图、水平投影平面图的构图布局，绘图遵循"长对正、高平齐、宽相等"的原理，主要是用构造线（Xline）命令，水平（Herizon）、垂直（Vertical）和角度（Angle）45°的方式投射，用修剪（Trim）、圆角(Fillet)命令修改。

图 3-42 是根据绘图的电脑显示器测量绘制的，对其中的部分细节尺寸不清楚的，可以根据自己的估计来绘图，图上的尺寸是一个参考。其中惠普的标志大小是估计的，先绘制背视图的大标志，然后用缩放（Scale）命令进行复制；再根据 AutoCAD 的测量命令测量，经过比例的计算之后，键盘上输入正视图上面的惠普小标志的比例，用复制绘制出来。液晶显示器水平投影图上面的散热孔，读者可以根据自己的估计绘制出一个基本形，然后用阵列（Aarry）进行绘制。

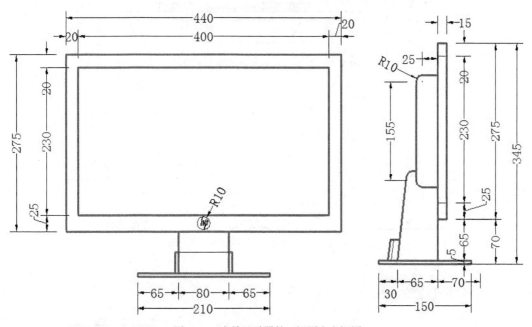

图 3-42　液晶显示器的正视图和左视图

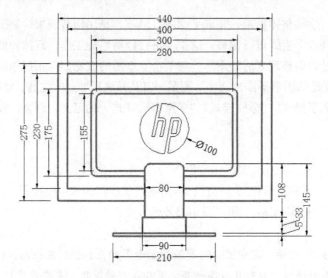

图 3-43   液晶显示器的后视图

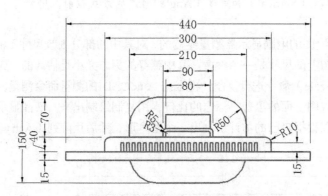

图 3-44   液晶显示器的水平投影平面图

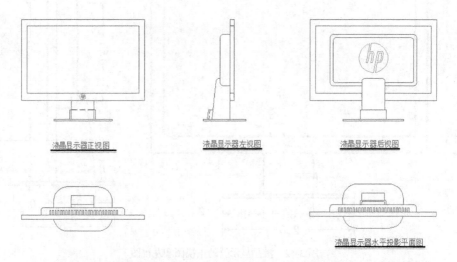

图 3-45   液晶显示器绘图的基本布局，沿用"长对正、高平齐、宽相等"的原则绘制

第4章
AutoCAD 室内设计制图

本章主要内容

- 室内空间制图的环境建立
- 绘制室内空间基本框架
- 绘制室内家具平面
- 绘制室内西立面图
- 绘制室内东立面图
- 绘制室内北立面图

通过本章节的练习，读者可熟练使用 AutoCAD 绘制室内装饰制图。

4.1 室内空间水平投影绘制

4.1.1 绘图准备——创建图层、设置单位和图形界限

【练习 4-1】图层创建。AutoCAD 2013 操作系统打开之后，在 AutoCAD 2013 经典界面中菜单栏下面的命令栏上，单击"图层特性管理器"按钮，在"图层特性管理器"对话框中，新建"标注""波浪线""门""墙""文字""细实线""虚线""轴线"图层、线型、颜色、线宽等的数据和设置，具体情况如图 4-1 所示。细实线 0.15、中实线 0.25、粗实线 0.35。

【练习 4-2】单位设置。在 AutoCAD2013 经典界面的菜单栏，在"格式"下拉菜单中，单击"单位" ⚙ 单位(U)... 平滑按钮，或者在命令提示行中，输入"Units"，按空格键，打开"图形单位"对话框，图形精度设置为"0"，图形单位为"毫米"，光源强度单位为"国际"，如图 4-2 所示。

【练习 4-3】设置图形界限。在 AutoCAD 的命令窗口中，输入命令"Limits"，或者在 AutoCAD 的经典界面中，单击"格式"下拉菜单中的"图形界限" ▦ 图形界限(I) 平滑按钮，启动图形界限的命令。下面是图形界限设置的 AutoCAD 提示。

命令: '_limits	//输入"limits"，按空格键，执行图形界限命令
重新设置模型空间界限:	
指定左下角点或[开(ON)/关(OFF)] <0,0>:	//按空格键，默认系统设置
指定右上角点 <42000,29700>:	//按空格键，默认系统的设置，此时图纸右上角在 X 为 42000 单位，Y 为 29700 单位的为坐标点位置
命令: *取消*	//按 Esc 键，撤销当前命令

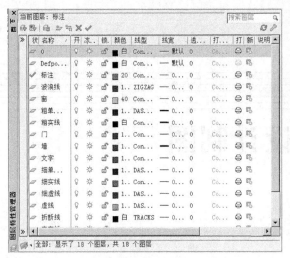

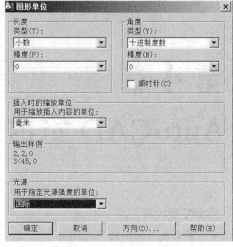

图 4-1　各种图层新建　　　　　　　　　　　图 4-2　图形单位设置

4.1.2　绘制室内空间的平面图基本框架

（1）绘制室内空间的水平投影基本框架——墙线基础。

绘制室内空间平面图之前，先绘制墙体基础的定位轴线。

【练习 4-4】用直线命令 Line 绘制墙线基本框架，结果如图 4-3 所示，电子文件见"图 4-3.dwg"。

【练习 4-5】用偏移命令 Offset 绘制北面窗户垂直方向的位置，如图 4-4 所示；偏移床、柜子、走廊等家具水平方向的位置，如图 4-5 所示。

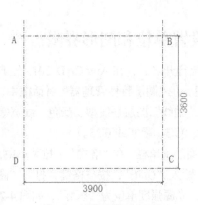

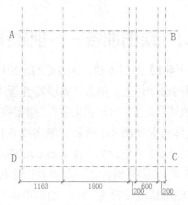

图 4-3　绘制墙线基本框架　　　　　　图 4-4　北面窗户位置垂直方向的偏移

（2）设置草图模式的对象捕捉。

【练习 4-6】捕捉点的设置练习。在绘制室内空间平面的墙体基础和窗户等线型结构图形基本框架的基础上，为了精确捕捉相关的点，设置"端点""交点"对象捕捉设置，捕捉的草图设置如图 4-6 所示。

（3）新建多线样式，进行相关设置。

【练习 4-7】多线样式设置练习。当 AutoCAD 2013 操作系统打开后，在 AutoCAD 工作界面的菜单栏中，单击"格式"下拉菜单，选择"多线样式"，打开"多线样式"对话框，单击"新建"按钮，并将新建的多线样式命名为"墙线基础"，如图 4-7 所示。再单击"继续"按钮，由于此处的墙线分为三条平行的直线，中间的为"点划线"，两边的为实线，线与线的距离为 120，直线端口起点和端点均封闭，因此在"修改多线样式"对话框中，作以上数据的修改，如图 4-8 所示。数据修改完成，单击对话框中的"确定"按钮，再将新的设置和样式"置为当前"，如图 4-9 所示。

命令：_mlstyle　　　　　　　　　　//输入字母"mlstyle"，按空格键，打开"多线样式"对话框，选择"新
　　　　　　　　　　　　　　　　　　建"按钮，设置和修改数据，结果如图 4-7 至图 4-9 所示。

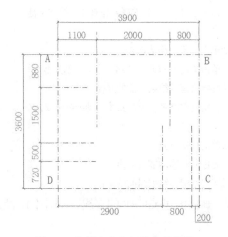

图 4-5　绘制室内空间的布局架构

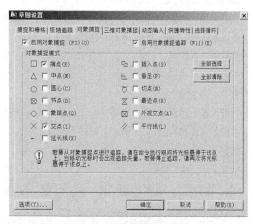

图 4-6　对象捕捉草图设置

图 4-7　新建多线样式

图 4-8　修改多线样式的数据

（4）多线绘制。

【练习 4-8】用多线（Mline）命令绘制墙体基线。在 AutoCAD 工作界面的菜单栏中，单击"绘图"下拉菜单，单击"多线"按钮 多线(U)，打开多线绘图命令；或者键盘输入 ML，按 Enter 键执行"多线"命令。

命令：ml MLINE　　　　　　　　　　　　　　　　　//输入字母"ml"，按空格键，执行多线命令
当前设置：对正 = 上，比例 = 20.00，样式 = 墙线基础
指定起点或[对正(J)/比例(S)/样式(ST)]：s　　　//输入"s"，按空格键
输入多线比例 <20.00>：1　　　　　　//输入数字1，这样选择了1:1的比例画墙线基础，按空格键
当前设置：对正 = 上，比例 = 1.00，样式 = 墙线基础
指定起点或[对正(J)/比例(S)/样式(ST)]：j　　　//输入字母"j"，选择对正选项，按空格键
输入对正类型[上(T)/无(Z)/下(B)] <上>：z　　　//输入字母"z"，选择对正选项，按空格键
当前设置：对正 = 无，比例 = 1.00，样式 = 墙线基础

指定起点或[对正(J)/比例(S)/样式(ST)]:	//单击 E 点, 如图 4-10 所示
指定下一点:	//捕捉 A 点向左的那一个点, 不是 A 点
指定下一点或[放弃(U)]:	//按空格键, 结束当前的操作
命令: MLINE	//再次按空格键, 此时系统自动继续多线命令
当前设置: 对正 = 无, 比例 = 1.00, 样式 = 墙线基础	
指定起点或[对正(J)/比例(S)/样式(ST)]: j	//输入字母 "j", 选择对正选项, 按空格键
输入对正类型[上(T)/无(Z)/下(B)] <无>: z	//输入字母 "z", 选择对正选项, 按空格键
当前设置: 对正 = 无, 比例 = 1.00, 样式 = 墙线基础	
指定起点或[对正(J)/比例(S)/样式(ST)]:	//单击 A 点, 作为起点
指定下一点:	//单击捕捉 D 点向下的那一个点, 不是 D 点
指定下一点或[放弃(U)]:	//按空格键, 结束当前的操作
命令: MLINE	//再次按空格键, 此时系统自动继续多线命令
当前设置: 对正 = 无, 比例 = 1.00, 样式 = 墙线基础	
指定起点或[对正(J)/比例(S)/样式(ST)]:	//单击捕捉 D 点
指定下一点:	//光标向右移动捕捉 H 点
指定下一点或[放弃(U)]:	//按空格键, 结束当前的操作

同样的方法, 用多线画图命令, 设置 "端点" 捕捉, 画出经过 GCBF 的多线, 如图 4-10 所示。

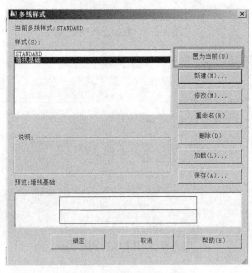

图 4-9　新建线型置为当前

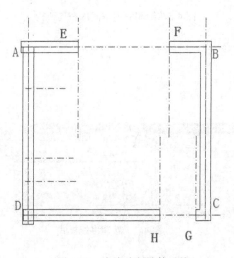

图 4-10　多线绘制墙体基线

（5）多线的编辑。

【练习 4-9】编辑多线练习。在 AutoCAD 2013 的命令窗口中, 输入字母 "Mledit", 按 Enter 键执行多线编辑命令。编辑多线之前, 单击打开的多线编辑命令对话框, 单击多线和相关的多线, 如图 4-11 所示。编辑结果如图 4-12 所示。

命令: MLEDIT	/输入字母 mledit, 按空格键
选择第一条多线:	//靠近 E 点这边一端, 单击 AE,
选择第二条多线:	//单击直线 AD 靠近 D 点的这一端, 经过编辑之后变成一个直角, 如图 4-12 左上角
选择第一条多线 或[放弃(U)]:	//单击 AD, 靠近 A 点这边一端
选择第二条多线:	//单击直线 DH 靠近 H 点的这一端, 经过编辑之后变成一个直角如图 4-12 左下角

选择第一条多线 或[放弃(U)]：　　　　　　　　//按空格键，结束当前的操作

命令：*取消*　　　　　　　　　　　　　　　　//按 Esc 键，撤销当前操作命令

用同样的方法，用多线编辑命令，并选择"角点结合"选项，将多线 FBCG 进行编辑和修改，结果如图 4-12 所示。

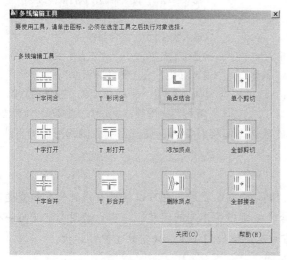

图 4-11　多线编辑命令按钮

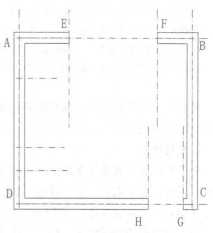

图 4-12　多线编辑的结果

4.1.3　绘制室内空间平面图的窗户和门

（1）绘图前的准备。

【练习 4-10】设置和修改图层。在 AutoCAD 的经典界面中，单击菜单栏下面命令面板中的"图层特性管理器"平滑命令面板，打开"图层特性管理器"对话框，单击"细实线"图层，再单击"图层特性管理器"上面的 平滑按钮，将"细实线"图层"置为当前"，如图 4-13 所示。当画完与墙线重合的窗户边线之后，用"偏移"命令，将窗户与墙体重合的边线向中间偏移，画出窗户被剖切的截面部分；最后单击"窗"线（线宽为中实线）所在的图层直线，单击"特性匹配"格式刷按钮，将窗户剖切线修改成 "窗"所在图层的直线，如图 4-14 所示。

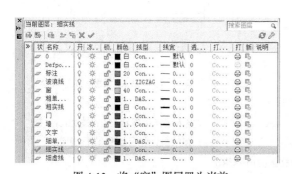

图 4-13　将"窗"图层置为当前

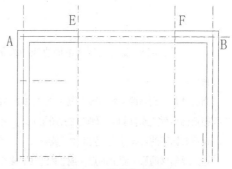

图 4-14　绘制窗户边线

（2）绘制窗户的边线。

【练习 4-11】用直线（Line）命令和偏移（Offset）命令绘制窗户截面，如图 4-15 所示。

命令：_line	//输入字母 1，按空格键，执行直线命令
指定第一个点：	//设置"端点"和"交点"捕捉，单击 E 点
指定下一点或[放弃(U)]：	//单击 F 点，直线 EF 画成
指定下一点或[放弃(U)]：	//按 Enter 键，结束当前的操作
命令：o OFFSET	//输入字母 o，按空格键，执行偏移命令
当前设置：删除源=否 图层=源 OFFSETGAPTYPE=0	
指定偏移距离或[用(T)/删除(E)/图层(L)] <用>：100	//输入数据 100，按空格键
选择要偏移的对象，或[退出(E)/放弃(U)] <退出>：	//光标变成空心方块，单击直线 EF，
指定要偏移的那一侧上的点，或[退出(E)/多个(M)/放弃(U)] <退出>：	在直线 EF 下面再单击一点
选择要偏移的对象，或[退出(E)/放弃(U)] <退出>：	//新直线产生，按 Enter 键，结束当前命令，
	结果产生如图 4-15 所示的 EF 直线的下端的新直线

重复以上的偏移命令，偏移距离为 40，此次选择偏移对象的直线，为上面偏移形成的直线，结果如图 4-15 全图所示。

注意与提示

除了可以直接在墙体基础上画出窗户的"剖切断面"之外，也可以根据窗户的长度和宽度来画窗户图形。画完之后，用"特性匹配"命令，分别赋予不同的图层，将窗户的图形定义为一个"块"（Block）；然后用插入法（Insert），将窗户这个块插到墙体基础空缺窗户的地方。

（3）绘制室内空间的床、柜，建构平面布局。

【**练习 4-12**】用直线（Line）命令、偏移（Offset）命令等绘制室内的基本框架。按照人机工程学的原理，对室内空间布局进行基本的架构安排来布局框架，结果如图 4-17 所示。

① 画床头柜在平面图中的宽度位置。床头柜的宽度为 370（单位为毫米），用偏移命令，偏移定位轴线 AD，距离为（120+370），形成直线 MN，如图 4-16 所示。

图 4-15　窗户边线和剖面直线的绘制　　　　　图 4-16　床头柜宽度直线的绘制

命令：o OFFSET	//输入字母 o，按空格键，执行命令
当前设置：删除源=否 图层=源 OFFSETGAPTYPE=0	
指定偏移距离或[用(T)/删除(E)/图层(L)] <用>：490	//输入偏移距离为 490，按 Enter 键
选择要偏移的对象，或[退出(E)/放弃(U)] <退出>：	//单击轴线 AD，如图 4-16 所示
指定要偏移的那一侧上的点，或[退出(E)/多个(M)/放弃(U)] <退出>：	

//单击轴线 AD 右边一点，形成偏移形成的直线 MN，如图 4-16 所示

选择要偏移的对象，或[退出(E)/放弃(U)] <退出>：*取消*	//按 Esc 键，取消当前操作

② 修剪（Trim）形成床头柜的形状。用修剪命令，对多余的直线进行修剪；用删除（Erase）命

令，将多余直线删除，结果如图 4-17 所示。

命令: tr TRIM　　　　　　　　　　　　　　//输入 tr，然后按空格键，执行修剪命令

当前设置:投影=无，边=延伸

选择剪切边...

选择对象或 <全部选择>: 找到 1 个　　　　　　//单击直线 MN，按空格键

选择要修剪的对象，或按住 Shift 键选择要延伸的对象，或

　　　　　　　　　　　　　　//单击直线 MN 右端的直线，对比图 4-16 和图 4-17，
　　　　　　　　　　　　　　发现直线 MN 右端的直线，现在已经从直线 MN 处断了

用同样的方法，将多余的直线修剪掉。

用删除命令，单击不需要的图形，按 Enter 键，多余的图形就删除了。

③ 用偏移（Offset）命令画衣柜，结果如图 4-18 所示。

命令: o OFFSET　　　　　　　　　　　　　//在 AutoCAD 中，输入字母 o，按空格键，执行命令

当前设置:删除源=否　图层=源　OFFSETGAPTYPE=0

指定偏移距离或[用(T)/删除(E)/图层(L)] <用>: 2030

　　　　//输入距离数值，准备偏移衣柜的长度距离，借用直线 MN 为偏移源对象

选择要偏移的对象，或[退出(E)/放弃(U)] <退出>:　　　　　　//单击直线 MN

指定要偏移的那一侧上的点，或[退出(E)/多个(M)/放弃(U)] <退出>:

　　　　//光标在直线 MN 右边单击一点，直线 JK 被偏移完成，这就是衣柜长度的位置，如图 4-18 所示

选择要偏移的对象，或[退出(E)/放弃(U)] <退出>: *取消*　　　　//按 Esc 键，撤销当前命令

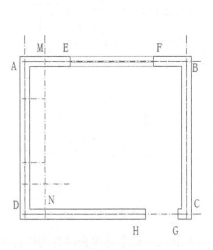

图 4-17　床头柜修剪成形

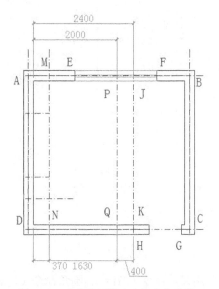

图 4-18　床的位置线和衣柜的位置线

④ 绘制床。用偏移（Offset）命令来绘制床长度方向的位置线 PQ，结果如图 4-18 所示。

命令: o OFFSET　　　　　　　　　　　　　//再次按空格键，系统将继续执行偏移命令

当前设置:删除源=否　图层=源　OFFSETGAPTYPE=0

指定偏移距离或[用(T)/删除(E)/图层(L)] <2030>: 400　　//输入偏移距离 400，按空格键

选择要偏移的对象，或[退出(E)/放弃(U)] <退出>:　　　//单击选择直线 JK 作为要偏移的对象

指定要偏移的那一侧上的点，或[退出(E)/多个(M)/放弃(U)] <退出>:

　　　　　　　　　　　　　　//单击直线 Jk 左边一点，床的长度的位置线 PQ
　　　　　　　　　　　　　　画成，如图 4-18 中的尺寸所示

选择要偏移的对象，或[退出(E)/放弃(U)] <退出>：   *取消*

命令：*取消*   //按 Esc 键，取消当前命令操作

⑤ 完成床的基本形和衣柜的基本形。用偏移命令（Offset）偏移绘制床长度方向的位置线，结果如图 4-19 所示。

命令：EXTEND   //输入字母 ex，按空格键，执行命令操作

当前设置：投影=无，边=延伸

选择边界的边...

选择对象或 <全部选择>：找到 1 个   //单击直线 PQ 作为延伸用的边界对象，这是床的长度位置

选择要延伸的对象，或按住 Shift 键选择要修剪的对象，或

[栏选(F)/窗交(C)/投影(P)/边(E)/放弃(U)]：   //单击直线 l_{01}，直线延伸到直线 PQ 为止，交点为 R 选择要
                                               延伸的对象，或按住 Shift 键选择要修剪的对象，或

[栏选(F)/窗交(C)/投影(P)/边(E)/放弃(U)]：

   //单击直线 l_{02}，直线延伸到直线 PQ 为止，交点为 S，结果如图 4-19 左边所示。

择要延伸的对象，或按住 Shift 键选择要修剪的对象，或

[栏选(F)/窗交(C)/投影(P)/边(E)/放弃(U)]：   *取消*   //按 Esc 键，取消当前的命令操作

⑥ 继续用延伸（Extend）命令的方法，选择的边界是直线 JK，选择要延伸的对象是直线 l_{03}，延伸之后，与直线 JK 的交点为 T，AutoCAD 提示省略，结果如图 4-20 所示。

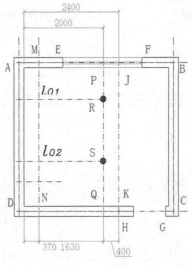

图 4-19　延伸一

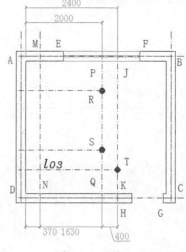

图 4-20　延伸二

⑦ 用修剪命令（Trim）、圆角命令（Fillet）、删除（Erase）命令将多余的直线修剪或删除，所得的结果如图 4-21～图 4-24 所示。

命令：tr TRIM   //输入字母 tr，按空格键，执行修剪命令

当前设置：投影=无，边=延伸

选择剪切边...

选择对象或 <全部选择>：找到 1 个   //单击直线 l_{01}、l_{02} 和直线 PK，按空格键

选择对象：找到 1 个，总计 2 个

选择对象：找到 1 个，总计 3 个

选择要修剪的对象，或按住 Shift 键选择要延伸的对象，或

[栏选(F)/窗交(C)/投影(P)/边(E)/删除(R)/放弃(U)]：   //单击直线 PQ 在直线 l_{01} 上端部分

选择要修剪的对象，或按住 Shift 键选择要延伸的对象，或

[栏选(F)/窗交(C)/投影(P)/边(E)/删除(R)/放弃(U)]:　　　　//单击直线 PQ 在直线 l_{02} 以下的部分

选择要修剪的对象，或按住 Shift 键选择要延伸的对象，或

命令:　*取消*　//按 Esc 键，取消当前操作，结果如图 4-21 所示。

命令:　fillet　　　　　　　　　　　　　　　　　　//输入字母 fillet，按空格键，执行当前命令

当前设置:　模式 = 修剪，半径 = 0

选择第一个对象或[放弃(U)/多段线(P)/半径(R)/修剪(T)/多个(M)]:　r //输入字母 r，选择半径设置选项

　指定圆角半径 <0>:　　　　　　　　　　　　//按空格键默认半径的提示，或者输入 0，按空格键

选择第一个对象或[放弃(U)/多段线(P)/半径(R)/修剪(T)/多个(M)]:　 //单击直线 l_{03} 在直线 JK 以外部分

选择第二个对象，或按住 Shift 键选择对象以应用角点或[半径(R)]:

　//单击直线 TK 在直线 l_{03} 以外部分，于是形成了衣柜部分的基本形，如图 4-22 所示

命令:　*取消*　　　　　　　　　　　　　//按 Esc 键，取消当前操作

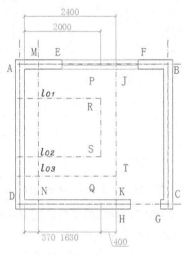

图 4-21　修剪图形

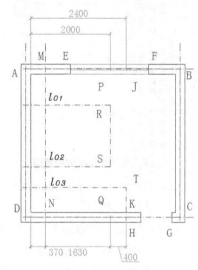

图 4-22　圆角图形

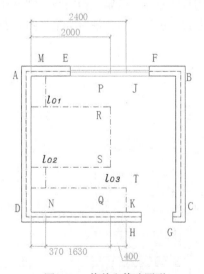

图 4-23　修剪和修改图形

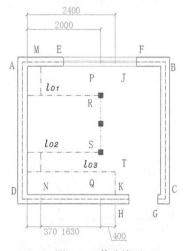

图 4-24　修改线型

（4）绘制室内空间床、床头柜和衣柜的细节。在绘制细节前，需要做一些准备，比如调整线

型，将原有的"轴线"变成"中实线"；用偏移（Offset）、直线（Line）、修剪（Trim）等命令，绘制室内家具的相关细节。

【练习4-13】调整和修改线型。首先，打开"图层特性管理器"，单击直线 RS 成为有三个节点的"亮显"的虚线，改成"中实线"。单击直线 RS，单击"图层特性管理器"右边的三角形下拉箭头，单击"中实线"线型，如图 4-25 所示。按 Esc 键，直线 RS 就变成了中实线所在的图层，结果如图 4-26 所示。其次，单击已经变成了中实线的直线 RS，直线 RS 再次变成有三个蓝色方块节点，并呈"亮显"的虚线；再单击 AutoCAD 工作界面的菜单栏中"特性匹配"的刷子 ，单击需要变成中实线的直线，这样一路从上到下、从左到右，逐个逐个地单击，直至将它们都变成中实线，如图 4-26 所示。

图 4-25　选择图层

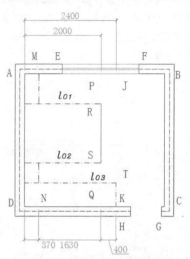

图 4-26　变成了中实线的图层

【练习4-14】用偏移（Offset）和直线（Line）命令，绘制室内空间的家具。用偏移命令，读者应该非常熟悉。如图 4-27 所示，衣柜的偏移是将直线 TK 向左边不断地偏移，距离为800；床部分，为了画"靠枕"部分的面板厚度，将直线 RS 向左偏移 1940；床头柜和梳妆台，将右边的直线向左偏移 350，具体的过程和方法省略。同时用直线命令，绘制衣柜的空间细节和床的图示符号折线。绘制时，设置"端点"和"中点"捕捉方式，过程省略，最后结果如图 4-28 所示。

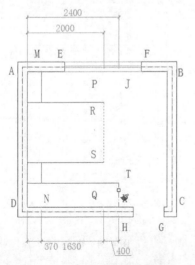

图 4-27　特性匹配命令修改线型

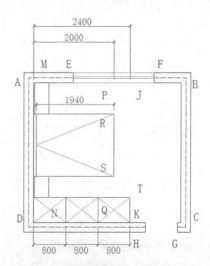

图 4-28　绘制室内空间的家具细节

（5）绘制靠背椅和门。

【**练习 4-15**】用矩形（Rectangle）、圆（Circle）、修剪（Trim）和圆角（Fillet）等多种命令完成靠背椅图形。在绘制梳妆台前的靠背椅之前，单击"图层特性管理器"右边的下拉三角箭头展开所有图层，单击"中实线"图层，作为当前图层。分别用矩形（Rectangle）命令、圆（Circle）命令、修剪（Trim）命令和圆角（Fillet）命令等将图形修改和整理成靠背椅，结果如图 4-29 和图 4-30 所示。用旋转（Rotate）命令，设置"中点"捕捉模式，将靠背椅放到正确的位置上，结果如图 4-31 和图 4-32 所示。

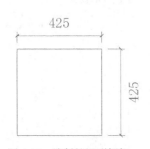

图 4-29　绘制的矩形框架　　　图 4-30　绘制完成的靠背椅尺寸

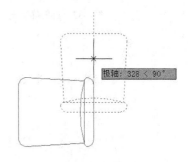

图 4-31　旋转靠背椅

【**练习 4-16**】用矩形（Rectangle）等命令绘制门。将 "门"图层置为当前；启动矩形（Rectangle）命令和圆弧（Arc）命令分别绘制门和开门线的组合图形；再用移动（Move）或复制（Copy）命令，绘制门投影如图 4-33 所示，绘制开门线如图 4-34 所示。

命令：_rectang	//输入 rec，按空格键，执行当前命令
指定第一个角点或[倒角(C)/标高(E)/圆角(F)/厚度(T)/宽度(W)]：	//在屏幕上单击一点
指定另一个角点或[面积(A)/尺寸(D)/旋转(R)]：d	//输入字母 d，按空格键
指定矩形的长度 <50>：	//输入 50，按空格键，确认选择
指定矩形的宽度 <800>：	//输入 800，按空格键，确认选择
指定另一个角点或[面积(A)/尺寸(D)/旋转(R)]：	
//在第一点的右上方单击一点，矩形完成，如图 4-33 所示	
命令：*取消*	//按 Esc 键，取消当前命令
命令：_a	//输入 rec，按空格键，执行当前命令
指定圆弧的起点或[圆心(C)]：	//单击捕捉起点 A，如图 4-33 所示，光标向左下移画弧
指定圆弧的第二个点或[圆心(C)/端点(E)]：c	//输入字母 c，单击 C 点作为圆心
指定圆弧的圆心：	//单击捕捉 C 点，作为圆心，如图 4-34 所示
指定圆弧的端点或[角度(A)/弦长(L)]：	//光标水平向左移动，启动了极轴追踪，单击经过圆心向左的水平线与弧的交点 B，作为圆弧的端点，此时画弧完成，结果如图 4-34 所示

【**练习 4-17**】绘制壁灯。在室内平面图床两边的床头柜的位置上绘制壁灯，最后形成的水平投影图，如图 4-35 所示。壁灯的绘制，先用直线命令（Line），连接床头柜这个矩形的对角线；再以床头柜这个几何中心为圆心画圆，圆的半径分别为 150 和 100，结果如图 4-35 所示；用删除命令（Erase），删除多余直线，如图 4-37 所示。再次经过圆心，作两条相互垂直的直线，这样连

同圆和十字交叉直线图形一起用来表示灯具，结果如图 4-35～图 4-37 所示。

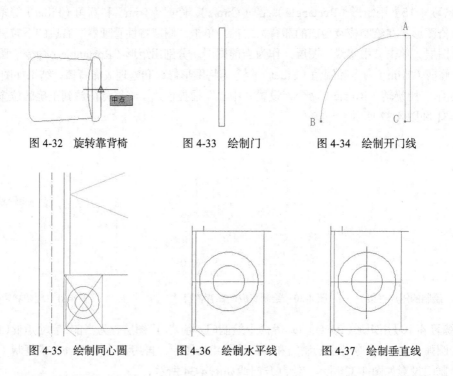

图 4-32　旋转靠背椅　　　　图 4-33　绘制门　　　　图 4-34　绘制开门线

图 4-35　绘制同心圆　　　　图 4-36　绘制水平线　　　　图 4-37　绘制垂直线

命令：C CIRCLE

指定圆的圆心或[三点(3P)/两点(2P)/切点、切点、半径(T)]：

指定圆的半径或[直径(D)] <150>：100

命令：_u CIRCLE

命令：ROTATE

UCS 当前的正角方向：ANGDIR=逆时针　ANGBASE=0

选择对象：找到 1 个

选择对象：

指定基点：

指定旋转角度，或[复制(C)/参照(R)] <90>：c 旋转一组选定对象

指定旋转角度，或[复制(C)/参照(R)] <90>：

使用各种命令进行修改，最后完成室内空间的平面图，如图 4-38 所示。

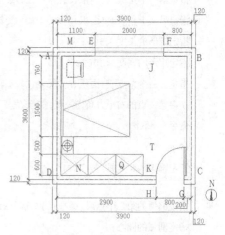

图 4-38　完成的室内平面图

4.2　室内空间立面投影绘制

4.2.1　指北针的绘制

（1）绘制圆形和指针。

【练习 4-18】绘制圆形和指针。步骤如下：第一步，在"图层特性管理器"中，将细实线的图层置为当前，用画圆（Circle）命令画出一个半径为 160 的圆。第二步，用直线（Line）命令画出中间的有角度的指针；确保"极轴"追踪模式打开，设置"圆心"和"端点"或"交点"捕捉模式，捕捉圆心；设置"极轴追踪"画出中间的、垂直的经过圆心的辅助线，用相对坐标方法，输入@200<-95 指令，按空格键画出指针箭头左边的夹角射线[200 长度的倾斜线，如果不够长，可以用延伸（Extend）命令，将射线延伸到与圆相交]；再用镜像（Mirror）命令，将指针箭头右边的夹角射线镜像出来；再用删除（Erase）命令，删掉夹角中间的辅助线。第三步，用图案填充（Hatch）命令，将圆中箭头的两边夹角填充，这样指北针的图形就完成了，结果如图 4-39 所示。

（2）书写字母 N。

【练习 4-19】书写字母 N。用"复制"（Copy）和"修改编辑"（Ddedit）命令修改字母，也可以用"单行文字"（Text）命令直接书写字母 N。

① 用复制（Copy）命令，将他处的字母比如 G 复制过来；用文字修改编辑（Ddedit）命令，将字母 G 更换成字母 N。对大小高度进行调节，即右键单击要修改的字母，弹出对话框，选择"快捷特性"选项，调节文字的高度。

② 或者直接用 "单行文字"（Text）命令书写字母。在屏幕界面上书写文字，调节有关数据，使得字母与图形大小比例协调，结果如图 4-40 所示。通常，在建筑制图或工程制图中，指北针的直径在 14～16 毫米。在 AutoCAD 制图中，因为图与图之间相对的比例关系，要将整个指北针放大，成为图中视觉上恰当的比例，从而更加清晰。结果见电子文件"图 4-40.dwg"。

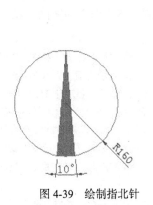

图 4-39　绘制指北针

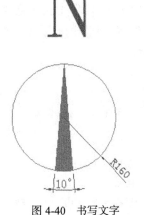

图 4-40　书写文字

4.2.2　绘制室内的西立面图

1. 绘制西立面图的基本框架

【练习 4-20】用构造线（Xline）命令绘制西立面图的水平投影线。绘制前，确保"捕捉"和"对象捕捉"打开；同时，设置"端点""交点"捕捉模式，结果如图 4-41 所示。

命令：XLINE　　　　　　　　　　　　　　//输入字母 xl，按空格键，执行命令

指定点或[水平(H)/垂直(V)/角度(A)/二等分(B)/偏移(O)]：<打开对象捕捉> h

//输入字母 h，按空格键，执行当前的选择
指定用点：　　　　　　　　　　　　//单击点 A，经过点 A，形成一条经过 A 点的水平的轴线
指定用点：　　　　　　　　　　　　//单击 A 点紧邻的下面一点，经过此点，形成一条水平的轴线，如
　　　　　　　　　　　　　　　　　　图 4-41 所示

//用同样的方法，从上至下，绘制出经过端点、交点的所有的水平投影的直线，结果如图 4-41 所示。

命令：*取消*　　　　　　　　　　　//按 Esc 键，取消当前命令

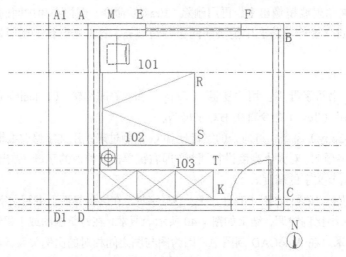

图 4-41　绘制水平的投影直线

2. 绘制室内西立面图

（1）绘制西立面图的基本框架。

【练习 4-21】用直线（Line）命令和偏移命令（Offset），绘制室内西立面图的基本框架。首先用直线命令绘制出墙体的地平线；然后用偏移命令绘制出室内西立面图的天花顶棚直线，结果如图 4-42 所示。

命令：_line　　　　　　　　　　　　//输入字母 1，按空格键，执行直线命令
指定第一个点：　　　　　　　　　　//在 A1 点位置上方单击一点
指定下一点或[放弃(U)]：<正交 开>　//按 F8，打开正交模式，在命令提示行可以看到"<正交 开>"表示
　　　　　　　　　　　　　　　　　　已经打开，光标在经过 A1 点往下方的垂直线往下拖动经过 D1 点，并
　　　　　　　　　　　　　　　　　　在水平投影线的下方单击一点，结束墙地板基线绘图，如图 4-41 所示
指定下一点或[放弃(U)]：　　　　　　//按空格键，终止当前命令操作
命令：O OFFSET　　　　　　　　　　//输入字母 o，按空格键，执行偏移命令
当前设置：删除源=否　图层=源　OFFSETGAPTYPE=0
指定偏移距离或[用(T)/删除(E)/图层(L)] <用>：2800　//输入 2800，按空格键
选择要偏移的对象，或[退出(E)/放弃(U)] <退出>：　//单击直线 A1D1，作为要偏移的直线
指定要偏移的那一侧上的点，或[退出(E)/多个(M)/放弃(U)] <退出>：
　　　　　　　　　　　　//在直线 A1D1 左端单击一点，于是用偏移绘制出直线 A2D2 这条直线出来
选择要偏移的对象，或[退出(E)/放弃(U)] <退出>：*取消*
　　　　　　　　　　//按 Esc 键，取消当前命令，形成的室内西立面图的基本框架如图 4-42 所示。

（2）绘制其他的家具等基本框架和细节。

【练习 4-22】用修剪命令（Trim）绘制室内家具。床头柜的高度为 400，床的靠背高 1000，

床的高度为 400，梳妆台的高度为 750，衣柜的高度为 2400。先修剪床头柜的高度，在墙线处截断，结果可以对比图 4-43 和图 4-44，修剪的结果用来继续进行偏移，如图 4-44 所示。经过偏移（Offset）产生的室内家具的基本框架图形，以及相互之间的距离，可以用图 4-45 左边所示的尺寸长度去理解绘图。对照图 4-45 和图 4-46，可以发现，用修剪（Trim）命令、删除命令（Erase 或者键盘上的 Delete 键）将多余直线和图形删掉后，形成了与平面图一一对应的室内家具立面构架，结果如图 4-46 所示。

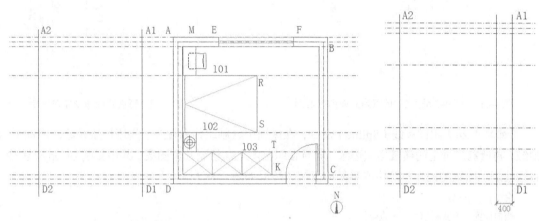

图 4-42　绘制室内西立面图的框架　　　　　　　　图 4-43　偏移形成的直线

【练习 4-23】用特性匹配命令归类图层。在基本立面图的基础框架上，用"特性匹配"命令按钮，将"轴线"图层更改为"中实线"图层。最后形成的结果如图 4-47 所示。具体修剪、偏移、删除等命令，要参照平面图和立面图上面的图形和尺寸标注进行。

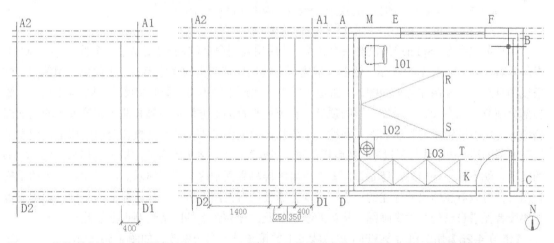

图 4-44　修剪形成的室内家具构架　　　　图 4-45　偏移形成的立面图室内家具的基本框架

在室内空间西立面图的基础上，依据室内空间的水平投影图，投射完成家具的基本框架之后，完成家具基本的细节装饰和室内陈设设计的绘图，如图 4-46 所示；还需要用偏移（Offset）、修剪（Trim）、延伸（Extend）、圆角（Fillet）、样条线（Spline）等命令完成。用"特性匹配"命令，就是菜单栏中的一把油漆刷子，将所有需要更改的图形对象刷成需要的对应图层的线型，如图 4-47 所示。当然这个立面图是顺时针旋转 90°来看，才能与正常所见的一样。

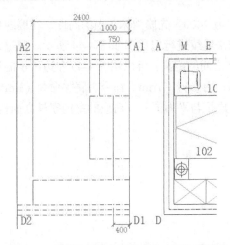
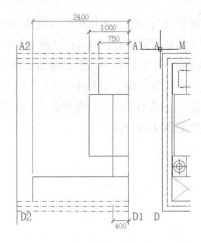

图 4-46　修剪和删除之后的室内立面图投射图　　　　图 4-47　特性匹配命令修改图层

【练习 4-24】用样条线（Spline）命令，在床铺上绘制织物和枕头。先用样条线绘制床铺上的褶皱，再绘制床铺上的褶皱样式边缘，同时在织物的上面绘制几个图案，并用复制（Copy）命令，将这些表示图案的图形有韵律或重复地复制，结果如图 4-48 所示。

命令：_spline

当前设置：方式=拟合　　节点=弦

指定第一个点或[方式(M)/节点(K)/对象(O)]：　>>

正在恢复执行 SPLINE 命令。

指定第一个点或[方式(M)/节点(K)/对象(O)]：　<对象捕捉追踪　关>

输入下一个点或[起点切向(T)/公差(L)]：

输入下一个点或[端点相切(T)/公差(L)/放弃(U)/闭合(C)]：　　　　//右键单击可以结束样条曲线绘制

　　输入下一个点或[端点相切(T)/公差(L)/放弃(U)/闭合(C)]：'_pan①

>>按 Esc 键或 Enter 键退出，或右键单击显示的快捷菜单。

用样条线命令（Spline）绘制第一个枕头，然后用复制命令（Copy）复制第二个枕头，AutoCAD 提示省略，结果如图 4-49 所示。绘制完成之后，突然发现床头的靠背形式过于简单，用偏移、样条线和复制命令绘制靠背上的图形，避免形式单一化产生的不美，图形和尺寸如图 4-51 所示。添加部分细节：如在天花上增加一盏吸顶灯；在床铺靠背的上方增加一幅画儿；在梳妆台的上面部分增加一块玻璃镜子的材质贴图；在枕头上添加部分的图案等。还有将梳妆台前的椅子，用水平投射的辅助线、构造线投射过来，然后用偏移、修剪等命令，将梳妆台前的椅子画出来。AutoCAD 的提示，就不再一一呈现，还是请读者在电脑的屏幕界面中逐个练习演示。需要注意总体的结构和图形，可以有总体尺寸标注的；至于反映艺术性的有机图形造型，如床铺上的织物纹理褶皱等需要读者凭借自己的感觉来画图，枕头的绘制如此，床靠背上的图案绘制也是如此。

【练习 4-25】用圆角命令 Fillet 对梳妆台上的镜子进行圆角修改，如图 4-50 所示。

命令：FILLET

当前设置：模式 = 修剪，半径 = 200

---

① Pan：在绘图的过程中，如果电脑屏幕界面看起来图形比较小，此时可以用不撤销当前操作命令的情况下，右键单击，在出现的对话框中选择"平移"，将需要画的界面向下或向上、或向右或向左移动，满足了绘图的需要。右键单击，在出现的对话框中选择"退出"，此时，继续以前的命令操作。

选择第一个对象或[放弃(U)/多段线(P)/半径(R)/修剪(T)/多个(M)]:

选择第二个对象，或按住 Shift 键选择对象以应用角点或[半径(R)]:

命令：*取消*

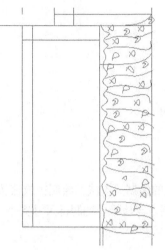

图 4-48　样条线绘制床铺织物

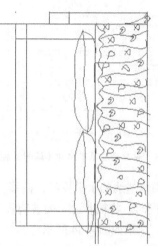

图 4-49　样条线绘制枕头

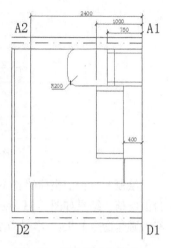

图 4-50　圆角修改的镜面

【**练习 4-26**】绘制靠背椅立面。用构造线将平面图中的梳妆台水平投射过来，单击"地板线"偏移 400 和 550 个单位形成基本形，再用"修剪"命令（Trim）进行修剪。再次用"偏移"和"修剪"形成靠背椅的座面和横撑，然后用"特性匹配"命令对线型进行调整，结果如图 4-52 和图 4-53 所示。

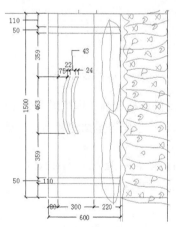

图 4-51　偏移形成的图形

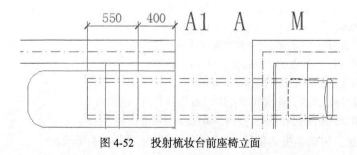

图 4-52　投射梳妆台前座椅立面

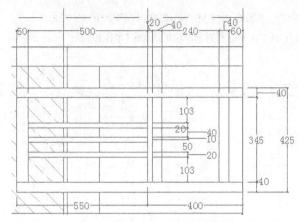

图 4-53　靠背椅的基本尺寸（顺时针旋转 90°）

　　绘制梳妆台前座椅的立面，用构造线的水平投射、偏移、直线的绘制等方法，绘制完成梳妆台前座椅，结果如图 4-53 所示。同时，将梳妆台上的玻璃收缩一圈，与梳妆台的腿部尺寸齐平，经过圆角命令 Fillet，半径为 200，结果如图 4-54 所示。

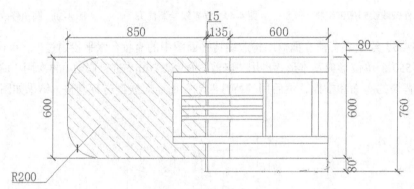

图 4-54　梳妆台基本尺寸

　　【练习 4-27】 绘制床靠背上方的画框和画。用矩形命令（Rectangle）绘制画框的基本形，然后用偏移命令（Offset）进行偏移，产生画框里面的装饰边，偏移的距离分别为 80 和 10。

命令：_rectang
指定第一个角点或[倒角(C)/标高(E)/圆角(F)/厚度(T)/宽度(W)]：
指定另一个角点或[面积(A)/尺寸(D)/旋转(R)]：d
指定矩形的长度 <600>：
指定矩形的宽度 <850>：800
指定另一个角点或[面积(A)/尺寸(D)/旋转(R)]：
命令：*取消*
命令：o OFFSET
当前设置：删除源=否　图层=源　OFFSETGAPTYPE=0
指定偏移距离或[用(T)/删除(E)/图层(L)] <用>：80
选择要偏移的对象，或[退出(E)/放弃(U)] <退出>：
指定要偏移的那一侧上的点，或[退出(E)/多个(M)/放弃(U)] <退出>：
选择要偏移的对象，或[退出(E)/放弃(U)] <退出>：*取消*
用同样的方法，再向画框内偏移 10 个单位，结果如图 4-55 所示。

【练习 4-28】在天花顶层上，画一盏吸顶灯立面图形。首先用直线（Line）命令画一个长 528、宽 126 的三方围合的图形，如图 4-56 所示。然后向内偏移（Offset）3 个单位，最后用圆角（Fillet）命令，选择半径为 125，最后形成如图 4-57 所示的吸顶灯图形。

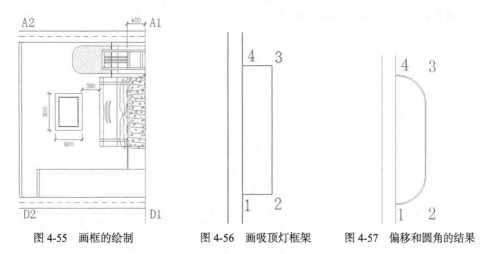

图 4-55　画框的绘制　　　　图 4-56　画吸顶灯框架　　　图 4-57　偏移和圆角的结果

命令：l LINE
指定第一个点：
指定下一点或[放弃(U)]：126
指定下一点或[放弃(U)]：528
指定下一点或[闭合(C)/放弃(U)]：per 到
指定下一点或[闭合(C)/放弃(U)]：

【练习 4-29】用样条线（Spline）命令，在画框内画抽象的山水图形。用圆（Circle）命令在画面的右上角画一个小圆表示太阳；当然窗靠背上方的图形，最有可能的是夫妻结婚照合影图片。画完的这一幅画，要将它的中点与床的中点对齐，放置画框使得画框的最下端边缘离床靠背上端的位置距离 390 毫米，最后的结果如图 4-58 所示。

【练习 4-30】用直线（Line）命令和样条线（Spline）画一盏台灯，放在床前矮柜上。首先，设置"中点"捕捉方式，设置"轴线"图层为当前图层，用直线（Line）命令绘图，在经过矮柜上端的水平直线的中点，向上画一条直线，作为对称轴；然后在上面画一个花瓶的右一半、灯罩的右一半，再用镜像命令和直线命令，将矮柜上的灯具完成，尺寸大小如图 4-59 所示。

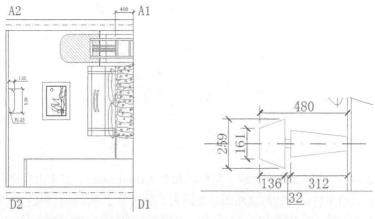

图 4-58　吸顶灯的绘制和画框的画面绘制　　　图 4-59　矮柜上的台灯绘制

【练习 4-31】在梳妆台的上面画一盏镜前灯。用直线（Line）命令绘制，在梳妆台玻璃上缘 70 毫米的地方开始画镜前灯，用偏移（Offset）命令和修剪（Trim）命令等进行修改，具体尺寸如图 4-60 所示。灯管放在与梳妆台对齐居中的位置，对比室内的水平投影图和室内的西立面图，可以发现水平投射的结果，如图 4-61 所示。

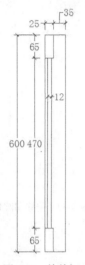

图 4-60　镜前灯　　　　图 4-61　室内平面图与投射后形成室内西立面图的对照

【练习 4-32】旋转形成正常的室内西立面图。用旋转命令，形成人正常视野下的立面图，结果如图 4-62 所示。

命令：Rotate	//输入 rotate，按 Enter 键确认
UCS 当前的正角方向：ANGDIR=逆时针　ANGBASE=0	
选择对象：指定对角点：找到 177 个	//单击所有图形，按 Enter 键确认
选择对象：	
指定基点：	//单击图形的右下角 D1 作为基点
指定旋转角度，或[复制(C)/参照(R)] <0>：r	//输入 r，按 Enter 键
指定参照角 <0>：90	//输入旋转的角度 90，按 Enter 键，执行操作
指定新角度或[点(P)] <0>：	

图 4-62　旋转后的室内西立面图

【练习 4-33】标注和添加文字注解。用标注命令（Dimlinear）、多重引线命令（Mleader）和文本命令（Text），给室内设计的西立面图添加图名、标注尺寸和添加材料的文字注解。

在图名文字的下面，用直线（Line）命令，确保所在图层为"粗实线"图层的情况下，在新书写的文字"室内西立面图"的下面，画一条与之对齐的水平直线；再用偏移（Offset）命令，向下偏移距离 30，画第二条水平直线；完成之后，单击第二条直线，单击"图层特性管理器"右边的"图层控制"三角形下拉菜单，单击选择其中的"细实线"图层，将偏移产生的第二条直线变成细实线。室内西立面图的绘制完成，结果如图 4-63 所示。

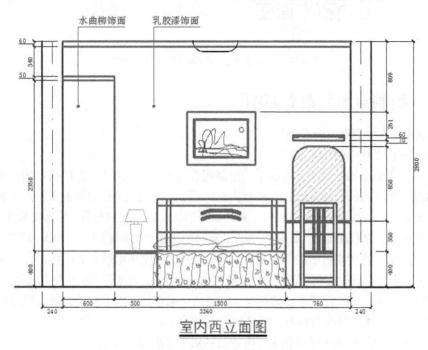

图 4-63　经过修改和添加，完善后的室内西立面图

标注尺寸前，在"格式"下拉菜单中选择"标注样式"，新建或修改样式，设置文字的高度、超出的尺寸界线、起点偏移量、箭头大小等相关数据。这样在标注时，能够适应具体图形的标注，能够在视觉上保证恰当的距离，以便看得清楚。

注解文字时，先用多重引线命令（Mlead）。用多重引线命令之前，需要用"格式"下拉菜单中定义多重引线的样式。在"引线格式"设置箭头的大小，如图 4-64 所示；在"引线结构"栏设置最大引线点数为 3，如图 4-65 所示；在"内容"栏设置文字高度为 80，其他默认如图 4-66 所示。

图 4-64　引线格式项设置　　　图 4-65　内容项设置　　　图 4-66　引线结构项设置

图名的书写，用多行文本命令（Mtext）。在图的下面书写"室内西立面图"文字，如图 4-67 所示，调整"文字格式"对话框中的字体为黑体、高度为 200；还可以用调整"文字格式"下端的调整文本的长度和宽度的滑动按钮进行调整。

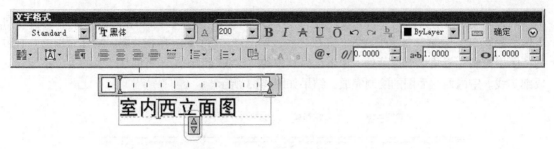

图 4-67　文本字体、高度和书写范围的调整

4.2.3　绘制室内的东立面图

1.　绘制室内东立面图前的准备

（1）绘制室内平面中的几案（桌）。

【练习 4-34】电脑桌的绘制。电脑桌的绘制用直线（Line）命令，按照基本的尺寸，绘制直线框架，或用矩形（Rectangle）命令画一个长 500、宽 1000 的矩形；打开对象捕捉设置，设置端点、交点为捕捉点；用移动（Move）命令，将所绘矩形移动到东北的角落；然后用爆炸（Explode）命令，将矩形爆炸；之后用删除（Erase）命令，将与墙体重合的线删掉；再用圆角（Fillet）命令，选择半径 R 为 100，将所绘图形左下角改为圆角，即可以绘制出电脑桌的图形，如图 4-68 所示。

【练习 4-35】电视机前几案的绘制。用偏移（Offset）命令，将矩形南端水平直线向下偏移 1000；然后用直线（Line）命令，打开端点捕捉设置，将两个端点从上至下连接；最后用圆角（Fillet）命令，半径为 100，将几案改为圆角，结果如图 4-68 所示。

（2）绘制液晶显示器的水平投影图、电视机的水平投影和正视图。

【练习 4-36】绘制电脑液晶显示器水平投影。液晶显示器水平投影图的绘制，根据所用电脑，用钢卷尺进行测量再绘制，形成的图形基本尺寸如图 4-69 所示。此图绘制在第 3 章中讲过，此处不再讲解。

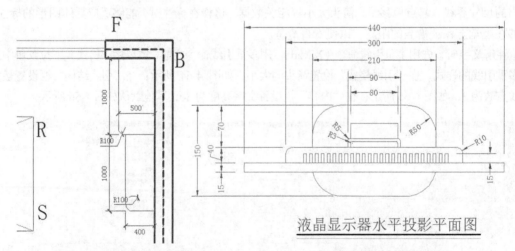

图 4-68　绘制电脑桌和电视机前几案　　　　图 4-69　绘制液晶显示器的水平投影图

【练习 4-37】绘制电视机水平投影平面。

命令：_line　　　　　　　　　　　　　　//输入 l，按空格键，执行直线命令

指定第一个点：　　　　　　　　　　　　//在屏幕上单击一点，即 A 点

指定下一点或[放弃(U)]： <正交 开> 600　　//光标向右，按 F8 键打开正交模式，输入 600，按空格键
指定下一点或[放弃(U)]：40　　//光标垂直向上，输入 40，按空格键，形成 C 点
指定下一点或[闭合(C)/放弃(U)]：600　　//光标水平向左，输入 600，按空格键，绘制出点 D
指定下一点或[闭合(C)/放弃(U)]：c　　//输入字母 c，按空格键，完成矩形，结果如图 4-70 所示

用偏移（Offset）和延伸（Extend）命令绘制，再用修剪（Trim）和圆角（Fillet）命令修改，最后形成如图 4-71 所示液晶电视机水平投影的基本框架。

图 4-70　直线绘制矩形

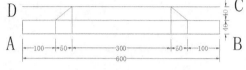

图 4-71　偏移绘制液晶电视机水平投影基本形

用阵列命令（Array）对所画的一个"散热孔"进行阵列，矩形命令（Rectangle）绘制完成一个散热孔，结果如图 4-72 所示。

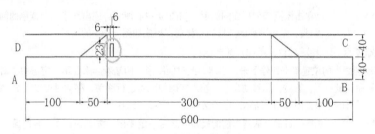

图 4-72　绘制阵列的基本形

阵列命令（Array）绘制液晶电视机上散热孔的基本形。
命令：ARRAY　　//输入 array，按空格键，执行阵列命令
选择对象：找到 1 个　　//光标框选如图 4-72 中红色圆圈框选的宽 6，长 23 的矩形作为选择对象
选择对象：找到 1 个，总计 2 个
选择对象：找到 1 个，总计 3 个
选择对象： 输入阵列类型[矩形(R)/路径(PA)/极轴(PO)] <矩形>：r

//输入 r，选择矩形阵列方式，按 Enter 键执行，如图 4-73 所示，被阵列的对象在屏幕上有图形的变化，图形中的蓝色箭头，可以用来编辑行距和列距的

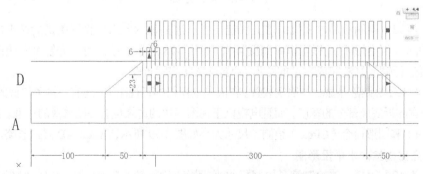

图 4-73　未定义行的数值前系统默认的阵列图形

类型 = 矩形　关联 = 是　　（继续以上的阵列命令过程）
选择夹点以编辑阵列或[关联(AS)/基点(B)/计数(COU)/间距(S)/列数(COL)/行数(R)/层数(L)/退出(X)] <退出>：col　　//输入 col，按空格键

输入列数数或[表达式(E)] <4>: 30　　　　　　　　　//输入列数 30，按空格键

指定 列数 之间的距离或[总计(T)/表达式(E)] <9>: 11　　　　//输入距离 11，按空格键执行

选择夹点以编辑阵列或[关联(AS)/基点(B)/计数(COU)/间距(S)/列数(COL)/行数(R)/层数(L)/退出(X)] <退出>: r　　　　　　　　　　　　　　　　//输入 r，选择行数，按空格键

输入行数数或[表达式(E)] <3>: 1　　　　　　　//输入 1，按空格键，此时图形变成 1 行如图 4-74 所示

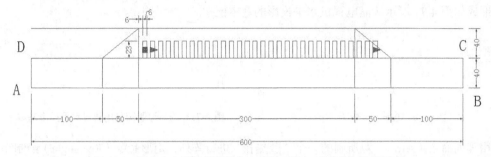

图 4-74　键盘定义了行数（值）和列数（值）后形成的阵列图形

** 移动 **　　　　　　//单击刚刚阵列形成的图形，如图 4-74 所示，还出现了几个蓝色的箭头，单击最左边的箭头，牵引阵列的图形向左移动，形成如图 4-74 的图形

指定目标点或[基点(B)/复制(C)/放弃(U)/退出(X)]:

//光标向左移动到适当的位置单击，停下来。当然，此时的图形，两端看起来并不一定居中，对称，可以用菜单栏的命令按钮打开测量命令量一下，然后，用移动命令，输入准确的距离进行移动，移动时可以按 F8 键，确保正交模式，保证绝对水平方向，最后的结果如图 4-75 所示。电子文件见"图 4-75.dwg"

命令：*取消*　　//按 Esc 键，取消当前的操作，之后一定要记得按 Ctrl+S 组合键保存当前操作。

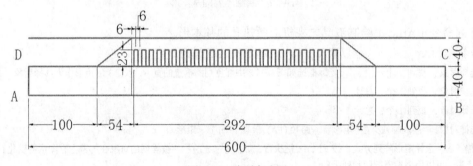

图 4-75　阵列完成图

【练习 4-38】绘制液晶电视机的墙上固定装置。液晶显示器水平投影图最后结果的尺寸标注如图 4-76 所示。绘制操作过程可以参照图 4-77 和图 4-78 所示。绘制时，先绘制左边图形，修改完成后，再进行镜像复制完成右边的图形，AutoCAD 提示省略。

【练习 4-39】绘制液晶显示器固定装置。在液晶电视机的正视图上，还有一排菜单似的按钮开关，下边需要加宽靠近底座部分的宽度，而且电视机正视图四边的边缘也有一圈薄薄的边框。这里用偏移命令（Offset）和圆形命令（Circle）绘制，尺寸大小如图 4-79 所示，AutoCAD 提示省略。

2. 补充完成室内水平投影图

【练习 4-40】用插入法绘制液晶电视机水平投影。用旋转（Rotate）和移动（Move）命令，将液晶电视机的水平投影图移动到室内水平投影图床铺正对面的位置。或者用定义"块"（Block）命令，如图 4-80 所示，将液晶电视机的水平投影平面定义为块，再用"插入块"（Insert）命令"插入"，接着用"旋转""放大"等命令修改调整插入的块的位置和大小。

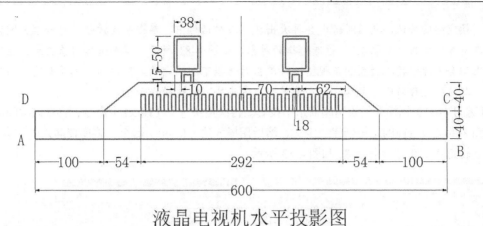

液晶电视机水平投影图

图 4-76　增添液晶电视机的墙上固定装置

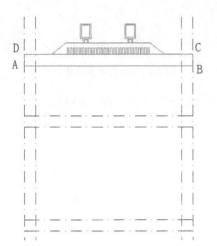

图 4-77　用构造线垂直投射和直线的偏移绘图

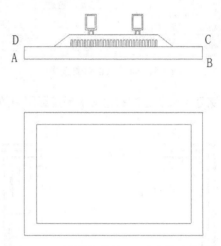

图 4-78　用修剪和特性匹配命令修改的图形

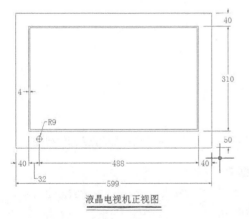

液晶电视机正视图

图 4-79　液晶电视机正视图

图 4-80　块的定义

注意与提示

在定义块时，图中"基点""对象""方式"是不能勾选的，如果勾选了，定义块的工作就不能完成；如图 4-80 所示，在这三个红色的圈圈里都有一个浮动按钮，从左向右依次单击，每单击一次，按空格键确认，之后对话框会再次出现。在对话框中，单击浮动按钮，对话框关闭。然后重新在屏幕中单击"拾取点"，框选选择的对象，如图 4-81 所示。单击选择对象之后，在对话框的右上端会出现电视机的立面正视图，再单击对话框下面的"确定"按钮；不要勾选"注释性"选项，其他的过程省略。之后，一定要单击"保存块"的选择提示。

【练习 4-41】用插入法绘制座椅水平投影。再次用块定义（Block）命令，将室内空间的水平投影图中的梳妆台前的座椅创建块定义，然后用插入法（Insert）命令，将座椅插入电脑桌面前，选择旋转角度 180°，如图 4-82 和图 4-83 所示。

图 4-81　块定义的对象选择　　　　　　　　　　图 4-82　座椅平面的插入

【练习 4-42】绘制和定义水平投影图中的内视符号图，如图 4-84～图 4-89 所示。

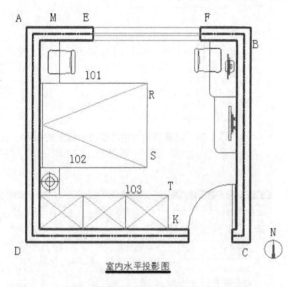

图 4-83　座椅、液晶显示器、液晶电视机平面置入　　　图 4-84　内视图的正方形框架

① 用矩形命令（Rectangle）绘制内视图正方形框架。

命令：RECTANG　　　　　　　　　　　　　　　　　//输入 rectang，按空格键，执行命令
指定第一个角点或[倒角(C)/标高(E)/圆角(F)/厚度(T)/宽度(W)]：
　　　　　　　　　　　　//在原有的 DWG 的文件的空白处单击一点，作为第一个角点
指定另一个角点或[面积(A)/尺寸(D)/旋转(R)]：d　　//输入字母 d，按空格键
指定矩形的长度 <16>：14　　　　　　　　　　　//输入 14，按空格键
指定矩形的宽度 <25>：14　　　　　　　　　　　//再次输入 14，按空格键

指定第二点：　　　　//在图形的右上角单击一点，作为矩形的第二角点，完成矩形图形，如图 4-84 所示

指定另一个角点或[面积(A)/尺寸(D)/旋转(R)]：

//按空格键或 Enter 键，再按 Ctrl+S 合键保存文件并命名，再按 Esc 键并结束当前命令

② 绘制内视图符号中的圆形。

命令：_circle　　　　　　　　　　　　　　　　//输入 c，按空格键，执行画圆命令

指定圆的圆心或[三点(3P)/两点(2P)/切点、切点、半径(T)]：

//打开对象追踪模式，设定"中点""圆心"和"交点"为捕捉点，光标经过正方形各边中点的地方，水平方向和垂直方向上下晃动，出现对象追踪的绿色虚线，并在正方形的中心处，出现交点，单击，确定了圆的中心，如图 4-85 所示

指定圆的半径或[直径(D)]：6　　　　　　　　//输入 6，按空格键，圆画成，结果如图 4-86 所示

③ 用修剪（Trim）命令对连接正方形的对角线进行修剪，让对角线变成圆的直径，之后用旋转命令（Rotate）对内视图进行旋转。

命令：ROTATE　　　　　　　　　　　　　　//输入 rotate，按空格键，执行命令

UCS 当前的正角方向：ANGDIR=逆时针　ANGBASE=0

选择对象：指定对角点：找到 4 个　　　　　　//单击正方形的四条边，作为选择旋转的对象，按空格键

指定基点：　　　　　　　　　　　　　　　　//单击圆心作为旋转的基点

指定旋转角度，或[复制(C)/参照(R)] <90>：45　//输入 45，作为旋转的角度，结果如图 4-86 所示

④ 用旋转（Rotate）命令和修剪命令（Trim）修改完善内视图。旋转中间的十字图形 45°；再用修剪命令（Trim），对图进行修剪，并成为与图 4-87 所示图形；接着用"图案填充"命令（Hatch），将圆与正方形之间的地方填充成全黑的图形，结果如图 4-88 所示；最后用多行文本命令（Mtext），书写一个字母 A，无论起初的字母有多大；写完之后，右键单击字母 A，选择对话框中最下端的"快速特性"按钮，输入字母的高度为"3"，输完之后，按 Enter 键，字母就变成"3"的高度了。之后再复制三个，摆放到相应的位置；继而，再用文字编辑命令（Ddedit），将其他的三个字母 A 分别修改编辑成 B、C、D，最后的结果如图 4-88 所示，AutoCAD 提示省略。

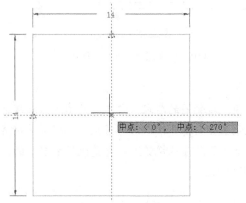

图 4-85　对象捕捉追踪圆心

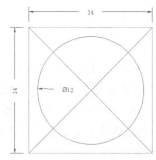

图 4-86　绘制圆和对角线

图 4-87　旋转和调整

【练习 4-43】内视图的块创建（Block）和插入块（Insert）。内视图的块定义（Block）命令，将如图 4-88 所示的内视图创建为块，插入块的结果如图 4-89～图 4-91 所示。

命令：I　INSERT　　//输入字母 i，按 Enter 键，执行插入块命令，如图 4-89 所示的"插入"对话框，选择对话中左上端的"名称"选项，单击刚刚定义的"内视图"，默认的插入点"在屏幕上指定"，输入比例为 30，这样的结果便于内视图在室内的平面图上能够整体比例上清楚地看见，如图 4-91 所示

指定块的插入点： //在室内平面图中选择适当的位置单击，作为插入点，结果如图 4-91 所示，这样见到的室内平面图，绘制就比较完整了

图 4-88　内视图完成

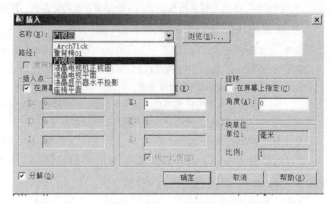

图 4-89　插入块命令，选择内视图这个块

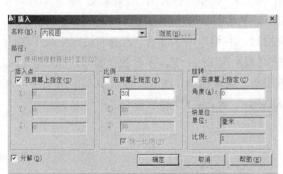

图 4-90　内视图的比例扩大

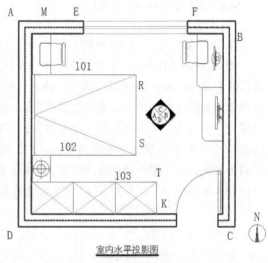

室内水平投影图

图 4-91　内视图符号在平面图中

注意与提示

在插入块（Insert）时，如插入的是"内视符号"块，按制图的要求，它在平面图中只有那么大，只有 14mm 见方大小，但是在整个平面图中，视觉上会显得非常小。为了视觉上能够看得清楚，要放大内饰图的图形比例，以便能够看得见，这个比例是可从视觉上的感觉效果来确定的，也可以用 CAD 命令菜单中的距离命令来测量后再选择比例。

3．绘制室内的东立面图

【**练习 4-44**】用构造线命令绘制水平投影线，绘制东立面图的框架。将"轴线"图层置为当前，用构造线命令（Xline），以室内水平投影图作为基础，即利用室内平面图进行水平或垂直投射室内空间的立面图，如图 4-92 所示。从室内平面的内视图来看，现在要绘制"室内 B 立面图"，最后结果要绘制成如图 4-97 所示。

【**练习 4-45**】用直线（Line）命令画基线，偏移形成总体框架。画图前，将"中实线"图层置为当前；按 F8 键，打开正交模式，用直线（Line）命令画垂直的直线，如图 4-93 所示最左边

的垂直线；然后对直线进行偏移（Offset），偏移的距离就是层高的距离 2800，形成总体框架，结果如图 4-94 所示。

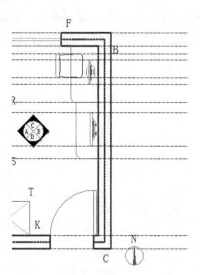

图 4-92　构造线画水平投射直线

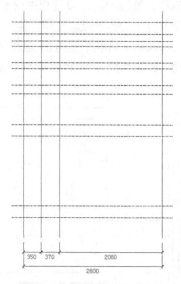

图 4-93　基线的绘制与偏移

【练习 4-46】偏移（Offset）直线、修剪（Trim）直线，绘制圆形拉手。绘制桌子等家具的框架。用偏移命令（Offset），将直线做相应的偏移。偏移之前，用"特性匹配"命令 📓，一把刷子将家具的直线更改成"中实线"图层直线，结果如图 4-95 所示。

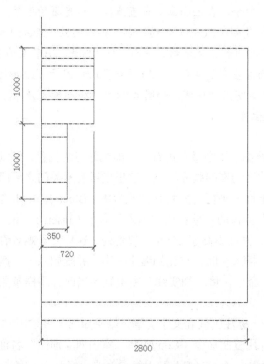

图 4-94　直线修建形成的框架

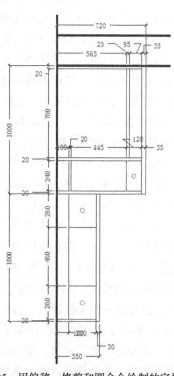

图 4-95　用偏移、修剪和圆命令绘制的家具

【练习 4-47】定义块和插入块（Block & Insert），完成和完善具体的东立面（室内 B 立面图）。

首先将绘制靠背椅的背视图和天花上的吸顶灯立面分别创建定义为块；将绘制的液晶显示器正视图创建定义为块。再用"插入块"命令（Insert），将这些被定义的块插入图中适当的位置；靠背椅的背视图，旋转-90°；设置相关的捕捉点，如"交点""端点""中点"，并用"对象追踪"命令，捕捉基点作为插入点。这样，插入了液晶的电视机正视图、液晶显示器正视图、靠背椅的背视图立面；最后，将整个室内 B 立面图，用旋转命令（Rotate）旋转 90°，形成室内东立面图的基本轮廓，结果如图 4-96 和图 4-97 所示。

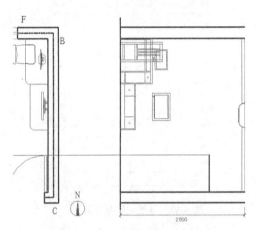

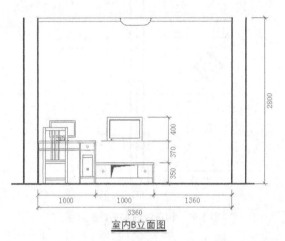

图 4-96　创建定义家具的块和插入块　　　　图 4-97　旋转后的室内 B 立面图

注意与提示

如图 4-97 所示，在电脑桌存放机箱的地方，将"细线"线型图层置为当前，用矩形命令画一个长 160、宽 360 的矩形，还用直线（Line）命令，在上面画一条直线，表示光驱的位置；再用复制命令（Copy）将正视图中的"hp"标志，复制（Copy）移动过来，再用缩放（Scale）命令，扩大 2 倍并放到机箱水平中线偏下的位置。这些过程叙述省略。下面，将"虚线"图层置为当前，画门时，虚线的显示，可能看得不像虚线，而像密实的实线，此时用线型比例因子（Ltscale）命令来进行设置，扩大比例因子，让线型看起来是明显的虚线，如图 4-98 所示。柜子上是一个直径为 17 单位的圆形拉手，放在抽屉的几何中心位置。

【练习 4-48】绘制装饰图形。

如图 4-98 所示，可以根据图来安排思考绘图。图中最右边有一个虚线是门的位置，借以权衡墙面上布置装饰画的位置，并比较墙面上各装饰元素的画面构成，这里虚线表示关门之后门的位置。装饰"画"的边框，可以借用作为床头上面的画框。先将它创建为块（Block），单击选择画面的边框，画心的画儿，不要作为"创建块"选择的对象；用"插入"命令（Insert），将边框插入室内的东立面墙上，即在室内 B 立面图中，画面不高于 1900 的位置处，这样便于观者看画面时，视觉上更舒服，因为人一般只有这么高。插入块时，将比例缩小一半，并复制两个，摆好位置。画面画心的绘制，用样条曲线（Spline）命令，将"细实线"图层置为当前，用样条曲线命令在画心位置画三幅抽象画儿，表示三幅画。

【练习 4-49】用多重引线命令（Mleader），标注引线和文字注解，结果如图 4-98 图中左上面所见的"乳胶漆饰面"文字。图下面的图名，用复制命令（Copy）将"室内西立面图"名称和下面的两条横线，复制移动过来，再用"文字编辑"命令（Ddedit）编辑修改，修改为"室内 B 立面图"，并调整两条水平直线的距离，"室内 B 立面图"就完成了。

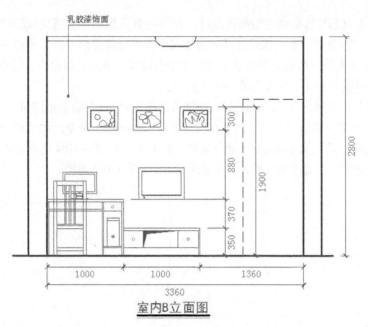

图 4-98　室内 B 立面图的完成

4.2.4　绘制室内的南立面图

【练习 4-50】投射立面基本直线。将"轴线"图层置为当前，用构造线命令（Xline）绘制垂直投射线，投射南立面的家具和建筑构件的投射线，结果如图 4-99 所示。

【练习 4-51】偏移形成楼层层高直线。将"墙"图层置为当前，用直线命令（Line）绘制基本的水平直线，简称基线；再用偏移命令（Offset），设置用的距离为 2800，即层高的空间高度。形成室内空间南立面图的基本框架。

【练习 4-52】绘制柜门基本形。继续用偏移命令，绘制出家具的高度、门的高度等；再用修剪命令，形成室内 D 立面图的具体图形，结果如图 4-100 所示。

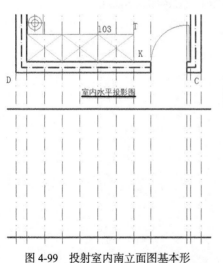

图 4-99　投射室内南立面图基本形

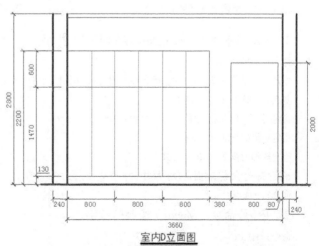

图 4-100　绘制的室内南立面图（D 立面图）基本形

【练习 4-53】复制和修剪命令绘制吸顶灯。在室内 B 立面图中，将立面图的灯具复制，选择灯具图形，复制寻找基点，基点就是灯具立面图在天花部分位置的中点。复制后，将吸顶灯立面图拖动到室内 D 立面图天花最上端的水平直线的中点位置，单击复制完成；用修剪命令，将穿过吸顶灯立面的水平直线修剪，结果如图 4-101 所示。

【练习 4-54】用矩形命令（Rectangle）和镜像命令（Mirror）绘制柜门拉手。在室内 D 立面图上，在衣柜的上端一排柜门上安装拉手，用矩形（Rectangle）命令绘制矩形拉手，绘制过程方法如下所示。之后，用镜像（Mirror）命令镜像，如图 4-102～图 4-104 所示；再将画的矩形拉手和镜像之后的矩形拉手一起复制（Copy），如图 4-105～图 4-107 所示。

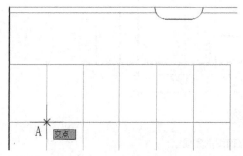

图 4-101　用偏移命令绘制矩形时捕捉的基点

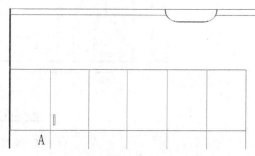

图 4-102　矩形命令绘制出的第一个拉手

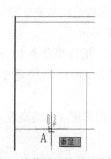

图 4-103　镜像是选择的对称轴线

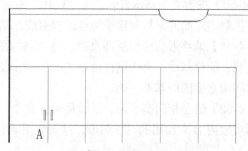

图 4-104　镜像完成之后的图形

① 用矩形命令（Rectangle）绘制柜门上拉手。

命令：RECTANG

指定第一个角点或[倒角(C)/标高(E)/圆角(F)/厚度(T)/宽度(W)]: from

基点：<偏移>: @30,50

指定另一个角点或[面积(A)/尺寸(D)/旋转(R)]: d

指定矩形的长度 <15>:

指定矩形的宽度 <80>: 100

指定另一个角点或[面积(A)/尺寸(D)/旋转(R)]:

命令：*取消*

② 用镜像命令（Mirror）绘制门拉手。

命令：MIRROR

选择对象：指定对角点：找到 1 个

选择对象： 指定镜像线的第一点：指定镜像线的第二点：

要删除源对象吗？［是(Y)/否(N)］＜N＞：n

③ 再次用镜像命令（Mirror），左右对称生成视觉中正常的 D 立面图，如图 4-106 所示。

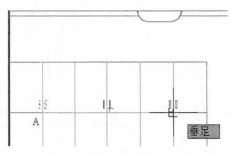

图 4-105　复制产生的上面柜门拉手

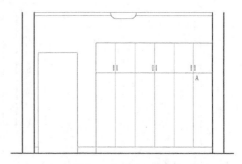

图 4-106　镜像还原形成的正常视觉中的立面图

④ 复制柜门拉手。用复制命令（Copy）将上面柜门的拉手复制到下面来，结果如图 4-107 所示。

⑤ 用偏移命令绘制左边的门框。门框向四周偏移 50，因为是住宅室内的门，通常不是非常宽大，以免显得肥大而不秀气。读者可以根据制图的尺寸，绘制门边框的细节，再用修剪命令修改。如图 4-109 所示，读者可以依据尺寸和图形绘制门拉手。不过，此时门拉手的方向不符合立面门的方向，要用镜像、移动或复制（Move or Copy）命令移动到距离地板 960 毫米高度的位置，最后用"虚线"画立面上的关门方向线，结果如图 4-110 所示。

完成室内 D 立面的文字注解和尺寸标注。

用多重引线命令（Mlead）等注解材料说明。用文字编辑命令（Ddedit）对文字进行编辑，并重新进行尺寸的标注。

注意与提示

如图 4-108 所示，用复制命令（Copy），选择门拉手图形，指定的基点为钥匙孔圆的圆心，再向门的方向移动，在指定第二点的提示下，输入 From 单词，在命令提示行下，单击基点如图 4-109 所示的 B 点，输入相对的坐标为@-60,960，在屏幕上单击一下，于是复制完成，按空格键，结束复制命令。

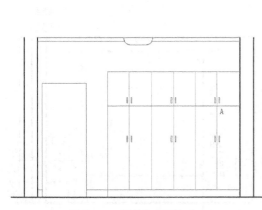

图 4-107　复制完成的拉手

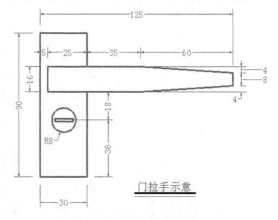

图 4-108　门拉手钥匙示意

门上面的"虚线"，表示关门线，"虚线"在门左边的中点处出现一个"虚线"围合形成的角，表示的是门旋转轴的位置，如图 4-110 所示。

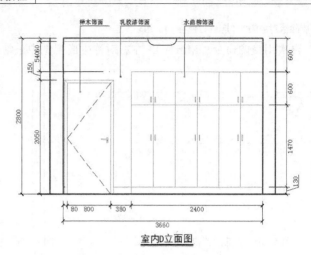

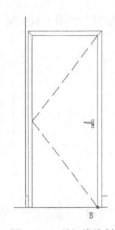

图 4-109　关门线绘制 图 4-110　室内 D 立面图最后结果

4.2.5　绘制室内的北立面图

1. 绘制室内北立面图基本框架

【练习 4-55】用构造线（Xline）命令，绘制垂直投射线。在"图层特性管理器"命令窗口中，设置"轴线"图层，置为当前，用以画垂直的构造线。在"草图设置"对话框中，启用对象捕捉勾选，设置"端点""最近点""交点""中点"等为捕捉对象点，以室内空间的水平投影图为基点，从左到右逐个地单击捕捉点，形成垂直的投影直线，如图 4-111 所示。

【练习 4-56】绘制立面的上下界限。用直线（Line）命令绘制一条水平地板线，绘制前，将"粗实线"图层置为当前，画水平方向地板线；用偏移命令（Offset），向上偏移 2800，形成天花板所在位置的水平投影线，构成了室内立面图基本框架，如图 4-111 所示。

2. 绘制室内北立面部分细节

【练习 4-57】用偏移（Offset）命令，绘制各类家具等的高度直线。根据床的高度、靠背的高度、梳妆台的高度、靠背椅的高度、窗户的高度等绘制出对应的直线，并用修剪命令（Trim），将多余的直线修剪。然后用"特性匹配"命令，将中实线变成家具等的各种线型，如图 4-112 所示。

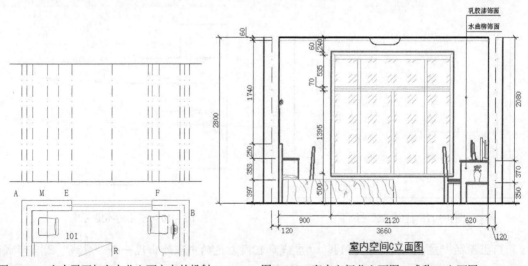

图 4-111　室内平面与室内北立面方向的投射 图 4-112　室内空间北立面图，或称 C 立面图

【练习 4-58】用多重引线命令标注（Mlead），进行标注注解。标注图中的文字注解如"乳胶漆饰面""水曲柳饰面"；窗户是一个飘窗，上面只画了玻璃窗户，没有窗帘，读者可以用样条线命令（Spline），部分绘制，表示窗帘。电视机下面的柜子上放一个花瓶，插入花卉，也用样条曲线命令绘制完成。其他细节和方法省略，床上用品用样条线命令绘制，图形、尺寸和文字供读者绘图时参考，最后形成结果如图 4-112 所示。

4.2.6　绘制室内的天花吊顶图

（1）绘制天花水平投影框架。

【练习 4-59】绘制天花水平投影基本框架。用复制命令（Copy），将室内水平投影复制作为绘制天花水平投影的基本框架，如图 4-113 所示。

【练习 4-60】封闭门线。用直线命令（Line）将门封闭，用删除命令（Erase 或 Delete）将不需要的所有水平投影图中的家具、门和关门线等全部删掉，如图 4-114 所示。

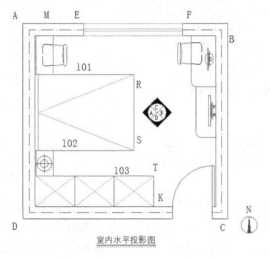

图 4-113　室内空间水平平面

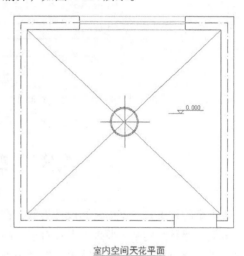

图 4-114　室内天花吊顶平面绘制

（2）绘制天花水平投影中的其他细节。

【练习 4-61】绘制灯具。用直线命令（Line），在天花所在的平面矩形中画一个连接矩形对角线的直线；用圆命令（Circle），单击交点作为圆心，画一个半径为 264 的圆；再用偏移命令（Offset），将所画的圆向内偏移 20 个单位。这样，同心双圆用来表示天花吊顶的吸顶灯，并用圆心画两条垂直的直线表示灯具，如图 4-114 所示。

（3）给天花平面增添细节、加注文字注解和尺寸。

【练习 4-62】绘制标高符号。用直线命令（Line）和文本命令（Text 或 Mtext）画表示标高的符号，并注明一个数值 0.000。再用块编辑命令（Block），对标高符号和文字一起进行编辑，创建一个名为"标高 01"的块；再用插入块（Insert）命令，在天花平面空间插入"标高 01"块，修改比例为 20，让标高符号在图中比例协调且容易被看到。标高上的数值，用文字编辑命令（Ddedit）将文字数据修改为+2.800，表示天花的实际标高。

【练习 4-63】绘制天花吊顶平面中的装饰线条。用偏移命令（Offset）和构造线命令（Xline）绘制天花上的装饰线条平面，如图 4-115 所示。

【练习 4-64】用多重引线（Mleader）命令注解说明。标注注解前，在读者界面中，用"格式"

菜单下的"多重样式"设置多重引线的样式，结果如图 4-115 所示。

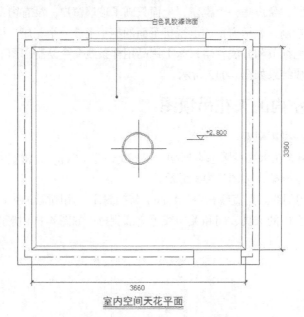

图 4-115　室内天花吊顶平面图

4.3　本　章　小　结

　　本章的重点是以室内装饰设计为例，在 AutoCAD 绘图过程中讲解各种使用命令的操作。强调遵循工程制图的基本原理，即长对正、高平齐、宽相等。本章依旧要强化绘图的基本过程和顺序：①用 AutoCAD 的格式菜单，定义图纸的大小、图层、线型、颜色、长度单位、绘图精度；还要用格式菜单定义多线样式、多重引线等。②建立基本框架，设置轴线为当前图层，绘制水平投影图的基本框架。③用多线绘制室内空间水平投影墙体轮廓等。④用构造线命令，以水平投影图为基础投射出中关键的轮廓点：门、窗、建筑墙体转折的轮廓点和拐点等。⑤绘制水平基线，偏移绘制立面的其他图形的框架线。⑥用修剪、删除、圆角等命令，对所有制图进行修剪和调整。⑦再次用格式菜单定义或调整标注样式、多重引线、文字样式等，并对所有的制图进行文字的注解和尺寸的标注。至于绘图中临时要完成的各种家具、电器、标高、植物，可能用到各种绘图命令和方法，在第 2 章中已学习。

　　AutoCAD 的制图，各种命令的使用需要铭记，有三种途径：菜单栏展开、命令面板单击、命令栏的文字输入来实现。因此，需要加强用各种绘图练习来熟练 AutoCAD 的各种命令的使用。无论哪种绘图，最好是能够用笔在纸上将平面图、立面图等图的草图画一画，并在空间上进行推敲和计算，平面、立面等相互之间空间上是否合理，找到空间上的矛盾，便于及时修改校正。

课后练习

　　1. 请读者依据图 4-116 所示的尺寸，先绘制图；再用查询命令，查询此图中两个空间：餐厅和卫生间的面积大小。电子文件见"图 4-116.dwg"。

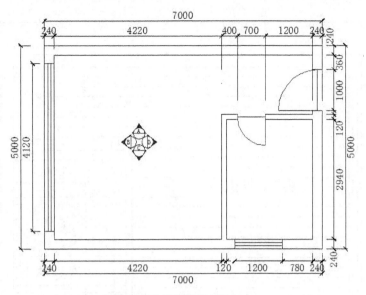

酒店客房原始图1:100

图 4-116　酒店客户原始图

2. 请读者依据下面附图的某酒店的原始平面图和下面各类图形及尺寸,绘制某酒店客房的平面图、地面铺装图、天花吊顶图、客房插座开关图;酒店 A、B、C、D 和卫生间的立面图;酒店中客房衣柜大样图、酒店大门大样图;床的正、立面图和平面图,并请标注尺寸、文字注解;同时进行列表和图例说明。

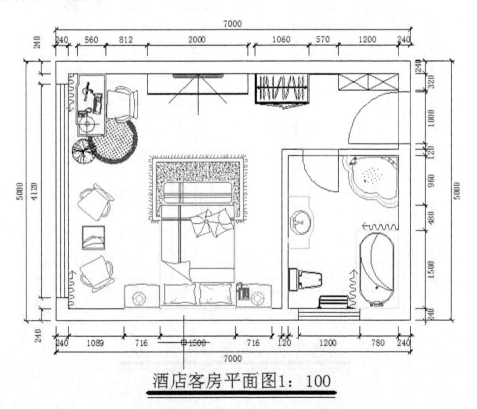

酒店客房平面图1：100

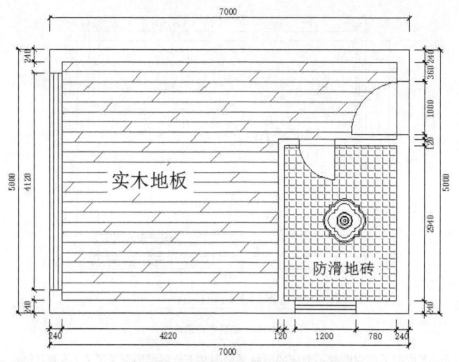

酒店客房地面铺装图1：100

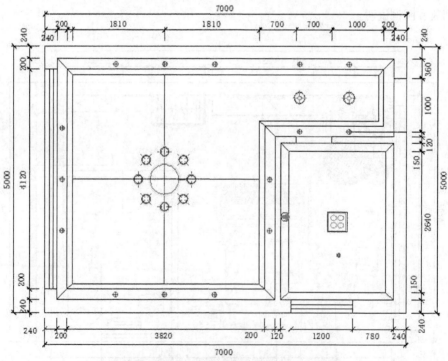

酒店客房天花吊顶图1：100

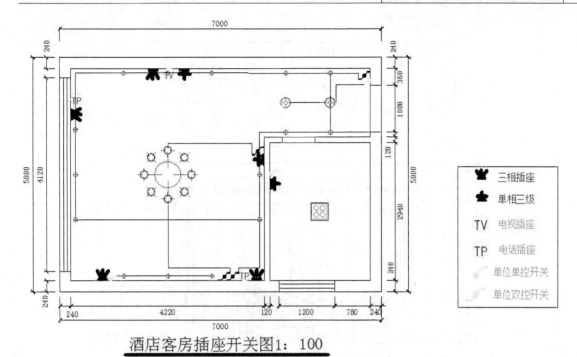

酒店客房插座开关图1：100

图例：
- 三相插座
- 单相三级
- TV　电视插座
- TP　电话插座
- 单位单控开关
- 单位双控开关

酒店客房A立面图1：100

红榉角线
墙面剖白刷ICI
玻璃镜子
沙比利夹板
红影饰面
红影踢脚线

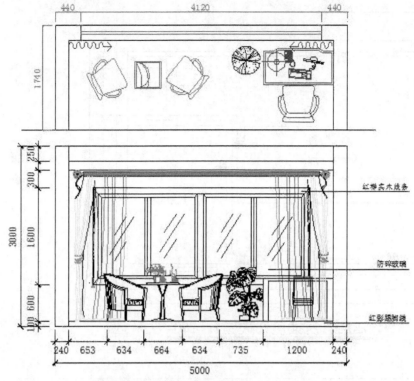

酒店客房B立面图1：100

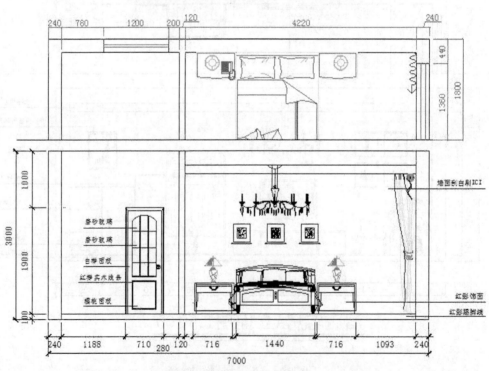

酒店客房C立面图1：100

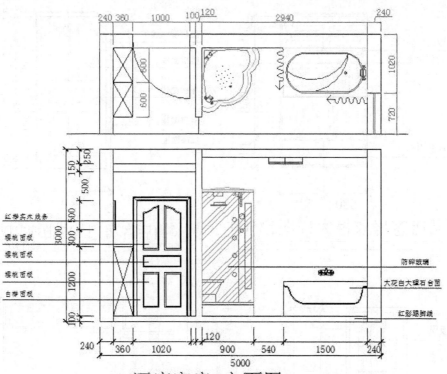

酒店客房D立面图1：100

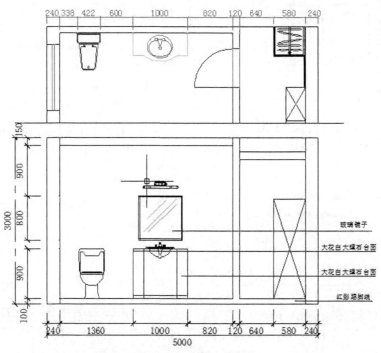

客房卫生间B立面图1：100

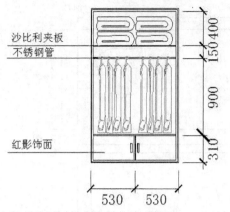

沙比利夹板
不锈钢管

红影饰面

酒店客房衣柜大样图1:100

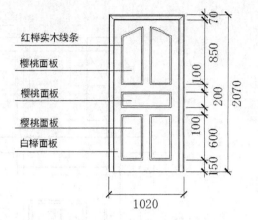

红榉实木线条
樱桃面板

樱桃面板

樱桃面板

白榉面板

酒店客房门大样图1:100

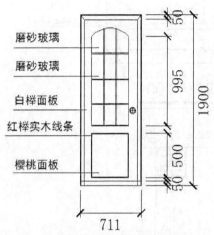

磨砂玻璃
磨砂玻璃

白榉面板

红榉实木线条

樱桃面板

客房卫生间门大样图1:100

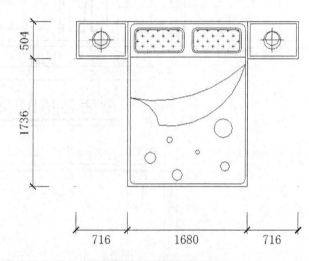

酒店客房床平面图1:100

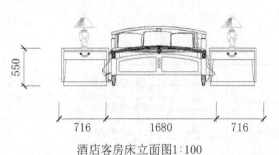

酒店客房床立面图1:100

酒店客房床侧立面图1:100

第5章
AutoCAD 景观设计制图

本章主要内容
- 创建图层、设置绘图环境的绘图单位和图形界限
- 景观设计中植物的基本形绘制
- 植物的立面图形绘制
- 廊架绘制：平面、立面和剖面图绘制
- 庭院景观设计三视图绘制

通过本章的学习，用户可以熟悉绘图前的准备，掌握景观设计绘图的设计过程。

5.1　创建图层、设置单位和图形界限

AutoCAD 2013 操作系统启动后，为了方便绘图，在绘图前用图层命令（Layer）新建各种图层，设置和定义线型、线宽、颜色和名称等，主要有轮廓线、中实线、细实线等。为了突出某个物体轮廓等，通常用中实线表示；表示基础设施等，通常用粗实线表示；其他因为对称原因、因为存在但又被遮挡，用虚线。各种图层和线型的颜色处理时各不相同，表示绿化的，最好与植物的季相变化或通常情况下树木叶子的颜色一致进行设置；其他的如标注、注解、文字等，也要设置相应的图层。

绘图单位（Unit），一般就是以毫米为单位，精确度保留为整数 0，小数点之后一般不要，不需要特别的精细化。绘图界限（Limit），根据绘图的长度和面积来设置绘图界限，通常要考察水平投影、其他立面位置和面积的大小等一起来综合考虑绘图的大小界限。绘图大小的设置通常是以 A4 幅面长宽大小的 1 倍、10 倍、100 倍，即 297，210；2970，2100；29700，21000。或者是 A3 幅面长宽大小的 1 倍、10 倍、100 倍，即 420，297，4200，2970；42000，29700 等来进行格式上的定制。

因此在绘图之前一定要设置图层，以便于制图；设定图形界限、设置绘图单位，方便制图。

5.2　景观设计植物基本图形的绘制

5.2.1　绘制植物水平投影平面

【练习 5-1】落叶阔叶乔木水平投影平面绘制。步骤：用圆命令（Circle），绘制两个同心圆，大圆代表树的整体范围，小圆代表树干，大圆的半径与实际树木的树冠直径大小对应。大圆半径

100，小圆半径 10，如图 5-1 所示；在此基础上，用样条曲线命令（Spline），设置最近点的捕捉方式，最近捕捉点是圆上的点，用来借助画树冠平面，如图 5-2 所示；用直线命令（Line）画十字形，表示树干的十字形，设置 90°的极轴追踪方式，绘制一个"十"字形，如图 5-3 所示。注意：落叶乔、灌木的水平投影平面中不填斜线图案。

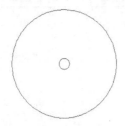

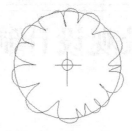

图 5-1　落叶阔叶乔木平面 1　　　　图 5-2　落叶阔叶乔木画法　　图 5-3　落叶阔叶乔木平面画成

【练习 5-2】常绿阔叶乔木水平投影平面绘制。步骤：复制上面绘制的两个图形，用图案填充命令，对上面绘制的图形进行填充，填充的斜线倾斜 45°，阔叶树的外围线用弧形或圆形线。图案填出的线为连续的线型，角度为 45°，边界填充左边的图形用"拾取点"方式填充，右边的图形用"选择对象"方式填充，结果如图 5-4～图 5-6 所示。

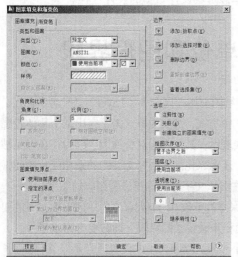

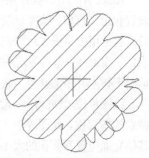

图 5-4　图案填充对话框设置　　　　图 5-5　常绿阔叶树平面 1　　图 5-6　常绿阔叶树平面 2

【练习 5-3】落叶针叶乔木水平投影平面绘制。步骤：用直线命令（Line）以图 5-1 为基本形，绘制落叶针叶乔木水平投影平面，如图 5-8 所示；用偏移命令（Offset），偏移距离为 10；用阵列命令（Array），选择极轴模式（Po），项目数图 5-7 为 4、图 5-8 为 30，经过阵列复制形成两种不同的落叶针叶乔木水平投影平面。针叶树的外围线用锯齿形或斜刺形线，如图 5-7 和图 5-9 所示。

【练习 5-4】常绿针叶乔木水平投影平面绘制。步骤：依据图 5-1 的基本形来绘制，用直线命令（Line）绘制如图 5-10 所示的图形，绘制四个尖角。首先绘制一个尖角基本形，用阵列（Array）命令，选择极轴模式（Po），用图案填充命令（Hatch）进行斜线填充，填充的斜线选择细实线，角度为 45°；依据如图 5-1 的基本形，用偏移命令（Offset），绘制辅助画图的圆，偏移的圆的半径为 120，用样条线命令（Spline）绘制如图 5-11 所示常绿针叶林边缘线；再删除（Erase）辅助线，用图案填充命令（Hatch）进行填充。对比图 5-10 和图 5-11，表示树干的"粗线"圆心和"细线"十字形树干，前者表示现有的乔木，后者表示规划设计中的乔木。

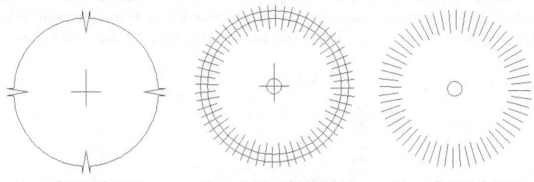

图 5-7　落叶针叶乔木平面 1　　　图 5-8　落叶针叶乔木辅助绘制　　　图 5-9　落叶针叶乔木平面 2

【练习 5-5】落叶灌木绘制。步骤：依据图 5-1 的基本形，用样条线命令（Spline）绘制灌木树冠线平面基本形，黑色圆心代表树干或种植的位置，但凡大片的灌木在一片成形时，黑点或十字形需要省略。绘制图 5-12 和图 5-13 图形时，用样条线命令（Spline）画基本形，后者再偏移（Offset）20，向内绘制辅助线；再用样条线命令（Spline）绘制落叶灌木图形；最后用图案填充命令（Hatch），将两个小圆点填充成实心块；同时，在"图层特性管理器"对话框中，将落叶灌木轮廓变成中实线，结果如图 5-12～图 5-15 所示。

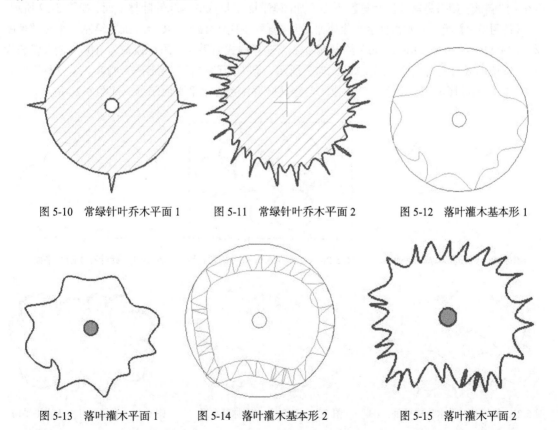

图 5-10　常绿针叶乔木平面 1　　　图 5-11　常绿针叶乔木平面 2　　　图 5-12　落叶灌木基本形 1

图 5-13　落叶灌木平面 1　　　图 5-14　落叶灌木基本形 2　　　图 5-15　落叶灌木平面 2

【练习5-6】常绿灌木水平投影平面绘制。步骤：将如图 5-13 所示的落叶灌木图形复制（Copy），再用图案填充命令（Hatch）进行斜线填充。填充选择对象时，单击"拾取内部点（K）"选项，这样就画成了常绿灌木水平投影平面图形，结果如图 5-16 和图 5-17 所示。

【练习5-7】阔叶乔木疏林水平投影平面绘制。步骤：首先用矩形命令（Rectangle）绘制一个长方形；以长方形为参照物，用样条线（Spline）命令绘制如图 5-18 所示的基本形；再用节点的控制点调节形成基本形状，最后用删除命令（Erase）删掉长方形，阔叶乔木疏林水平投影平面画成，如图 5-19 所示。

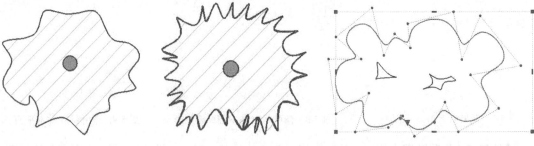

图 5-16　常绿灌木平面 1　　　图 5-17　常绿灌木平面 2　　　图 5-18　绘制和调整阔叶乔木水平投影

【练习5-8】针叶乔木疏林水平投影平面绘制。步骤：用矩形（Rectangle）命令绘制一个用作参考的矩形，再用圆命令（Circle）绘制一个圆，接着用复制命令复制多个相同的圆；重叠如图 5-20 所示的图形，用修剪命令（Trim）和删除命令（Erase）对图形进行修剪，最后形成针叶乔木疏林平面，如图 5-21 所示。需要注意，如果要表示常绿针叶疏林，就用图案填充命令（Hatch）填充 45° 斜线；如果是落叶针叶林就不必添加图案阴影，形成的常绿针叶平面，如图 5-22 所示。

【练习5-9】阔叶乔木密林水平投影平面。步骤：用矩形命令（Rectangle）绘制一个参照性图形，用修订云线命令（Revcloud）绘制基本形，选择样式为手绘，最小弧长为 100，最大弧长为 150，以便形成有效的弧长，形式如图 5-23 所示。删掉矩形之后，就形成了阔叶乔木密林平面。增加 45° 的斜线图案填充之后，就形成了常绿阔叶乔木密林水平平面图形，如图 5-24 所示。

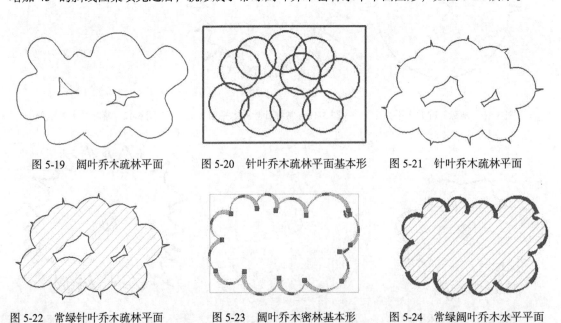

图 5-19　阔叶乔木疏林平面　　　图 5-20　针叶乔木疏林平面基本形　　　图 5-21　针叶乔木疏林平面

图 5-22　常绿针叶乔木疏林平面　　　图 5-23　阔叶乔木密林基本形　　　图 5-24　常绿阔叶乔木水平平面

【练习 5-10】针叶乔木密林水平投影平面绘制。步骤：复制（Copy）如图 5-23 所示的阔叶乔木密林图形基本形，利用直线命令在图形中圆弧凸出来的部位画一个与圆弧相交的尖角，再用修剪命令（Trim）进行修剪，最后形成如图 5-25 所示的针叶乔木密林平面。如果是常绿的针叶乔木密林，就用图案填充命令（Hatch）填充，图案为 45°斜线，结果如图 5-26 所示。

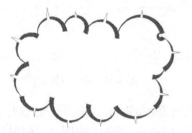

图 5-25　针叶乔木密林水平平面

图 5-26　常绿针叶乔木密林水平平面

【练习 5-11】落叶灌木疏林水平投影平面绘制。步骤：用一个矩形图形作为绘图的参照，用样条线命令（Spline），中实线为图层，绘制一个如图 5-27 所示的基本形，作为落叶灌木疏林水平投影平面。

【练习 5-12】落叶花灌木疏林水平投影平面绘制。步骤：对上面的图形进行复制（Copy），将疏林中疏的部分删掉（Erase），用样条线命令（Spline）做一些修改，并添加部分代表花的图案，结果如图 5-28 所示。

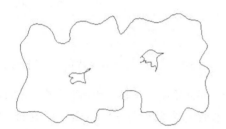

图 5-27　落叶灌木疏林水平投影平面

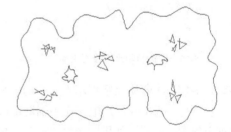

图 5-28　落叶花灌木疏林水平投影平面

【练习 5-13】常绿灌木密林和常绿花灌木密林水平投影平面绘制。步骤：对落叶灌木疏林平面进行复制（Copy），用偏移命令（Offset），向内偏移 10，设置最近点捕捉模式，用样条线命令（Spline）来绘制尖角凸起的轮廓，绘制完成之后复制一个，用来绘制常绿花灌木密林的水平投影平面，用直线命令（Line）绘制中间的花儿，用图案填充命令（Hatch）填充 45°的斜线，表示常绿，结果如图 5-29 和图 5-30 所示。

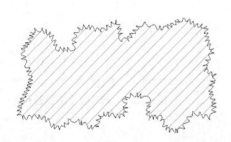

图 5-29　常绿灌木密林水平投影平面

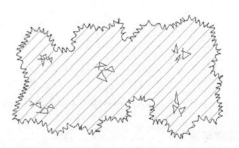

图 5-30　常绿花灌木密林水平投影平面

【练习 5-14】自然形绿篱和整形绿篱的水平投影平面绘制。步骤：用矩形命令绘制一个矩形的辅助参照，用偏移命令向内偏移 20，再用直线命令绘制如图 5-31 所示的基本形。中间绘制几个稀疏的间隙。对上面的自然形绿篱的基本轮廓图形进行复制，删掉不必要的中间图形，用图案填充命令，完成整形绿篱的平面填充，如图 5-32 所示。

 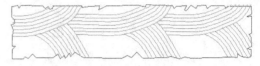

图 5-31　自然形绿篱　　　　　　　　　　　　图 5-32　整形绿篱

【练习 5-15】镶边植物水平投影平面绘制。步骤：在绘制镶边植物的水平投影平面之前，用矩形或直线命令画一个矩形的范围作为参照图形，用样条曲线命令（Spline）绘制。绘图时，不要打开任何捕捉方式，就在矩形或者两条平行线或者镶边的范围图形内，用样条线来绘制图形（图案填充采用绘制和复制进行，不是所有的图形都是可以填充的），结果如图 5-33 所示，最后删掉（Erase）辅助线。

【练习 5-16】一年、二年生草本花卉水平投影平面绘制。步骤：花卉生长有一定的面积和范围，用矩形或者直线绘制它生长的基本范围，绘制其他图形之前，关闭对象捕捉命令。中间的圆形用样条线命令绘制，画一个小圆圈表示花朵，再复制（Copy）多个，然后用图案填充命令（Hatch）填充中间的点，结果如图 5-34 所示。最后删掉（Erase）辅助线。

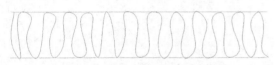 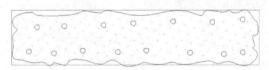

图 5-33　镶边植物水平投影平面　　　　　图 5-34　一年、二年生草本花木水平投影平面

【练习 5-17】多年生及宿根草本花卉的水平投影平面绘制。步骤：用矩形命令（Rectangle）绘制一个长 500、宽 150 的矩形，作为辅助图形；然后用样条曲线命令（Spline），在参照辅助图形的基础上绘制基本形，如果图形需要调整，单击整个样条线图形，移动节点到恰当位置；再用样条线命令绘制一个花朵形，如果大了，可以用缩放命令（Scale）进行调整，调整之后，复制（Copy）多个花朵形；最后，用图案填充命令（Hatch）填充点图案，结果如图 5-35 所示。最后删掉（Erase）辅助线矩形。

【练习 5-18】一般草皮和缀花草皮的水平投影平面绘制。步骤：在一般草皮的范围，用直线命令（Line）画出，再选择图案填充命令（Hatch）进行填充，结果如图 5-36 所示。

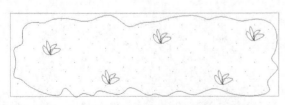 

图 5-35　多年生及宿根草本花卉水平投影平面　　　　图 5-36　一般草皮水平投影平面

注意与提示

① 极轴追踪绘图时，按 F8 键，打开正交模式，设置"端点"捕捉，用直线命令绘制相互平

行和垂直图形时，用极轴追踪方式，设置的增量角有 0°、90°、180°，极轴角测量还是选择"相对上一段"选项，如图 5-37 所示。这样每画一段，下一个端点的位置，对于周围的点来说，都是非常敏感的。极轴追踪捕捉相关的点，也非常容易，如图 5-38 所示。

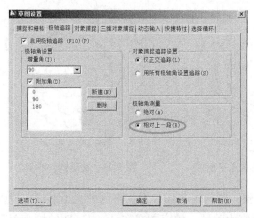

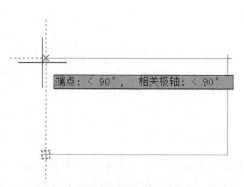

图 5-37　极轴追踪设置　　　　　　　　　图 5-38　极轴追踪水平和垂直直线的绘制

② 缩放命令的使用。如图 5-39 所示，对"一束花"进行缩放，缩放之后进行复制和图案填充，结果如图 5-40 所示，缩放命令文本生成如下。

命令：scale
选择对象：指定对角点：找到 3 个
选择对象：
指定基点：
指定比例因子或[复制(C)/参照(R)]：r
指定参照长度 <1>：
指定新的长度或[点(P)] <1>：0.5
命令：*取消*

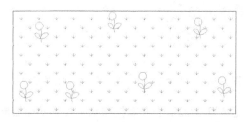

图 5-39　绘制的草坪范围和一束花　　　　　　　图 5-40　缀花草皮平面

【练习 5-19】整形树木水平投影平面绘制。步骤：用圆命令（Circle）绘制一个圆，这个圆就是按照实际树冠投影的真实半径绘制的。现在绘制的大圆半径 R=100，最小的圆半径 R=10，然后用偏移命令（Offset），偏移的距离为 20，以小圆为基础逐个向外扩展偏移，形成如图 5-41 所示的图形。对偏移完成的同心圆进行复制（Copy），以复制的同心圆为基本形，关闭捕捉模式，用样条曲线命令（Spline）绘制如图 5-42 所示的图形。完成整形树木平面 1，之后将作为参照的基本形删掉（Erase），完成整形树木的水平投影平面绘制。再以基本形为依据，用修订云线命令（Revcloud），设置最小半径为 20，最大半径为 30，关闭捕捉模式，依据基本形画出如图 5-43 所示的图形。完成整形树木平面 2，之后用特性匹配命令（Matchprop），将整形树形平面形状修改成中实线，删掉（Erase）同心圆基本形。

图 5-41　基本形　　　　　图 5-42　整形树木平面 1　　　　图 5-43　整形树木平面 2

【练习 5-20】竹丛的水平投影平面绘制。步骤：画竹子平面，根据平面的大小形状和投影来画，以直线（Line）画图或者圆形（Circle）画图作为参照；填充图案在 AutoCAD 的填充图案库中没有对应的竹的图案，此时用样条曲线命令（Spline）绘制，绘制后再复制（Copy）；或者画近似的竹的面积范围图形，就像画画儿一样，画的比较像一点，代表竹，结果如图 5-44 和图 5-45 所示。最后删掉（Erase）用作辅助的图形。

【练习 5-21】棕榈植物水平投影平面绘制。步骤：用圆命令（Circle）绘制基本的参照图形，用直线命令（Line）或样条线命令（Spline）绘制植物水平投影的树叶形状，结果如图 5-46 和图 5-47 所示的棕榈植物水平投影平面 1 和 2 所示。绘制的参照圆的半径通常是以树冠投影真实大小为参照的。

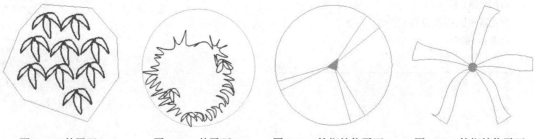

图 5-44　竹平面 1　　　图 5-45　竹平面 2　　　图 5-46　棕榈植物平面 1　　图 5-47　棕榈植物平面 2

【练习 5-22】仙人掌植物水平投影平面绘制。步骤：用样条曲线命令（Spline）绘制仙人掌的水平投影平面基本形，用样条曲线命令再绘制仙人掌上的刺，用图案填充命令（Hatch）填充仙人掌水平投影平面中的刺（用点表示），中间的实心圆点表示根之所在，结果如图 5-48 所示。同样的步骤，可以画出如图 5-49 所示的图形。

【练习 5-23】藤本植物水平投影平面绘制。藤本植物是缠绕盘曲的植物，用圆（Circle）命令画藤本植物的根，用样条线曲线（Spline）绘制缠绕的藤，中间的实心点采用图案填充命令（Hatch）进行填充，结果如图 5-50 所示。

【练习 5-24】水生植物水平投影平面的绘制。步骤：根据水生植物生活的空间范围画基本形，这里以矩形为基本形，先绘制矩形，再填充图案，结果如图 5-51 所示。

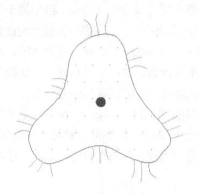

图 5-48　仙人掌平面图 1

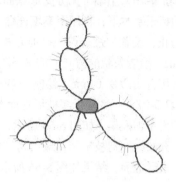

图 5-49　仙人掌平面图 2

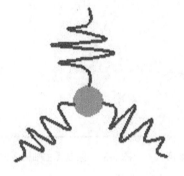

图 5-50　藤本植物平面

图 5-51　水生植物的水平投影平面

5.2.2　绘制植物立面形态图

【练习 5-25】主轴干侧分支形立面图形绘制。步骤：设置"细实线"图层为当前图层，用直线命令（Line）绘制树干的基本形，此时的基本形式上细下粗，符合树干的生理特点，如图 5-52 所示。再用图案填充命令（Hatch）将基本形填充。用样条线命令（Spline），将"中实线"图层置为当前，将左边的侧分枝画出来；画完之后，用镜像命令（Mirror）将左边画的分枝镜像到右边；与树干不能连接的，用编辑命令一个一个单击被镜像过来的样条线，编辑节点控制点，向树干方向拖动，设置"最近点"捕捉方式；又将"中实线"图层置为当前，用直线命令（Line）绘制一条水平直线，表示地面，结果如图 5-53 所示，即落叶含有对称的树枝的主轴干侧分枝立面图形。

图 5-52　树干基本形

图 5-53　主轴干侧分枝形立面

【练习 5-26】主轴干无分支形立面图形绘制。步骤：用直线命令（Line）绘制树干部分，下粗上细的树干基本形；再用图案填充命令（Hatch）填充形成树干；交替按 F3 键直到确认打开捕捉设置为止，设置"最近点"捕捉方式，用样条曲线命令（Spline）绘制上面的树枝；再用样条线（Spline）绘制条状的树叶，按 F3 键关闭捕捉设置来绘制条形树叶；最后将"中实线"图层置为当前，用直线命令（Line）绘制一条水平直线，表示地面，结果如图 5-54 所示。

【练习 5-27】无主轴干多枝形立面图绘制。步骤：用直线命令（Line），由下至上从粗到细绘制基本的无主轴框架，如图 5-55 所示；继续用直线命令（Line），绘制前交替按 F3 键确保关闭捕捉设置，开始绘制树枝末梢；最后将"中实线"图层置为当前，用直线命令（Line）绘制一条水平直线，表示地面，结果如图 5-56 所示。

 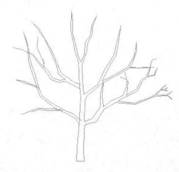 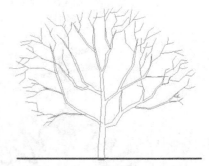

图 5-54　主轴干侧分枝形立面　　图 5-55　绘制无主轴树干基本形　　图 5-56　绘制无主轴树多枝形立面

【练习 5-28】无主轴干垂枝形立面图绘制。步骤：将"细实线"置为当前，用直线命令（Line）绘制树干基本形，结果如图 5-57 所示；设置"中实线"为当前图层，用图案填充命令（Hatch）填充树干；设置"中实线"为当前图层，用样条曲线命令（Spline）绘制树梢；将"中实线"图层置为当前，最后用直线命令（Line）绘制一条水平直线，表示地面，结果如图 5-58 所示。

图 5-57　无主轴干的基本形绘制　　　　图 5-58　无主轴干垂枝形立面图

【练习 5-29】无主轴干丛生形立面绘制。步骤：首先用圆命令（Circle）和直线命令（Line）画一个半圆，作为基本形，如图 5-59 所示；再用样条曲线命令（Spline）绘制无主轴干丛生形植物形状，如图 5-60 所示；然后用删除命令（Erase）删掉基本形中的圆弧，用特性匹配命令（Matchprop）将水平直线更改为中实线，如图 5-61 所示。

【练习 5-30】无主轴干匍匐形立面绘制。步骤：首先用直线命令（Line）绘制一条水平直线，设置"中点"捕捉、极轴追踪 90°模式，绘制一个匍匐形立面的基本框架。再用修剪命令（Trim）

修剪，如图 5-62 所示；设置"中实线"图层为当前图层，用样条曲线命令（Spline）绘制匍匐树干的基本形，结果如图 5-63 所示；继续用样条曲线命令（Spline）绘制树枝，结果如图 5-64 所示；用删除命令（Erase）删除辅助的基本形弧形，最后如图 5-65 所示。

图 5-59　绘制基本形　　　　　图 5-60　绘制树丛基本形　　　　　图 5-61　完成树丛立面图

图 5-62　基本框架　　　　图 5-63　匍匐形主干　　　　图 5-64　添加树枝　　　　图 5-65　完成的匍匐树干立面

图 5-1 ~ 图 5-65 所示图形电子文件见"图 5-1.dwg"，除了以上几种树木的表现形式之外，还有具体的树木名称的水平投影表示形式，如图 5-66 所示。

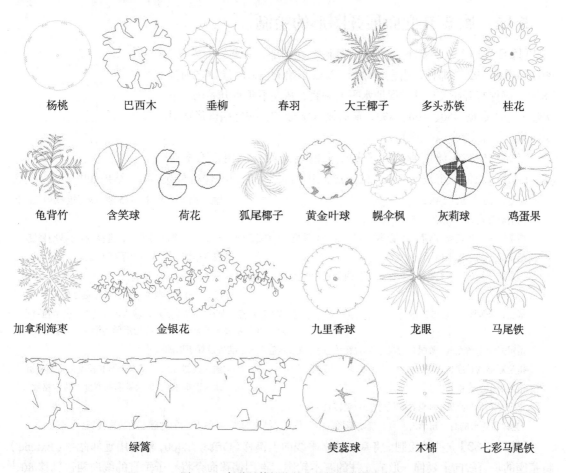

杨桃　　　　巴西木　　　　垂柳　　　　春羽　　　　大王椰子　　　　多头苏铁　　　　桂花

龟背竹　　　含笑球　　　荷花　　　狐尾椰子　　　黄金叶球　　　幌伞枫　　　灰莉球　　　鸡蛋果

加拿利海枣　　　金银花　　　九里香球　　　龙眼　　　马尾铁

绿篱　　　　　　　　美蕊球　　　木棉　　　七彩马尾铁

图 5-66　各种具体植物的水平投影表达形式

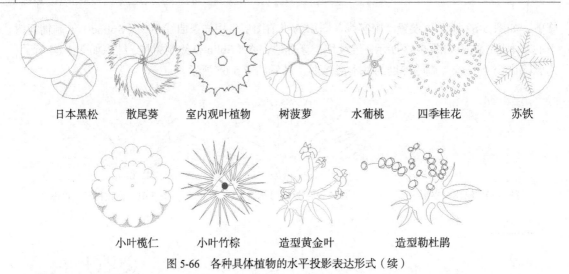

| 日本黑松 | 散尾葵 | 室内观叶植物 | 树菠萝 | 水葡桃 | 四季桂花 | 苏铁 |

| 小叶榄仁 | 小叶竹棕 | 造型黄金叶 | 造型勒杜鹃 |

图 5-66　各种具体植物的水平投影表达形式（续）

5.3　案例绘图分析——景观构筑物廊架的绘制

5.3.1　廊架 B 立面展开图形的绘制

【练习 5-31】绘制基座。创建"柱础"新图层，线宽为中实线，颜色为青色 192 的那种，用直线命令（Line）绘制柱础。绘制之前按 F8 键，确保打开正交模式，保证水平或垂直，从左下角点开始画，依次输入相关数据 450、400、450，最后输入字母 C，按空格键形成封闭矩形，结果如图 5-67 所示。

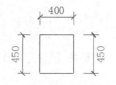

图 5-67　柱础绘制

【练习 5-32】绘制廊架柱子基座上的装饰部分。用矩形命令（Rectangle）绘制一个长 500×50 的矩形，矩形的圆角为 15，作为装饰部分，结果如图 5-68 所示。

命令: rec RECTANG　　　　　　　　　　　　　//输入字母 rec，按空格键，执行矩形绘图命令

当前矩形模式：圆角=15

指定第一个角点或[倒角(C)/标高(E)/圆角(F)/厚度(T)/宽度(W)]: f　　//输入字母 f，选择圆角，按空格键，

指定矩形的圆角半径 <15>:　　　　　　　　　　//按空格键，默认圆角距离为 15

指定第一个角点或[倒角(C)/标高(E)/圆角(F)/厚度(T)/宽度(W)]: from

　　　　　　　　　　　　　　　　　　　　　　　//输入 from，准备偏移方法绘制矩形

基点: <偏移>: @-50,0　　　　　　　　　　　　//单击 A 点，如图 5-68 所示，输入@-50,0，表示相对于 A 点，点向左边水平方向 50 单位为矩形的第一个角点

指定另一个角点或[面积(A)/尺寸(D)/旋转(R)]: d　//输入 d，准备设置矩形的尺寸

指定矩形的长度:　　　　　　　　　　　　　　　//输入数据 500，表示矩形的长度，按空格键

指定矩形的宽度:　　　　　　　　　　　　　　　//输入数据 50，表示矩形的宽度，按空格键

指定另一个角点或[面积(A)/尺寸(D)/旋转(R)]:

//光标在矩形的右上角单击一点，确定矩形的第二角点，结果如图 5-68 所示的柱础上的装饰线脚

【练习 5-33】立柱的绘制。将基座的水平线向上偏移（Offset）2400，然后用延伸命令（Extend）将基座的垂直线向上延伸，形成立柱的基本轮廓。再用偏移命令将柱子垂直的线向两边偏移 80，

结果如图 5-69 左图所示。之后，用修剪命令（Trim）将直线修剪，用删除命令（Erase）将多余直线删掉，结果如图 5-69 右图所示。设置"中点"捕捉模式，将"轴线"图层置为当前，用直线命令（Line）绘制柱子立面的中轴线。用图案填充命令（Hatch）对柱身进行材质填充，结果如图 5-70 所示。

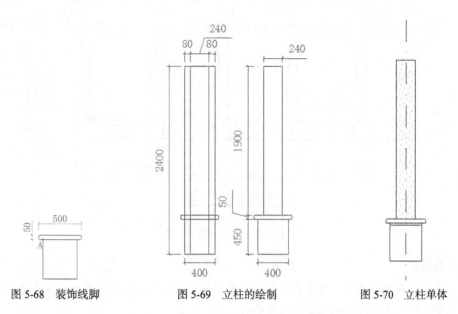

图 5-68 装饰线脚   图 5-69 立柱的绘制   图 5-70 立柱单体

【练习 5-34】立柱立面的绘制。用阵列命令（Array）对柱的单体进行阵列，每列之间的距离为 1650，结果如图 5-71 所示。然后完成立柱上的梁架、防腐木桁条的绘制。梁架的高度为 200 毫米，防腐木桁条的截面为 120 毫米 × 180 毫米，桁条之间的间距为 235.7 毫米。板凳的防腐木厚 80 毫米，并对材料的图案进行填充（Hatch），结果如图 5-72 所示。

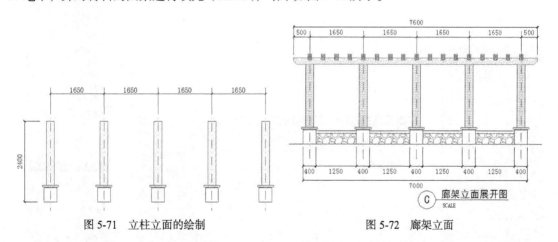

图 5-71 立柱立面的绘制   图 5-72 廊架立面

【练习 5-35】廊架立面的标注和注解。选择"标注"菜单栏下的"多重引线"命令（Mleader），对立面的材料等进行文字注解编辑。具体操作步骤，请看下面的"注意与提示"内容。选择"标注"菜单栏下的"线性标注"和"连续标注"对立面图进行标注。在添加标高的时候，用直线命令（Line）绘制等腰直角三角形的标高符号，创建定义块（Block），再定义属性，输入文字"%%p0.00FL"，前面的%%p 表示正负符号，后面的 FL 表示地板线，0.00 表示以米为单位的标高值。接着用修改属性命令（Attdef）进行编辑和修改。绘制的廊架立面展开图的结果如图 5-73 所示。

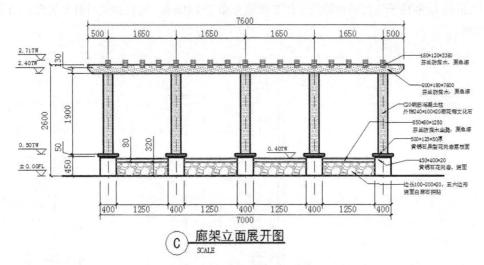

图 5-73　廊架立面展开图

注意与提示

在做多重引线标注之前，首先要定义"多重引线"的格式，之后才开始标注多重引线，撰写文字的注解，这也是 AutoCAD 2013 的新功能。

① 用 AutoCAD2013 界面的"格式"菜单栏，单击"多重引线样式"，进行格式的定义和编辑，如图 5-74～图 5-76 所示。

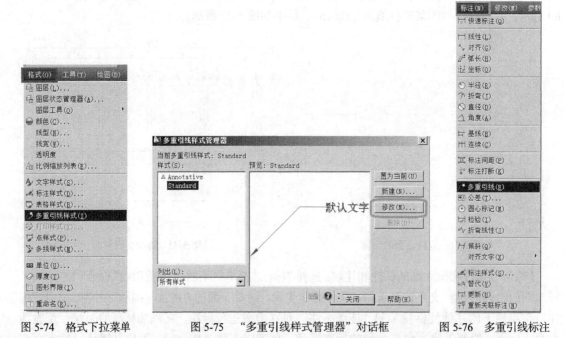

图 5-74　格式下拉菜单　　　　图 5-75　"多重引线样式管理器"对话框　　　　图 5-76　多重引线标注

② 打开"多重引线样式编辑器"对话框之后，有三个选项的对话框，分别对"引线结构""引线格式""内容"进行编辑和修改。其中"引线结构"选项，设置"最大引线的点数"为 2，设置

基线距离为 300;"引线格式"选项的常规数据默认,箭头的大小设置为 100;"内容"选项,设置文字的大小,数据为 90,其他默认;之后单击确定按钮,确定"多重引线"格式的定义和设置,如图 5-76~图 5-79 所示。

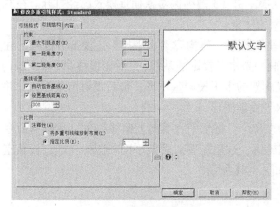

图 5-77　"引线结构"图　　　　　　　　　图 5-78　"引线格式"图

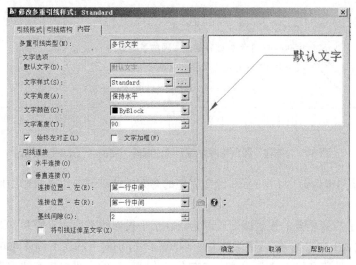

图 5-79　"内容"图

③ 对"多重引线"格式进行修改定义后,用单击打开 AutoCAD2013 界面的"标注"菜单栏,单击其下拉菜单的"多重引线"命令,就可以进行多重引线标注了。标注时,光标从右边 A 点开始,向左移动到 B 点,第三点指向箭头位置 C 点。然后输入相应的文字,单击对话框中的确定按钮,结果如图 5-77 所示。依次从下至上多重引线逐个完成,如图 5-80 所示。

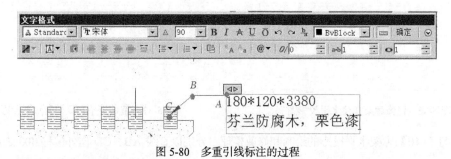

图 5-80　多重引线标注的过程

5.3.2　廊架水平投影图形的绘制

【练习 5-36】绘制垂直的投影。将"轴线"图层置为当前，用构造线命令（Xline），选择垂直方式（V）构造线进行绘图，设置"端点"捕捉方式，按 F3 键确保对象捕捉模式已经打开。在原有廊架 B 立面展开图的基础上进行投射绘制。

绘制投影时，首先用构造线命令（XLine）垂直投射，建构廊架水平投影主要部分框架的柱身、柱础和梁架主体部分；再用直线命令（Line）画一条水平投影的基线；之后用偏移命令（Offset）进行偏移；接着用修剪命令（Trim）修剪，完成廊架的水平投影基本形；最后投射桁条部分，并利用偏移、修剪等命令进行修剪，完善廊架的水平投影图形。

【练习 5-37】绘制廊架水平投影基线。用偏移命令，将水平直线向上偏移 2580，用修剪命令（Trim）和圆角命令（Fillet）修剪和整理，形成轮廓。这里需要对廊架平面一侧的柱础、板凳座面、柱身等进行修剪，形成一侧的基本形状，如图 5-81 所示。

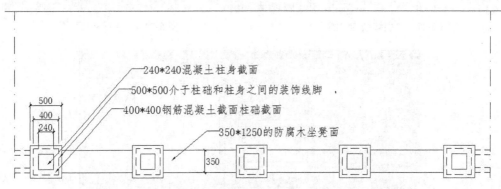

图 5-81　偏移、圆角修改之后形成的廊架一侧的立柱水平投影图

【练习 5-38】用镜像命令（Mirror）绘制完整的廊架的柱础部分水平投影图形，结果如图 5-82 所示。

【练习 5-39】投影桁条的投射线。绘制桁条在水平投影线宽度的上限和下限，即用直线命令（Line）连接直线 AB 和 CD，然后用偏移命令（Offset）分别向上和向下偏移 400 形成上限直线 l_{01} 和下限直线 l_{02}；用偏移和修剪命令（Offset & Trim）绘制梁架的水平投影直线，梁架的宽度为 180，如图 5-83 所示。准备工作后，可以用构造线命令（Xline），选择垂直（Vertical）投射选项，设置"端点"捕捉方式，从左向右依次单击立面图上桁条的"端点"，向上投射所有桁条的水平投影线，结果如图 5-84 所示。

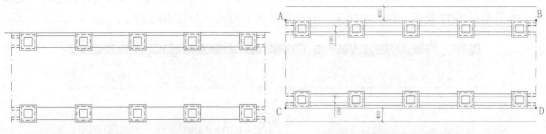

图 5-82　镜像廊架立柱水平投影图　　　　图 5-83　偏移桁条和梁架的水平投影

【练习 5-40】廊架水平投影的绘制和修剪整理。分别以直线 AB、CD 向外偏移 400 之后形成的

两条直线 l_{01} 和 l_{02}，用修剪命令（Trim）修剪，形成的水平投影的上下限范围。依据此图形，考虑到俯视时从上至下，有可见与不可见的直线，要遵循从上至下，有可见与被遮盖、被覆盖或者不可见的原理，绘制和修改水平投影图形，用打断命令（Break）修剪整理图形，结果如图 5-84 所示。

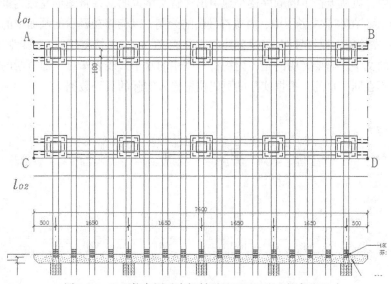

图 5-84　立面桁条图垂直投射到平面图上形成桁条位置

水平上限直线 l_{01} 和下限直线 l_{02} 表示廊架桁条在水平投影平面图中的界限范围，如图 5-85 所示。廊架经过修剪等处理后形成的水平投影如图 5-86 所示。

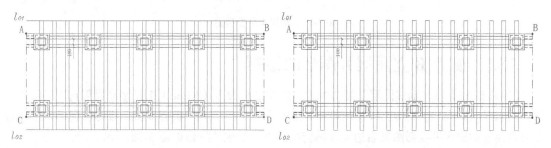

图 5-85　廊架水平投影范围　　　　　图 5-86　廊架经过修剪等处理后形成的水平投影

注意与提示

用打断命令时，设置"交点"捕捉模式，并按 F3 键，确认"捕捉"打开时，执行捕捉；输入"f"，英文 From 的缩小，表示"从什么开始"，单击第二个"交点"作为第二点，之后按 Enter 键，AutoCAD 提示、注解过程如下。

命令：BREAK	//输入字母 break，按 Enter 键，执行打断命令
选择对象：	//单击准备要打断的直线或对象，按空格键确认
指定第二个打断点 或[第一点(F)]：f	//输入字母 f，按空格键，表示从什么点开始了
指定第一个打断点：	//设置"交点"捕捉模式，单击第一个交点
指定第二个打断点：	//单击第二个交点

【练习 5-41】廊架水平投影的尺寸标注和文字注解。标注尺寸前，先设定"标注"图层作为当前图层，在 AutoCAD 经典界面的上端单击"格式"下拉菜单；选择先前设置和定义的标注格式，然后在 AutoCAD 经典界面的上端单击"标注"下拉菜单，展开并选择"线性标注"命令；

标注前，按 F3 键，设定"端点""中点"捕捉模式，即可执行标注命令。第二个标注命令，选择"连续标注"被标注图形中，下端和右端进行标注，结果如图 5-87 所示。廊架的材料施工和文字注解，继续沿用画立面图时的"多重引线"格式既有的定义，继续用"多重引线"标注命令（Mlead），在水平投影图中，以从上往下的顺序逐个地引出注解文字说明，并将图形左边尽量调整对齐，结果如图 5-87 所示。在水平投影图中，内视符号图的绘制，以能够在显示的画面中的相对大小和视觉效果为最佳。先绘制内视符号图，然后创建和定义成块（Block）；接着用"定义属性"命令（Attdef），插入需要输入的文字。需要说明的是，内视符号图中的水平直线表示：下面所绘的图与水平投影图在同一页；不在同一页的，根据实际的页码位置输入实际的页码数据。

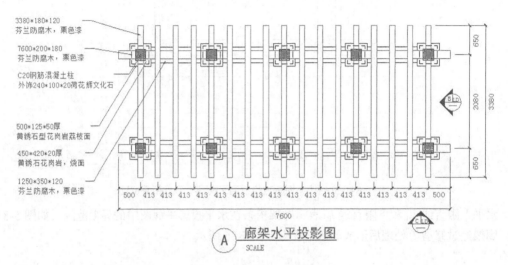

图 5-87　廊架水平投影图

5.3.3　廊架 B 立面展开图形的绘制

【练习 5-42】将"轴线图层"置为当前，用构造线命令（Xline）选择水平投射选项，绘制 B 立面的水平投影线。水平构造线绘制时，先设置"端点""交点"捕捉模式；投影投射的水平构造线分别经过廊架水平投影图最右边轮廓的特征拐点，形成的投影如图 5-88 所示。

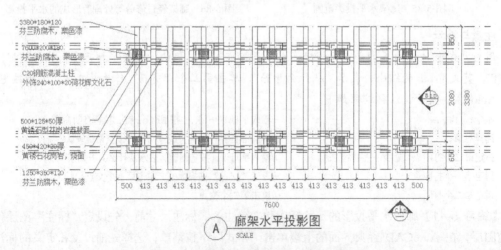

图 5-88　廊架水平投影图水平投影线的绘制

【练习 5-43】绘制经过廊架 B 立面展开图的水平投影构造线。用构造线命令（Xline）选择水平投射方式，设置"端点"模式，捕捉廊架 C 立面的轮廓关键点进行投射，形成水平的投影图形，结果如图 5-89 所示。

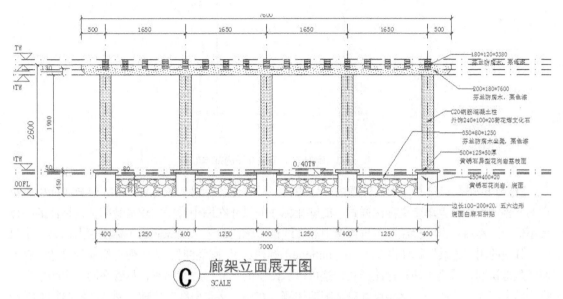

图 5-89 廊架 B 立面展开图的水平投射直线的绘制

【练习 5-44】绘制廊架 B 立面展开图的基本框架。将"柱础"图层置为当前，在廊架水平投影图和廊架 B 立面展开图的右侧画一条垂直直线；经过水平投影图上端的水平投影与垂直直线的交点，作一条 135°角的构造线，用来从水平投影图上折射水平构造线，结果如图 5-90 所示。绘图前，设置"交点"捕捉模式，按 F3 键确保"捕捉"打开。经过水平投影图投射过来，水平直线与含 135°构造线产生各个交点；用构造线命令（Xline）选择垂直构造线选项（V），捕捉"交点"，依次绘制并折射垂直构造线，投射到廊架 B 立面展开图的水平投射图上面，结果如图 5-91 中右上角"橙色方框"中的基本图形。

【练习 5-45】廊架 B 立面展开图的修剪和完善。用修剪命令（Trim）、打断命令（Break）和删除命令（Erase）等进行修剪，基本框架如图 5-91 右上角所示，修剪完成的廊架 B 立面展开图的基本形和基本框架如图 5-92 所示。

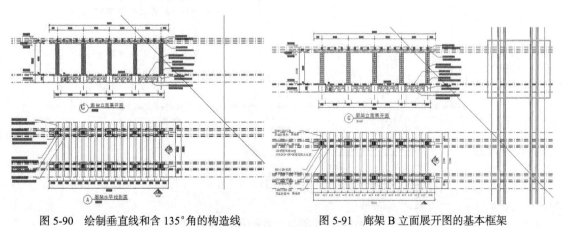

图 5-90 绘制垂直线和含 135°角的构造线   图 5-91 廊架 B 立面展开图的基本框架

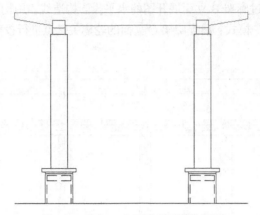

图 5-92　廊架 B 立面展开图的基本形

【练习 5-46】廊架 B 立面展开图的标注和文字材料注解。用 AutoCAD 2013 经典界面中菜单栏的"格式"下拉菜单定义标注样式，能够让标注的尺寸在图中看得比较清楚明了，标注的字体大小适当。然后单击"标注"下拉菜单中的"线性"标注命令（Dimlinear）标注起点的第一个尺寸，其他的用"连续"标注命令（Dimcontinue）标注。尺寸标注时，为了便于标注的尺寸能够方便清楚地识别，采用了两种标注样式，这可以从图中的尺寸标注看出来，尽管在同一个图中尺寸标注的文字大小要统一。材料尺寸等文字的注解，在用"多重引线"之前，用 AutoCAD 2013 经典界面中"格式"下拉菜单中的"多重引线样式"来定义多重引线的样式；再用"多重引线"命令（Mleader）进行材料和文字的注解工作。材料和图案用"图案填充"命令（Hatch）填充，最后的结果如图 5-93 所示。形成的廊架三视图，即水平投影图、廊架 C 立面展开图和廊架 B 立面展开图所形成的布局，如图 5-94 所示。图 5-67 ~ 图 5-94 制图电子文件见"5-67.dwg"。

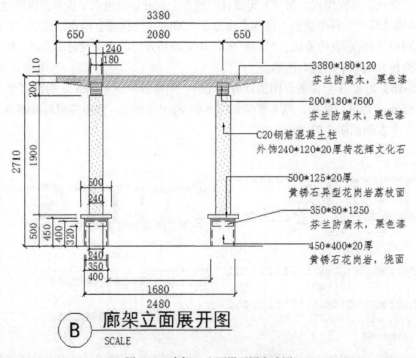

图 5-93　廊架 B 立面展开图完成图

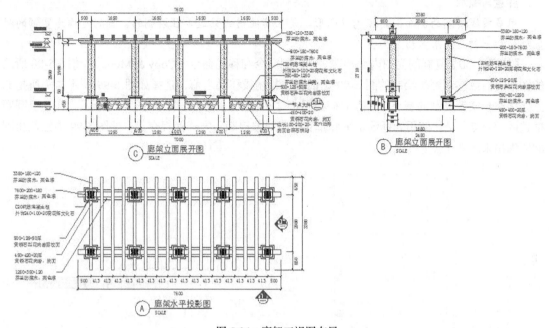

图 5-94　廊架三视图布局

5.3.4　廊架剖面大样图的绘制

1. 廊架立柱基础剖面图的绘制

剖面大样图的绘制可以反映建筑物内部构造和空间关系的图样，是指导施工的依据。

【练习 5-47】复制柱子基本形。用复制命令（Copy）将廊架 B 立面图复制，然后用删除（Erase）、修剪命令（Trim）等进行修剪整理，结果如图 5-95 所示。由于是大样图，只需要保留柱身部分，上端的大部分都省略，用折断线表示，最后绘制结果如图 5-96 所示。电子文件见"图 5-95.dwg"。

【练习 5-48】偏移地面线。用偏移命令（Offset），将地面线向下依次偏移 10、10、40、50 个单位，如图 5-97 所示。

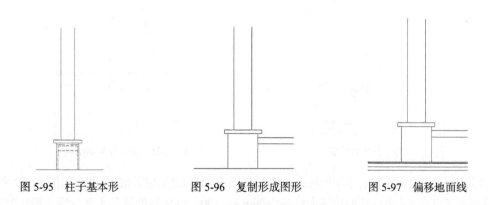

图 5-95　柱子基本形　　　　图 5-96　复制形成图形　　　　图 5-97　偏移地面线

【练习 5-49】绘制剖面图的内部构造。用多段线命令（Polyline）绘制如图 5-98 所示的尺寸和标注来绘制图形。用多段线命令绘制直线和图形的好处在于，单击一次就能选择整体的图形对象，为编辑过程减轻负担。

注意与提示

用多段线绘制的剖面图内容构造图形，是在其他图的旁边单独绘制的，目的是作为复制的对象移入柱子剖面图基本形里面去。

【**练习 5-50**】复制剖面图内部构造。用复制命令和移动命令（Copy & Move），将图 5-98 所绘的图形复制或移动到所绘制的图 5-99 上面去，复制或移动之前，选择如图 5-99 所示箭头所指的点作为移动或者复制的基点，基点的捕捉用"对象追踪"捕捉方式。如图 5-99 所示，在红色圆圈框选的"交点"处，使用光标的水平和垂直的"对象追踪"方式捕捉交点。即图 5-99 中红色粗圆圈所圈出来的那个点。

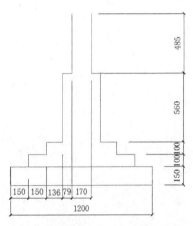

图 5-98　多段线绘制的柱础内部图形

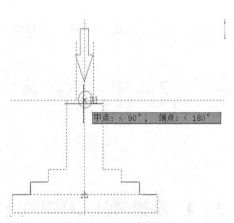

图 5-99　指定移动基点

【**练习 5-51**】复制时，基点选择用偏移方式 From。捕捉第一个点，用"对象追踪"方式；第二点，选择 From（偏移）选项，用偏移命令，选择如图 5-100 所示的"中点"作为基点；偏移向下的点，为相对于基点的点，在命令状态栏中输入（@0，-15），结果如图 5-101 所示。

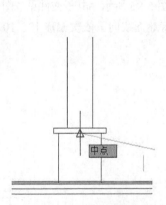

图 5-100　偏移前的基点

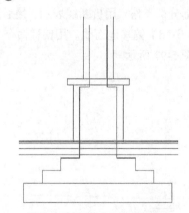

图 5-101　移动和复制结果

【**练习 5-52**】用多段线命令（PolyLine），绘制填充的辅助线和折断线，结果如图 5-102 所示。用偏移命令（Offset）将柱础的边线向柱础内部偏移 100；将座凳的两条水平直线，用延伸命令（Extend）延伸，再用修剪命令（Trim）修剪，结果如图 5-103 所示。

2. 廊架立柱基础剖面图的文字注解和标注

【**练习 5-53**】填充和文字注解剖面图。用偏移命令（Offset）补全剖面图中柱础和柱身结构，用直线命令（Line）绘制和补充可能要填充的辅助直线，结果如图 5-104 所示。删掉（Erase）添加的辅助线，用图案填充命令（Hatch）填充，结果如图 5-109 所示。

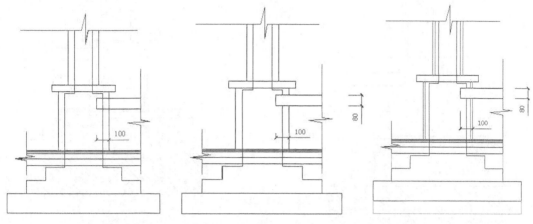

图 5-102　折断线和座凳线绘制　　图 5-103　柱子剖立面图基本形　　图 5-104　添加的辅助线

【练习 5-54】标注格式的修改和多重引线格式的修改和调整。用 AutoCAD 工作界面上端的菜单栏的格式菜单栏的"标注样式"命令（Dimstyle）定义标注样式，新建一个标注样式，取名为"副本立面样式"，文字高度 40，线的起点偏移量 60，箭头大小为 20，定义的结果如图 5-105 所示。与此同时，在 AutoCAD 的工作界面，单击"格式"菜单栏的"多重引线样式"命令（Mleaderstyle），定义多重引线。多重引线的定义，首先新建一个多重引线样式，取名为"副本立面样式"多重引线样式，引线的格式为常规类型的"圆点"，文字高度为 40，文字角度保持水平，箭头大小为 30，最大引线点数为 2，然后置为当前，多重引线的结果如图 5-106 所示。用 AutoCAD 界面上的标注菜单的标注命令（Dimlinear）和多重引线标注命令（Mleader），对廊架柱子和基础进行标注和注解，结果分别如图 5-107 和图 5-108 所示。用尺寸的标注和文字的注解，以及图名的复制（Copy）和缩放（Scale）调整，由于这幅图纸尺寸总体较小，不能沿用前面的图名大小，需要缩小一些，以便调节大小对比，使之整体视觉上协调，结果如图 5-109 所示，也就是完成的廊架制图的在第四页的位置，可以用廊架 C 立面展开图中的详图圆圈数字来说明。

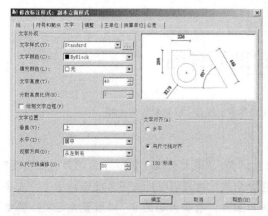

图 5-105　标注样式的格式定义

图 5-106　多重引线的格式定义

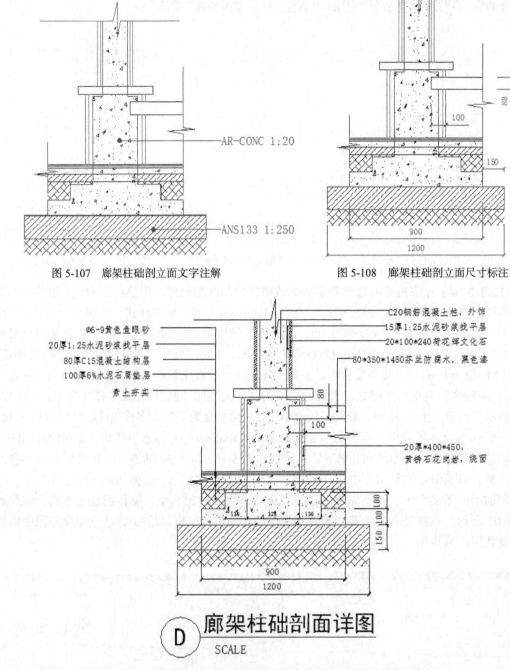

图 5-107　廊架柱础剖立面文字注解　　　　　图 5-108　廊架柱础剖立面尺寸标注

图 5-109　廊架柱础剖立面详图的标注和多重引线及文字材料等的注解

注意与提示

用"多重引线"命令进行格式的定义，引线结构调整："最大引线点数"为 2，"第一段角度"为 45，"第二段角度"为 45，"基线设置"为自动包含基线。内容调整：文字角度保持水平、文字高度为 40、引线连接为水平。引线格式调整：箭头为圆点，箭头大小为 8，然后置为当前。多重引线的编辑，可以用多重引线的节点编辑和调节位置单击多重引线，呈现为蓝色节点，之后单击三角形的节点，变成红色，如图 5-110 所示；再用光标拖动调节需要编辑文字的位置，结果如图 5-111 所示。

图 5-110　多重引线的节点编辑 1　　　　　　　　图 5-111　多重引线的节点编辑 2

多重引线如图 5-112 所示左上角的多重引线的对齐，可以用多重引线的格式定义，如上面所讲的多重引线格式的定义，用多重引线命令标注第一个引线；打开正交模式，关闭捕捉模式，标注第二个多重引线时，在命令提示行中选择"C"，确定"内容优先"选项，先书写内容，再牵引引线，第二段的直线末端靠近接近第一次引线的直线端，如图 5-112 中显示的虚线（即第一条多重引线）显示的垂直部分，并沿着直线向下移动，与第一次引线的垂线重合，最后的端点放在如图 5-113 中不同的施工和材料的图层中。从图中可以看到有不同位置的圆形小点，依此类推，画出第三根、第四根引线等，直到完成为止。

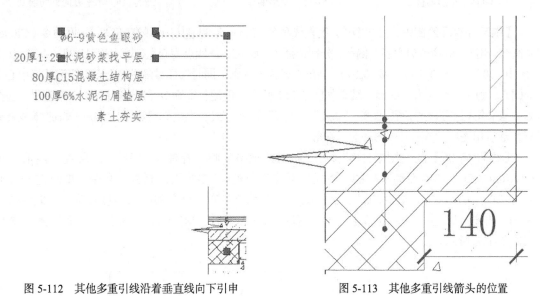

图 5-112　其他多重引线沿着垂直线向下引申　　　　图 5-113　其他多重引线箭头的位置

5.3.5　廊架柱身平面配筋图的绘制

1．绘制柱身水平投影配筋图

【练习 5-55】偏移绘制柱身平面。将"柱础"图层置为当前，用矩形命令（REC）绘制一个边长为 500 的正方形，用偏移命令（Offset）将绘制的矩形向内偏移 50，继续向内偏移 80，如图 5-114 所示。

【练习 5-56】偏移柱础配筋基本形。用偏移命令（Offset）将边长 240 的正方形向内偏移 20，结果如图 5-115 所示，图中"亮显"状态，边长为 200 的矩形。

【练习 5-57】绘制水平方向钢筋。用多段线命令（Polyline），设置线宽为 6，沿②所偏移形成的两个"亮显虚线"状态的矩形绘制正方形，这两个明显的粗线，表示水平方向的钢筋，如图 5-116 所示。

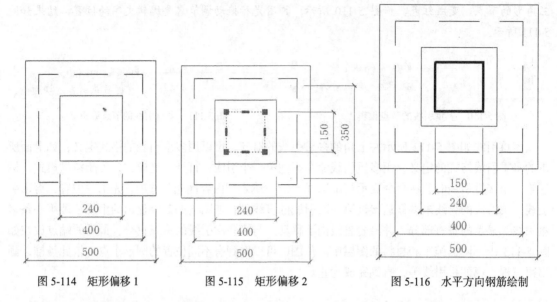

图 5-114　矩形偏移 1　　　　图 5-115　矩形偏移 2　　　　图 5-116　水平方向钢筋绘制

【练习 5-58】绘制垂直方向钢筋。用直线命令（Line）绘制连接矩形的对角线，用圆命令（Circle）画圆时，用 From 命令启用起点偏移，分别选择 A、B、C、D 四点为起点，输入相对坐标（@10,-10）、（@-10,-10）、（@-10, 10）、（@10,10），画出半径为 6 的圆，同时选择对角线的交点（矩形几何中心）为圆心，画一个半径为 4 的圆，结果如图 5-117 所示。再用打断命令（Break），输入 F 选项，选择第一点和第二点进行打断；设置"端点""交点"捕捉方式，再用修剪命令（Trim）修剪掉多余部分，最后用图案填充命令（Hatch）填充。

【练习 5-59】注明廊架柱身水平钢筋图的规格。将"标注（文字）"图层置为当前，单击 AutoCAD 工作界面菜单栏的"格式"下拉菜单的 "多重引线样式"命令，重新定义并取名为"廊架柱子平面配筋样式"；引线结构点数为 2、第一角度和第二角度都为 0、文字高度为 30，单击"标注"下拉菜单栏下的"多重引线"命令（Mleader），进行标注和注解，结果如图 5-118 所示。

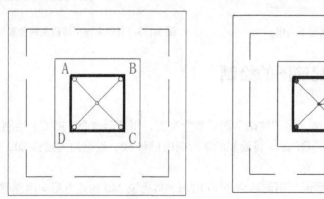

图 5-117　打断和修剪的结果

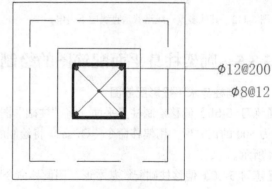

图 5-118　绘制垂直钢筋图

2. 绘制立柱立面配筋图

【练习 5-60】绘制立柱配筋基本形。新建"立面配筋"图层，粗实线为 0.35，颜色的数值为 30，土黄色，将此图层置为当前。用复制命令（Copy）将"廊架柱础剖面详图"复制一个，删除

（Erase）混凝土柱的填充图案，用修剪命令（Trim）将中间的地面构造部分直线修剪掉，结果如图 5-119 所示。

【练习 5-61】绘制垂直方向的钢筋。用多段线命令（PolyLine）绘制，在 AutoCAD 工作界面的下端命令状态栏中输入 PL，按 Enter 键；并在 AutoCAD 的提示下，设置线宽为 12，在"指定起点"的提示下，输入 From，准备用起点偏移命令；在"基点"的提示下，打开捕捉模式，捕捉 A 点，如图 5-119 所示的左上端。输入相对坐标（@10,0），按 F8 键打开正交模式，光标向下移动；在"指定下一点"提示下，继续输入 From，按空格键，输入 Per（表示垂直），捕捉垂直线与基础下端直线相交的垂足，输入相对坐标（@0,18），按空格键确认；继续保持正交模式，光标向左水平移动，输入 320，按空格键；光标垂直向上，输入 40，按空格键；光标继续水平回头向右，输入 50，按空格键两次，结束多义线绘制，完成垂直方向一侧钢筋垂直方向的配筋。

【练习 5-62】垂直钢筋底端圆角绘制。在命令状态栏中输入字母 F，按空格键，执行圆角命令（Fillet）；在命令栏的提示下，输入字母 R，选择圆角的半径为 10，绘制结果如图 5-120 所示。

【练习 5-63】镜像复制钢筋配筋。用镜像命令（Mirror），单击刚才绘制的垂直的钢筋配筋的多段线，结果如图 5-121 所示。

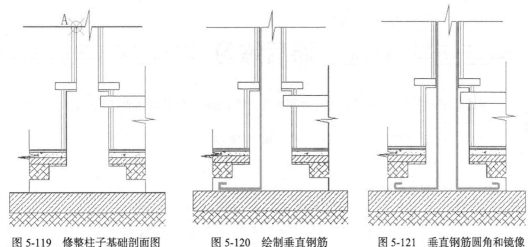

图 5-119　修整柱子基础剖面图　　　图 5-120　绘制垂直钢筋　　　图 5-121　垂直钢筋圆角和镜像

【练习 5-64】绘制水平配筋。用多段线命令，设置线宽为 6，用起点偏移步骤（From）；输入 PL 之后，在"指定起点"提示下，输入 From，单击捕捉 B 点，输入相对坐标（@0,200），光标向右；在 AutoCAD "下一点"的提示下，输入 Per，捕捉与对面 "配筋直线" 垂直的垂足，绘制完成第一条水平配筋直线，结果如图 5-122 所示。

【练习 5-65】阵列完成水平配筋。在 AutoCAD 工作界面的下端命令状态栏 AutoCAD 中输入 AR，用阵列命令（Array）由下向上阵列 6 条水平直线，垂直距离为+200，水平距离为 0，结果如图 5-123 所示。

【练习 5-66】绘制半径为 6 的钢筋截面。用圆命令（Circle），在绘制的水平配筋的下方，完成半径为 6 的圆，选择"Solid"图案填充；再用阵列命令（Array），将中间的圆向右阵列 4 个，距离为 100；再用镜像命令镜像，这样左右两边对称，结果如图 5-124 下端小圆点所示。

【练习 5-67】多重引线标注。将"标注"图层，置为当前，重新单击 AutoCAD 工作界面的"格式"下拉菜单，新建一个"廊架柱子配筋多重引线"样式，调整文字高度，内容等，以便于制图在视觉识图时看得清晰明了，单击 AutoCAD 工作界面中的"标注"下拉菜单的"多重引线"按钮，进行多重引线标注（Mleader），标注的结果如图 5-124 右边所示。

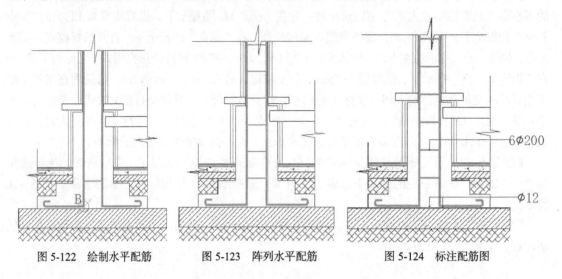

图 5-122 绘制水平配筋　　　图 5-123 阵列水平配筋　　　图 5-124 标注配筋图

课后练习

1. 请读者根据如图 5-125 所示的尺寸和标注，用 AutoCAD 软件完成以下图纸。

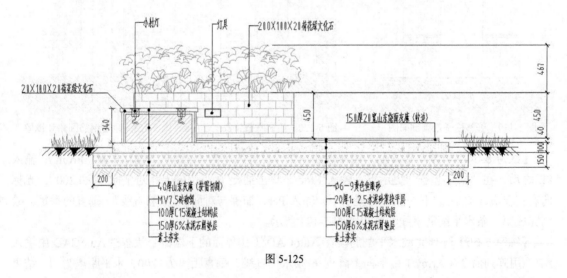

图 5-125

2. 请读者按照如图 5-126 所示的图形和尺寸绘图，完成长椅的水平投影图、正立面图、1-1 长椅剖立面图和 2-2 椅背局部剖面详图，并进行标注。

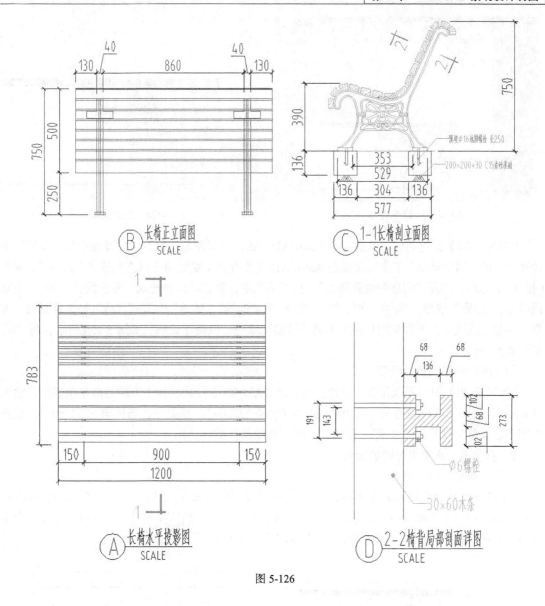

图 5-126

5.4　案例绘图分析——庭院景观设计图绘制

5.4.1　庭院景观水平投影图的绘制

1. 庭院景观水平投影图绘制前的准备

（1）图层设置。

【练习 5-68】保存文件类型。新建一个 AutoCAD 2013 的新文件，打开后按 Ctrl+S 组合键，将文件保存，出现一个对话框。选择文件类型，有"dwg"文件和"dxf"文件两种，分为 2013、2010、2007、2004 还有 AutoCAD R14 等多种版本文件。此时选择保存"AutoCAD 2013 图形"的".dwg"文件类型，如图 5-127 和图 5-128 所示。

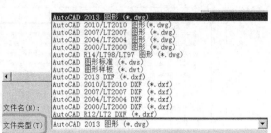

图 5-127　图形保存　　　　　　　　　　　　　　图 5-128　图形保存类型

【练习 5-69】新建图层。单击打开 AutoCAD　2013"草图与注释"工作界面中的"常用"下拉菜单中的"图层菜单"工作按钮或在 AutoCAD 工作界面下端的命令状态栏输入"Layer"，回车（按 Enter 键），打开"图层特性管理器"。在对话框中，新建"园林建筑"粗实线、"轴线"点划线线型、"虚线"线型、"标注"细实线、"文字""辅助线""铺地""草坪""砂"等多种图层，大部分是细实线线型，不同的图层赋予不同的线型和颜色，以便于识别。如图 5-129 所示，将"0"图层置为当前。

（2）图形界限和单位设置。

【练习 5-70】图形界限和单位设置。在 AutoCAD 2013 经典界面中下端的命令状态栏，输入"Limits"，将图形界限设置为"<0,0>"和"<42000,29700>"。在命令状态栏输入"Units"，设置绘图单位，单位设置为"毫米"，精度为"0"，其他条件默认。

2．庭院景观水平投影图的绘制

庭院景观基本形绘制。

【练习 5-71】绘制庭院景观平面的框架。用直线命令（Line），绘制一个长 14000、宽 9000 的矩形；用阵列命令（Array），绘制如图 5-130 所示的网格；分别从左向右、从下向上给每一个交点编上阿拉伯数字编号。庭院景观电子文件见"图 5-130.dwg"。

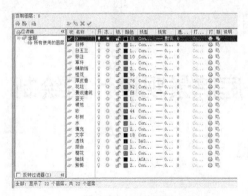

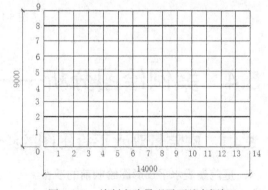

图 5-129　新建图层　　　　　　　　　　　图 5-130　绘制庭院景观平面基本框架

【练习 5-72】绘制景观建筑基础的位置范围。用多段线命令（Polyline），设置多段线的起始宽度和端点宽度为 5，以（0,1）为基点，向下偏移，输入（@0，-300）作为起点；第二点，向右绘制直线，输入相对坐标为（@2000,0）；第三点，折向垂直向上，输入相对坐标（@0,800）；第四点，水平向右，输入相对坐标（@2600,0）；第五点，垂直向下，输入相对坐标（@0，-200）；第六点，水平向右，输入相对坐标（@5000,0）；第七点，垂直向上，输入相对坐标（@0,200）；第八点，水平向右，输入相对坐标（@2000,0）；第九点，垂直向下，输入相对坐标（@0，-800）；第十点，水平向右，输入相对坐标（@2000,0）；第十一点，垂直向上，输入相对坐标（@0,7600）；第十二点，按 F8 键，保持正交模式，光标水平向左，直到最左边的一条垂线附近，输入字母 Per，捕捉垂足；最后输入字母 C（Close），完成封闭的景观基础的位置线范围。如图 5-131 所示，为用网格绘制的景观建筑基础的范围；如图 5-132 所示，关闭网格图层，呈现出景观建筑基础的范围图形。

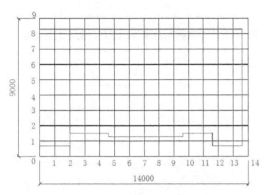

图 5-131　绘制景观建筑基础范围

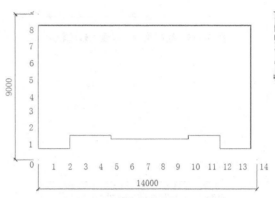

图 5-132　景观建筑基础范围图形

【练习 5-73】绘制庭院景观中的铺装。将"铺装"图层置为当前，用直线命令（Line）绘制阳台部分，一个长 3800、宽 1650 的矩形，用起点偏移步骤绘制；用"样条线"命令（Spline），绘制曲线形的铺装部分；用偏移命令（Offset），单击图中"蓝显"呈虚线有蓝色节点的曲线，向外偏移 500，向内偏移 150；并用延伸命令（Extend），将曲线形成封闭图形，形成交通路径；用修剪（Trim）命令进行修剪，形成水池轮廓；用多行文本命令（Mtext），将文字高度调整为 280，如图 5-133 所示。

【练习 5-74】绘制水池轮廓和砂坑轮廓。将"景观建筑"图层置为当前，用样条线命令（Spline）绘制水池轮廓和砂坑轮廓的造型。用偏移命令（Offset），偏移距离为 100、600，形成左边绿篱的基本形；用直线命令（Line）画辅助直线，用修剪命令（Trim）修整成绿篱的基本范围线型。绘制最左边、最上边和最右边的辅助线，与用多段线绘制出的边缘线保持 770 的距离，用来界定樱花树的位置，结果如图 5-134 所示。关闭"图层特性管理器"对话框中的"0"图层的灯泡，灯泡成为蓝灰色，如图 5-135 所示。"0"图层的线型关闭，线型不可见，也就是网格在屏幕上暂时看不见，结果如图 5-136 所示。

【练习 5-75】绘制水池的建筑装饰。用水池的边缘线依次向下偏移（Offset）100、100，然后用八等分修剪（Trim）和整理，完成水池的边缘装饰。将"水"图层置为当前，用"图案填充"命令填充水池的图案；将"砂"图层置为当前，填充砂坑区域的图案；设定"填充"图案用灰色彩填充路径；将"草坪"图层置为当前，填充中间的草坪。关闭"0"图层，让网格成为不可见。道路交通、水池、草坪、阳台等材料填充的初步状态如图 5-137 所示。

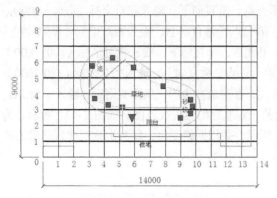

图 5-133　绘制路径、水池和砂坑轮廓

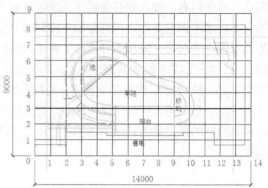

图 5-134　绘制树木、绿篱、道路、铺地的辅助线

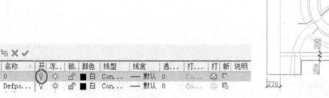

图 5-135　关闭灯泡，"0"图层不可见

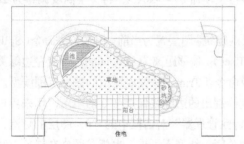

图 5-136　画线、偏移等形成的辅助线及尺寸

【练习 5-76】用圆（Circle）命令，将"辅助线"图层置为当前。充分利用网格来绘制各种树木基本形的位置，然后做适当的偏移（Offset），偏移距离为 50、100、200 等，可根据需要决定，如图 5-138 所示；然后，将不同的图层分别置为当前，用样条曲线命令（Spline）绘制杉树、柯树、紫薇、美国鹅掌楸和樱花，多数樱花的半径为 350，结果如图 5-139 所示。

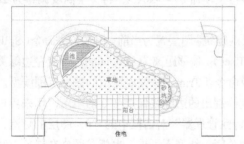

图 5-137　中间部分图案填充的初步状态

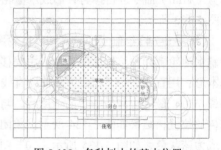

图 5-138　各种树木的基本位置

【练习 5-77】完成绿篱、铺装和汀步。首先将"辅助线"图层置为当前，用直线命令（Line）完成绿篱、铺装等的辅助线，用偏移命令（Offset）操作，偏移数据为 20、50 等不同数值，根据需要完成辅助线。分别将"绿篱""铺装"图层置为当前，绘制绿篱和铺装，铺装用多段线命令（Polyline）绘制，设置多段线的首尾线宽相同且比较粗，并用来绘制汀步，结果如图 5-140 左下角所示。绘制完成的绿篱，如图 5-141 所示。

【练习 5-78】填充图案材料、标注尺寸、注解文字并添加剖切符号，删除（Erase）多余辅助线，完成并完善景观场景水平投影图，如图 5-142 所示。绘制景观场景平面图中的剖切符号标识，将"辅助线"图层置为当前，用直线命令（Line）绘制辅助线 AB 和 CD；用多段线命令（Polyline），沿着辅助线的方向绘制"剖切符号"，如图 5-143 所示。给两个"剖切符号"分别命名为"A-A"与"B-B"，文字高度 300，最后将辅助线删掉。用文本命令（Mtext）绘制图名，文字高度 400，图名前绘制一个圆，圆的半径为 450，结果如图 5-144 所示。

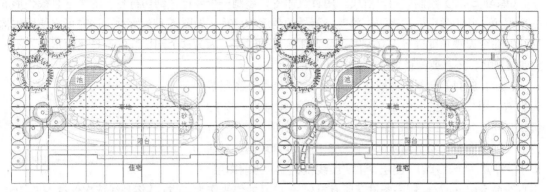

图 5-139　各种树木建立在辅助线上的完形　　　图 5-140　完善绿篱辅助线和铺装

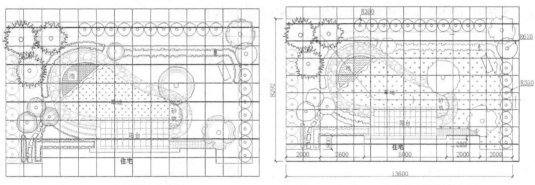

图 5-141　绘制完成的绿篱　　　　　　　　　图 5-142　完成景观场景投影图

【练习 5-79】用文本命令，给不同的植物命名。可以用文本命令书写一个文本之后，其他复制到对应的位置，再用文字修改命令（Ddedit）逐个更改成对应的正确名称；最后隐去网格，用删掉网格线或者关掉"0"图层的灯泡 💡，让网格线消失，将辅助线删掉，形成完整的庭院景观水平投影平面图，结果如图 5-144 所示。

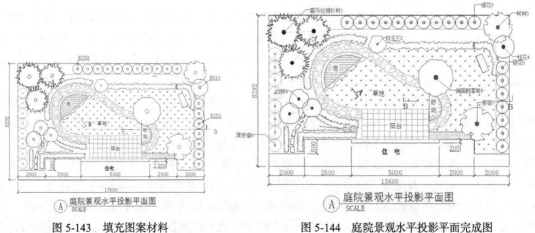

图 5-143　填充图案材料　　　　　　　　图 5-144　庭院景观水平投影平面完成图

5.4.2 庭院景观 A–A 剖面图的绘制

（1）绘制庭院景观 A-A 剖面图的基本框架。

【练习 5-80】绘制倾斜投射线。用直线命令，绘制一个经过"剖切符号"的水平直线，形成一个夹角，并用角度标注来测量角度，测量的角度为 40°，如图 5-145 所示。这样可方便用"构造线"命令设置角度进行垂直投射。读者在绘制的时候，因为这个剖切线的选择是模拟的，不一定都是 40°，还是要测量角度的步骤以确定角度。

【练习 5-81】绘制剖面图基本框架。将"轴线"图层置为当前，用"构造线"命令（Xline），设置角度 40°，按 F3 键，打开捕捉开关，设置"最近点""端点"捕捉方式，进行投射，如图 5-146 左下角所示。在"图层特性管理器"对话框中，新建一个"基础"图层，粗实线线型，置为当前图层，

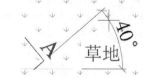

图 5-145　结合剖切符号画出的角度

用直线命令（Line），绘制一条贯穿所有投射线 130° 的斜线作为基线，并将基线依次偏移 500、500、400、500，结果如图 5-146 所示。还需注意如图 5-147 中一个红色的巨大的指向左下角方向的箭头，表示剖切符号，从这个方向看到的剖立面图就是 A-A 剖面图。

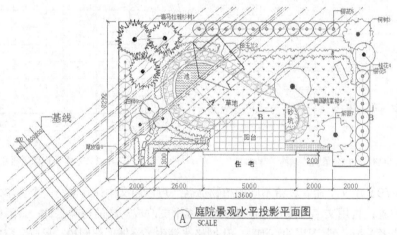

图 5-146　投射 A-A 剖面图框架 1

（2）绘制并修改完善庭院景观 A-A 立面图。

【练习 5-82】绘制水域中的等深线。用修剪命令（Trim），完成水池部分的基础设施，用含 40° 角的构造线来补充完成，如水池中不同等高线的投射线。这里的水面部分很小，为了安全起见，主要设置水池一个较浅水域、均匀的水底平面。经过修正形成的 A-A 立面图的框架，就是如图 5-147 左边所示部分。尽管现在还是歪斜的，但是可以用此图看到投射形成的结果。

【练习 5-83】绘制完成树木的立面图。用含 40° 角的构造线命令（Xline）投射没有被剖切到的远处的"喜马拉雅杉树""白桦树""厚皮香树"；用地平线的偏移（Offset），偏移的距离分别为 5000、3500、2000，完成树木的基本形框架；再用样条曲线命令绘制调整完成，上面是完成"喜马拉雅杉树"投射和偏移形成基本框架，结果如图 5-148 所示。同时也分别将"白桦树""厚皮香树"的基本形完成，其他的"白桦树"和"厚皮香树"用构造线命令（XLine）投射每一棵树的圆心；将"杉树"图层置为当前，用样条曲线命令（Spline），完成一棵喜马拉雅杉树的一半；再用镜像命令（Mirror）复制另一半，用"节点"调节形状；再用复制命令（Copy）捕捉圆心为投

射点，完成下一棵喜马拉雅杉树；用"修剪"命令（Trim）作适当的调整，让前面的树遮挡下面的树。厚皮香树用绘制喜马拉雅杉树相同的步骤。喜马拉雅杉树的绘制过程，如图 5-149 的图（1）、图（2）、图（3）、图（4）所示。

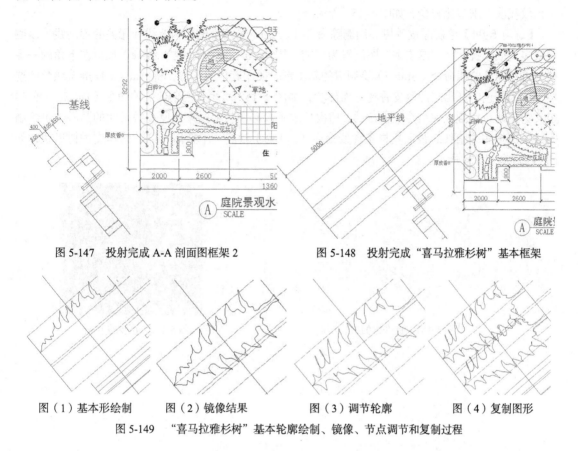

图 5-147　投射完成 A-A 剖面图框架 2　　　　图 5-148　投射完成"喜马拉雅杉树"基本框架

图（1）基本形绘制　　图（2）镜像结果　　图（3）调节轮廓　　图（4）复制图形

图 5-149　"喜马拉雅杉树"基本轮廓绘制、镜像、节点调节和复制过程

将"白桦树"图层置为当前，用样条曲线（Spline）命令绘制一棵白桦树。首先绘制树冠基本形，如图 5-150 图（1）所示；再用样条曲线命令（Spline）绘制树干，如图 5-150 图（2）所示；用多段线命令（PolyLine），根据树枝从树梢到树下的变化，画三种多段线，设置宽度 W：起始点分别是 20、18、10，端点分别是 10、8、6 不同变化，绘制树枝，如图 5-150 图（3）所示；用图案填充命令（Hatch），选择 Solid 选项填出树干，形成白桦树的剖立面图，结果如图 5-150 图（4）所示。

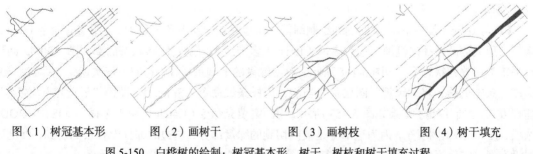

图（1）树冠基本形　　图（2）画树干　　图（3）画树枝　　图（4）树干填充

图 5-150　白桦树的绘制：树冠基本形、树干、树枝和树干填充过程

用创建块命令（Block）将白桦树定义成块，以便用插入法（Insert）选择经过圆心的透射点

来捕捉完成其他白桦树的绘制；在立面空间上，前面的白桦树插入的比例为 1，后面的白桦树插入的比例大于 1，这样显得比其他两棵树略高，空间层次感也变化不同，具体操作，请读者多练习比较。由于这些树在后面，剖切线不经过，制图上应该比较虚幻，只能看到基本的轮廓线，颜色比较浅淡，细节比较少，如图 5-151 所示。

【练习 5-84】绘制厚皮香树。用删除命令（Erase）删掉其他的构造线和无关的辅助线，以避免线多造成干扰。将"厚皮香"图层置为当前，用含 40°角的构造线（Xline）投射左下角的一棵树；再用样条曲线命令（Spline）绘制树的基本形；关闭其他的图层，将 AutoCAD 屏幕颜色的选项设置为灰色，显出来的厚皮香树立面形状，如图 5-152 所示。用创建图块命令（Block），创建定义为图块；用插入块命令（Insert），捕捉从水平投影图投射过来的厚皮香平面的圆心，再绘制完成。删掉多余直线，最后用样条曲线命令（Spline）绘制一个整体（群）的厚皮香树形状，如图 5-153 和 5-154 所示。

图 5-151　白桦树的绘制

图 5-152　厚皮香立面

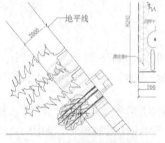

图 5-153　完成的厚皮香树群

图 5-154　树群整体形

【练习 5-85】绘制完成绿篱。将"轴线"图层置为当前，用构造线命令（Xline）投射出绿篱范围，用偏移命令（Offset）将地平线偏移 1000、修剪完成所有绿篱的基本范围，分别在 CD 两点和 EF 两点之间；用构造线命令，绘制出道路路径的范围投射线，在直线 m1 和 m2 之间，如图 5-155 所示。

【练习 5-86】旋转 A-A 立面图和绘制绿篱。将地平线向左下角偏移 150，用修剪命令（Trim）修剪，形成道路路径的范围，最后删掉（Erase）多余线条。旋转倾斜状态的剖面图 130°，回到水平正常摆放的状态下，如图 5-156 所示。单击绿篱的上端水平线，再向下依次偏移 50、50、50，形成三条辅助线；将"绿篱"图层置为当前，用样条线命令（Spline），设置"最近点""端点"捕捉方式，绘制绿篱，结果如图 5-157 所示。用图案填充命令（Hatch），单击选择"GOST-WOOD"选项，按 30 倍比例填充，因为这部分是被剖切到的绿篱部分，左边的部分没有被剖切到，即剖切线没有经过它就不填充了。只有基本轮廓，绘图过程省略，结果如图 5-158 所示。

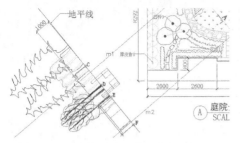

图 5-155 绘制绿篱和道路路径范围线

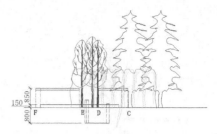

图 5-156 A-A 剖面图水平基本形

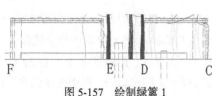

图 5-157 绘制绿篱 1

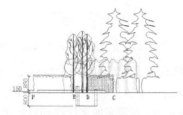

图 5-158 绘制绿篱 2

【练习 5-87】绘制水池图形。将"景观建筑"图层置为当前,用多段线命令(Polyline)绘制,设置线宽 W,起始宽度和端点宽度都是 20,沿着图 5-159 所示的水池直线再绘制一遍。此时,在水池的地下部分,基础扩大了,分别向左和右画含 72°和 108°角的倾斜直线。再将"水"图层置为当前,用偏移命令(Offset)单击地平线,向下偏移 100,修剪后形成水面直线的水平线;再用图案填充命令(Hatch),填充水面。完成后如图 5-160 所示左下端。

【练习 5-88】完成 A-A 立面图。用修剪命令,分出前后层次,修剪图形。初步完成的情况如图 5-160 所示的整体图形。

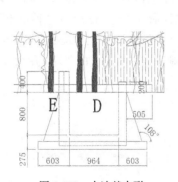

图 5-159 水池基本形

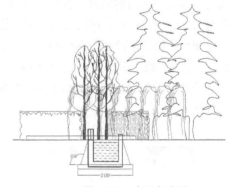

图 5-160 水池完成图

【练习 5-89】完善完成 A-A 立面图。用标注命令(Mleader)标注;用直线命令(Line),并打开对象追踪,绘制波折线,再进行复制(Copy);用多段线命令(Polyline)绘制道路路径被剖切到的部分;用插入块命令(Insert)插入草坪立面块,最后结果如图 5-161 所示。

(3)绘制和完成庭院景观 A-A 剖面图。

【练习 5-90】重新绘制折断线。复制 A-A 立面图,再进行删减,得到 A-A 剖面图的基本形,保留部分绿篱和完整的水池,并重新绘制折断线,如图 5-162 所示。

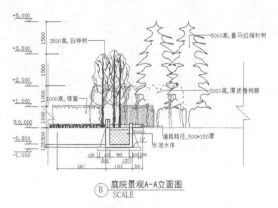

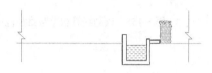

图 5-161　完成的庭院景观 A-A 立面图　　　　　图 5-162　　A-A 剖面图的基本形

【练习 5-91】绘制剖面中土壤单元。用偏移命令（Offset），将表示草坪的直线向上 100；用圆命令（Circle）绘制一个半径为 100 的圆，结果如图 5-163 所示。用整列命令（Array），复制一行；再用爆炸命令，对原来的多段线和阵列出来的圆进行爆炸（Explode）；再用复制命令（Copy），将左边的部分圆复制到右边，结果如图 5-164 所示。

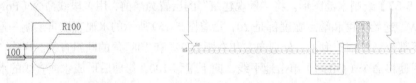

图 5-163　偏移和画圆　　　　　　　　　图 5-164　绘制种植土部分的轮廓

【练习 5-92】绘制土壤和草单元。用修剪（Trim）和图案填充（Hatch）命令，绘制种植土部分，将多余直线删掉（Erase）；用爆炸命令（Explode），对水池和道路路径部分的景观建筑的多段线进行爆炸，填充与修剪的局部示意如图 5-165 所示。用偏移命令（Offset），单击草坪的上端线，向上偏移 200；将"草坪"图层置为当前，用样条曲线命令（Spline），在"种植土"上绘制"草单元""草单元"绘制局部如图 5-166 所示。再用复制（Copy）或者创建块命令（Block）定义为块，取名为"草坪立面 1"；用插入（Insert）块命令，绘制完成种植土上的草坪；用移动（Move）命令调整"波折线"的位置，结果如图 5-167 所示。

图 5-165　填充修剪局部示意　　　　　　　图 5-166　绘制"草单元"

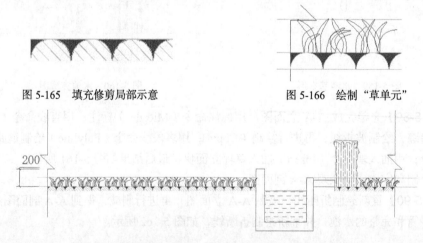

图 5-167　绘制　"种植土"上面的草坪

【练习 5-93】绘制完成水池的剖面基础框架。水池的剖面如图 5-168 所示的水池剖面基础的基本形，将水池底部依次向下偏移（Offset）20、2、100、150、100，删掉水面的填充，得到如图 5-169 所示的尺寸标注。用延伸命令（Extend），对偏移的部分直线进行延伸，已经延伸延长的直线如图 5-170 所示。

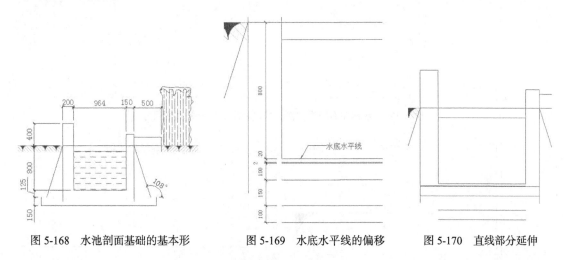

图 5-168　水池剖面基础的基本形　　　图 5-169　水底水平线的偏移　　　图 5-170　直线部分延伸

【练习 5-94】水池剖面基本框架的修改调整。用圆角（Fillet）命令，半径为 0，对倾斜的直线与偏移的部分直线进行圆角处理；用修剪命令（Trim）对部分直线进行修剪；有些地方继续用延伸命令（Extend）或者直线的节点编辑进行延长，结果如图 5-171 所示。用节点编辑和极轴追踪捕捉模式延长直线，如图 5-172 所示。用直线命令（Line），连接用节点编辑，编辑直线的端点；再用偏移命令（Offset），向外及向两边偏移（Offset）100；用圆角（Fillet）命令，半径为 0，绘制图形；删除（Erase）多余的直线，结果如图 5-173 所示。

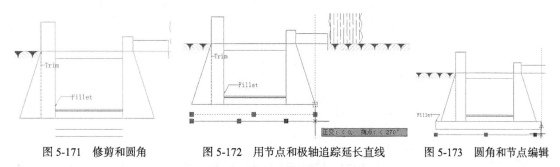

图 5-171　修剪和圆角　　　图 5-172　用节点和极轴追踪延长直线　　　图 5-173　圆角和节点编辑

【练习 5-95】完成水池剖面基础的框架。用偏移命令（Offset），将水池两边的驳岸内侧偏移 20，驳岸的座面偏移 20、15，如图 5-174 所示；单击道路的水平线顶端线，依次向下偏移 20、30、100、150、80，如图 5-175 所示；同时将以前绘制的倾斜线复制（Copy）移动过来，选择的交点为道路路径宽度下端水平直线右端的端点。单击水池底部水平线，偏移距离依次是 20、2、100、150 和 100，如图 5-176 所示；用修剪、删除等命令操作，修剪完成，如图 5-177 所示，完成水池基础剖面的基本框架。

【练习 5-96】完成水池剖面和基础部分的各种填充。用样条曲线命令（Spline）绘制几个鹅卵石，并创建为块定义（Block）；用插入块命令（Insert），插入复制水池底部的鹅卵石，如图 5-178 所示。用图案填充命令（Hatch），分别给水池座面、水泥砂浆、砖、石块、水泥垫层、夯实素土层，设置不同的图层并对应不同的图案，再填充。绘制素土层和水的辅助线。沿用前面定义的草坪块，用插入块命令（Insert）插入绘制草坪的"草单元"，经过图案填充和增加草坪之后，效果如图 5-179 所示。

图 5-174　水池左右驳岸内侧、外侧和座面部分偏移的尺寸

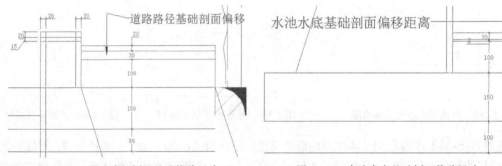

图 5-175　道路路径剖面基础偏移尺寸　　　　　　图 5-176　水池水底基础剖面偏移尺寸

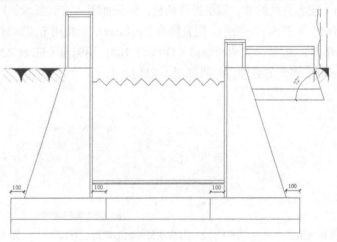

图 5-177　水池剖面和基础部分框架完成图

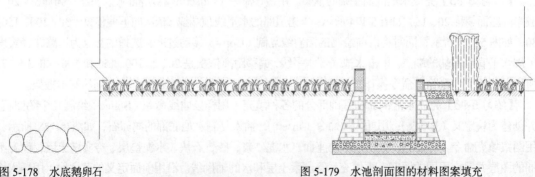

图 5-178　水底鹅卵石　　　　　　　　　图 5-179　水池剖面图的材料图案填充

【练习 5-97】完成水池剖面和基础部分的标注和文字注解。用删除命令（Erase），删掉波浪线下"水"填充用的辅助线和"素土夯实"部分填充用的辅助线，修改线型比例因子（Ltscale），表示水面的波折线，看起来像波浪。将"标注"图层置为当前，单击 AutoCAD 界面中的"格式"菜单，定义"多重引线样式"和"标注样式"；用多重引线标注（Mleader）和标注命令（Dimlinear），对水池剖面图进行引线文字注解、尺寸标注、标高标注等。绘制标高符号后，用创建定义块命令（Block），用插入块命令（Insert），插入标高符号；在标高的文字部分，用文本命令（Mtext）书写文字 ±0.000；再定义属性。插入标高时，逐个修改编辑文字，输入标高数据；图名文字，将前面的图名和下画线复制（Copy）移动过来，用缩放命令（Scale）缩放为原来的 0.5 倍，以便适合水池剖面图的大小比例，最后结果如图 5-180 所示。

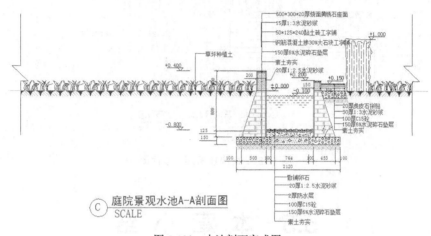

图 5-180　水池剖面完成图

【练习 5-98】完善完成庭院制图。A-A 庭院水池剖面图，如图 5-180 所示。添加标高部分、指北针，完成庭院水平投影图，如图 5-181 所示；增添和完善了水池部分的尺寸标注和文字注解，完成 A-A 庭院立面图，如图 5-182 所示。

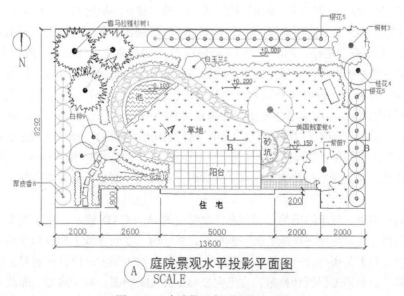

图 5-181　庭院景观水平投影平面图

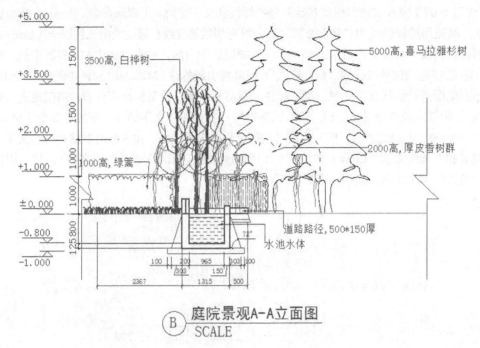

图 5-182　庭院景观 A-A 立面图

5.5　本 章 小 结

　　本章重点是以园林景观设计为目的进行的 AutoCAD 绘图教学过程讲解。绘图时要遵循工程制图的基本原理：长对正、高平齐、宽相等。本章贯彻 AutoCAD 绘图的基本过程和顺序：①单击 AutoCAD 的 "格式" 下拉菜单，定义图纸的大小、图层、线型、颜色、长度单位、绘图精度。②绘制园林景观平面图，首先将 "轴线" 图层置为当前，建立和确定基本网格单元，绘制园林景观水平投影图的基本框架。③用多段线命令（Polyline）绘制园林景观建筑的水平范围；用样条线命令（Spline）绘制弯曲道路；用圆命令（Circle）、样条曲线命令（Spline）、阵列命令（Array）绘制各种植物的符号图形等，最后完成水平投影图；④用构造线命令（Xline）投射水平投影的主要轮廓。用构造线命令，投射水平投影图中的关键轮廓点，形成植物的范围、道路的范围、景观构筑物的轮廓关键点、建筑墙体转折的轮廓点和拐点等。⑤用直线命令（Line）绘制水平基线，偏移绘制立面上其他图形的框架线。⑥用修剪（Trim）、删除（Erase）、圆角（Fillet）等命令，对所有制图进行修整。⑦再次单击 "格式" 下拉菜单定义或调整 "标注样式" "多重引线" "文字样式" 等选项，并完成所有的制图：水平投影图、立面图、剖面图或者详图的文字注解和尺寸标注。

　　在前面的章节里，对于绘图的过程都有详细对应的 AutoCAD 提示；由于制图过程中可能在三视图中有差错，为避免最好在纸上画一画草图，将平面、立面在纸上投射和空间进行想象、推敲、思考，看空间上是否符合三等原则。从这一章开始，对于读者来说，需要根据制图的尺寸标注和引线注解，以及图形识别和推敲，自己完成 AutoCAD 制图。对于线型、曲线或者某些文字的类型大小等，不必苛责一模一样。

课后练习

在庭园景观平面图的基础上，结果如图 5-184 所示。也可以根据自己对图的认识，绘制庭院景观水平投影图，绘制庭院景观 B-B 立面图，结果如图 5-183 所示；绘制庭院景观 B-B 局部砂坑剖面图，结果如图 5-185 所示。电子文件见"图 5-130.dwg"。

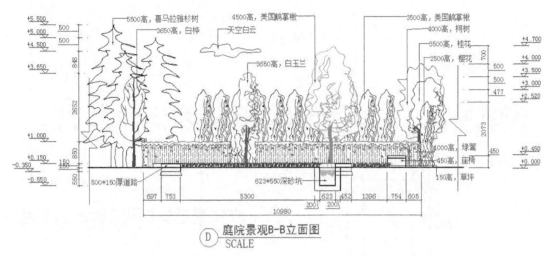

图 5-183　庭院景观 B-B 立面图

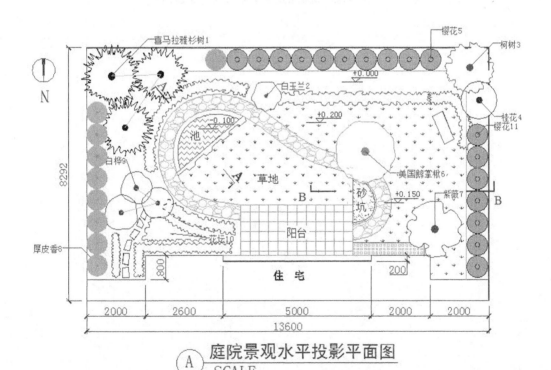

图 5-184　庭院景观水平投影平面图

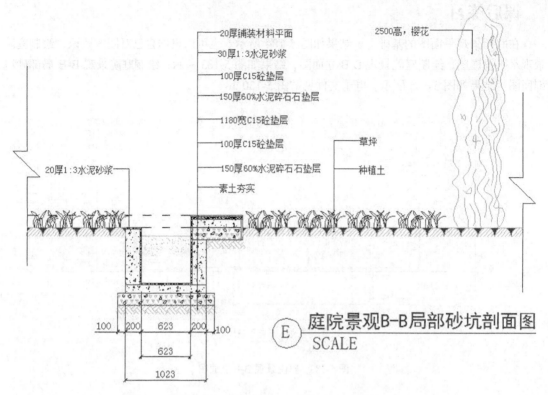

图 5-185　庭院景观 B-B 局部砂坑剖面图

第6章
AutoCAD 2013 建筑设计制图

本章主要内容

- 设置建筑设计绘图环境，图层、单位和图形界限
- 建筑一层水平投影图绘制
- 一层建筑中的庭院平面图绘制
- 建筑的二层水平投影图绘制
- 建筑的屋顶平面图绘制
- 建筑立面图的绘制
- 建筑剖立面图的绘制

通过本章的学习，读者可以掌握运用 AutoCAD 绘制建筑设计制图的方法和过程。

6.1 建筑设计水平投影图的绘制

6.1.1 AutoCAD 2013 系统绘图前的设置和准备

1. 创建图层

AutoCAD 2013 操作系统打开之后，为了方便建筑设计的制图，要做一些准备：①图层的创建；②格式的设置，如图纸大小的设置、主单位的设置等；③文件的保存、命名等。

【练习 6-1】创建图层。在 AutoCAD 经典界面中，单击 "图层控制" 栏，打开 "图层特性管理器"，创建并设置：标注、窗户、点划线、楼梯、门、铺装、墙、文字、细线、虚线、中线等十二个图层，对它们的颜色、线型做一些编辑和调整，将 "点划线" 图层置为当前，结果如图 6-1 所示。本章所有图例见电子文件 "图 6-3.dwg"。

2. 单位、精度和图形界限的设置

【练习 6-2】格式设置。在 AutoCAD 经典界面中，单击界面上端的菜单栏，单击 "格式" 下拉菜单，单击 "单位" 平滑按钮 ![单位(U)...] ，或者在命令窗口输入 Units，按空格键执行单位设置命令。对绘图界面的主单位进行格式上的规定，单位为毫米，精度为 0，光源强度单位为国际单位制，这样就规定了画图工作的界限范围，便于操作和控制，如图 6-2 所示。

```
命令：'_units
命令：'_limits
重新设置模型空间界限：
```

指定左下角点或[开(ON)/关(OFF)] <0,0>:

指定右上角点 <42000,29700>:

将该文件保存，并取名为"图 6-1.dwg"，格式为"dwg"。

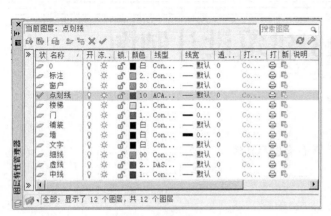

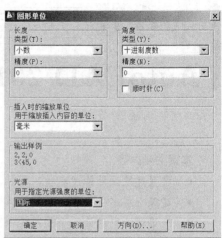

图 6-1　创建图层　　　　　　　　　　　　　图 6-2　图形单位设置

6.1.2　绘制一层建筑平面图

（1）完成平面图形的基本框架。

【练习 6-3】绘制垂直基本框架。设置"最近点""交点"对象捕捉模式，按 F3 键，打开捕捉模式；按 F11 键，打开对象追踪模式。可以看 AutoCAD 工作界面下端的 AutoCAD 提示是否已经被打开。将"点划线"图层置为当前，用直线命令（Line）绘制表示平面图框架的轴线；在 AutoCAD 的绘图空间界面中，绘制一条垂直的直线长 10000，编号为"①"；用偏移命令（Offset），单击刚画的垂直直线，依次向右偏移 3425、3425、1350、3125，偏移产生的直线依次编号为"②""③""④""⑤"，结果如图 6-3 所示。

【练习 6-4】绘制水平基本框架。将"墙"图层置为当前，从绘制的垂直直线的第①条上端开始，往向下 500 单位开始的地方绘制第一条水平直线，即经过"①"标记的水平直线，并用偏移命令（Offset），向下依次偏移 2825、4025、1925，偏移的结果如图 6-4 所示。再根据水平投影右边的空间结构需要，设定另外一种颜色的图层作为当前图层，区别于其他左边的空间结构形成的水平图层。再用偏移命令，偏移距离从上向下依次 1925、2100、4500，偏移的结果如图 6-5 所示；偏移距离，如图 6-5 图右边所示的尺寸标注。

【练习 6-5】修剪轴线。用打断（Break）、修剪（Trim）等命令修剪整理水平和垂直轴线在上下左右两边确切的位置；重新编辑水平和垂直方向在左右上下的编号，结果如图 6-6 所示。

（2）绘制建筑物的部分平面构件。

【练习 6-6】绘制 1200 窗。用直线命令（Line），将"细线"图层置为当前，绘制 1200 长水平直线一根；用偏移命令（Offset），向下偏移 111、148、111，这样有四条直线；用单击中间两条直线，单击 AutoCAD 经典界面中的"图层控制"三角形下拉箭头，打开"图层控制"对话框，单击"中线"图层，将中间两条直线变成"中线"图层，结果如图 6-7 所示。用创建块定义命令（Block），将所画成的 1200 窗的平面图形定义成块"1200 窗平面 1"，捕捉的拾取点为 A 点。

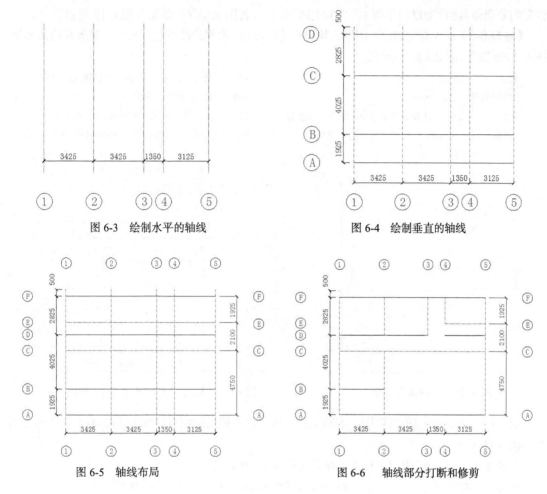

图 6-3　绘制水平的轴线　　　　　　　图 6-4　绘制垂直的轴线

图 6-5　轴线布局　　　　　　　　图 6-6　轴线部分打断和修剪

继续用偏移命令（Offset），长度变化，宽度不变，绘制 900 窗、600 窗，窗的宽度是 370，如图 6-8 所示；同时绘制长 900 的窗，宽度为 240，偏移的距离从上至下依次为 90、60、90，如图 6-9 所示；并分别将它们定义为块，取名为"900 窗平面 1"、"600 窗平面 1"和"900 窗平面-240"，以方便用插入块命令（Insert）进行块的插入。

图 6-7　图层控制　　　图 6-8　长 1200 厚 370 的窗平面　　　图 6-9　长 900 厚 240 的窗平面

【练习 6-7】绘制门平面图。将"门"图层置为当前，用直线命令（Line）绘制一个长 45、宽 900 的矩形，45 表示门的厚度，900 表示门的长度；再用圆弧命令（Arc）绘制一个含 90°，半径为 900 的弧。弧的圆心是 C 点，弧的起点是 A 点，端点是 B 点。然后用创建块命令（Block），将 900 门命名为"900 门平面 1"的块，捕捉的拾取点为圆弧上的端点 B 点；单击圆弧，将圆弧设置为"细线"图层，并将此图块保存。同样的方法，分别绘制 800、750 宽的门，这样创建块定义，

将它们分别命名为 "800 门平面 1" "750 门平面 1", 将图块保存, 结果如图 6-10 所示。

【练习 6-8】插入窗的图块。用插入块命令（Insert）, 根据绘图的尺寸要求, 插入相应的图块, 插入 1200 窗平面如图 6-11 所示。

命令: i INSERT　　　　　　　　　　　　　　//输入字母 i, 按 Enter 键, 执行插入块命令

指定块的插入点: from　　　　　　　　　　　//输入 from, 执行偏移命令

基点:　//按 F3, 在命令状态栏中确保打开捕捉命令, 并设置 "端点" 捕捉模式, 捕捉 K 点作为基点

<偏移>: @1112.5,250　　　　//输入 @1112.5,250, 确定插入块的相对位置坐标, 结果如图 6-11 所示。

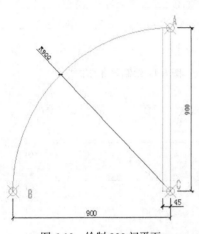

图 6-10　绘制 900 门平面

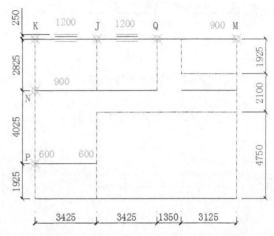

图 6-11　插入 "1200 窗平面 1" 图块

插入第二个 1200 宽的窗平面, 如同上面一样, 输入偏离的相对坐标为（@1112.5, 250）, 结果如图 6-11 所示。

完成插入 "900 窗平面 1" 图块, 结果如图 6-12 所示。

命令: i INSERT　　　　　　　//输入字母 i, 按空格键或 Enter 键, 执行插入块命令

指定块的插入点: from　　　　　//输入 from, 执行偏移命令

基点:　　　　　　　　　　　　//捕捉 M 点作为基点

<偏移>: @-1505,250　　　　　//输入 @-1505,250, 确定插入块的相对位置坐标, 结果如图 6-12 所示。

完成插入 "900 窗平面-240" 的图块, 结果如图 6-13 所示从上至下第二排。

命令: I INSERT　　　　　　　//再次按空格键, 执行插入块命令

指定块的插入点: from　　　　　//输入 from, 执行偏移命令

基点:　　　　　　　　　　　　//捕捉 N 点作为基点

<偏移>: @825,125　　　　　　//输入 @825,125, 确定插入块的相对位置坐标, 结果如图 6-13 所示。

完成插入 "600 窗平面 1" 的, 结果如图 6-13 所示, 从上至下第三排。

命令: I INSERT　　　　　　　//按 Enter 键, AutoCAD 系统自动执行上次的插入块命令

指定块的插入点: from　　　　　//输入 from, 执行偏移命令

基点:　　　　　　　　　　　　//捕捉 P 点作为基点

<偏移>: @305,125　　　　　//输入 @305,125 , 确定插入块的相对位置坐标, 结果如图 6-13 所示。

命令: I INSERT　　　　　　　//再次按 Enter 键, AutoCAD 系统自动执行上次的插入块命令

指定块的插入点: from　　　　　//输入 from, 执行偏移命令

基点:　　　　　　　　　　　　//捕捉 P 点作为基点

<偏移>: @2515,125　　　　　//输入 @2515,125, 确定插入块的相对位置坐标, 结果如图 6-13 所示

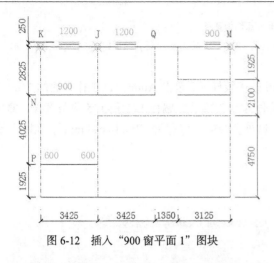

图 6-12　插入"900 窗平面 1"图块

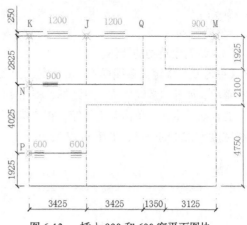

图 6-13　插入 900 和 600 窗平面图块

【练习 6-9】插入门图块。用插入块命令（Insert），插入"900 门平面 1"图块，由于创建定义的块与现在插入的形状正好相反，因此先用插入块命令，再用镜像命令（Mirror），镜像并删掉源对象，最后结果如图 6-14 所示。插入块时，用起点偏离的命令（From），输入 fro（m），捕捉的起点为 Q 点，偏离相对坐标（@247,0）使用 From 偏移方法。

完成插入"800 门平面 1"的两个图块，如图 6-14 中间所示。

命令：i INSERT　　　　　　　　　//输入字母 i，按 Enter 键执行插入块命令

指定块的插入点：from　　　　　　//输入 from，执行偏移命令

基点：　　　　　　　　　　　　　//捕捉 N 点作为基点

<偏移>：@0,240　　　　　　　　//输入 @0,240，确定插入块的相对位置坐标，结果如图 6-14 所示

命令：i INSERT　　　　　　　　　//按 Enter 键，AutoCAD 系统自动执行上次的插入块命令，出现"插入"对话框之后，将对话框中的角度输入 90°，如图 6-15 所示

指定块的插入点：from　　　　　　//输入 from，执行偏移命令

基点：　　　　　　　　　　　　　//捕捉 Q 点作为基点

　<偏移>：@0,-2585 //输入 @0,-2585　，按 Enter 键，确定插入块的相对位置坐标，结果如图 6-15 所示

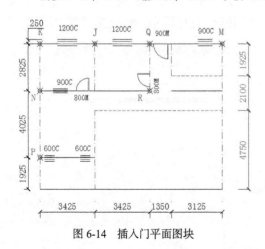

图 6-14　插入门平面图块

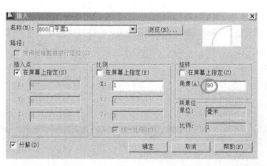

图 6-15　　"插入"命令角度的输入

完成插入"750 门平面 1"的一个图块，如图 6-16 所示。

命令：i INSERT　　　　　　　　　//输入字母 i，按 Enter 键执行插入块命令

指定块的插入点：from　　　　　　//输入 from，执行偏移命令

基点：　　　　　　　　　　　　　　//捕捉 S 点作为基点

<偏移>: @0,-930　　　　　　　//输入@0,-930 ，按 Enter 键，结果如图 6-16 中上端所示

（3）绘制建筑物的墙体。

【练习 6-10】定义多线样式。定义宽度为 250 的多线样式，单击 AutoCAD 工作界面的"格式"下拉菜单，展开"多线样式"对话框，将此多线命名为"Wall"，偏移 125 和-125 两条直线，偏移"0"的轴线不定义。单击确定按钮，将"墙体"这种多线样式保存为"Wall-acad.mln"，实际上是多线宽度为 250 的一种，如图 6-17 所示。

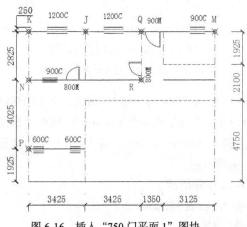

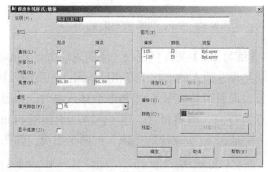

图 6-16　插入"750 门平面 1"图块　　　　　　图 6-17　定义"多线样式"

定义宽度为 240 的多线样式，在原有的多线样式的基础上新建，将偏移更改为 120、-120，中间的"0"轴线不定义，这两根边线用"墙"图层，保存命名为"wall240-acad.mln"，并进行加载，如图 6-18 所示的"从文件加载多线样式"对话框中可以见到此文件。

定义宽度为 370 的多线样式，在定义宽度为 250 多线的基础上，创建新的多线样式，偏移修改为 125、-125 和-245，进行保存，取名为"wall370-acad.mln"多线样式。就是宽度为 370 的多线样式，绘制 370 多线，起点从图中箭头表示中间的线即-125 的线开始，选择 Wall-370 多线样式，单击如图 6-19 所示的"多线样式"对话框中的"加载"按钮和"确定"按钮，这样就可以看到它在系统中的存在了。

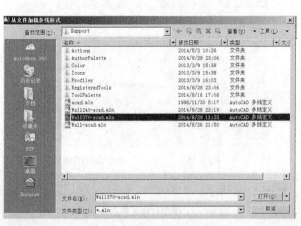

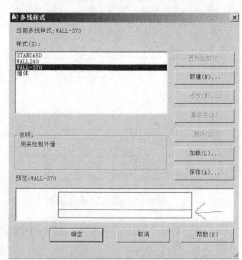

图 6-18　加载多线样式定义　　　　　　图 6-19　加载成功的多线样式定义

【**练习 6-11**】用多线命令（Mline）画墙线。打开并设置"端点"捕捉模式；打开和设置"对象追踪"模式、"正交"模式，这些可以用按 F3 键、F11 键和 F8 键确认打开。单击 AutoCAD 的"格式"下拉菜单的"多线样式"按钮，将"Wall370-acad.mln"多线样式置为当前；键盘输入字母"ml"，按 Enter 键，即可以用多线命令画墙线。

命令: ml MLINE　　　　　　　　　　　　　　//输入 ml，按 Enter 键，执行多线命令

当前设置: 对正 = 无，比例 = 1.00，样式 = WALL-370

指定起点或[对正(J)/比例(S)/样式(ST)]: j　　//输入字母 j，选择对正

输入对正类型[上(T)/无(Z)/下(B)] <无>: z　　//输入 Z，选择对正样式为"无"，即绘制多线时，从
　　　　　　　　　　　　　　　　　　　　　　　多线组中表示"0"偏移的直线开始

当前设置: 对正 = 无，比例 = 1.00，样式 = WALL-370

指定起点或[对正(J)/比例(S)/样式(ST)]: from　　//输入 from，选择起点的偏移模式

基点:　　　　　　　　　　　　　　　　　　//基点选择"V1"点，如图 6-20 所示

<偏移>: @0,-125　　　　　　　　　　　　//输入 @0,-125，按 Enter 键确认

指定下一点: from　　　　//多线到达下一点前，输入 fro，再次用偏移模式，选择基点

基点:　　　　　　　　　//打开正交模式和对象追踪模式，光标向右移动待右边垂直轴线靠近，出现向上
　　　　　　　　　　　　追踪的虚线捕捉交点作为基点，如图 6-20 所示

<偏移>: @125,0　　　　//输入下一点的相对坐标@125,0，按 Enter 键执行多线绘制

指定下一点或[放弃(U)]: from

//绘制多线第三点之前，再次输入 fro，准备再次偏移，并寻找基点，如图 6-20 所示

基点:　　　　　　　　　//光标下行捕捉最下边的轴线与最右边轴线的交点，作为基点

<偏移>:　　　　　　　　//按 F8 键，确保打开正交模式，准备偏移

>>输入 ORTHOMODE 的新值 <1>:　　正在恢复执行 MLINE 命令。

<偏移>: @125,-245

//输入偏移点的相对坐标@125,-245，按 Enter 键执行多线到达的下一点，如图 6-21 所示

指定下一点或[闭合(C)/放弃(U)]: @-960,0

　　　　　　　//输入相对坐标@-960,0，按 Enter 键执行，多线到达，下一点，即到达 W_1 点，如图 6-22 所示

指定下一点或[闭合(C)/放弃(U)]:　　//再次按 Enter 键，执行多线命令结束

命令: *取消*　　　　　　　　//按 Esc 键，撤销当前命令操作

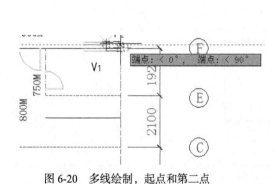

图 6-20　多线绘制，起点和第二点　　　　　　　图 6-21　捕捉下一个基点

用多线命令（Mline），将"Wall370 多线样式"置为当前，用起点偏离步骤，如图 6-23 所示。绘制多线 V_2W_2 时，捕捉的起点基点分别为 V_2、W_2 点，偏离的相对坐标依次为（@0,-125）、（@0,

–125）；下一点偏移捕捉的基点是 W_3 点，起点偏离相对坐标为（@0，125）；绘制多线 V_4W_4 时，捕捉的基点分别为 V_4、W_4 点，起点偏离相对坐标分别为（@0，125）、（@0，–125）。

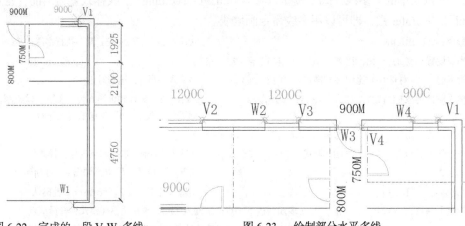

图 6-22　完成的一段 V_1W_1 多线　　　　　图 6-23　绘制部分水平多线

继续用多线命令（Mline），将"Wall370"多线样式置为当前，每作出一点都用起点偏移方法：捕捉起点、多线的下一点、再下一点、再下一点。绘制多线 V_5W_5 时，捕捉基点为最左下角的轴线拐点，即最左边的垂直轴线与最下端的水平轴线的交点，起点偏离相对坐标为（@125，-245）；起点确定之后向左，偏离捕捉基点为拐点 V_5，起点偏离相对坐标为（@-245，-245）；光标往上移动到最上端的水平轴线与最右边的垂直轴线的交点处，输入起点偏离相对坐标为（@-245,125）；光标继续向右水平拐，捕捉 W_5 点为基点，输入起点偏离的相对坐标（@0,-125），直到完成，结果如图 6-24 所示。

用多线命令（Mline），画墙宽 240 的墙线。在 AutoCAD 2013 工作界面下端的命令状态栏窗口中输入 Ml，输入 St，选择多线样式，输入 Wall240，其他选项提示为：比例 S 为 1，对齐方式 J 等，选择 Z（无）方式。绘制 240 宽的墙，直接单击轴线上对应的"端点""交点"就 OK 了。结果如图 6-25 中箭头所指的多线。

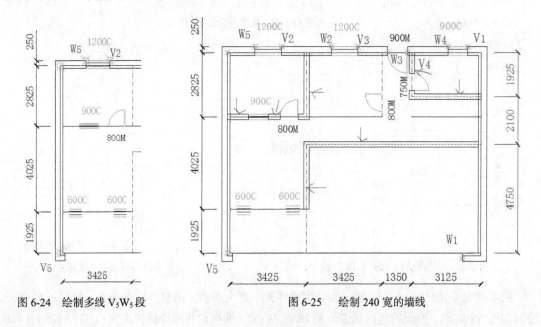

图 6-24　绘制多线 V_5W_5 段　　　　　　图 6-25　绘制 240 宽的墙线

继续绘制 370 宽的多线（Mline）。如图 6-26 所示，绘制经过 V_7 宽 370 的多线时，用起点偏离的步骤，作每一个点用 from 偏离法，基点捕捉 V_7，起点偏离相对坐标为（@0，−245）；绘制下一点时，输入 Per，准备用垂足捕捉，当图中左边出现绿色垂足时，单击垂足，按回车键，结束多线绘制。绘制多线 V_6W_6，用偏移步骤，基点捕捉 V_6 点，起点偏离相对坐标为（@0，−245）；下一个点捕捉基点是 W_6，起点偏离相对坐标是（@0，−245），按回车结束多线绘制。绘制如图 6-27 中右端的多线时，捕捉的基点是右上角的 V_8 点，起点偏离的相对坐标是（@120，−245）；下一点的基点选择 W_8，起点偏离的相对坐标为（@0，125），再按 Enter 键结束多线绘制，最终结果如图 6-27 所示。

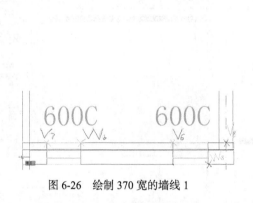

图 6-26　绘制 370 宽的墙线 1　　　　　图 6-27　绘制 370 宽的墙线 2

【练习 6-12】绘制飘窗水平平面图。将"中线"图层置为当前，用矩形命令（Rectangle）绘制长 1700、宽 562 的矩形；再用偏移命令（Offset）偏移；接着用修剪命令（Trim）、圆角命令（Fillet）（选择的半径为 0）进行整理，形成如图 6-28 所示飘窗图形。单击飘窗下端表示窗户的直线，用"图层控制"对话框变成"细线"图层。最后用创建图块命令（Block），创建命名为"1700 飘窗平面 1"并保存，以便于用插入块命令（Insert）插入块。

【练习 6-13】插入块"1700 飘窗平面 1"。如图 6-29 所示，用插入块命令（Insert）插入"1700 飘窗平面 1"块，用起点偏离命令，选择插入点时，输入 Fro，选择基点，输入偏移的相对坐标，按 Enter 键完成。如图 6-29 所示下端，插入左边的飘窗，基点选择 P_1，偏离的相对坐标是（@840,0）；插入右边飘窗，基点选择 P_2，偏离的相对坐标是（@−1700,0），按 Enter 键完成。

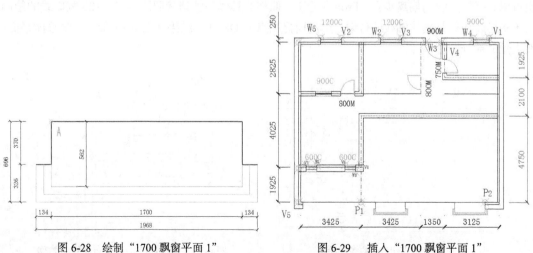

图 6-28　绘制"1700 飘窗平面 1"　　　　　图 6-29　插入"1700 飘窗平面 1"

【练习 6-14】创建 120 宽墙多线样式。单击 AutoCAD 2013 经典界面的"格式"下拉菜单，创建一个宽度为 120 的多线样式，命名为"Wall120-acad."。在原来"多线样式"的基础上偏移两条线 60 和-60，中间的一条没有，实际上是从默认的 0 位置开始起步画线。即当选择多线 ml，对齐方式为"Z"（无），就是从偏移"0"的位置开始，即使没有定义，系统也是默认的。多线的线型确立之后，保存并加载确定，加载成功之后，能够在电脑的 AutoCAD 系统中看到，如图 6-30 所示，并将"Wall120-acad."多线置为当前。成功之后，可以如图 6-31 所示，"置为当前"按钮为灰色显示。

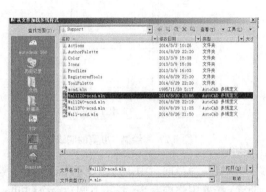

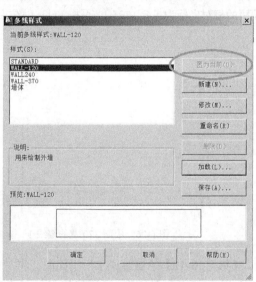

图 6-30　Wall120 的多线样式加载成功　　　　图 6-31　Wall120 的多线样式创建

【练习 6-15】用多线命令（Mline）绘制 120 宽的墙。用"Wall120"多线样式绘制，如图 6-32 所示，用起点偏离命令，每一个点的多线绘制都用 From 偏离步骤。V_9W_9 段多线起点基点是 V_9，相对偏离坐标为（@60,0）；下一点基点是 W_9，偏离的相对坐标为（@0,90）。

$V_{10}V_{11}W_{10}$ 段多线的起点基点分别是 V_{10}、V_{11}、W_{10}，偏离相对坐标分别是（@60,0）、（@60,-60）、（@-120, -60），按 Enter 键，结束这段 120 宽的多线绘制，结果如图 6-32 所示。

120 宽的墙线需要用偏移命令（Offset）偏移轴线作为辅助线，再捕捉交点等进行绘制，当然也可以直接用多线的偏离步骤（From）绘制，偏移的具体尺寸请参照图 6-33。120 宽墙线的绘制，由于布局线正好是墙体轴线的位置，单击捕捉端点就 OK 了，结果如图 6-34 所示建筑整体平面图右上角的部分图形。

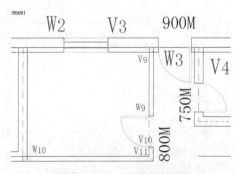

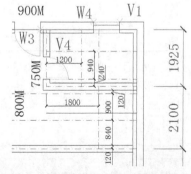

图 6-32　Wall120 的多线绘制　　　　图 6-33　Wall120 墙部分布局线的偏移

【练习 6-16】完成飘窗部分的 370 宽墙体多线。如图 6-35 所示为建筑平面图的下端部分，多线每一个点的绘制都用偏离（From）的方法。

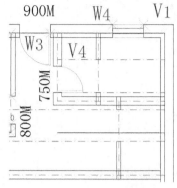

图 6-34　Wall120 的墙体绘制

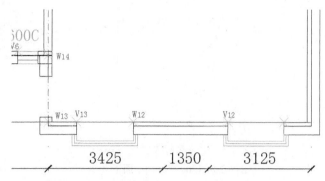

图 6-35　绘制飘窗部分的 370 墙和其他的 370 墙

$V_{12}W_{12}$ 段的多线，起点的捕捉基点分别是 V_{12}、W_{12}，偏离的相对坐标分别是（@0，−245）、（@0，−245），按 Enter 键，结束此段多线绘制。

$V_{13}W_{13}$ 段的 370 多线的绘制，用偏离步骤（From），多线的起点捕捉基点分别是 V_{13}、W_{13}，偏离的相对坐标分别是（@0，−245）、（@−125，−245）；多线的第三点绘制输入相对坐标（@0,375），然后按 Enter 键，结束多线绘制。

绘制 $V_{13}W_{14}$ 的多线，用多线命令（Mline）画每一个点时，都用偏离（From）的步骤，下面是 AutoCAD 提示。用多线命令前，设置"端点""交点"捕捉模式，结果如图 6-35 所示。

```
命令: ml MLINE
当前设置: 对正 = 无, 比例 = 1.00, 样式 = WALL-370
指定起点或[对正(J)/比例(S)/样式(ST)]: j
输入对正类型[上(T)/无(Z)/下(B)] <无>: z
当前设置: 对正 = 无, 比例 = 1.00, 样式 = WALL-370
指定起点或[对正(J)/比例(S)/样式(ST)]: fro       //在指定起点的提示下, 输入 fro, 按 Enter 键确认
基点:                                          //基点捕捉 W₁₃,
<偏移>: @-125,1320                            //输入偏移的相对坐标@-125,1320, 按 Enter 键确认并执行命令
指定下一点: from                               //在指定起点的提示下, 输入 fro, 按 Enter 键确认
基点: <偏移>:                                  //基点的捕捉是垂直的轴线与水平线的交点 W₁₄
>>输入 ORTHOMODE 的新值 <0>:
正在恢复执行 MLINE 命令。
<偏移>: @-125,0    //输入偏移的相对坐标@-125,0, 按 Enter 键确认并执行命令, 结果如图 6-35 所示。
```

（4）绘制建筑物平面上的门、楼梯、花池、台阶等构件。

【练习 6-17】绘制 1200、900 双开门、700 推拉门等。请 AutoCAD 用户依据下面图形的尺寸绘制各自的平面图，并将它们各自创建成块（Block），命名为"1200 双开门平面 1""900 双开门平面 1"和"700 推拉门平面 1"，插入基点为 A 点，结果如图 6-36～图 6-38 所示。

【练习 6-18】绘制楼梯踏步。依据图 6-39 所示的数据等，请读者绘制并创建新块（Block）。选择"块"对象时，不包括图中右上角的虚线部分，确定基点为 A 点，保存块命名为"1 楼楼梯平面 1"。

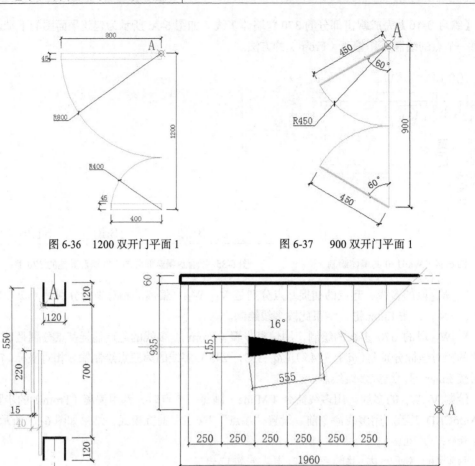

图 6-36　1200 双开门平面 1　　　　　　图 6-37　900 双开门平面 1

图 6-38　700 推拉门平面 1　　　　　　图 6-39　1 楼楼梯平面 1

【练习 6-19】修改多线。单击 AutoCAD 经典界面中的"修改"下拉菜单，单击"对象"扩展菜单下面的"多线编辑命令"面板，如图 6-40 所示。对 1 楼水平投影平面的多线进行修改，符合建筑制图的要求，结果如图 6-41 所示。

图 6-40　多线编辑命令选项

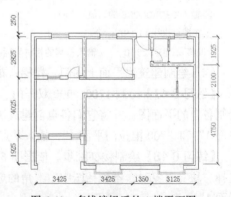

图 6-41　多线编辑后的 1 楼平面图

【练习 6-20】绘制一楼平面的花池和入口台阶。绘制完成花池和台阶，结果如图 6-42 所示。绘制花池中的花卉植物，新建"植物 1"图层，线型为细实线，颜色为绿色，置为当前，用样条线命令（Spline）绘制花卉基本形，然后用阵列命令（Array）的极轴（Po）形式进行阵列，项目为 13，如图 6-43 和图 6-44 所示。

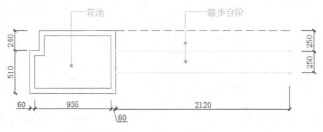

图 6-42　花池与踏步台阶

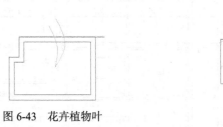

图 6-43　花卉植物叶　　　　　　　　　　　　　图 6-44　花卉完成

【练习 6-21】创建"花池与台阶平面 1"块。用创建块命令，除选择如图 6-45 所示的上端虚线之外，选择全部对象，基点选择左上角的 A 点，命名为"花池与台阶平面 1"块并保存。

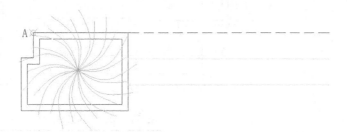

图 6-45　创建"花池与台阶平面 1"

【练习 6-22】用插入块命令（Insert），完成一楼建筑平面中其他的对开门、推拉门、楼梯和花池平面等，结果如图 6-46 所示。在平面图中添加地面标高符号，修改通往客厅的大门入口，重新绘制 240 厚的墙体。绘制一个标高符号，并定义为新创建的块，命名为"标高 1"，标高上的文字类型为 g12f13，文字高度 280，基点还是 A 点，具体的标高尺寸如图 6-47 所示。创建定义块之后，还可以根据需要用插入块命令重新调整块的大小。

【练习 6-23】完成一层建筑平面。添加了文字说明、标题和指北针，指北针中间箭头角度是 15°，半径 640，这个图形可以用缩放命令（Scale），可以在图中调整指北针的相对大小；或者创建定义为块，插入时输入数据调整大小，如图 6-48 所示。AutoCAD 绘图原本按照真实的长度绘制，打印时才有比例，这里暂定比例为 1:100，结果如图 6-49 所示。

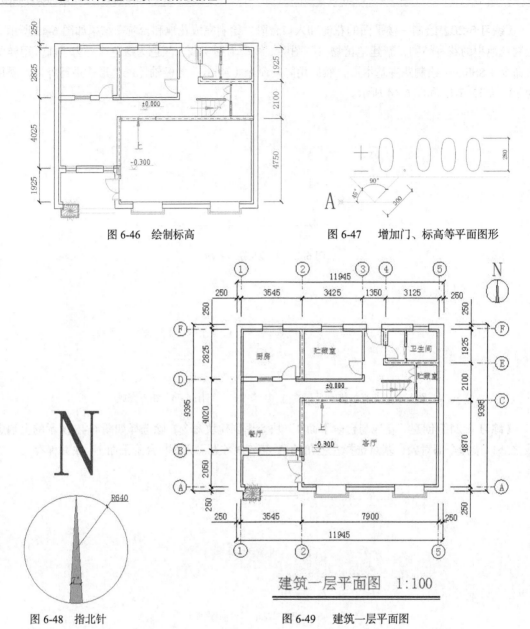

图 6-46　绘制标高

图 6-47　增加门、标高等平面图形

图 6-48　指北针

图 6-49　建筑一层平面图

建筑一层平面图　1:100

6.1.3　绘制一层建筑的庭院平面

（1）绘制建筑物一层平面前的庭院基本框架。

【练习 6-24】绘制完成一层建筑前的庭院平面基本形。用偏移命令（Offset），将已经完成的一层建筑的平面最下端的轴线，向下依次偏移 6600、250；用直线命令（Line），打开捕捉方式、对象追踪等模式，绘制垂直的几条轴线，距离和尺寸如图 6-50 所示。

【练习 6-25】用多线命令（Mline）绘制墙体。单击 AutoCAD 经典界面 "格式" 的下拉菜单，打开扩展菜单下 "多线样式" 按钮，设置 "墙" 多线样式为当前样式，线宽为 250；用多线命令（Mline），绘制多线每一个点，采用偏离步骤 From，输入偏离的相对坐标，绘制庭院的围墙。

具体而言，多线 $V_{16}V_{17}W_{16}$ 起点的基地捕捉 V_{16}，起点偏离的相对坐标是（@125,0）；下一点

基点是 V_{17}，偏离的相对坐标是（@125，−125）；第三点捕捉的基点是 W_{16}，相对偏离坐标是（@0,125），按 Enter 键结束多线绘制。

再按 Enter 键，并用多线绘制，多线 $V_{17}V_{18}W_{17}$ 起点的基点捕捉 V_{17}，偏离的相对坐标（@0,125）；下一点的捕捉基点 V_{18}，偏离的相对坐标是（@125，−125）；第三点捕捉的基点是 W_{17}，偏离的相对坐标是（@125,0）。按 Enter 键结束多线绘制，最后完成一层建筑平面前的庭院围墙，结果如图 6-51 所示。

【练习 6-26】绘制庭院道路。用样条线命令（Spline）绘制庭院道路线，捕捉样条线两头的端点，打开"捕捉"方式，设置"端点"捕捉，绘制路径样条线，结果如图 6-51 所示。

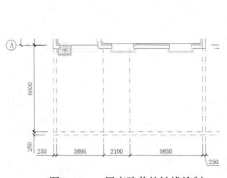

图 6-50　一层庭院前的轴线绘制

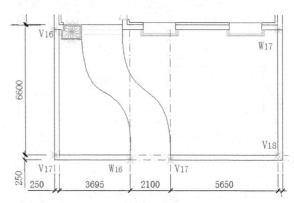

图 6-51　一层庭院墙线和道路绘制

（2）绘制建筑物一层平面前庭院中的景观元素图形。

下面请读者绘制双开门，植物两种和桌椅一套，并创建定义成块，以备后面用插入块命令完成和绘制庭院平面部分，具体如下。

【练习 6-27】绘制 1960 双开门。用矩形命令（Rectangle）和弧命令（Arc）绘制双开门，用创建图块命令（Block）创建新图块，命名为"1960 双开门平面 1"，基点选择 A 点，尺寸等如图 6-52 所示。

【练习 6-28】绘制乔木平面。创建新图层，命名为"乔木 1"，深绿色颜色，细实线线型，用圆命令（Circle）和样条线命令（Spline）进行绘制，并用样条线节点进行适当的调整，同时用修剪命令（Trim）进行修剪，完成乔木平面；再用创建图块命令创建新图块，命名为"乔木平面 1"，基点选择圆的圆心 A 点，尺寸等如图 6-53 所示。

【练习 6-29】绘制椰树平面。用样条曲线命令（Spline）绘制树枝的基本单元，再用阵列命令（Array）进行阵列，用阵列命令的极轴（Po）类型，项目数（I）为 5，并创建为图块，命名为"椰树平面 1"，基点就是椰树的中心，保存后结果如图 6-54 所示。

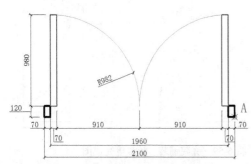

图 6-52　绘制 1960 双开门平面

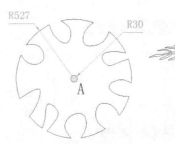

图 6-53　绘制乔木平面

图 6-54　绘制椰树平面

【练习 6-30】绘制一把椅子的平面。用矩形命令（Rectangle），圆角设置半径为 50，矩形长 450、宽 500，如图 6-55 中紫色（深色）的图形 ABCD 所示；设置并启用"象限点"追踪，在"1"处绘制半径为 30 的圆，在"2"处绘制半径为 25 的圆，并向下移动复制，距离为 274，得到"3"处的圆；再用镜像（Mirror）命令复制，设置"中点"捕捉模式，复制出"4、5、6"处的圆，如图 6-55 和图 6-56 所示。将这把椅子平面创建成一个新的块，命名为"椅子平面 1"，基点为 A 点，如图 6-56 所示。

【练习 6-31】绘制边长 900 的正方形桌子。用矩形命令（Rectangle）绘制，结果如图 6-57 所示。

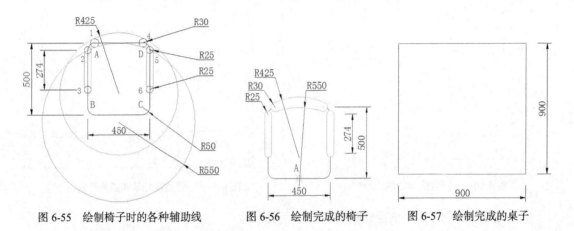

图 6-55　绘制椅子时的各种辅助线　　图 6-56　绘制完成的椅子　　图 6-57　绘制完成的桌子

【练习 6-32】阵列形成一套座椅。用上面绘制的椅子围绕桌子，用阵列命令（Array）进行阵列（Array），具体如图 6-58 所示。创建成块（Block），命名为"桌椅一套平面 1"，基点为桌子的几何中心 A 点，设置"对象追踪"方式进行捕捉。

【练习 6-33】绘制完成庭院景观平面。将双开门、植物、座椅一套平面的块，用插入块命令（Insert）插入一层建筑庭院平面中；用图案填充命令（Hatch）对道路路面进行填充；用多段线命令（Polyline），设置线宽为 100，绘制平面图中的剖切线，标明标高等，结果如图 6-59 所示。经过修改完善，我们可以看到一层建筑的总体平面图，如图 6-60 所示。

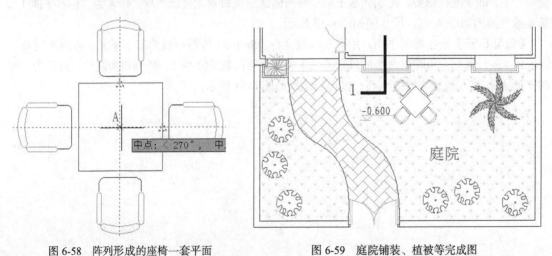

图 6-58　阵列形成的座椅一套平面　　　　图 6-59　庭院铺装、植被等完成图

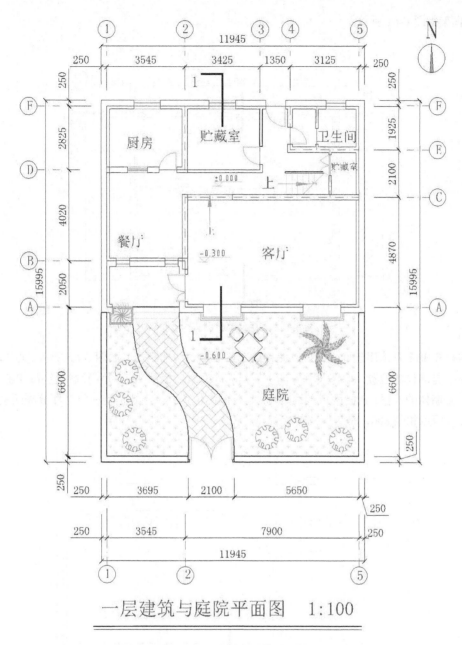

一层建筑与庭院平面图　1:100

图 6-60　一层建筑总体平面图

6.1.4　绘制建筑的二层平面图

完成平面图形基本框架。

【练习 6-34】绘制建筑的二层基本形。复制（Copy）建筑一层平面图一个，删掉（Erase）多余的线和文字等，形成建筑的二层基本形。将"轴线"图层置为当前，用直线命令（Line），添加绘制辅助的轴线；或者将原有轴线用延长命令（Extend），让轴线延长或缩短；或者编辑直线节点，将轴线拉伸或缩短；有的轴线用偏移命令（Offset）进行偏移，这样做都是为了满足建筑设计制图的需求，满足既定尺寸和距离的需求。红色轴线表示框架部分，绿色直线表示尺寸线标注，整体的基本框架如图 6-61 所示。

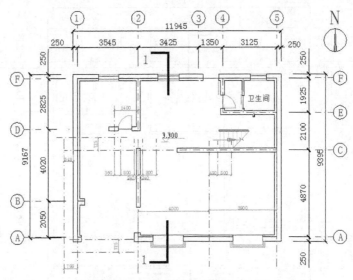

图 6-61　二层建筑平面基本形框架

【练习 6-35】 具体用延伸、缩短、偏移命令或添加轴线的距离，如图 6-62 所示，点 P_4P_5 之间相距 360，是墙体的位置，墙体要垂直向上转折；P_5P_6 两点相距 800，是门洞的位置；P_6P_7 两点相距 480，是墙体的位置；P_7P_8 两点相距 800，是门洞的位置；P_9 点处是将一层客厅分隔两室墙的位置；$P_{10}P_{11}$ 两点相距 800，是门洞的位置。

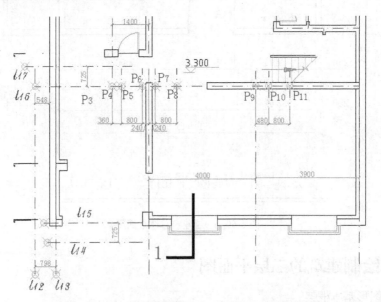

图 6-62　二层建筑平面框架主要更改的部分局部图示

如图 6-62 所示的左端和左下角，直线 L_{12} 和直线 L_{13} 相距 798，各表示一条轴线，是偏移 798 之后的结果；直线 L_{14} 和直线 L_{15} 相距 725，各表示一条轴线，是偏移 725 之后的结果；直线 L_{16} 和直线 L_{17} 相距 725，各表示一条轴线，是偏移 725 之后的结果。

【练习 6-36】 用多线命令（Mline），绘制二层建筑平面墙体。用删除命令（Erase）清理和删除多余图形，如图 6-63 所示，并继续添加和完善多余的辅助轴线。打开"图层控制"对话框，将"墙"图层置为当前。单击 AutoCAD 经典界面的"格式"下拉菜单，将"Wall240"多线样式 "置为当前"，再开始绘制宽 240 的墙体，绘制完成，将原有的墙线删掉，结果如图 6-64 所示下半部分。将"Wall120" 多线样式"置为当前"，绘制完成墙宽 120 的墙体，结果如图 6-64 左上角部分。绘制多线的时候，多线的起点、端点、下一点都是从定义多线的直线偏移 0 的位置出发的，尽管中间可能没有定义直线相对位置 0 偏移的位置，但系统默认的出发点就是以 0 偏移的直线为出发点。打开捕捉方式，设置"端点""交点"等，采用偏离步骤 from 来绘制多线。

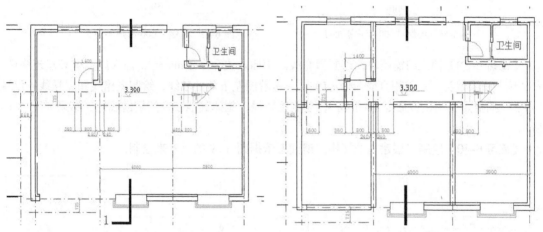

图 6-63　清理和删除多余的直线和图形　　　图 6-64　多线"Wall240"和"Wall120"样式绘制墙体

【练习 6-37】用多线命令（Mline）绘图。将"Wall-370"多线样式"置为当前"，将"墙"图层置为当前，开始绘制墙宽 370 的墙体。单击"修改"菜单，对对象"多线"进行编辑修改，结果如图 6-65 所示。

图 6-65　所有多线的合并与修改

【练习 6-38】绘制长 900、宽 370 的窗户。将"窗户"图层置为当前，用直线命令（Line）绘制长 900 的水平直线 L_1，用偏移命令（Offset）偏移 111、148、111 完成窗户的四条直线；打开"图层控制"对话框，将两边的两条直线更改为"细线"图层；再创建块命令（Block）定义为图块，取名为"900 窗户平面 1"，基点为 A 点，如图 6-66 所示。同样的方法，绘制长 600、宽 240 的窗户，创建定义为块，命名为"600 窗户平面 2"，基点为 A 点，结果如图 6-67 所示。

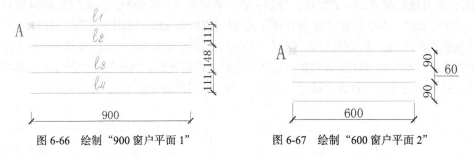

图 6-66　绘制"900 窗户平面 1"　　　　　图 6-67　绘制"600 窗户平面 2"

【练习 6-39】插入门窗图块；绘制屋脊线。用插入块命令（Insert），插入门、窗等建筑构件。将"墙"图层置为当前，用直线命令（Line），沿着图左下角的轴线，绘制屋檐线和屋脊线；设置"中点"捕捉点，用镜像命令（Mirror），绘制屋脊线；删掉其他多余的辅助线等，结果如图 6-68 所示。

【练习 6-40】绘制二层建筑的楼梯。请读者依据图 6-69 的尺寸来绘制。

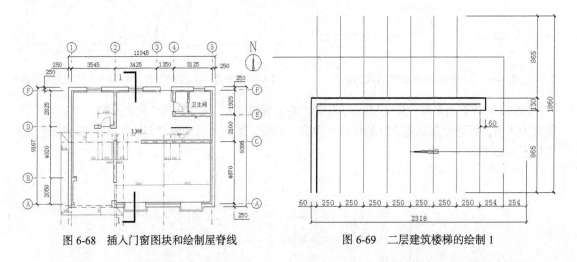

图 6-68　插入门窗图块和绘制屋脊线　　　　图 6-69　二层建筑楼梯的绘制 1

将"楼梯"图层置为当前，用直线命令（Line）绘制 865 长的垂直直线，用阵列命令（Array），水平方向阵列 8 列，距离 250，一行；将"墙"图层置为当前，用多段线命令（Polyline），起始宽度和端点的宽度为 10，起点采用偏离步骤（From）绘制，以图 6-69 所示的尺寸为依据；楼梯上面的部分踏步，用直线命令（Line）绘制，将"楼梯"图层置为当前，采用偏离步骤（From）捕捉基点，偏离起点绘制第一条踏步直线；再用阵列命令（Array），阵列 7 列，距离 250，一行；将"标注"图层置为当前，打开并设置"中点"捕捉方式，用直线命令（Line）绘制踏步的中间，标示从下到上的"指示线"，箭头的角度为 4，长 300；再将"标注"图层置为当前，用多段线命令（PolyLine）绘制这个指示线，打开并设置"端点""中点"捕捉方式，线宽为 5；画到箭头时，重新设置线宽，起始宽 42，端点宽 0，这一段 300 长，沿着上面用直线命令绘制的指示线画一遍；将楼梯创建定义为块（Block），命名为"2 层楼梯平面 2"，基点为 A 点，就是距离右下端踏步直线端点 508 的位置，结果如图 6-70 所示。

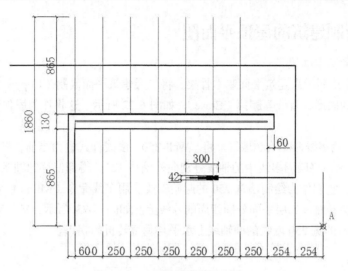

图 6-70　二层建筑楼梯的绘制 2

【练习 6-41】完成二层建筑平面。用插入块命令（Insert），插入二层楼梯平面；复制（Copy）文字说明的"卫生间"多个，分别放到二楼建筑平面的各个小空间中，然后用文字修改编辑命令（Ddedit），逐个修改正名，并在楼梯指示线的起始点位置输入"下"字；用图案填充命令（Hatch），设置"填充"为当前图层，填充"晒台"和"屋瓦图案"。调整文字大小和标注尺寸等，最后完成的二层建筑平面图如图 6-71 所示。

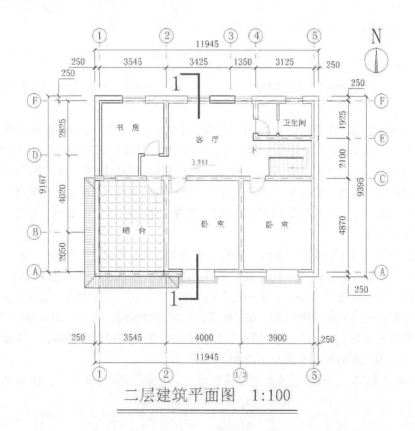

图 6-71　二层建筑平面完成图

6.1.5　绘制建筑的屋顶平面图

完成平面图形基本框架。

【练习 6-42】绘制屋顶建筑平面基本骨架。将二层建筑平面复制（Copy）并移动到空白的地方，将其他多余的图形、直线等删掉（Erase），如图 6-72 所示，这将作为屋顶建筑平面的基本形骨架。

【练习 6-43】用多线命令绘制墙线。将"Wall-250"多线样式置为当前，将"墙"图层置为当前。如图 6-72 所示，将四周多线中的轴线分别向外偏移 125，得到偏移的轴线；沿用轴线 V_4V_5、V_5V_6，不做偏移，它们作为绘制墙宽 250 的起始轴线。用多线命令（Mline），画宽 250 的墙线，一定是对正在一层平面、二层平面外围四周的墙线上。如图 6-73 所示，V_1、V_2、V_3、V_4、V_5、V_6 分别是即将绘制的宽 250 墙线的中轴线上水平与垂直转折的拐点。

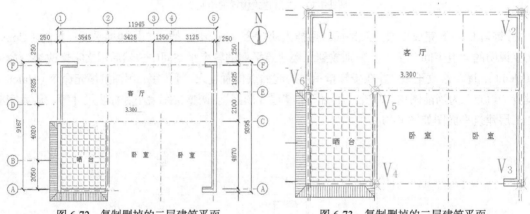

图 6-72　复制删掉的二层建筑平面　　　　　图 6-73　复制删掉的二层建筑平面

【练习 6-44】多线画墙并编辑修改。用多线命令（Mline），单击 AutoCAD 经典界面的"格式"下拉菜单，打开"多线样式"对话框，将线宽 250 的"墙"多线样式置为当前；用多线命令画墙，捕捉的点依次是 V_1、V_2、V_3、V_4、V_5、V_6，形成一个封闭的多线图形。再用删除命令（Erase），暂时保留屋脊线和屋檐线，将原来多余的多线等删掉；同时单击 AutoCAD 经典界面的"修改"下拉菜单的"对象"，打开"多线编辑"对话框，选择"角点结合"∟选项，对多线进行编辑修改，结果如图 6-74 所示。

【练习 6-45】绘制屋檐线和屋脊线，填充屋瓦图案。用偏移命令（Offset），将墙体的轴线各自向外偏移 725；然后用延伸命令（Extend），各自向外延伸，生成水平与垂直轴线的交点；将"墙"图层置为当前，用直线命令（Line），打开且仅仅设置 "交点"捕捉模式，依次连接新形成的交点，生成一个封闭的直线围合的图形，即屋檐线；绘制屋脊线时，打开并增加设置"端点"捕捉模式；用图案填充命令（Hatch），将"填充"图层置为当前，填充屋瓦。用插入（Insert）块命令，插入标高符号，输入新的标高 6.300，结果如图 6-75 所示。

【练习 6-46】调整、修改和标注屋顶建筑平面，完成屋顶建筑平面图，如图 6-76 所示。

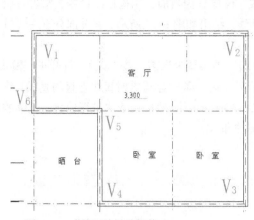

图 6-74　多线画墙并编辑修改

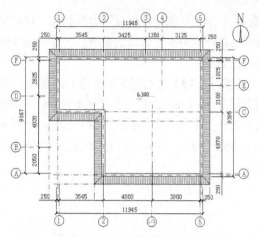

图 6-75　绘制屋檐线和屋脊线，填充屋瓦图案

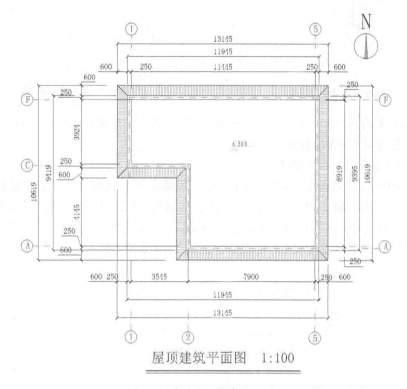

图 6-76　完成的屋顶建筑平面图

6.2　建筑设计立面图的绘制

6.2.1　建筑正立面图的绘制

1. 绘制建筑正立面图的基本框架

【练习 6-47】投射正立面图的轴线。用构造线命令（Xline），按 F3 键，打开捕捉方式，设置

"端点""交点"和"最近点"为捕捉点；将"轴线"图层置为当前，用构造线命令，沿着一层建筑平面的外观基本轮廓的重要节点，绘制垂直的轴线。结果如图 6-77 所示，玄关部分下一步进行垂直投射。

【练习 6-48】绘制完成水平方向的直线。将"墙"图层置为当前；按 F8 键，打开正交模式；用直线命令（Line），在一层建筑平面图的下方稍远处绘制一条横穿与投射直线垂直的直线，作为水平直线，即地平线，如图 6-78 所示。用偏移命令（Offset），对地平线依次进行偏移，偏移的距离为 300、3600、3300、600，形成正立面高度的基本框架。

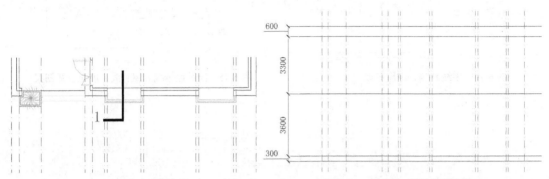

图 6-77　绘制主要的垂直轴线　　　　　　　　　　图 6-78　绘制主要的水平轴线

【练习 6-49】用修剪命令（Trim），对正立面图进行修整，结果如图 6-79 所示。

2. 绘制正立面图的屋檐部分

（1）绘制正立面图中的屋檐线。

【练习 6-50】完成屋檐线、屋脊线位置确定。用偏移命令（Offset），对部分垂直投射线和个别水平直线进行偏移。将 L_1 和 L_2 垂直线，向左偏移 600；将 L_3 和 L_4 垂直线向右偏移 600；将直线 L_5 向上偏移 600；用"图层控制"对话框，创建新的图层，如"屋檐线"，一种蓝色的中实线，将二层和一层的屋檐线连接画出来，形成基本框架，结果如图 6-80 所示。

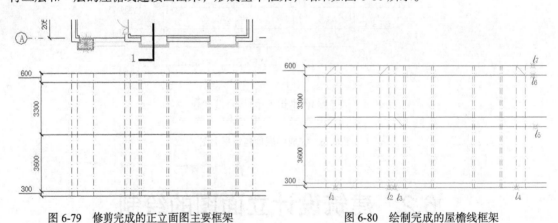

图 6-79　修剪完成的正立面图主要框架　　　　　图 6-80　绘制完成的屋檐线框架

【练习 6-51】完成屋檐线基本形。继续用偏移命令（Offset），将直线 L_5 和 L_6 向下偏移 140；将直线 L_1、L_2 向左偏移 400；将 L_3、L_4 向右偏移 400，这样形成横梁结构的基本形。继续用修剪命令（Trim），完成屋檐图形。用"特性匹配"格式刷，将所有屋檐线直线统一改成"屋檐线"图层下的直线，结果如图 6-81 所示。

【练习 6-52】填充屋檐的图案。将"填充"图层置为当前，填充的结果如图 6-82 所示。

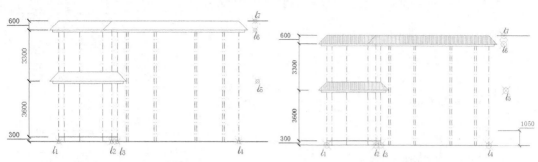

图 6-81　绘制完成屋檐图形　　　　　　　　　　图 6-82　完成屋檐图案

（2）绘制正立面图中的窗户大样。

【练习 6-53】偏移和修剪地平线作为窗台基线。用偏移命令（Offset）将地平线向上偏移 1050，形成水平直线 L_8；再用修剪命令，对直线进行修剪（Trim），形成窗台基线。如图 6-83 所示，其中亮显的虚线 L_8 便是窗台基线。

【练习 6-54】偏移窗台基线。用偏移命令（Offset），将窗台基线 L_8 向上依次偏移距离为 100、2650、100、1700、100，最后得到的水平直线如图 6-84 所示。

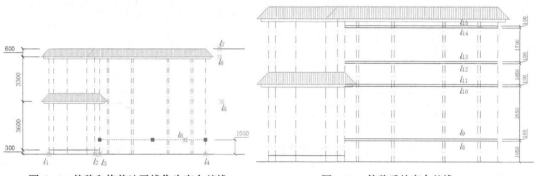

图 6-83　偏移和修剪地平线作为窗台基线　　　　图 6-84　偏移后的窗台基线

【练习 6-55】对直线进行修剪，完成一个窗户大样基本形，结果如图 6-85 所示。新建图层并命名为 "空调"，细实线；新建并命名为"窗户立面"的图层。用修剪命令（Trim），对偏移产生的直线进行修剪。用"特性匹配"命令刷，将部分线全部变成"墙"图层所在的直线；将窗户部分直线，变成"窗户立面"图层所在直线，如图 6-86 所示；将空调所在位置直线调整为"空调"图层所在的直线，结果如图 6-87 所示。

【练习 6-56】绘制窗户大样和空调外装饰。用偏移命令（Offset），对窗户的垂直线进行偏移，偏移的距离为 566.6；将窗户的上边亮子部分偏离，偏离的距离为 625，结果如图 6-89 所示。将"空调"图层置为当前；将地平线向上偏移，偏移距离为 21，再用修剪命令（Trim）进行修剪，与空调位置的宽度一致，然后继续用偏移命令，继续偏移，偏移距离为 129，绘制出空调外装饰的基本线；用"特性匹配"命令将基本线变成"空调"图层所在的直线，如图 6-87 所示。用阵列命令（Array），单击空调外装饰线的基本线，进行阵列，选择矩形阵列 R，阵列的纵向距离为 150，列的数量为 1，行的数量为 7，行的距离为 1，阵列的结果如图 6-88 所示。将阵列形成的空调外装饰，用复制命令（Copy），向上复制放到二层的窗户下，结果如图 6-89 所示，这样就形成了正立面图左边部分完整的窗户大样。

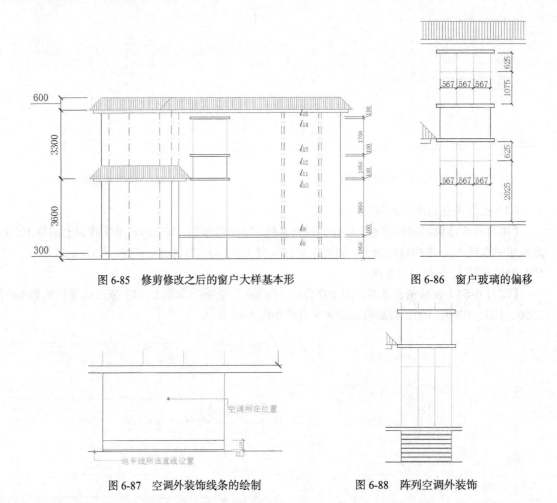

图 6-85　修剪修改之后的窗户大样基本形　　　　图 6-86　窗户玻璃的偏移

图 6-87　空调外装饰线条的绘制　　　　图 6-88　阵列空调外装饰

用复制命令（Copy）或者创建图块命令（Block），对左边部分完整的窗户大样进行复制或创建成块，基点选择 A 点；用复制或插入块（Insert）命令，最后完成正立面图的两个窗户大样图，结果如图 6-90 所示。

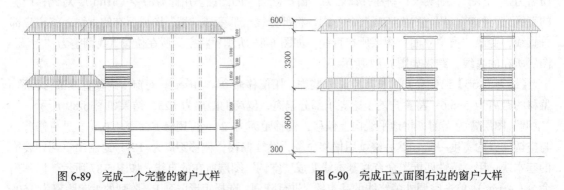

图 6-89　完成一个完整的窗户大样　　　　图 6-90　完成正立面图右边的窗户大样

（3）绘制正立面图中的入口部分立面。

【练习 6-57】用构造线命令（Xline）投射一层建筑大门入口等垂直方向的直线。首先投射一

层建筑入口方向的垂直投射线，将"点划线"图层置为当
前，经过一层建筑平面入口照壁和入口窗户部分的轮廓点
进行投射，形成垂直的直线 L_{20}、L_{21}、L_{22}、L_{23}，如图 6-91
所示。

【练习 6-58】偏移直线。将地平线向上偏移 640；将屋
檐线向下偏移 660、100；将一层屋脊水平线向上偏移 400
单位，形成扶手的高度，具体尺寸如图 6-91 所示。

【练习 6-59】修剪图形。用修剪命令（Trim），对构造
线和偏移的直线进行修改，完成一层建筑入口部分、一层
入口台阶和一层以上楼梯部分，调整为"窗户立面"图层
等，如图 6-92 所示。

【练习 6-60】用构造线命令（Xline），投射立面的直线。
用二层建筑平面入口上端的窗户和门的轮廓，投射垂直线
到正立面图上来；用偏移命令（Offset），如图 6-93 所示，
对二层的屋檐线直线 V_{22} 向下进行依次偏移，偏移的距离
为 341、200，见图 6-93 右边上端尺寸标注；将一楼的屋

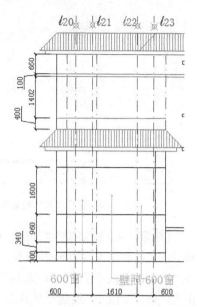

图 6-91　投射完成的一楼入口垂直线

檐线 V_{23} 向上依次偏移，偏移的距离为 1300、1550，见图 6-93 左边尺寸标注。

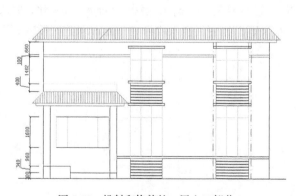

图 6-92　投射和修剪的一层入口部分

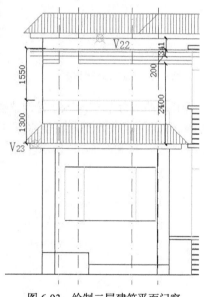

图 6-93　绘制二层建筑平面门窗

【练习 6-61】完成正立面图。经过修剪命令修剪之后，形成二楼之上的窗户、门图形；完成
二楼晒台上的楼梯扶手；完成一楼的窗户、照壁、花池、植物和台阶，如图 6-94 所示。

【练习 6-62】绘制照壁。建筑正立面一层的照壁与窗户立面的直线经过偏移（Offset）与
修剪（Trim）；用直线命令（Line），打开并设置"中点""端点"捕捉模式，绘制照壁中倾斜
45°的正方形，将窗的图层重新调整为"窗户立面"图层，照壁装饰归属于"墙"图层，结果如
图 6-95 所示。

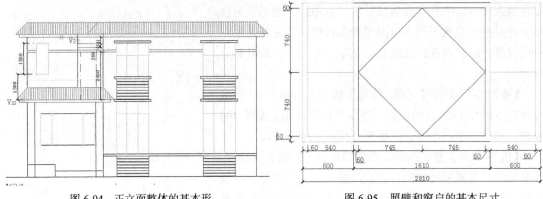

图 6-94　正立面整体的基本形　　　　　　　图 6-95　照壁和窗户的基本尺寸

【练习 6-63】绘制植物立面。对入口部分的花池和台阶进行偏移（Offset）和修剪（Trim），修剪的尺寸和结果如图 6-96 所示；将"填充"图层置为当前，用图案填充命令（Hatch），对正立面入口处的两根"柱子"和"花池"进行图案填充，结果如图 6-97 所示；将"花"图层置为当前，用直线命令（Line）绘制花草的枝干，如图 6-98 所示。

图 6-96　入口基本形修整　　　　图 6-97　图案填充　　　　图 6-98　绘制画草枝干

用样条曲线命令（Spline）绘制植物的叶，进行复制（Copy）、缩小（Scale）等变化，完成花草的整体形状，将花草形状新创建为图块（Block），然后用插入块命令（Insert）进行插入，形成的结果如图 6-99 和图 6-100 所示。

图 6-99　绘制完成的植物形状　　　　　　图 6-100　一楼入口完成图

【练习 6-64】绘制完成二层晒台扶手栏墩栏杆。单击原来由屋脊水平线偏移的直线，如图 6-76 中"亮显"的、有节点的虚线，用偏移命令（Offset），向下偏移，偏移距离为 100；用直线命令（Line），用偏离步骤 From，以图 6-101 中最"左下端"的点作为基点，偏离相对坐标为（@205,0），下一点相对坐标为（@0,300），再偏移 56，形成一根栏墩栏杆；再用阵列命令（Array），将栏墩栏杆向右阵列，阵列形式选择矩形 R，列（Col）为 8，距离为 500，行（R）为 1，距离为 1，形成的结果如图 6-101 所示。

图 6-101 绘制完成的栏墩栏杆和扶手

【练习 6-65】绘制二层晒台立面。用构造线（Xline）命令，将"点划线"图层置为当前，从二层建筑平面图的晒台入口门、墙线，垂直投射到正立面上去，校正"门"和"墙"的位置，如图 6-102 所示的 M_1、M_2、M_3。同时用移动命令（Move），将图 6-102 所示"亮显"的有节点的虚线向左移动，垂直线线段的点 A 与直线 M_3 上 B 点对齐，产生的结果如图 6-102 所示。经过修剪和图层的调整，二层晒台立面门框框架如图 6-103 和图 6-104 所示。

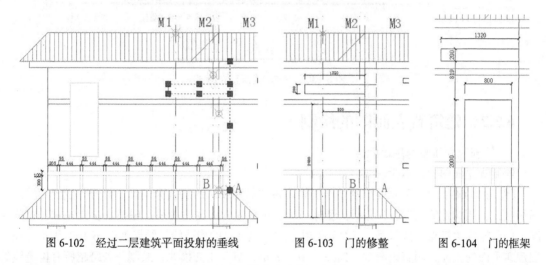

图 6-102 经过二层建筑平面投射的垂线　　图 6-103 门的修整　　图 6-104 门的框架

【练习 6-66】修改和完善二楼晒台立面上的窗户和门。如图 6-105 所示，这是没有修改之前的图。将窗户的轮廓线向内偏移（Offset），偏移距离为 60；将"窗户立面"图层置为当前，用直线命令（Line）连接垂直两边直线中点；将门的轮廓线（离心）向外偏移，偏移距离分别为 17、83；用圆角命令（Fillet），选择半径 R 为 0，进行圆角修改，修改之后的效果如图 6-106 和图 6-107 所示。

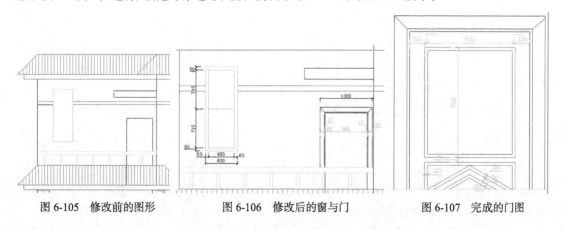

图 6-105 修改前的图形　　图 6-106 修改后的窗与门　　图 6-107 完成的门图

【练习 6-67】完善正立面图。给正立面图进行文字注解和尺寸标高的标注，用多段线命令（Polyline）加粗地平线，用复制命令（Copy）复制平面图的图名和图线，再用修改命令（Ddedit）修改名称，给正立面图添加图名，结果如图 6-108 所示。

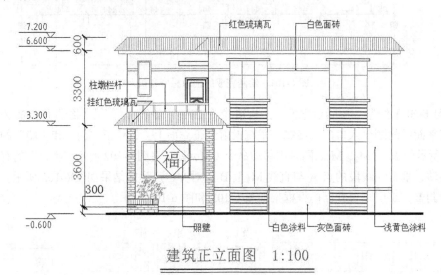

图 6-108　完成的建筑正立面图

6.2.2　建筑背立面图的绘制

1. 绘制背立面图的基本框架

绘制背立面图的基本投射线。

【练习 6-68】绘制背立面图的基本框架。将"点划线"图层置为当前，打开并设置"端点"捕捉模式，用构造线命令（Xline），经过二层建筑平面的主要轮廓线，屋檐、房屋轮廓、窗户轮廓、门的轮廓关键点，选择垂直（V）投射方式，作垂直的构造线，结果如图 6-109 所示。在二层建筑平面的上面，用直线命令（Line），按 F8 键，打开正交模式，绘制一条跨越所有构造线的水平直线，表示地平线。用偏移命令（Offset），将这条直线依次向上偏移，偏移的距离为 600、3300、3300、600，数据和图形的结果如图 6-110 所示。

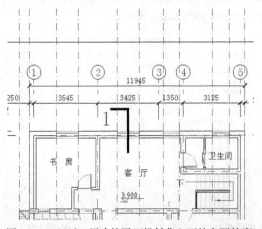

图 6-109　经过二层建筑平面投射背立面的主要轮廓

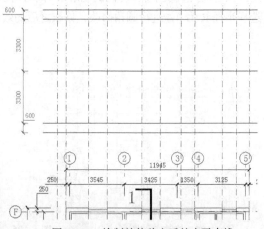

图 6-110　绘制并偏移之后的水平直线

【练习 6-69】绘制背立面窗户基本框架和门的框架线。用偏移命令（Offset），将地平线向上偏移 2300，然后将这条直线的图层更改为"窗户立面"图层；继续偏移，偏移的距离分别为 1200、1400、1750，所得的结果如图 6-111 所示，偏移的尺寸如图右边的标注所示。再将地平线向上偏移 2700，并变成"门"图层所在直线；再一次将地平线向上偏移 2920、3170，结果和标注如图 6-111 所示中间部分。

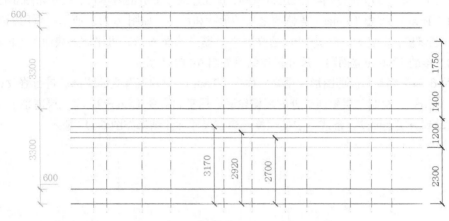

图 6-111　用偏移形成的背立面基本框架

2. 绘制背立面图的主体形状和部分细节

【练习 6-70】绘制和完善背立面图形。比对屋顶平面、二层建筑平面和一层建筑平面，对绘制形成的建筑背立面图进行修剪（Trim），这样就形成整体基本轮廓。修剪完成之后，用删除命令（Erase）删除多余直线；同时，单击窗户的轮廓，用"图层控制"对话框，将修剪后的图形归结为"窗户立面"图层，门的轮廓归结为"门"图层，如图 6-112 所示。

【练习 6-71】修改和完善背立面图的门和门楣。用偏移命令（Offset），将门两边的直线分别（离心）向外偏移 300；再用延长命令（Extend），将这两条直线向上和向下分别延长；再用打断命令（Break），将两条延伸的直线打断；再用圆角命令（Fillet）修整，完整的门及门楣的图形便完成了。再偏移两次，距离 200，完成台阶，并调整统一为"门"的图层，结果如图 6-113 所示。

图 6-112　修剪完成立面基本形　　　　图 6-113　门的偏移、延长、打断、圆角和再偏移

【练习 6-72】绘制和完成一层的 1200 宽窗立面图。如图 6-114 所示，用偏移命令（Offset），单击窗户的轮廓边缘线，分别向内偏移，偏移距离 60；将上下两边的直线向内偏移 96；用直线命

令（Line），打开并设置 "中点" 捕捉模式，绘制穿过中间的垂直线，结果如图 6-114 所示。再用圆角命令（Fillet），圆角的半径为 0，对窗户立面进行修改，结果如图 6-115 所示。对绘制完成的一层宽 1200 窗进行复制（Copy），覆盖在一层立面中宽 1200 窗的位置；或者用创建块（Block）命令，创建定义新的窗立面；用插入块命令（Insert），达到绘图要求。

【练习 6-73】绘制和完成二层 1200 宽窗立面图。依据构造线投射和水平线偏移（Offset）、修剪（Trim）的二层 1200 窗的基本框架进行偏移，直线连线等形成的基本形，尺寸如图 6-116 所示。经过修剪（Trim）、圆角（Fillet）等修改之后的形状和尺寸，如图 6-117 所示。再用创建块定义（Block），创建块，命名为 "二层 1200 窗立面 2"，基点选择 A 点；再用插入块命令（Insert），绘制同样的二楼的 1200 窗立面图，尺寸标注结果如图 6-118 所示。

【练习 6-74】编辑和修剪图形。用修剪命令（Trim），对建筑背立面图部分进行修改；再用镜像命令（Mirror），绘制二层屋顶部分的屋檐轮廓；用复制命令（Copy），将二层屋顶上左边的屋檐复制移动到一层上面来，形成一层的屋檐轮廓，尺寸标注结果如图 6-118 所示。

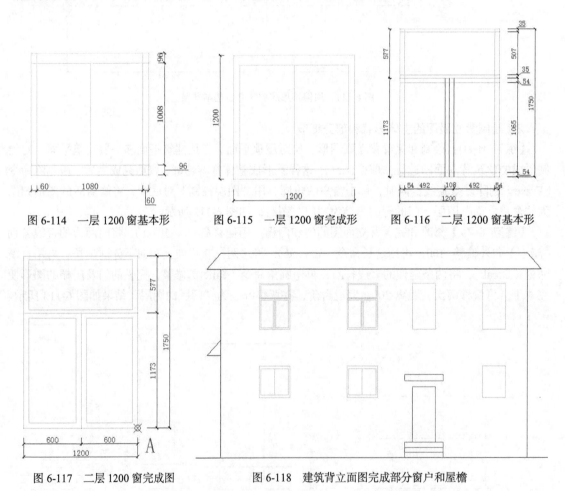

图 6-114　一层 1200 窗基本形　　图 6-115　一层 1200 窗完成形　　图 6-116　二层 1200 窗基本形

图 6-117　二层 1200 窗完成图　　　图 6-118　建筑背立面图完成部分窗户和屋檐

【练习 6-75】绘制二层宽 900 的窗户立面。同样的步骤，绘图的最后结果如图 6-119 所示图形和尺寸标注。用偏移（Offset）、修剪（Trim）、圆角命令（Fillet）绘制和修改一层的宽 900 窗户立面图形，尺寸标注如图 6-120 所示。

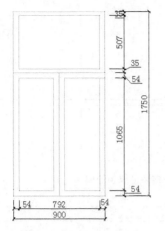

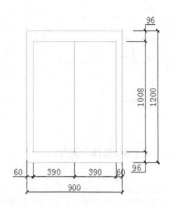

图 6-119　绘制完成的二层宽 900 窗户立面　　　　图 6-120　绘制完成的一层宽 900 窗户立面

【练习 6-76】绘制和完善门上图形和图案。偏移命令（Offset）用的依据如图 6-121 所示的图形和尺寸；修剪（Trim）、圆角（Fillet）命令用的结果如图 6-122 所示。

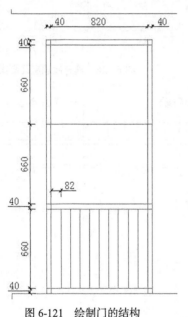

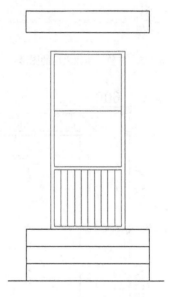

图 6-121　绘制门的结构　　　　　　　　图 6-122　绘制完成的门

【练习 6-77】完善和完成建筑北立面图。用偏移（Offset）和修剪（Trim）命令，绘制立面墙上的装饰线条，尺寸结果如图 6-123 和图 6-124 所示，建筑背立面图基本形就形成了。用镜像命令（Mirror），单击一楼和二楼图形中相同的窗户立面，以中间垂直的直线为轴线，镜像并删掉源对象，这样就得到了建筑背立面图，如图 6-125 所示；用图案填充（Hatch）填充屋脊屋檐上的屋瓦，如图 6-126 所示；用多重引线标注命令（Mleader），注解立面上的装饰材料；用标注命令（Dimlinear），标注高度；用插入块命令（Insert）和文字修改命令（Ddedit），完成横向标高的注释；复制（Copy）正立面图的图名，并用文字修改命令（Ddedit）等，调整和修改完成建筑的背立面图，最后的结果如图 6-127 所示。

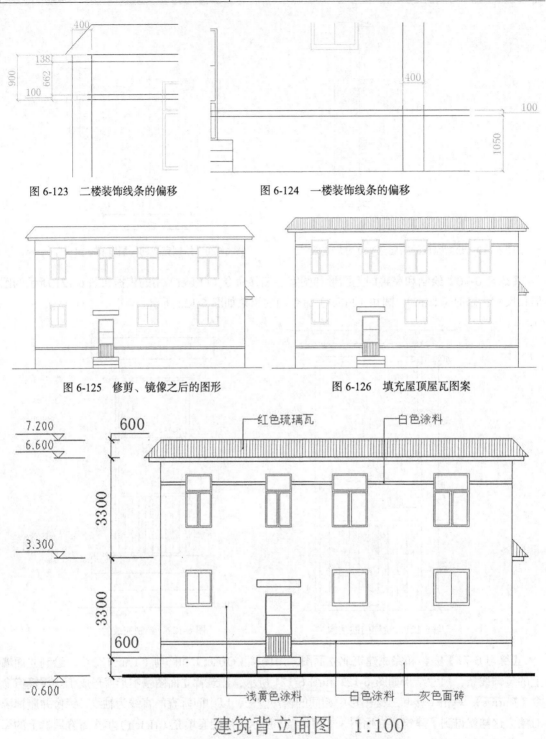

图 6-123　二楼装饰线条的偏移　　　　　图 6-124　一楼装饰线条的偏移

图 6-125　修剪、镜像之后的图形　　　　图 6-126　填充屋顶屋瓦图案

建筑背立面图　1:100

图 6-127　经过标注，引线添加图名之后的建筑背立面完成图

6.2.3　1–1 建筑剖面图的绘制

（1）绘制 1-1 剖面图的基本框架投射线。

【练习 6-78】绘制剖面线的水平轴线。将"轴线"图层置为当前,明确一楼建筑平面的剖切符号标明的方向,用构造线命令(Xline),选择水平(H)投射的方式,设置并打开 "端点""中点"捕捉模式,沿着水平投影主要轮廓线的关键点进行水平投射,形成的结果如图 6-128 所示。

【练习 6-79】绘制垂直的直线。绘制一条穿过所有水平轴线的垂直基线一条,并将从右向左偏移,偏移的距离分别为 150、450、3500、100、3300、100、500,结果如图 6-129 所示。在图 6-129 的基础上,用修剪命令(Trim)进行修剪,得到的结果如图 6-130 所示。

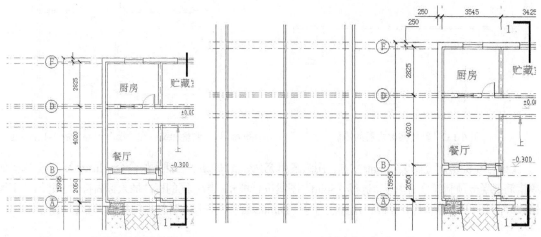

图 6-128 绘制水平投射直线   图 6-129 绘制垂直的基线和偏移直线图

(2)绘制和完成建筑 1-1 剖面图。

【练习 6-80】偏移、修剪和完善完成 1-1 剖面图。参照建筑的正立面图和北立面图,依据经过剖切符号 1-1 附近,依据剖切符号 1-1 标明的方向,参照一层窗户的尺寸和二层窗户的尺寸,以及门的尺寸、地势地位标高的尺寸来进行偏移和修剪,结果如图 6-131 所示。

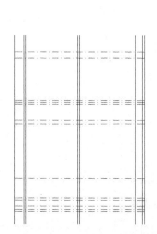 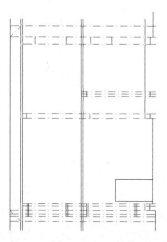

图 6-130   经过部分修剪形成的基本形   图 6-131   修剪、偏移完善建筑基本形

【练习 6-81】绘制形成 1-1 的基本形。将绘制修改完成的 1-1 建筑剖立面基本形旋转-90°,可以得到一个正常视野下的 1-1 剖面图基本形。这里还是一个基本雏形,结果如图 6-132 所示。

【练习 6-82】修改编辑图形。用修剪(Trim)、偏移(Offset)和删除(Erase)命令,进一步完善修整 1-1 剖立面图,将所有图层调整并归结、归还到"墙"图层上,将准备用来图案填充的空间划分出来；用直线命令（Line）绘制一条波折线，或创建块命令（Block），用复制命令（Copy）复制或插入块命令（Insert），绘制其他的波折线，结果如图 6-133 所示。

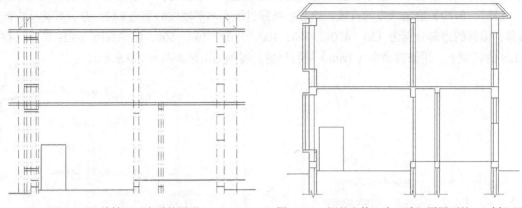

图 6-132　旋转-90°之后的图形　　　　图 6-133　调整和统一在"墙"图层下的 1-1 剖立面

【练习 6-83】填充图案和编辑文本。用图案填充命令（Hatch）和插入块命令（Insert），单击选择代表钢筋混凝土预制部分的图形，选择"Solid"图案进行填充；给不同的标高插入标高符号，并用文字编辑修改命令（Ddedit）进行修改；用标注命令（Dimlinear）进行尺寸标注，结果如图 6-134 所示。

图 6-134　完成的建筑 1-1 剖面图

6.3　本　章　小　结

本章的重点是对以建筑设计为目的的 AutoCAD 绘图教学过程的讲解。工程制图的基本原则是："长对正、高平齐、宽相等"，在本章继续贯彻执行。

本章继续提倡 AutoCAD 绘图的基本过程和顺序：①用 AutoCAD 的格式菜单，定义图纸的大小、图层、线型、颜色、长度单位、绘图精度。②绘制建筑平面图，首先设置轴线为当前图层，经过一层建筑平面空间的推敲和思考，绘制建筑一层水平投影图的基本框架；再复制和绘制二层平面框架，或者其他不同楼层的平面。③用构造线命令，水平、垂直等依据一层平面、二层平面、三层平面或不同平面，绘制正立面、背立面或东立面图，以及建筑的剖立面图等。④一楼或屋顶的景观平面，按照平面布局的特点，绘制基本的景观框架范围；用多段线命令，绘制园林景观建筑的范围；用样条线命令绘制弯曲道路；用圆命令、样条线命令、阵列命令来绘制各种植物的符号图形等，最后完成整体的水平投影图；⑤构造线投射水平投影的主要轮廓。用构造线投射水平投影图中的关键轮廓点，植物的范围、道路的范围、景观构筑物的轮廓关键点、建筑墙体转折的轮廓点和拐点等；⑥用绘制水平基线，偏移绘制立面的立面中其他图形的框架线。⑦用修剪、删除、圆角等命令，对所有制图进行调整。⑧再次用格式菜单定义或调整"标注样式""多重引线""文字样式"等，并对水平投影图、立面图、剖面图等所有制图或者详图进行文字的注解和尺寸的标注。

读者在绘制建筑制图之前，需要以草图形式，推敲平面图、立面图和剖面图的空间逻辑对应关系和尺寸的合理性；根据一个整体总的平面图，进行 AutoCAD 的制图。在绘图过程中，对于线型、曲线或者某些文字的类型大小和准确性与原图对比时，不必苛责绝对一样。

课后练习

请读者根据如图 6-135 所示的尺寸和形状，参照电子文件"图 6-2.dwg"绘制 Auto CAD 图形。

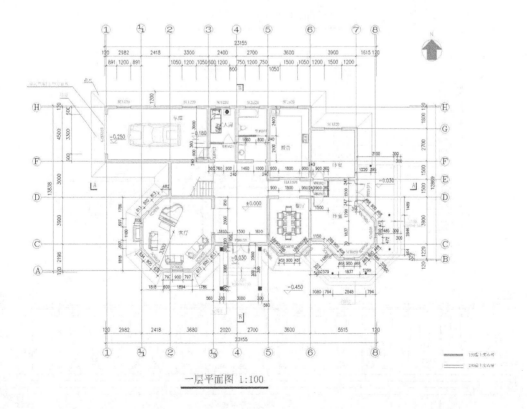

一层平面图 1:100

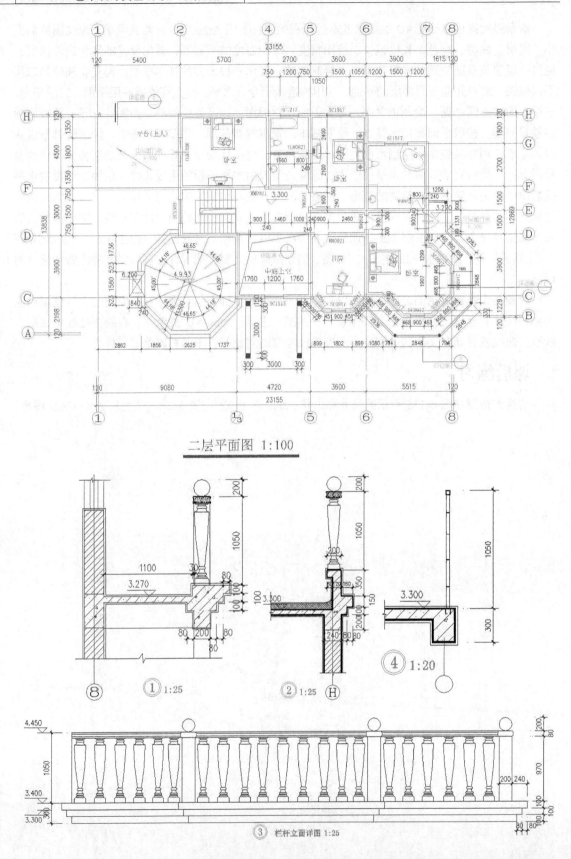

二层平面图 1:100

① 1:25

② 1:25

④ 1:20

③ 栏杆立面详图 1:25

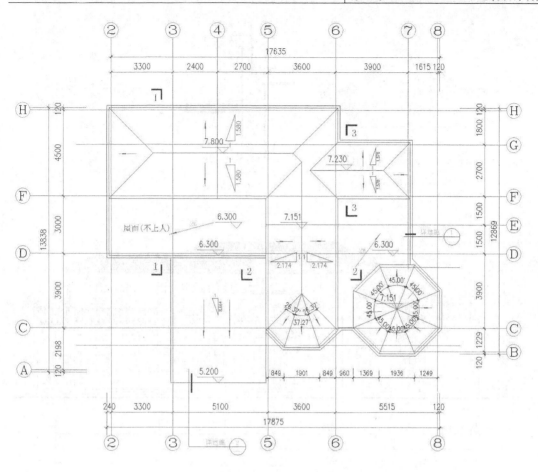

屋面平面图 1:100

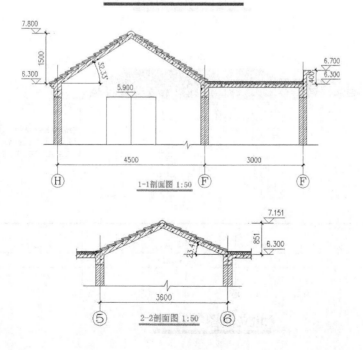

1-1剖面图 1:50

2-2剖面图 1:50

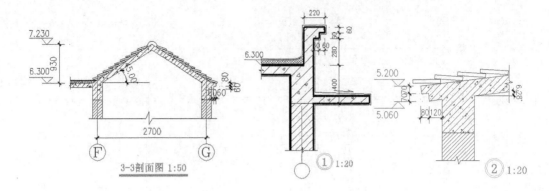

3-3剖面图 1:50

① 1:20

② 1:20

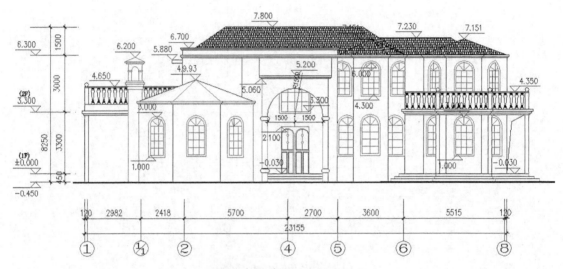

南立面图 1:100

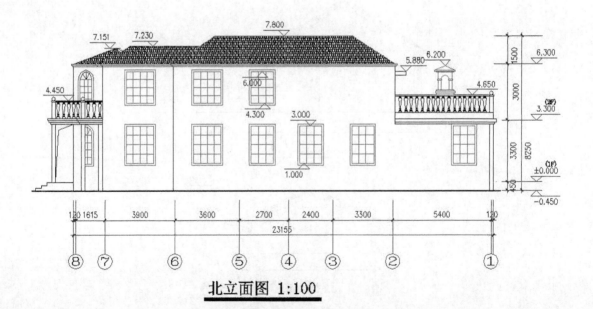

北立面图 1:100

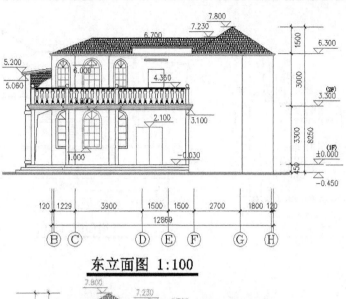

东立面图 1:100

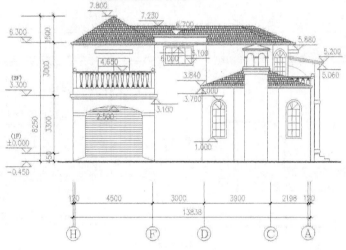

西立面图 1:100

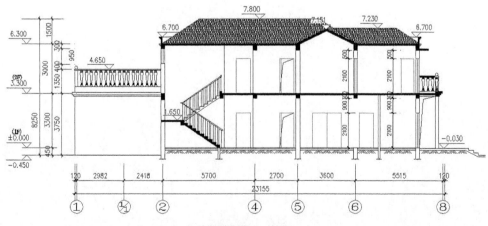

A-A剖面图 1:100

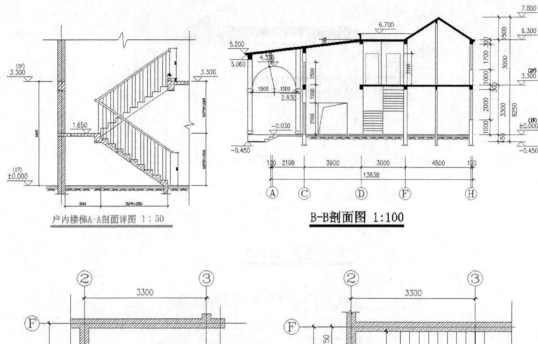

户内楼梯A-A剖面详图 1:50   B-B剖面图 1:100

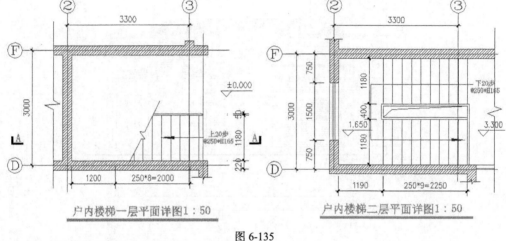

户内楼梯一层平面详图1:50   户内楼梯二层平面详图1:50

图 6-135

具体还有很多细节的图，请 AutoCAD 用户见章节中的 6-2.dwg 文件。

第7章
Auto CAD2013 产品设计制图

本章主要内容
- 机械零件的绘制
- 机械零件的标注
- 产品设计方案制图
- 零件序号标注
- 电动自行车的图形绘制

通过本章的学习，读者能够熟悉 AutoCAD 绘制机械零件和产品设计制图的操作。

7.1　绘制机械零件

机械零件法兰盘的绘制，如图 7-1 所示，电子文件见"图 7-1.dwg"。

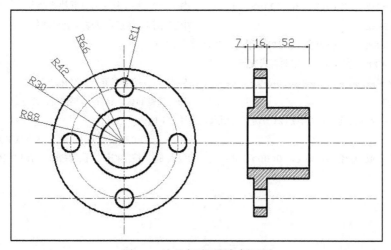

图 7-1　法兰盘平面图与剖面图

7.1.1　新建页面

打开"图层样式"管理器，编辑图层，如图 7-2 所示。

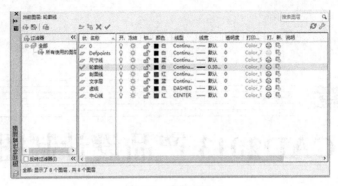

图 7-2 编辑图层

7.1.2 绘制机械零件水平投影图

1. 绘制轴线

将"中心线"图层置为当前，用直线命令（Line），绘制两条互相垂直的中心线，如图 7-3 所示。

2. 绘制同心圆

用圆命令（Circle），分别绘制半径为 30、42、66 和 88 的同心圆，如图 7-4 所示。

命令：C CIRCLE　　　　　　　　　　　　//输入"C"，按空格键，执行圆命令

指定圆的圆心或[三点(3P)/两点(2P)/切点、切点、半径(T)]:

　　　　　　　　　　　　　　　　　　　　//在 AutoCAD 模型空间中，指定两直线交点为圆心

指定圆的半径或[直径(D)]: 30　　　　　//输入 30，按空格键，执行命令

命令：CIRCLE　　　　　　　　　　　　//按空格键，系统默认并执行上次命令

指定圆的圆心或[三点(3P)/两点(2P)/切点、切点、半径(T)]:

//在 AutoCAD 模型空间中，指定两直线交点为圆心

指定圆的半径或[直径(D)] <30.0000>: 42　　//输入 42，按空格键确认并执行命令

命令：CIRCLE　　　　　　　　　　　　//按空格键，系统自动输入上次命令

指定圆的圆心或[三点(3P)/两点(2P)/切点、切点、半径(T)]:

//在 AutoCAD 模型空间中，指定两直线交点为圆心

指定圆的半径或[直径(D)] <42.0000>: 66　　//输入 66，按空格键，执行命令

命令：CIRCLE　　　　　　　　　　　　//按空格键确认，软件自动输入上次命令

指定圆的圆心或[三点(3P)/两点(2P)/切点、切点、半径(T)]:

　　　　　　　　　　　　　　　　　　　　//在 AutoCAD 模型空间中，指定两直线交点为圆心

指定圆的半径或[直径(D)] <66.0000>: 88　　//输入 88，按空格键，执行命令，结果如图 7-4 所示

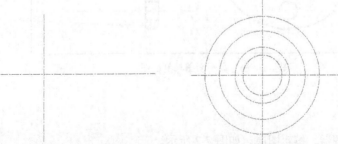

图 7-3 中心线绘制　　　　　　　　　图 7-4 绘制同心圆

3. 绘制法兰盘水平投影轮廓线

更改半径为 30、42 以及 88 三个圆图层，将其设置修改为"轮廓线"图层，如图 7-5 和图 7-6 所示。

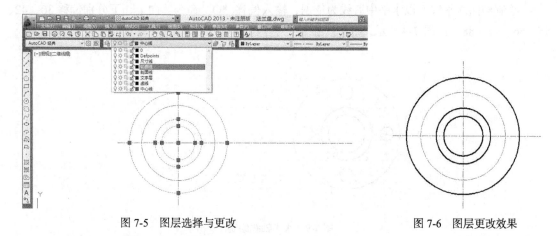

图 7-5　图层选择与更改　　　　　　　　　　　图 7-6　图层更改效果

4. 绘制法兰盘圆孔水平投影

（1）绘制法兰盘上圆孔，以半径为 66 的圆的顶部象限点为圆心，绘制半径为 11 的圆，如图 7-7 所示。

命令：C CIRCLE　　　　　//输入"C"，单击空格键确认执行圆命令命令

指定圆的圆心或[三点(3P)/两点(2P)/切点、切点、半径(T)]：

　　　　　　　　　　　　　　//以半径为 66 圆与垂直轴线相交的交点，为圆心

指定圆的半径或[直径(D)] <11.0000>：11　　　　　//输入 11，单击空格键确认执行命令

（2）绘制 4 个大小相同的圆孔，利用阵列"AR"命令，设置圆心为阵列中心点，项目为 4，完成法兰盘平面图绘制，如图 7-8 所示。

命令：ar ARRAY　　　//输入"ar"，按空格键，执行阵列命令

选择对象：找到 1 个

选择对象：　输入阵列类型[矩形(R)/路径(PA)/极轴(PO)] <极轴>：PO

类型 = 极轴　关联 = 是

指定阵列的中心点或[基点(B)/旋转轴(A)]：

选择夹点以编辑阵列或[关联(AS)/基点(B)/项目(I)/项目间角度(A)/填充角度(F)/行(ROW)/层(L)/旋转项目(ROT)/退出(X)] <退出>：I　　//输入 i，按空格键

　　　输入阵列中的项目数或[表达式(E)] <6>：4

//输入 4，按空格键确认，执行阵列命令

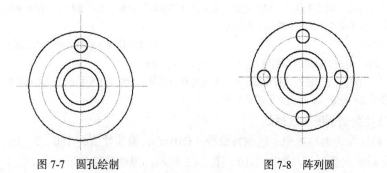

图 7-7　圆孔绘制　　　　　　　　　图 7-8　阵列圆

7.1.3 法兰盘剖面图绘制

1. 绘制法兰盘剖面图辅助线

绘制剖面水平线，以水平中心线为依据，输入偏移 "O" 命令，向上、下分别偏移 30、42、55、66、77、88，如图 7-9 所示。

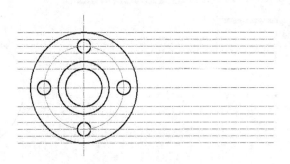

图 7-9　水平轴线绘制

命令：o OFFSET

//输入 "o"，按空格键，执行偏移命令

指定偏移距离或 [用(T)/删除(E)/图层(L)] <用>：30

//输入 "30"，按空格键，执行偏移距离，单击选择要偏移的对象（水平轴线），在水平轴线上方单击；单击选择要偏移的对象（水平轴线），在水平轴线下方单击

命令：OFFSET　//按空格键，系统自动输入上次命令

指定偏移距离或 [用(T)/删除(E)/图层(L)] <30.0000>：42

//输入 "42"，按空格键确认执行偏移距离，单击选择要偏移的对象（水平轴线），在水平轴线上方单击；单击选择要偏移的对象（水平轴线），水平轴线下方单击。

命令：OFFSET　　　　　　　　　　　　//双击空格键，系统自动输入上次命令

指定偏移距离或 [用(T)/删除(E)/图层(L)] <42.0000>：55

//输入 "55"，按空格键，执行偏移距离，单击选择要偏移的对象（水平轴线），在水平轴线上方单击；　单击选择要偏移的对象（水平轴线），水平轴线下方单击。

命令：OFFSET　　　　　　　　　　　　//双击空格键，系统自动输入上次命令

指定偏移距离或 [用(T)/删除(E)/图层(L)] <55.0000>：66

//输入 "66"，按空格键确认执行偏移距离，单击选择要偏移的对象（水平轴线），在水平轴线上方单击；　单击选择要偏移的对象（水平轴线），水平轴线下方单击.

命令：OFFSET　　　　　　　　　　　　//双击空格键，系统自动输入上次命令

指定偏移距离或 [用(T)/删除(E)/图层(L)] <66.0000>：77

//输入 "77"，单击空格键确认执行偏移距离，单击选择要偏移的对象（水平轴线），在水平轴线上方单击；单击选择要偏移的对象（水平轴线），水平轴线下方单击

命令：OFFSET　　　　　　　　　　　　//双击空格键，软件系统输入上次命令

指定偏移距离或 [用(T)/删除(E)/图层(L)] <77.0000>：88

//输入 "88"，单击空格键确认执行偏移距离，单击选择要偏移的对象（水平轴线），在水平轴线上方单击；单击选择要偏移的对象（水平轴线），单击水平轴线下方

2. 绘制法兰盘剖面图垂直轴线

选择垂直轴线作为偏移对象，用偏移命令（Offset），偏移数值为 150、7、16、52；用直线命令（Line），绘制法兰盘剖面。如图 7-10～图 7-12 所示，操作步骤如下。

（1）展开菜单栏"图层"的"图层控制"下拉列表，选择"轮廓线"图层，将"轮廓线"图层置为当前。

（2）在 AutoCAD 的命令提示行中输入字母"O"，用偏移命令，按空格键确认执行偏移命令，根据量取数据，选择垂直轴线为源对象，向右分别偏移 150、7、16、52。

（3）在 AutoCAD 的命令提示行中输入"L"，用直线命令，按空格键确认执行直线命令，根据量取数据绘制法兰盘剖面。

（4）按 Esc 键，在图中选取多余辅助线，单击 Delete 键，删除多余辅助线。

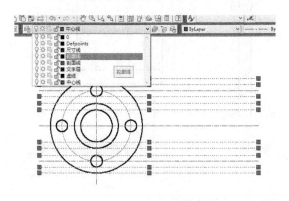

图 7-10　更换图层样式

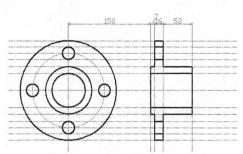

图 7-11　绘制法兰盘剖面

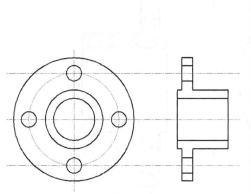

图 7-12　修改完成的图形

图 7-13　填充图案设置

3. 法兰盘剖面填充

用填充命令（Hatch），选择剖面线图层中的填充部分并进行填充，操作步骤如下。

（1）在 AutoCAD 的命令提示行中输入"H"，按空格键确认，执行填充命令，弹出"图案填充"对话框，设置填充"类型"为"预定义"、填充"图案" ，单击"图案（P）"后面方块按钮；打开"填充图案选项板"，在"其他预定义"选项中，选择"STEEL"图案，单击"确定"按钮，填充"颜色"选择"用当前项"进行填充；设置填充"比例"为"1"，结果如图 7-14 所示。

（2）选取填充范围，在边界目录下，单击"拾取点"前面的" ![图标] "按钮，拾取需要填充的封闭区，填充的效果如图 7-15 所示。

图 7-14　填充边界选项

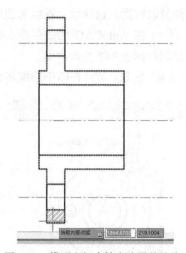

图 7-15　模型空间中填充边界的选取

（3）填充区域选定，双击空格键按钮，填充完毕，结果如图 7-16 所示。

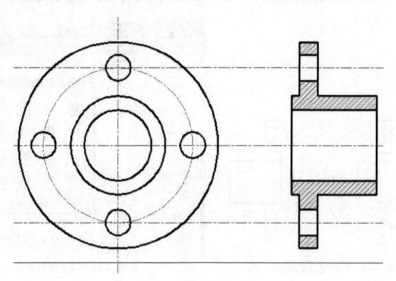

图 7-16　填充效果

7.1.4　机械零件文字标注及图框绘制

1. 设置标注样式管理器

单击"注释"选项卡"标注"面板的对话框启动器按钮，打开"标注样式管理器"对话框，单击"修改"按钮，设置字体大小为 10，箭头大小为 5，如图 7-17 所示。

2. 法兰盘水平投影以及剖面图标注

用标注命令（_Dimradius），标注法兰盘上圆的半径等尺寸，如图 7-18 和图 7-19 所示，操作步骤如下。

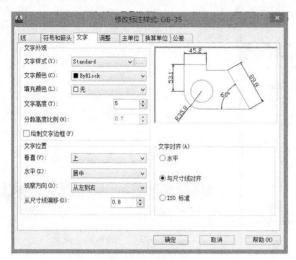

图 7-17　标注样式管理器

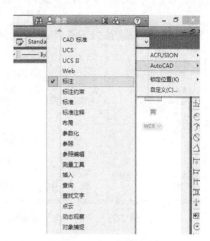

图 7-18　打开标注列表

（1）在菜单栏空白处，右键单击，选择 Auto CAD 列表，选择"标注"，标注列表的选项板打开。

（2）在标注列表中，单击 ⊙ 半径标注，标注法兰盘水平投影图，半径为 11、30、42、66、88 的圆，单击标注列表中 ⊢⊣ 线性标注，标注法兰盘剖面图，结果如图 7-19 所示。

3. 绘制图框

（1）选择图框，操作步骤如下。

① 在菜单栏单击"插入"按钮，弹出"插入功能区"，如图 7-20 所示。

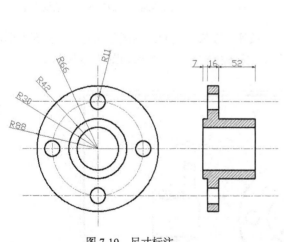

图 7-19　尺寸标注

图 7-20　菜单栏"插入"功能区

② 单击"块"提示，打开"插入—块"对话框进行编辑，如图 7-21 所示。

③ 单击"插入块"窗口"浏览"按钮，如图 7-23 所示。

④ 打开"选择图形文件"窗口，查找并选择"图框"文件，如图 7-24 所示。

（2）插入图框，操作步骤如下。

① 完成图框文件的选定；在"插入块"对话框中，"插入点"设置，勾选"在屏幕上指定"；

"比例"因子，X:1\Y:1\Z:1；"旋转"设置，角度为 0，如图 7-24 所示。

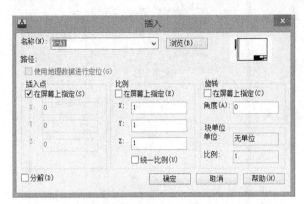

图 7-21 "插入块"对话框

图 7-22 "插入块"浏览

图 7-23 打开"选择图形文件"窗口

图 7-24 "插入块"对话框设置

② 单击"插入块"对话框，单击"确定"按钮，在模型空间绘图区移动光标，根据图框虚拟显示选择图框位置，选择"确定"按钮并单击，完成图框插入，结果如图 7-25 所示。

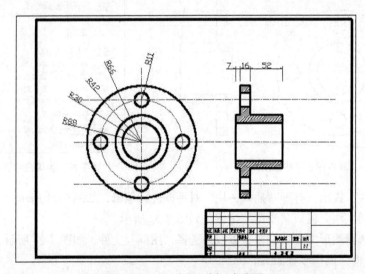

图 7-25 法兰盘平、剖面完成图

7.2 Auto CAD 产品设计制图

开发一个全新的产品与改良产品，采取的步骤是不同的。开发一个新的产品需要的是方案的提出和修改，而改良一个产品是在原有产品设计方案的基础上进一步改进产品。新产品的设计包含大量创造性劳动，前期主要是提出各种设计方案，对多个方案进行比较、评价，最终确定最佳方案，后期主要是绘制装配图及零件图。

7.2.1 绘制产品方案

1. 绘制 1:1 的总体方案图

进行产品设计的第一步，绘制 1:1 的总体方案图纸，图中要表示产品的主要组成部分、各部分大致形状及重要尺寸。此外，该图还应能够标明产品的工作原理。图 7-26 所示的电动自行车产品主要包括了电动自行车大架、前后车轮、操作杆、座垫等部分。电子文件见"图 7-26.dwg"。

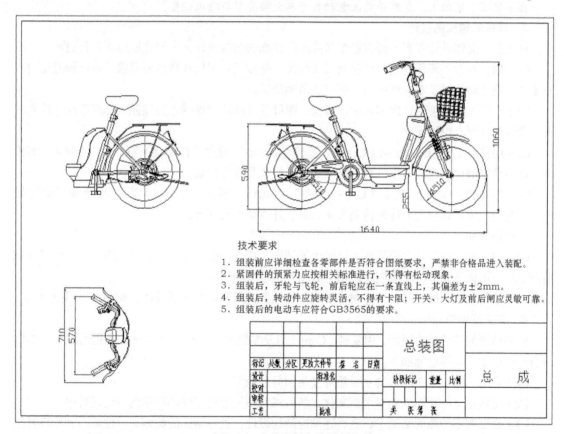

图 7-26 电动自行车总装配图

2. 设计方案讨论与探讨

绘制初步总体方案，并进行广泛且深入的探讨，发现问题，解决问题，进行修改。对于产品的关键结构及重要功能，需要反复细致地思考与修改，争取获得较为理想的解决方案。

在方案讨论阶段，可复制原有方案，再对比原有方案进行修改。将修改后的方案与旧方案放在一起进行对比，反复讨论与论证，如图 7-27 所示。

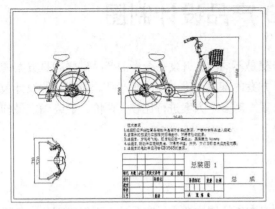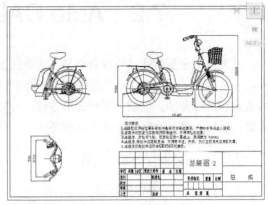

图 7-27　原设计方案与修改后的方案

注意与提示

在总装图 1 基础上，复制并更改电动自行车大架造型与踏板造型。

3. 详细的结构图设计

确定产品总体设计方案，再对各个部件进行详细的结构设计，主要完成以下设计过程。

（1）确定各个零部件的主要形状及尺寸数值，机械类制图尺寸数值要精确，不能随意更改。对于关键设计结构以及零部件构造，更应该精确绘制。

（2）产品连接件绘制，例如轴承、螺栓、螺母等连接结构件等也要按照国标标准尺寸绘制外形，安装尺寸要求绘制正确。

（3）用移动（Move）、复制（Copy）、旋转（Rotate）、延伸（Extend）等命令，绘制和调整模型产品运动零部件结构的工作位置，以确定关键尺寸及重要参数。

（4）用移动（Move）、复制（Copy）、旋转（Rotate）、延伸（Extend）等命令，绘制和调整链轮、带轮的位置，以获得最佳的传动布置方案、外观结构设计方案。

操作步骤如下。

（1）完成电动自行车主要结构设计的大架结构，这是一张细致的产品结构图，各部分尺寸都精准无误，可依据此图分解绘制零件图，如图 7-28 左图所示。

（2）绘制细部分解图形，尺寸精准无误，可依据此图分解绘制零件图，如图 7-28 右图所示。

4. 部分零件节点图

绘制精确的部件结构图后，用复制（Copy）以及粘贴命令 Ctrl+V 组合键，依据总装配图 7-26 进行分解绘制，具体过程如下。

（1）将结构图中某个零件的主要轮廓复制到剪贴板上。

（2）用样板文件菜单创建一个新文件，然后将剪贴板上的零件图粘贴到当前文件中。

（3）在已有零件图的基础上，进行详细的结构设计，进行精确的绘制，以便以后利用零件图检验装配尺寸的正确性。

操作步骤如下。

（1）创建新图形文件，文件命名为"组装图-电动自行车前后轮"格式类型为".dwg"。

（2）分别选择电动自行车前后轮立面，画出电动自行车车轮、车轴等零部件，如图 7-29 所示。

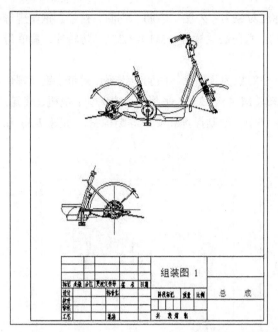
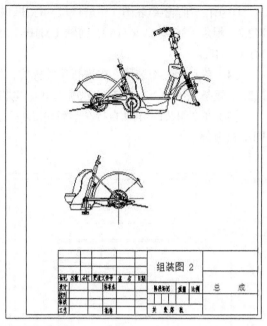

图 7-28　电动自行车大架结构图

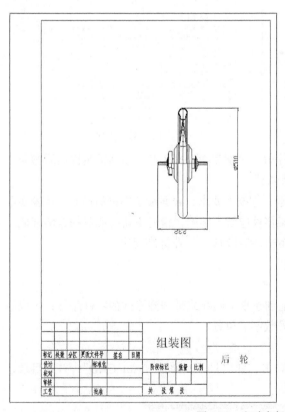
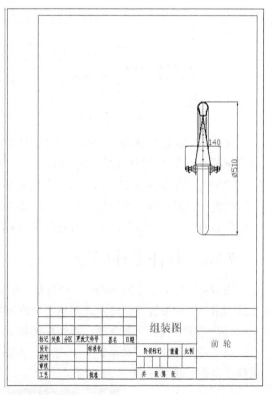

图 7-29　电动自行车前后轮部件图

（3）在"前轮-组装图"中进行尺寸标注，标注对象为：外胎、内胎、钢圈、衬带、钢丝螺母 M2.2、辐条（36-φ2.2×116）、前轴（M10×1.25）、六角法兰螺母（M10×1.25）、防转片、扁螺母 M10、轴皮。

（4）在"后轮-组装图"中进行尺寸标注，标注对象为：外胎、内胎、钢圈、衬带、钢丝螺母 M2.2、辐条（36-φ2.2×116）、抱闸（90）、电机轴（M14×1.25）、平垫圈、内阁套、电机、飞轮。

（5）在"组装图-电动自行车前后轮.dwg"文件中，绘制撑丝和支架等结构图，如图 7-30 和图 7-31 所示。

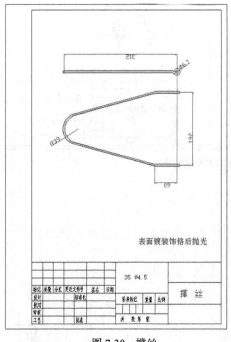

图 7-30 撑丝

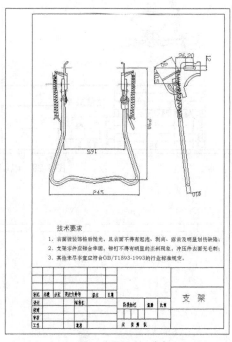

图 7-31 支架

（6）在"组装图-撑丝"中标注尺寸、文字注解：撑丝表面处理工艺"表面镀装饰铬后抛光"；在"标题栏"中"材料标注"栏里注明"35 φ4.5"。

（7）在"组装图-支架"图中右下角表格注解：①技术要求，表面镀装饰铬后抛光，且表面不得有起泡、剥离、露黄及明显划伤缺陷；②支架零件应铆合牢固，铆钉不得有明显的歪斜现象，冲压件表面无毛刺；③其他未尽事宜应符合 GB/T1893-1993 的行业标准规定。

7.2.2 标注零件序号

用多重引线命令（Mleader），可以很方便地创建带下画线或带圆圈形式的零件序号；生成序号后，用户可用关键点编辑方式调整引线或序号数字的位置。

打开"多重引线"命令栏，操作步骤如下。

（1）将光标移到"菜单栏"空白处，右键单击，弹出目录，单击"AutoCAD"，打开目录，选择"多重引线"，如图 7-32 所示。

图 7-32 多重引线命令栏

（2）单击"多重引线"命令栏上的 按钮，打开"多重引线样式管理器"对话框；单击"修改"按钮，打开"修改多重引线样式"对话框，结果如图 7-33～图 7-35 所示。

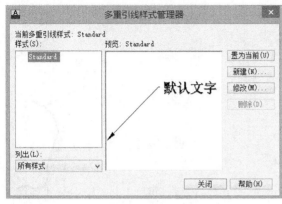

图 7-33　多重引线样式管理器

图 7-34　修改多重引线样式

操作步骤如下。

（1）打开"修改多重引线样式"对话框，进入第一个"引入格式"对话框编辑，单击箭头"符号"下拉菜单，选择 点，根据绘图大小更改符号大小，结果如图 7-35 所示。

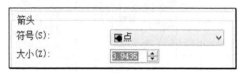

图 7-35　修改箭头

（2）打开"修改多重引线样式"对话框中，"引线结构"栏，设置"约束""基线设置""比例"数据，结果如图 7-36 所示。

（3）打开"修改多重引线样式"对话框，单击"内容"栏，修改"文字选项"和"引线连接"，结果如图 7-37 所示。

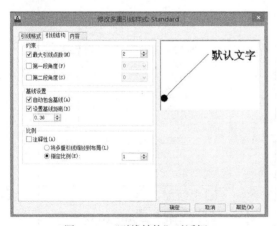

图 7-36　"引线结构"对话框

图 7-37　引线"内容"对话框

（4）单击"多重引线"命令栏上的 按钮，启动创建引线标注命令，标注零件名称或序号，结果如 7-38 和图 7-39 所示。

（5）对齐零件名称或序号。用多重引线标注命令（Mleader），并单击节点进行调整，结果如图 7-40 和图 7-41 所示。

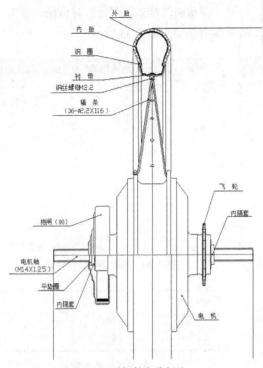

图 7-38　零部件名称标注

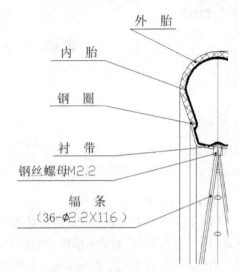

图 7-39　零部件局部放大的名称标注

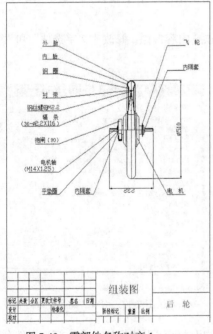

图 7-40　零部件名称对齐 1

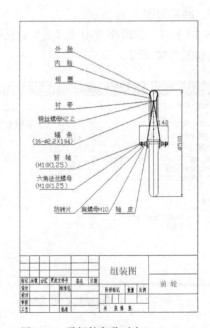

图 7-41　零部件名称对齐 2

操作步骤如下。

（1）打开"组装图-电动自行车前后轮.dwg"，标注零部件名称，如图 7-38 所示。

（2）单击"多重引线"命令栏上的 按钮，选择需要标注的零部件名称或序号，按 Enter 键，然后选择要对齐的引线标注与序号，并指定水平方向为对齐方向，如图 7-39 所示。

7.2.3   编写明细表

在空白图框中创建表格，创建明细表。在明细表中，双击一个单元格，填写文字，结果如图 7-42 概览和图 7-43 细部所示。

图 7-42   零部件明细表概览

	5	钢丝螺母M2.2	2	钢	
旧底图总号	4	衬带	2	钢	
	3	钢圈	2	合金钢	
	2	外胎	2	橡胶	
底图总号	1	内胎	2	橡胶	
		制定			标记
		描写			共　页　第　页
签名	日期	校对			
		标准化检查		明细表	
标记	更改内容或依据	更改人　日期	审核		

图 7-43   零部件明细表细部

7.2.4   电动自行车产品设计 AutoCAD 绘制最终效果图

电动自行车总装图如图 7-44 所示。

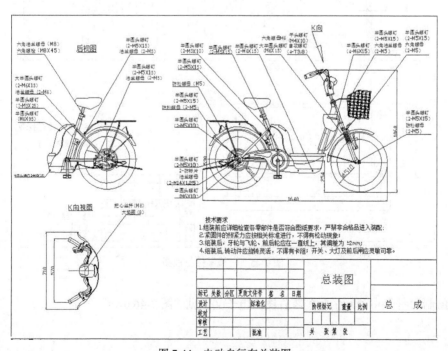

图 7-44   电动自行车总装图

7.3 本 章 小 结

本章介绍了用 AutoCAD 绘制零件图时应采取的作图步骤，以及一些实用性的绘图技巧。

掌握 AutoCAD 作图的一般步骤对有效使用 AutoCAD 绘图是很重要的。正确的作图步骤是先布局图样的轮廓构架，然后逐一绘制图样局部细节。在绘制图形细节特征时，常常同时利用两种作图方式：一种是用偏移（Offset）和修剪（Trim）命令，根据主要的辅助线生成局部细节；另一种就是用直线命令（Line）并结合自动捕捉（F3）和对象追踪功能（F11）进行绘制。

本章主要介绍了利用 AutoCAD 绘制开发新的产品的步骤和技巧。首先，提出原始产品结构图；其次，在原始结构图上，提出各种设计方案思路，对多个设计方案进行比较、评价；最后确定最佳方案，绘制产品的组装图以及结构零件图。

课后练习

1. 绘制如图 7-45 所示的机械零件三视图。电子文件见"图 7-45.dwg"。

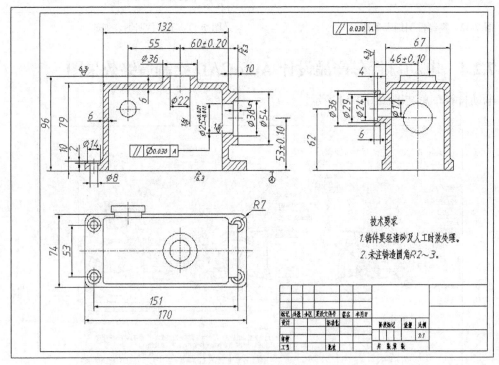

图 7-45　机械零件三视图

2. 绘制如图 7-46 所示的轴类零件图。电子文件见"图 7-46.dwg"。

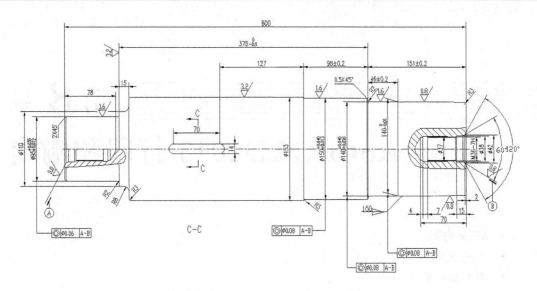

技术要求

1．调质240HB~270HB。

2．粗糙度为1.6和0.8处表面硬化45HRC~50HRC。

3．须经探伤检查，不得有裂纹。

4．轴两端中心孔及螺纹孔相同。

图 7-46　轴类零件图

3．绘制如图 7-47 所示的产品顶视图与正立面。电子文件见"图 7-47.dwg"。

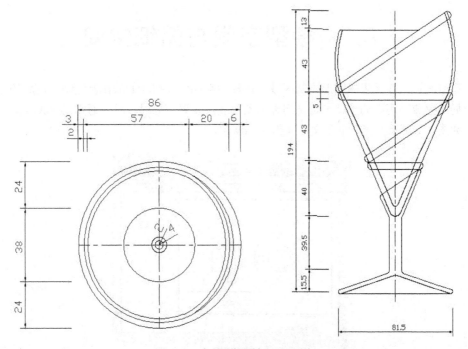

图 7-47　产品顶视图与正立面图

第8章
Auto CAD2013 打印和输出

本章主要内容

- 熟悉模型空间
- 熟悉图纸空间
- 在图纸空间中布局输出图形
- 设置图形的打印样式
- 虚拟空间的打印
- AutoCAD 电子打印的发布

通过本章的学习，读者可以学会图纸中打印图形的布局，熟悉虚拟打印，学会 AutoCAD 的电子打印和发布。

AutoCAD 提供的输入和输出功能,不仅可以将其他应用软件处理好的数据导入 AutoCAD 中,还可以将在 AutoCAD 中绘制好的图形输出成其他格式的图形。

8.1 模型空间与图纸空间

模型空间可获取无限的图形绘制区域。在模型空间中，按 1:1 的比例绘制，最后的打印比例交给布局来完成。用布局选项卡可访问虚拟图形表。设置布局时,可以通知 AutoCAD 所用表的尺寸,如图 8-1 所示。打开电子文件"图 8-1.dwg"。

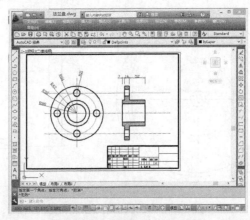

图 8-1　"模型空间"绘图对话框

布局表示图形布置和格局，此布局环境称为图纸空间，在 CAD 中表示为"布局 1、布局 2"。如果模型有几种视图，则应当考虑利用图纸空间。虽然图纸空间是为 3D 打印要求而设计的，但对 2D 布局也是有用的。例如，如果想以不同比例显示模型的视图，图纸空间是不可缺少的。图纸空间是一种用于打印的几种视图布局的特殊命令。它模拟一张用户的打印纸，而且要在其上安排视图，可以借助浮动视口安排视图，如图 8-2 所示。

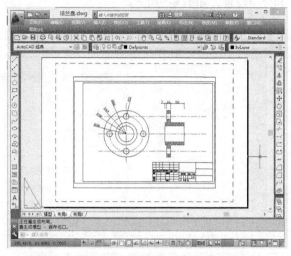

图 8-2 "布局空间"或"图纸空间"绘图对话框

8.1.1　在模型空间中打印图纸

打开"打印—模型"对话框，如图 8-3 所示。

（1）页面设置，该选项组中列出了图形中已命名或已保存的页面设置。

打印机对话框说明如下。

① 名称：显示当前页面设置名称。

② 添加：单击该按钮，弹出"添加页面设置"对话框。从中可以将"打印"对话框中的当前设置保存到命名页面设置，可以用"页面设置管理器"修改此页面设置，如图 8-4 所示。

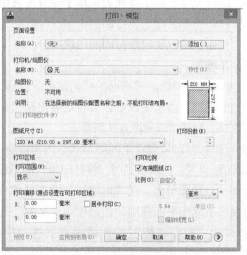

图 8-3　打印—模型　　　　　　　　　图 8-4　添加页面设置

（2）打印机/绘图仪，该选项组用于指定打印布局时用已配置的打印设备。

打印—模型对话框说明如下。

① 名称：该下拉列表框中列出了可用的PC3文件或系统打印机。下拉列表展示的设备有"无"、还有PDF、PC3以及Microsoft默认的打印机等设置，一般不选"无"选项。

② 特征：单击该按钮即可弹出"绘图仪配置编辑器"对话框，从中可以查看或修改当前绘图仪的配置、端口、设备和介质设置，如图8-5所示。

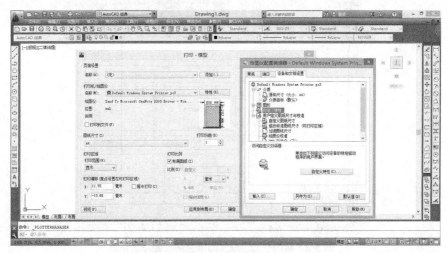

图 8-5 "绘图仪配置编辑器"对话框

③ 绘图仪：显示当前所选页面设置中指定的打印设备。

④ 位置：显示当前所选页面设置中指定的输出设备的位置。

⑤ 说明：显示当前所选页面设置中指定的输出设备的说明文字，并且可以从"绘图配置编辑器"对话框中编辑这些文字。

⑥ 打印到文件：用于设置打印输出到文件而不是绘图仪或打印机。

⑦ 局部预览：精确显示相对于图纸尺寸和可打印区域的有效打印区域。命令栏提示显示图纸尺寸和可打印区域。

（3）图纸尺寸，该下拉列表框用于设置所选用打印设备可用的标准图纸尺寸。

（4）打印份数，指定要打印的份数。

（5）打印区域，指定要打印的图形部分。

操作步骤如下。

① 窗口：打印指定的图形的任何部分。选择"窗口"，将切换到绘图区，指定打印窗口后，即返回到对话框。指定窗口后，其右端会出现"窗口"按钮。单击该按钮，返回到绘图区，可重新指定窗口，如图8-6和图8-7所示。

② 范围：打印包含对象的图形部分的当前空间。当前空间内所有几何图形都将被打印。

③ 图形界限：打印布局时，将打印指定图纸尺寸的可打印区域内所有内容，其原点从布局中的（0,0）点计算得出。在"模型"环境下打印时，将打印栅格界限所定义的整个绘图区域。如果当前视口不显示平面视图，该选项与"范围"选项效果相同。

④ 显示：打印"模型"环境中当前视口中的"视图"或"布局"选项卡中的当前图纸空间图。

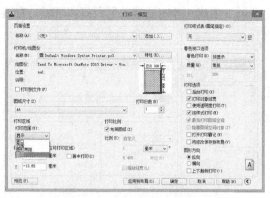

图 8-6　指定打印范围选择

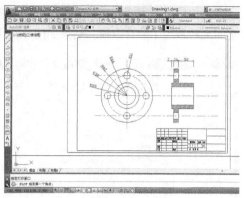

图 8-7　指定打印窗口

（6）打印偏移，用于指定打印区域相对于可打印区域左下角或图纸边界的偏移。

（7）X、Y 文本框，相对于"打印偏移定义"选项中的设置，指定 X 和 Y 轴方向上的打印源。

（8）居中打印，自动计算 X 偏移和 Y 偏移值，在图纸上居中打印。当"打印区域"设置为"布局"时，该选项无法选择。

操作如下。

打印比例：控制图形单位与打印单位之间的相对尺寸。

8.1.2　在图纸空间中通过布局输出图形

1. 创建布局空间

（1）先用不同的样板绘制一个任意图，删掉系统自动生成的布局 2，再重新创建一个自己喜欢的布局 2，步骤是：菜单>命令>向导>创建布局，如图 8-8 所示。

（2）选择打印机或者绘图仪器，如图 8-9 所示。

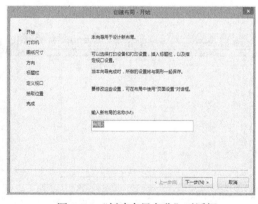

图 8-8　"创建布局名称"对话框

图 8-9　"选择配置绘图仪"对话框

（3）创建输出图纸尺寸（布局图纸），如图 8-10 所示。

（4）选择布局图纸方向，如图 8-11 所示。

（5）选择布局页面标题栏设置，如图 8-12 所示。

（6）设置布局窗口视图窗口数量以及窗口缩放比例，如图 8-13 所示。

（7）创建新的布局窗口，拾取位置，如图 8-14 和图 8-15 所示。

（8）拾取位置视图完成，单击 完成 按钮，布局 2 生成，并将图形映射到打印区域，右边预留空间大些是为了装订方便，结果如图 8-15 所示。

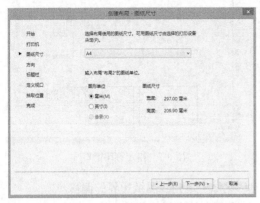

图 8-10　"创建布局-图纸尺寸"对话框

图 8-11　"创建布局-图纸方向"对话框

图 8-12　"创建布局-标题栏"对话框

图 8-13　"创建布局-定义视口"对话框

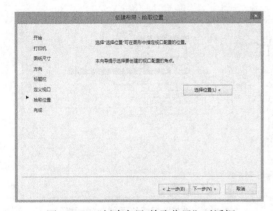

图 8-14　"创建布局-拾取位置"对话框

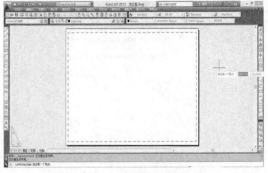

图 8-15　拾取位置视图

2．布局页面打印设置

新布局创建完成后，若想对其页面进行设置，单击"布局"面板中"页面设置"按钮，在打开的"页面设置管理器"对话框中，单击选择所需布局名称，如图 8-16 所示。单击"修改"按钮，在打开的"页面设置"对话框中，根据需要进行相关设置即可，如图 8-17 所示。

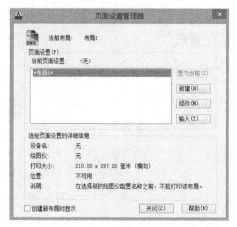
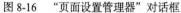

图 8-16　"页面设置管理器"对话框

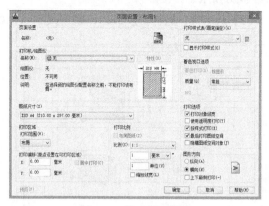

图 8-17　修改页面设置

"页面设置管理器"对话框中各项说明如下。

① 当前布局：显示要设置的当前布局名称。

② 页面设置：主要对当前页面进行创新、修改以及从其他图纸中输入设置。

③ 置为当前：将所选页面设置为当前页面。

④ 新建：单击该按钮则打开"新建页面设置"对话框，为新建页面输入新名称，并制定基础页面设 置选项，如图 8-18 所示。

⑤ 修改：单击该按钮则打开"页面设置"对话框，并对所需的选项参数进行设置。

⑥ 输入：单击该按钮，打开"从文件选择页面设置"对话框，如图 8-19 所示。选择一个或多个页面设置，单击"打开"按钮，在"输入页面设置"对话框中，单击"确定"按钮即可。

图 8-18　"新建页面设置"对话框

图 8-19　"从文件选择页面设置"对话框

⑦ 选定页面设置的详细信息：该选项组主要显示所选页面设置的详细信息。

⑧ 创建新布局时显示：勾选该复选框，用来指定当选中新的布局选项卡或创建新的布局时，是否显示"页面设置"对话栏。

3. 创建布局视口

在系统默认情况下，布局空间中只显示一个视口。如果用户想创建多个视口，就需要进行简单的设置。下面对其具体操作进行介绍。

（1）打开所需设置的图形文件，单击 AutoCAD 上方的"布局"标签，打开相应的布局空间，如图 8-20 所示。

（2）选中视口边框，按 Delete 键将其删除，如图 8-21 所示。

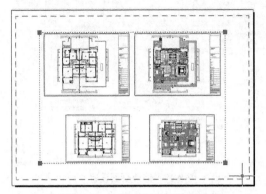

图 8-20　打开布局空间选中视口

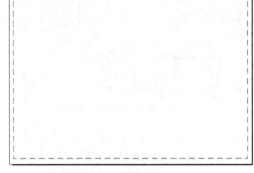

图 8-21　删除视口

（3）第一种步骤，选择"布局"＞"布局视口"＞"矩形"，在布局空间中，指定视口起点，按住左键并拖动框选出视口范围。

（4）第二种步骤，选择"视图"＞"视口"＞"一个视口"，创建新的视口，如图 8-22 所示。

（5）释放左键并单击，即可完成视口的创建，如图 8-23 所示。

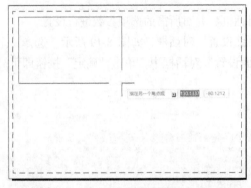

图 8-22　视口范围

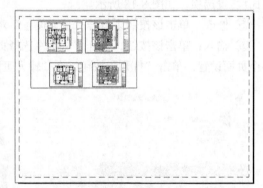

图 8-23　创建视口

（6）单击"矩形"按钮，完成其他视口的绘制，如图 8-24 所示。

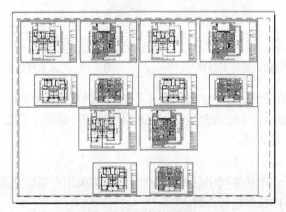

图 8-24　创建多个视口

8.2　设置打印样式表

用打印样式可以从多方面控制对象的打印方式，打印样式也属于对象的一种特性，用于修改打印图形的外观。设置打印样式来替代其他对象原有的颜色、线型和线宽特性。

打印样式表是指定给布局选项卡或"模型"选项卡的打印样式的集合。打印样式表有两种类型：颜色相关打印样式表和命名打印样式表。

8.2.1　颜色相关打印样式

颜色相关打印样式是以对象的颜色为基础，用颜色来控制笔号、线型和线宽等参数。用颜色相关打印样式来控制对象的打印方式，确保所有颜色相同的对象以相同的方式打印。打印样式是由颜色相关打印样式表所定义的，文件扩展名为".ctb"。

颜色相关打印样式的模式，用下面的操作来进行设置。

（1）在"选项"中设置打印样式。

操作步骤如下。

单击"菜单栏"中"命令"按钮，打开"命令"菜单，选择"选项"命令，打开"选项"对话框，在该对话框中进入"打印和发布"选项卡，如图 8-25 所示。

图 8-25　"打印和发布"选项卡

（2）在"选项"中，设置"打印样式表设置"。

操作步骤如下。

（1）在"打印和发布"选项卡中单击" 打印样式表设置(S)... "按钮，打开"打印样式表设置"对话框，如图 8-26 所示。

（2）在"新图形的默认打印样式"选项组中，单击选择"用颜色相关打印样式"单选项，则AutoCAD 就处于颜色相关打印样式的模式。

（3）在"当前打印样式表设置"选项组中，单击选择"默认打印样式表"下拉列表框中选择所需的颜色相关打印样式，如图 8-27 所示。

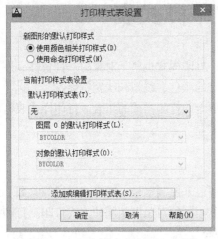 

图 8-26　"打印样式表设置"对话框　　　　图 8-27　"默认打印样式表"设置

（4）如果在"默认打印样式表"中没有所需的颜色相关打印样式，需要创建颜色相关的打印样式。

8.2.2　命名打印样式

命名打印样式可以独立于图形对象用的颜色。用命名打印样式时，可以像用其他对象特性那样用图形对象的颜色特性；而不像用颜色相关打印样式时，图形对象的颜色受打印样式的限制。在 AutoCAD 中一般用命名打印样式来打印图形对象。命名打印样式是由命名打印样式表定义的，其文件扩展名为 ".stb"。

操作步骤如下。

在"打印样式表设置"对话框中，单击"新图形的默认打印样式"选项组的"用命名打印样式"单选项，如图 8-28 所示。

在"用命名打印样式"中，在"默认打印样式表"下拉菜单中，选择所需的命名打印模式，如图 8-29 所示。

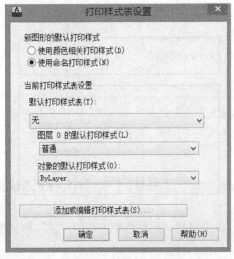 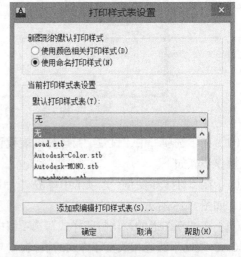

图 8-28　用命名打印样式　　　　　　图 8-29　选择所需的命名打印样式

8.2.3　添加打印样式表

在默认打印样式表中没有所需的颜色相关打印样式或命名打印样式时，可用"打印样式管理器"来添加新的打印样式表。

操作步骤如下。

（1）单击"菜单栏"中"文件"按钮，打开"文件"选项菜单，单击"打印样式管理器"命令，打开"打印样式管理器"，也就是 Plot Styles 文件夹，如图 8-30 所示。

（2）在"打印样式管理器"对话框中，双击 添加打印样式表向导 "添加打印样式表向导"选项，打开"添加打印样式表"对话框，如图 8-31 所示。

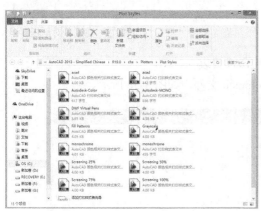

图 8-30　打印样式管理器

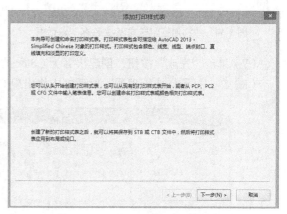

图 8-31　"添加打印样式表"对话框

（3）单击"下一步"按钮，打开"添加打印样式表-开始"对话框，如图 8-32 所示。

（4）保持"创建新打印样式表"单选项为选择状态，单击"下一步"按钮，打开"添加打印样式表-选择打印样式表"对话框，如图 8-33 所示。

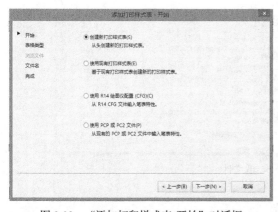

图 8-32　"添加打印样式表-开始"对话框

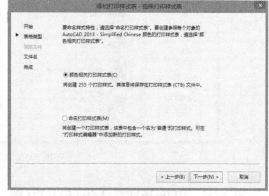

图 8-33　"添加打印样式表-选择打印样式表"对话框

（5）在该对话框中可选择要创建新的颜色相关打印样式表，还要创建新的命令打印样式表。选择"命名打印样式表"单选项，然后单击"下一步"按钮，打开"添加打印样式表-文件名"对话框，如图 8-34 所示。

（6）设置文件名为 Color，然后单击"下一步"按钮，打开"添加打印样式表-完成"对话框，如图 8-35 所示。

图 8-34　"添加打印样式表-文件名"对话框　　　　图 8-35　"添加打印样式表-完成"对话框

（7）单击"完成"按钮，创建出名为 Color 的打印样式表。

（8）在"打印样式管理器"对话框中将出现 Color.stb 文件，如图 8-36 所示。

图 8-36　Color.stb 文件

8.2.4　设置图形对象的打印样式

（1）用打印样式管理器设置图形对象的打印样式，操作步骤如下。

① 在"打印样式管理器"对话框中，双击 Color.std 文件，打开"打印样式表编辑器"对话框，如图 8-37 所示。

② 在"基本"选项卡中，列出了打印样式表的文件名、说明、版本号、位置（路径名）和表

类型。在"说明"文本框中可以为打印样式表添加说明。

图 8-37　"打印样式表编辑器"对话框

③ 切换到"表视图"选项卡，对该选项卡列出打印样式表中的所有打印样式进行需求设置，如图 8-38 所示。

④ 切换到"格式视图"选项卡，该选项卡为用户提供了另外一种修改打印样式的步骤，如图 8-39 所示。

图 8-38　"表视图"选项卡

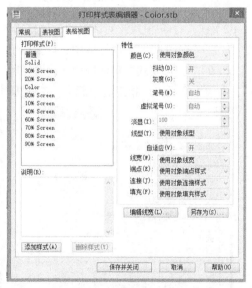

图 8-39　"格式视图"选项卡

⑤ 设置完毕后，单击"保存并关闭"按钮，将"打印样式表编辑器"对话框关闭。

（2）用对象特性管理器设置图形对象的打印样式。

8.3　虚拟打印设置

　　虚拟打印机不能完全实现打印机的功能，但是能截获所有 Windows 程序的打印操作，或模拟打印效果，或实现某些特殊功能，给日常工作带来很大的方便。虚拟打印机的打印文件是以某种特定的格式保存在你的电脑上。下面介绍的是把 ".dwg" 文件用虚拟打印设备输出为 ".jpeg" 文件。

　　（1）打开"打印-模型"对话框，设置"打印机/绘图仪"模式，操作步骤如下。

　　① 单击"文件" > "打印"，弹出"打印-模式"对话框，如图 8-40 所示。

　　② 在"打印-模式"对话框中选择"打印机/绘图仪"选区中的"名称"下拉列表，选择"Pulish To web.JPG.pc3"选项，如图 8-41 所示。

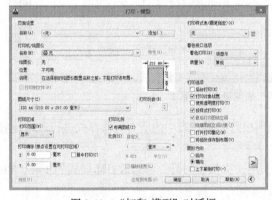

图 8-40　"打印-模型"对话框

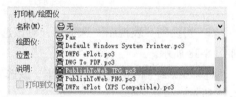

图 8-41　"名称"下拉列表

　　（2）在"打印-模式"对话框中设计打印图纸的大小与打印区域，操作步骤如下。

　　① 在"打印-模式"对话框中，设置图纸尺寸，单击图纸尺寸下拉列表，如图 8-42 所示。

　　② 在"打印-模式"对话框中，设置打印区域，单击"打印范围-显示"下拉列表，选择"窗口"，在模型空间中，指定窗口起点，左键拖动框选出窗口范围，如图 8-43 所示。

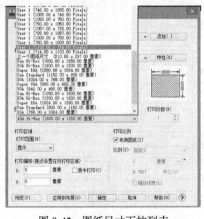

图 8-42　图纸尺寸下拉列表

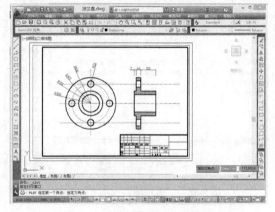

图 8-43　打印模式窗口范围

　　（3）在"打印-模式"对话框中，设置"打印"图纸的输出比例大小、图纸显示偏移距离、打印颜色样式表，操作步骤如下。

　　① 在"打印-模式"对话框中，设置"打印比例"，勾选"布满图纸"复选框。

② 在"打印-模型"对话框中，设置"打印偏移"，指定打印原点为（0,0），如图 8-44 所示。

③ 在"打印-模型"对话框中，设置"打印样式表"，在下拉列表中，选择打印样式"monochrome.ctb"（将所有的颜色打印为黑色），如图 8-45 所示。

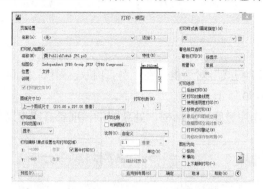

图 8-44　"打印比例"以及"打印偏移"设置　　　　图 8-45　"打印样式表"设置对话框

（4）完成虚拟打印，输入文件名，查看虚拟文件输出的完整性，操作步骤如下。

① 在"打印-模型"对话框中，单击"预览"按钮，查看虚拟设置的完整性，如图 8-46 所示。

② 完成 CAD 文件的虚拟打印，单击"确定"按钮，弹出"浏览打印文件"对话框，输入文件名，单击保存，如图 8-47 所示。

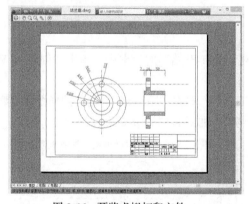
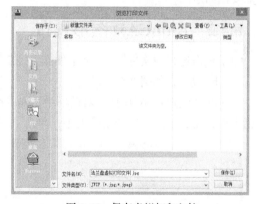

图 8-46　预览虚拟打印文件　　　　图 8-47　保存虚拟打印文件

③ 查看虚拟打印文件完整性，打开浏览文件夹查看文件，如图 8-48 所示。

④ 查看虚拟打印文件，双击打开 JPG 文件，如图 8-49 所示。

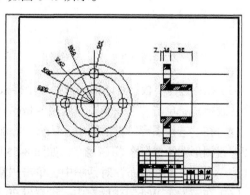

图 8-48　浏览虚拟文件　　　　图 8-49　虚拟打印文件效果

8.4 AutoCAD 电子打印与发布

8.4.1 AutoCAD 图形电子打印

（1）单击选择"文件"＞"打印"，弹出"打印-模式"对话框，在 "打印机/绘图仪"选区中的"名称"下拉列表中选择 eplot 打印机，如图 8-50 所示。

（2）单击"预览"按钮，系统将弹出"预览作用进度"对话框，处理图纸，准备打印出来的样式显示图形，如图 8-51 所示。

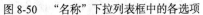

图 8-50　"名称"下拉列表框中的各选项　　　　　图 8-51　"预览作业进度"对话框

（3）设置好"打印-模式"对话框中的相关参数后，单击"确定"按钮，可以在图纸上打印输出需要的图形。

8.4.2 AutoCAD 图形发布

（1）单击选择"文件"＞"网上发布"，在"网上发布-开始"对话框中，单击"创建新 Web 页"＞"下一步"，如图 8-52 所示。

（2）在"创建新 Web 页"对话框中，输入图纸名称，单击"下一步"；在"选择图像类型"对话框中，设置图像类型和图像大小，单击"下一步"，如图 8-53 所示。

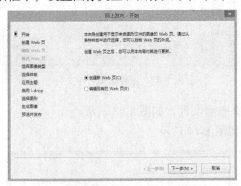

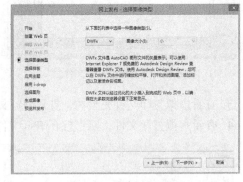

图 8-52　"网上发布-开始"对话框　　　　　　　图 8-53　创建新 Web 页

（3）在"选择样板"对话框中选择一个样板，单击"下一步"；在"应用主题"对话框中选择一个主题模式，单击"下一步"；"启用 i-drop"复选框，单击"下一步"，如图 8-54 所示。

（4）在"选择图形"对话框中，单击"添加"＞"下一步"；在打开对话框中，勾选"重新生成以修改图形的图像"＞"下一步"，如图 8-55 所示。

（5）在"预览并发布"对话框中，单击"预览"＞"立即发布"，如图 8-56 所示。

（6）在"发布 Web"对话框中，设置发布文件位置，单击"保存"，如图 8-57 所示。

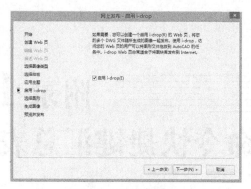

图 8-54　应用主题模式

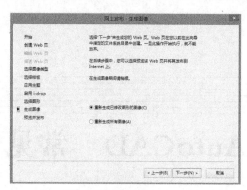

图 8-55　选择样板

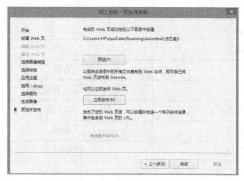

图 8-56　预览并发布

图 8-57　保存发布位置

（7）保存后，在系统提示框中，提示"发布成功完成"，单击"确定"即可。

8.5　本 章 小 结

本章主要介绍了模型空间与布局空间输出图纸的基本知识，并用实例说明了打印步骤，此外还演示了出图的设置及过程。

打印图纸时，用户一般需要进行以下设置。

（1）选择打印设备，包括虚拟打印和电子输出；

（2）打印时要注意指定图幅大小、图纸单位以及图形放置方向；

（3）设置打印范围、比例和偏移点坐标；

（4）打印完成前，预览打印效果。

课后练习

1. 绘制机械零件图形，在模型空间中虚拟打印图形。

2. 绘制室内平面图以及其他立面图，在布局空间中打印在 A3 图纸上。

3. 绘制建筑平立面，并在网上发布。

AutoCAD 常见命令快捷键汇总表

快捷键	全称	命令
绘图命令		
PO	POINT	点
L	LINE	直线
XL	XLINE	射线、构造线
PL	POLYLINE	多段线
ML	MLINE	多线
SPL	SPLINE	样条曲线
POL	POLYGON	正多边形
REC	RECTANGLE	矩形
C	CIRCLE	圆
A	ARC	圆弧
DO	DONUT	圆环
EL	ELLIPSE	椭圆
REG	REGION	面域
MT	MTEXT	多行文本
B	BLOCK	块定义
I	INSERT	插入块
W	WBLOCKDIV	定义块文件
H	BHATCH	图案填充
修改命令		
CO	COPY	复制、拷贝
MI	MIRROR	镜像
AR	ARRAY	阵列
O	OFFSET	偏移
RO	ROTATE	旋转
M	MOVE	移动
E，DEL 键	ERASE	删除
X	EXPLODE	分解、打破
TR	TRIM	修剪

续表

快捷键	全称	命令
修改命令		
EX	EXTEND	延伸
S	STRETCH	拉伸
LEN	LENGTHEN	直线拉长
SC	SCALE	比例缩放
BR	BREAK	打断
CHA	CHAMFER	倒角
F	FILLET	倒圆角
视窗缩放		
P	PAN	平移
Z+空格键+空格键		实时缩放
Z		局部放大
Z+P		返回上一视图
Z+E		显示全图
尺寸标注		
DLI	DIMLINEAR	直线标注
DAL	DIMALIGNED	对齐标注
DRA	DIMRADIIUS	半径标注
DDI	DIMDIAMETER	直径标注
DAN	DIMANGULAR	角度标注
DCE	DIMCENTER	中心标注
DOR	DIMORDINATE	点标注
TOL	TOLERANCE	标注形位公差
LE	QLEADER	快速引出标注
DBA	DIMCONTINUE	基线标注
DCO	DIMSTYLE	连续标注
DED	DIMEDIT	编辑标注
DOV	DIMOVERRIDE	替换标注系统变量
常用 CTRL 快捷键		
CTRL+1	PROPERTIES	修改特性
CTRL+2	ADCENTER	设计中心
CTRL+O	OPEN	打开旧文件
CTRL+N/ M	NEW	新建文件
CTRL+P	PRINT	打印文件
CTRL+S	SAVE	保存文件

续表

快捷键	全称	命令
常用 CTRL 快捷键		
CTRL+Z	UNDO	放弃，取消上一次操作
CTRL+X	CUTCLIP	剪切
CTRL+C	COPYCLIP	复制
CTRL+V	PASTECLIP	粘贴
CTRL+F	OSNAP	对象捕捉
CTRL+G	GRID	栅格
CTRL+L	ORTHO	正交
CTRL+W		对象追踪
CTRL+U		极轴
F1～F11 键作用		
F1		帮助
F2		文本窗口
F3		对象捕捉
F4		数字化仪
F5		等轴测平面
F6		坐标
F7		栅格
F8		正交
F9		捕捉
F10		极轴追踪
F11		对象追踪
对象特性		
ADC	ADCENTER	设计中心
CH/MO	PROPERTIES	修改特性
MA	MATCHPROP	属性匹配
ST	STYLE	文字样式
COL	COLOR	设置颜色
LA	LAYER	图层控制与操作
LT	LINETYPE	线型
LTS	LTSCALE	线型比例
LW	LWEIGHT	线宽
UN	UNITS	图形单位
BO	BOUNDARY	边界创建
AL	ALIGN	对齐

续表

快捷键	全称	命令
对象特性		
EXIT	QUIT	退出程序
EXP	EXPORT	输出其他格式文件
IMP	IMPORT	输入文件
OP/PR	OPTIONS	自定义 CAD 设置
PRINT	PLOT	打印
PU	PURGE	清除垃圾
R	REDRAW	重新生成
REN	RENAME	重命名
SN	SNAP	捕捉栅格
DS	DSETTINGS	设置极轴追踪
OS	OSNAP	设置捕捉模式
PRE	PREVIEW	打印预览
TO	TOOLBAR	命令栏
修改编辑		
PE	PEDIT	编辑多段线
DED	DIMEDIT	编辑标注
DDE	DDEDIT	编辑和修改文本
ATE	ATTEDIT	改变块的属性信息
BE	BEDIT	块编辑器
PARAM	BPARAMETRT	编辑块的参数类型

附录 2
重要键盘功能键速查表

快捷键	命令说明	快捷键	命令说明
Esc	Cancel，取消命令执行	Alt+I	【插入】POP4 下拉菜单
窗口键+D	Windows 桌面显示	Alt+O	【格式】POP5 下拉菜单
窗口键+E	Windows 文件管理	Alt+T	【命令】POP6 下拉菜单
窗口键+F	Windows 查询功能	Alt+D	【绘图】POP7 下拉菜单
窗口键+R	Windows 运行功能	Alt+N	【标注】POP8 下拉菜单
Alt+F8	VBA 宏管理器	Alt+M	【修改】POP9 下拉菜单
Alt+F11	AutoCAD 和 VAB 编辑器切换	Alt+W	【窗口】POP10 下拉菜单
Alt+F	【文件】POP1 下拉菜单	Alt+H	【帮助】POP11 下拉菜单
Alt+E	【编辑】POP2 下拉菜单	Ctrl+9	AutoCAD 开或关
Alt+V	【视图】POP3 下拉菜单	Ctrl+A	选择全部对象

附录 3
建筑制图、室内设计、风景名胜区规划及园林绿地规划的常用图例

附录 3.1 建筑制图常用图例

附录 3.1.1 建筑材料常用图例

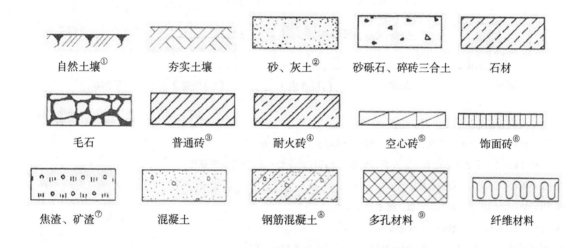

① 包括各种自然土壤。另注：建筑材料常用图例中的斜线、短斜线、交叉线等一律为 45°。

② 靠近轮廓线绘较密的点。

③ 普通砖：包括实心砖、多孔砖、砌块等砌体。断面较窄不易绘出图例线时，可涂红。

④ 耐火砖：包括耐酸砖等砌体。

⑤ 空心砖：指非承重砖砌体。

⑥ 饰面砖：包括铺地砖、马赛克、陶瓷锦砖、人造大理石等。

⑦ 焦渣、矿渣：包括与水泥、石灰等混合而成的材料。

⑧ 混凝土、钢筋混凝土：1. 本图例指能承重的混凝土及钢筋混凝土；2. 包括各种强度等级、骨料、添加剂的混凝土；3. 在剖面图上画出钢筋时，不画图例线；4. 断面图形小，不宜画出图例线时，可涂黑。

⑨ 多孔材料：包括水泥珍珠岩、沥青珍珠岩、泡沫混凝土、非承重加气混凝土、软木、蛭石制品等。

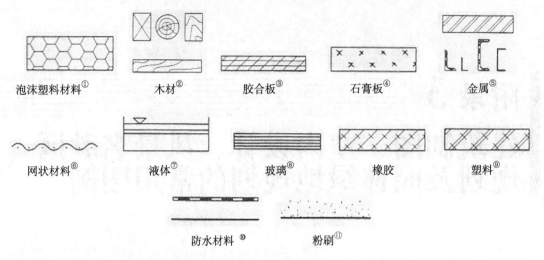

泡沫塑料材料①   木材②   胶合板③   石膏板④   金属⑤

网状材料⑥   液体⑦   玻璃⑧   橡胶   塑料⑨

防水材料⑩   粉刷⑪

附录 3.1.2　建筑构造即配件常用图例

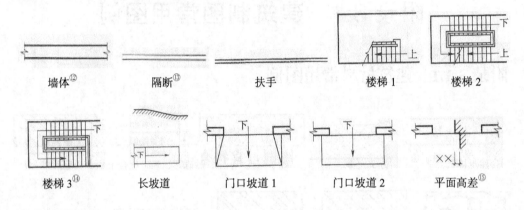

墙体⑫   隔断⑬   扶手   楼梯 1   楼梯 2

楼梯 3⑭   长坡道   门口坡道 1   门口坡道 2   平面高差⑮

---

① 纤维材料：包括矿棉、岩棉、玻璃棉、麻丝、木丝板、纤维板等。

② 木材图例：1. 上图为横断面，上左图为垫木、木砖或木龙骨；2. 下图为纵断面。

③ 胶合板：应注明为×层胶合板。

④ 石膏板：包括圆孔、方孔石膏板、防水石膏板等。

⑤ 金属：1. 包括各种金属；2. 图形小时，可涂黑。

⑥ 网状材料：1. 包括金属、塑料网状材料；2. 应注明具体材料名称。

⑦ 液体：应注明具体材料名称。

⑧ 玻璃：包括平板玻璃、磨砂玻璃、夹丝玻璃、钢化玻璃、中空玻璃、夹层玻璃、镀膜玻璃等。

⑨ 塑料：包括各种软、硬塑料及有机玻璃等。

⑩ 防水材料：构造层次多或比例大时，采用此图例。

⑪ 粉刷：本图例采用较稀的点。

⑫ 墙体：应加注文字或填充图例表示墙体材料，在项目设计图纸说明中列材料图例表给予说明。

⑬ 隔断：1. 包括板条抹灰、木制、石膏板、金属材料等隔断；2. 适用于到顶与不到顶隔断。

⑭ 楼梯 1 为底层楼梯平面；楼梯 2 为中间层楼梯平面；楼梯 3 为顶层楼梯平面。楼梯及栏杆扶手的形式和梯段踏步数应
　按实际情况绘制。

⑮ 平面高差：适用于高差小于 100mm 的两个地面或楼面相接处。

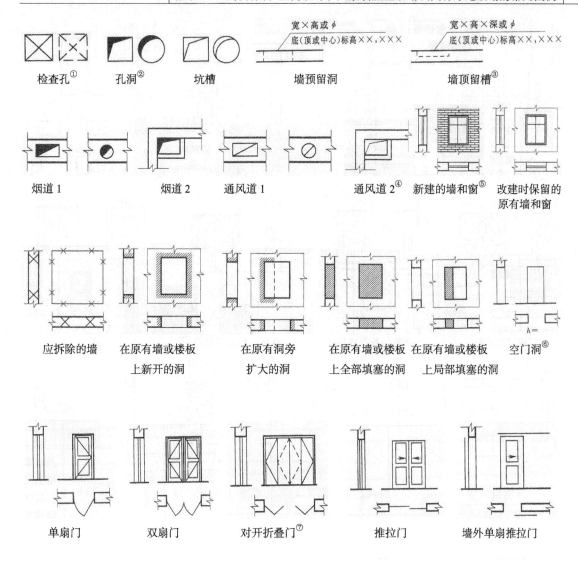

① 检查孔：左图为可见检查孔，右图为不可见检查孔。

② 空洞：阴影部分可以涂色代替。

③ 墙顶留洞和墙顶留槽：1. 皆以洞中心或洞边定位；2. 宜以涂色区别墙体和留洞位置。

④ 烟道1、2和通风道1、2：阴影部分可以涂色代替；烟道与墙体为同一材料，其相接处墙身线应断开。

⑤ 新建的墙和窗：1. 本图以小切块为图例，绘图时应按所用材料的图例绘制，不易以图例绘制的，可在墙面上以文字或代号注明；2. 小比例绘图时，平、剖面窗线可以用单粗实线表示。

⑥ 空门洞，图中的 h 为门洞高度。

⑦ 单扇门，包括平开或单面弹簧门；双扇门，包括平开或单面弹簧。单扇门、双扇门、对开折叠门：1. 门的名称代号用 M；2. 图例中剖面图左为外、右为内，平面图下为外、上为内；3. 立面图上开启方向线交角的一侧为安装合页的一侧，实线为外开，虚线为内开；4. 平面图上门线应 90° 或 45° 开启，开启弧线宜绘出；5. 立面图上的开启线在一般设计图中可以不表示，在详图及室内设计图上应表示；6. 立面形式应按照实际情况绘制。

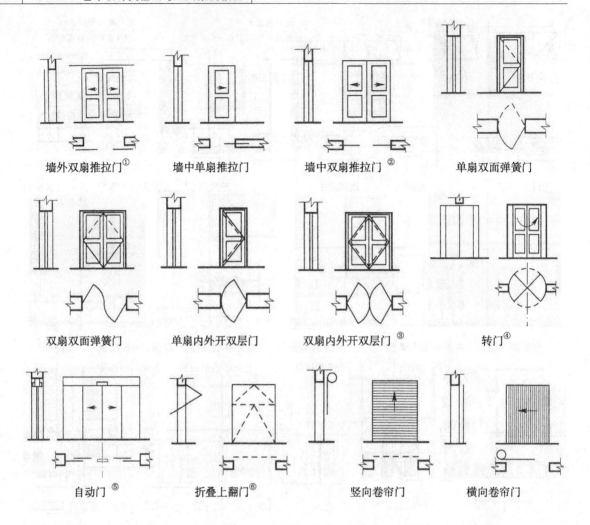

墙外双扇推拉门① 　　墙中单扇推拉门 　　墙中双扇推拉门② 　　单扇双面弹簧门

双扇双面弹簧门 　　单扇内外开双层门 　　双扇内外开双层门③ 　　转门④

自动门⑤ 　　　折叠上翻门⑥ 　　　竖向卷帘门 　　　横向卷帘门

---

① 推拉门、墙外单扇推拉门、墙外双扇推拉门：1. 门的名称用 M；2. 图例中剖面图左为外、右为内，平面图下为外、上为内；3. 立面形式应按照实际情况绘制。

② 墙中单扇推拉门、墙中双扇推拉门：说明同①。

③ 单扇双面弹簧门、双扇双面弹簧门、单扇外开双层门、双扇内外开双层门：1. 门的名称代号用 M；2. 图例中剖面图左为外、右为内，平面图下为外、上为内；3.立面图上开启方向线交角的一侧为安装合页的一侧，实线为外开，虚线为内开；4. 平面图上门线应 90°或 45°开启，开启弧线宜绘出；5. 立面图上的开启线在一般设计图中可以不表示，在详图及室内设计图上应表示；6. 立面形式应按照实际情况绘制。

④ 转门：1. 门的名称代号用 M；2. 图例中剖面图左为外、右为内，平面图下为外、上为内；3. 平面图上门线应 90°或 45°开启，开启弧线宜绘出；4. 立面图上的开启线在一般设计图中可以不表示，在详图及室内设计图上应表示；5. 立面形式应按照实际情况绘制。

⑤ 自动门：说明同①。

⑥ 折叠上翻门：1. 门的名称代号用 M；2. 图例中剖面图左为外、右为内，平面图下为外、上为内；3. 立面图上开启方向线交角的一侧为安装合页的一侧，实线为外开，虚线为内开；4. 立面形式应按实际情况绘制；5. 立面图上的开启线在设计图中应表示。

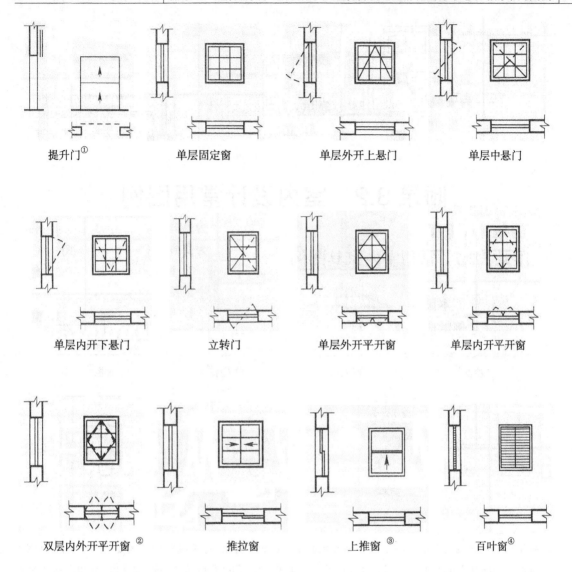

提升门①　　　　单层固定窗　　　　单层外开上悬门　　　　单层中悬门

单层内开下悬门　　　　立转门　　　　单层外开平开窗　　　　单层内开平开窗

双层内外开平开窗②　　　　推拉窗　　　　上推窗③　　　　百叶窗④

① 竖向卷帘门、横向卷帘门、提升门：1. 门的名称代号用 M；2. 图例中剖面图左为外、右为内，平面图下为外、上为内；3. 立面形式应按实际情况绘制。

② 单层固定窗、单层外开上悬窗、单层中悬窗、单层内开下悬窗、立转窗、单层外开平开窗、单层内开平开窗、双层内外开平开窗：1. 窗的名称代号用 C 表示；2. 立面图中的斜线表示窗的开启方向，实线为外开，虚线为内开；开启方向线交角的一侧为安装合页的一侧，一般设计图中可不表示；3. 图例中，剖面图所示的虚线仅说明开关方式，在设计图中不需表示；4. 窗的立面形式应按实际绘制；5. 小比例绘图时，平、剖面的窗线可用单粗实线表示。

③ 推拉窗、上推窗：1 窗的名称代号用 C 表示；2. 图例中剖面图左为外、右为内，平面图下为外、上为内；3. 窗的立面形式应按实际情况绘制；4. 小比例绘图时，平、剖面的窗线可用单粗实线表示。

④ 百叶窗：1. 窗的名称代号用 C 表示；2. 立面图中的斜线表示窗的开启方向，实线为外开，虚线为内开；开启方向线交角的一侧为安装合页的一侧，一般设计图中可不表示；3. 图例中，剖面图所示的左为外、右为内，平面图所示下为外、上为内；4. 平面图和剖面图上的虚线仅说明开关方式，在设计图中不需表示；5. 窗的立面形式应按实际绘制。

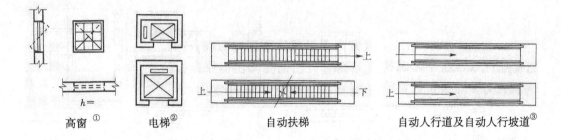

高窗①　　电梯②　　自动扶梯　　自动人行道及自动人行坡道③

附录 3.2　室内设计常用图例

附录 3.2.1　常用室内家具图例

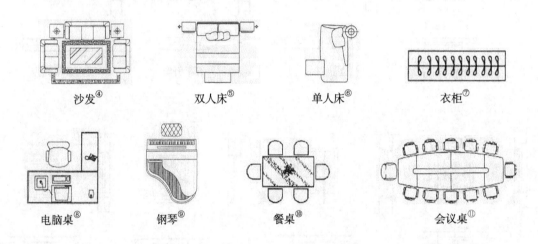

沙发④　　双人床⑤　　单人床⑥　　衣柜⑦

电脑桌⑧　　钢琴⑨　　餐桌⑩　　会议桌⑪

---

① 高窗：1. 窗的名称代号用 C 表示；2. 立面图中的斜线表示窗的开启方向，实线为外开，虚线为内开；开启方向线交角的一侧为安装合页的一侧，一般设计图中可不表示；3. 图例中，剖面图所示的左为外、右为内，平面图所示下为外、上为内；4. 平面图和剖面图上的虚线仅说明开关方式，在设计图中不需表示；5. 窗的立面形式应按实际绘制，图例中 h 为窗底距本层楼地面的高度。

② 电梯：1. 电梯应注明类别，并绘出门和平衡锤的实际位置；2. 观景电梯等特殊类型电梯应参照本图例按实际情况绘制。

③ 自动扶梯、自动人行道及自动人行坡道：1. 自动扶梯和自动人行道、自动人行坡道可正逆向运行，箭头方向为设计运行方向；2. 自动人行坡道应在箭头线段尾部加注上或下。

④ 此图例含有双扶手与三扶手沙发，也有单扶手；此图例含有一般相配套的茶几、角几与地毯。

⑤ 此图例含有床头柜。

⑥ 此图例含有可移动床上桌与床头灯。

⑦ 也可以用方块图内对角线"打叉"表示。

⑧ 此图例可以带副桌，也可以不带。

⑨ 钢琴也可以是矩形的。

⑩ 餐桌是方形的，也可以是圆形的。

⑪ 会议桌橄榄形的、也可以是圆形或长方形的。

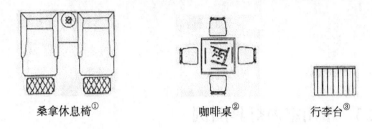

桑拿休息椅①　　　　咖啡桌②　　　　行李台③

附录 3.2.2　常用室内设备图例

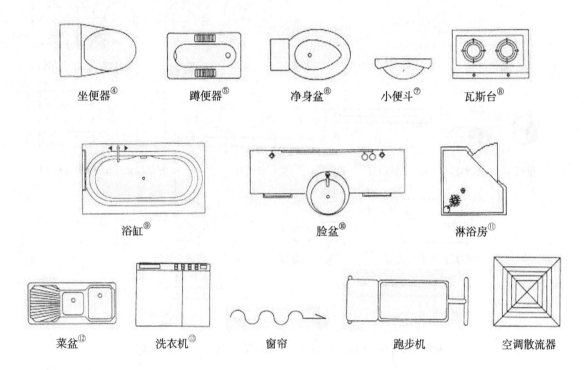

坐便器④　　　蹲便器⑤　　　净身盆⑥　　　小便斗⑦　　　瓦斯台⑧

浴缸⑨　　　　　　　　脸盆⑩　　　　　　　　淋浴房⑪

菜盆⑫　　　洗衣机⑬　　　窗帘　　　跑步机　　　空调散流器

---

① 桑拿休息椅中间为茶几。

② 咖啡桌可以是方形的，也可以是圆形的。

③ 行李台的承台也可以是网状的。

④ 坐便器：也可以是墙排式的，即水箱在墙内。

⑤ 蹲便器：目前公共场所使用的较多。

⑥ 净身盆：也有墙排式的，即水箱在墙内的。

⑦ 小便斗：也有挂式的。

⑧ 瓦斯台：气源为石油气、煤气等。

⑨ 浴缸：龙头的位置也可以在窄端或墙式的。

⑩ 脸盆：盆也有台下和大碗式等样式。

⑪ 淋浴房：也有矩形和弧形的。

⑫ 菜盆：也有单槽式。

⑬ 洗衣机：也有滚筒式、单缸。

火焰报警器

洒水喷头

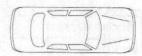
轿车

附录 3.2.3　常用室内灯具图例

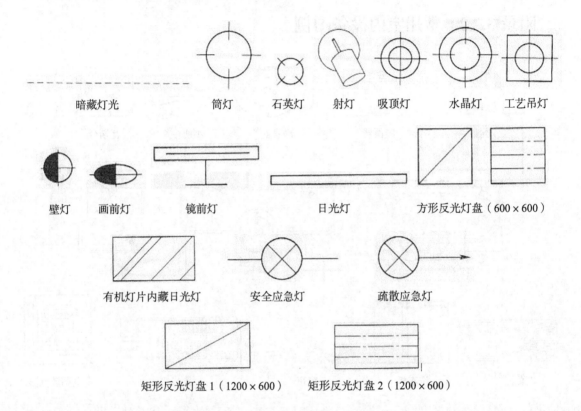

暗藏灯光　　　　　　筒灯　　石英灯　　射灯　　吸顶灯　　水晶灯　　工艺吊灯

壁灯　　画前灯　　　镜前灯　　　　　　日光灯　　　　　方形反光灯盘（600×600）

有机灯片内藏日光灯　　　安全应急灯　　　疏散应急灯

矩形反光灯盘 1（1200×600）　　矩形反光灯盘 2（1200×600）

附录 3.3　风景名胜区规划常用图例

附录 3.3.1　风景名胜区规划地界图例

风景名胜区　　　　　景区、功能分区界　　　外围保护地带界　　　　绿地带[①]

---

① 绿地带：用中实线表示。

附录 3.3.2 风景名胜区规划景点、景物图例

景点① 古建筑 塔 牌坊、牌楼② 桥 城墙

墓、墓园 文化遗址 崖石刻 古井 山岳 孤峰 群峰 岩洞③ 峡谷

奇石、礁石 陡崖 瀑布 泉 温泉 湖泊 海滩 古树名木

森林 公园 动物园 植物园 烈士陵园

附录 3.3.3 风景名胜区规划服务设施图例

综合服务设施点 公共汽车站 火车站 飞机场 码头、港口④ 缆车站 停车场⑤

加油站 医疗设施点 公共厕所 文化娱乐场所 旅游宾馆 度假村、休养所 疗养院 银行⑥ 邮电所（局）

① 景点：各级景点依圆的大小相区别，左图为现状景点，右图为规划景点。

② 古建筑、塔、宗教、牌坊、牌楼等符号：表示宏观规划时用，不反映实际地形及形态。需要区分现状与规划时，可以用单线圆表示现状的景点、景物，双线圆表示规划的景点和景物。

③ 岩洞：也可以表示人工景点。

④ 公共汽车站、火车站、飞机场、港口、码头等符号：表示宏观规划时用，不反映实际地形及形态。需要区分现状与规划时，可以用单线方框表示现状设施，双线方框表示规划设施。

⑤ 停车场：室内停车场外框用虚线表示。

⑥ 银行：包括储蓄所、信用社、证券公司等金融机构。

餐饮点　　风景区管理站（处、局）　消防站、消防专用房间　公安、保卫站①　　气象站　　野营地

附录 3.3.4　风景名胜区规划运动游乐设施图例

天然游泳场　　水上运动场　　游乐场　　运动场　　跑马场　　赛车场　　高尔夫球场

附录 3.3.5　风景名胜区规划工程设施图例

电视差转台　　发电站　　变电所　　给水厂　　污水处理厂　　垃圾处理站　　公路、汽车游览线②

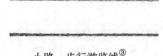

小路、步行游览线③　　　　　山地步游小路④　　　　　　隧道

架空索道线　　　　斜坡缆车线　　　　高架轻轨线　　　　水上游览线⑤

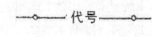 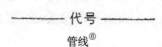

架空电力电讯线　　　　　　　　管线⑥

---

① 公安、保卫站：包括各级派出所、处、局等。

② 公路、汽车游览路：上图以双线表示，用中实线绘；下图以单线表示，用粗实线绘。

③ 小路、步行游览路：上图以双线表示，用细实线绘；下图以单线表示，用中实线绘。

④ 山地步游小路：上图以双线加台阶表示，用细实线；下图以单线表示，用虚线。

⑤ 水上游览线：用细虚线表示。

⑥ 架空电力电讯线、管线：粗实线中插入代号，管线代号按现行国家有关标准的规定标注。

附录 3.3.6　风景名胜区规划用地类型图例

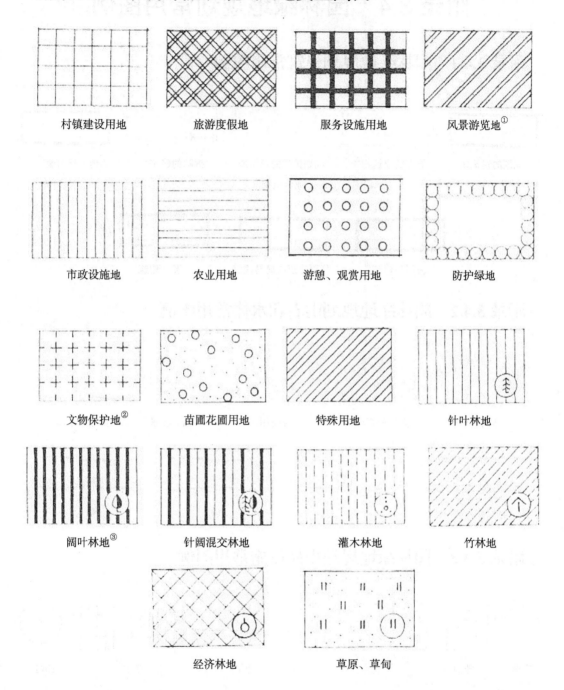

① 风景游览地：图中斜线与水平线成 45° 角。

② 文物保护地：包括地面和地下两大类、地下文物保护地外框用粗虚线表示。

③ 针叶林地、阔叶林地到经济林地 6 种：表示林地线形图例中也可插入 GB7929-87 的相应符号。需要区分天然林地、人工林地时，可以用细线界框表示天然林地，粗线界框表示人工林地。

附录 3.4 园林绿地规划常用图例

附录 3.4.1 园林绿地规划建筑常用图例

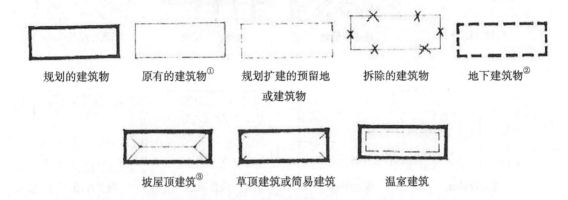

规划的建筑物　　　原有的建筑物①　　　规划扩建的预留地　　拆除的建筑物　　　地下建筑物②
　　　　　　　　　　　　　　　　　　　　或建筑物

坡屋顶建筑③　　　草顶建筑或简易建筑　　　温室建筑

附录 3.4.2 园林绿地规划山石和水体常用图例

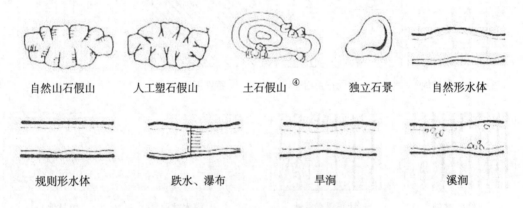

自然山石假山　　　人工塑石假山　　　土石假山④　　　独立石景　　　自然形水体

规则形水体　　　　跌水、瀑布　　　　旱涧　　　　溪涧

附录 3.4.3 园林绿地规划小品设施常用图例

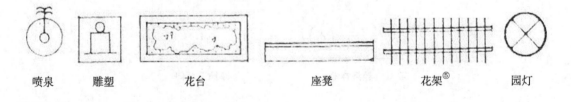

喷泉　　　雕塑　　　花台　　　　座凳　　　　花架⑤　　　园灯

---

① 规划的建筑物：用粗实线表示。原有的建筑物：用细实线表示。

② 规划扩建的预留地或建筑物，用中虚线表示。拆除的建筑物，用细实线表示。地下建筑物，用粗虚线表示。

③ 坡屋顶建筑，包括瓦顶、石片顶、饰面砖顶等。

④ 土石假山：包括"土包石""石包土"及土假山。

⑤ 喷泉、雕塑、花台、座凳、花架等只表示位置，不表示具体形态，也可根据形态来表示。

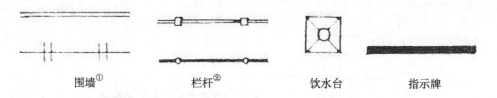

| 围墙① | 栏杆② | 饮水台 | 指示牌 |

附录 3.4.4　园林绿地规划工程设施常用图例

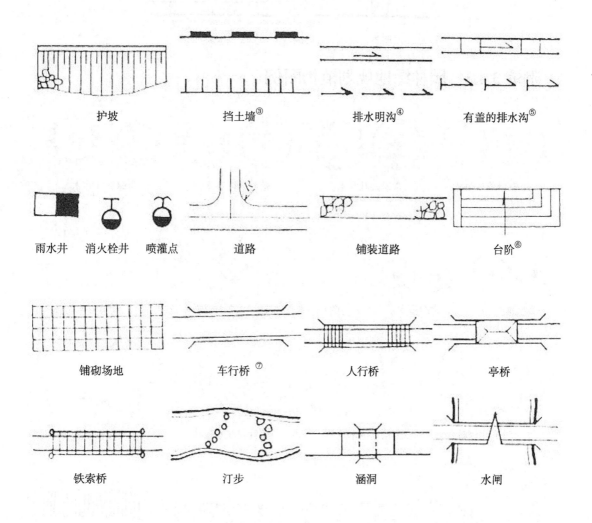

| 护坡 | 挡土墙③ | 排水明沟④ | 有盖的排水沟⑤ |

| 雨水井 | 消火栓井 | 喷灌点 | 道路 | 铺装道路 | 台阶⑥ |

| 铺砌场地 | 车行桥⑦ | 人行桥 | 亭桥 |

| 铁索桥 | 汀步 | 涵洞 | 水闸 |

① 围墙：上图为实砌或漏空围墙，下图为栅栏或篱笆围墙。

② 栏杆：上图为非金属栏杆，下图为金属栏杆。

③ 挡土墙：突出的一侧表示被挡土的一方。

④ 排水明沟：上图用于比例较大的图面，下图用于比例较小的图面。

⑤ 有盖的排水沟：上图用于比例较大的图面，下图用于比例较小的图面。

⑥ 台阶：箭头指向表示向上。

⑦ 铺砌场地、车行桥：也可以依据设计形态表示。

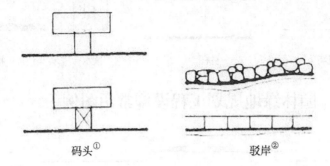

码头①　　　　　　　　　　驳岸②

附录 3.4.5　园林绿地规划植物图例

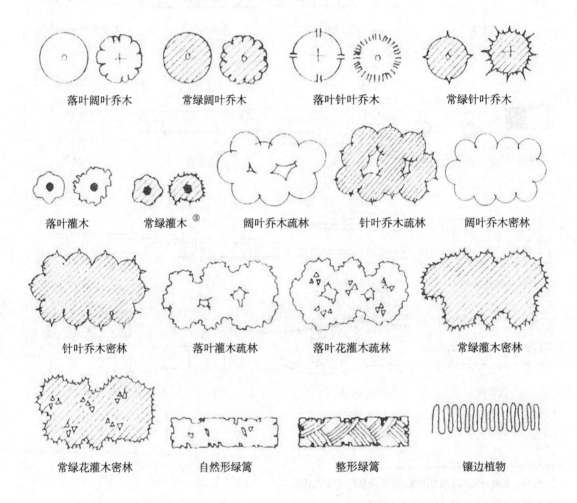

落叶阔叶乔木　　常绿阔叶乔木　　落叶针叶乔木　　常绿针叶乔木

落叶灌木　　常绿灌木③　　阔叶乔木疏林　　针叶乔木疏林　　阔叶乔木密林

针叶乔木密林　　落叶灌木疏林　　落叶花灌木疏林　　常绿灌木密林

常绿花灌木密林　　自然形绿篱　　整形绿篱　　镶边植物

---

① 码头：上图为固定码头，下图为浮动码头。

② 驳岸：上图为假山石自然式驳岸，下图为整形砌筑规划驳岸。

③ 落叶乔、灌木均不填斜线；常绿乔、灌木加画 45°细斜线；针叶树的外围线用锯齿形或圆形线；乔木外形成圆形；灌木外形成不规则形乔木图例中粗线小圆表示现有乔木。灌木图例中黑点表示种植位置。凡是大片树林可以省略图例中的小圆、小十字及黑点。

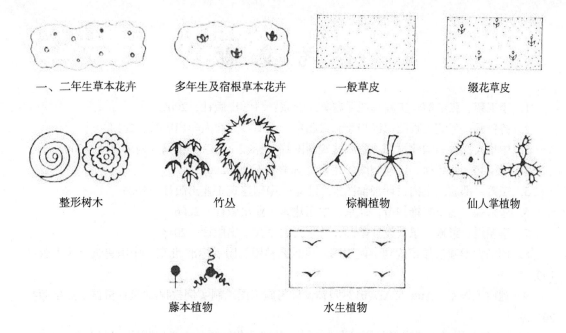

一、二年生草本花卉　　　　多年生及宿根草本花卉　　　　一般草皮　　　　缀花草皮

整形树木　　　　竹丛　　　　棕榈植物　　　　仙人掌植物

藤本植物　　　　水生植物

附录 3.4.6　园林绿地规划树木枝干形态和树冠形态图例

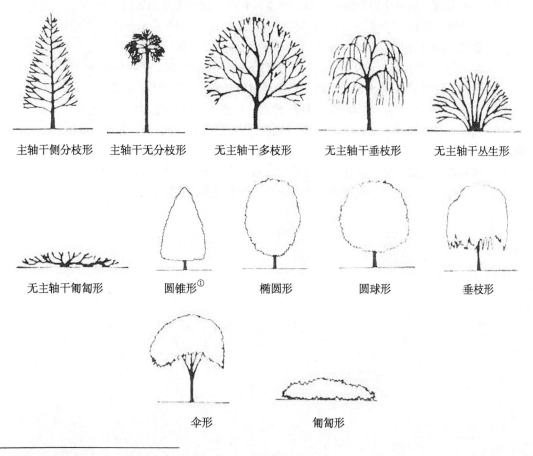

主轴干侧分枝形　　主轴干无分枝形　　无主轴干多枝形　　无主轴干垂枝形　　无主轴干丛生形

无主轴干匍匐形　　圆锥形[①]　　椭圆形　　圆球形　　垂枝形

伞形　　　　匍匐形

---

① 圆锥形：树冠轮廓线，凡针叶树用锯齿形；凡阔叶树用弧裂形表示。

参 考 文 献

1. 李玉菊、张冬梅. 工程制图习题集. 北京：科学出版社，2009.

2. 游普元，建筑工程图识读与绘制习题集. 天津：天津大学出版社，2010.

3. 中华人民共和国建设部. 房屋建筑制图统一标准. 北京：中国计划出版社，2002.

4. 李玉菊、张冬梅. 工程制图. 北京：科学出版社，2009.

5. 王萧、邵波. 室内设计细部图集. 北京：中国建筑工业出版社，2006.

6. 张宗森. 建筑装饰构造，北京：中国建筑工业出版社，2006.

7. 李振煜、彭瑜. 景观设计基础，北京：北京大学出版社，2014.

8. 同济大学建筑城市规划学院主编. 风景园林图例图示标准.北京：中国建筑工业出版社，1995.

9. 麓山工作室. Auto CAD2013 园林设计与施工图绘制实例教程.北京：机械工业出版社，2012.9.

10. 王健、崔星、刘晓英. 景观构造设计. 武汉：华中科技大学出版社，2014.

11. 束晨阳. 现代庭园设计实录. 北京：中国林业出版社，1997.

12. 土木在线. 精品小别墅设计与施工图集. 北京：化学工业出版社，2013.

13. 乐亚康. 2014届毕业设计，华中科技大学武昌分校 2010 艺术设计，李振煜指导.
    熊江，2011 届毕业设计，武昌工学院环境设计 0707 班，李振煜指导.
    舒玉彪，2011 届毕业设计，武昌工学院环境设计 0707 班，李振煜指导.
    程洲，2012 届毕业设计，武昌工学院环境设计 0802 班，李振煜指导.

14. 姜勇、李善锋. AutoCAD 机械制图教程. 北京：人民邮电出版社，2008.

15. 戎马工作室编著. AutoCAD2009 机械绘图完全新手学习手册. 北京：机械工业出版社，2009.

16. 张长江. 建筑与景观设计表达规范. 北京：中国水利水电出版社，2009.

17. 李振煜、杨圆圆. 景观规划设计. 南京：江苏美术出版社，2014.